# Einführung in die Ölhydraulik

Hans Jürgen Matthies  ·
Karl Theodor Renius

# Einführung in die Ölhydraulik

## Für Studium und Praxis

8. Auflage

 Springer Vieweg

Prof. Dr.-Ing. Dr.-Ing. E.h.
Hans Jürgen Matthies
Braunschweig, Deutschland

Prof. Dr.-Ing. Dr. h.c.
Karl Theodor Renius
Lehrstuhl für Fahrzeugtechnik (FTM)
Technische Universität München
Garching b. München, Deutschland

Prof. Dr.-Ing. Dr.-Ing. E.h. Hans Jürgen Matthies war Direktor des Instituts für Landmaschinen der Technischen Universität Braunschweig.

Prof. Dr.-Ing. Dr. h.c. Karl Theodor Renius war Inhaber des Lehrstuhls für Landmaschinen der Technischen Universität München.

ISBN 978-3-658-06714-4          ISBN 978-3-658-06715-1 (eBook)
DOI 10.1007/978-3-658-06715-1

Die Deutsche Nationalbibliothek verzeichnet diese Publikation in der Deutschen Nationalbibliografie; detaillierte bibliografische Daten sind im Internet über http://dnb.d-nb.de abrufbar.

Springer Vieweg
© Springer Fachmedien Wiesbaden 1984, 1991, 1995, 2003, 2006, 2008, 2011, 2014

*Lektorat*: Thomas Zipsner, Ellen Klabunde

Gedruckt auf säurefreiem und chlorfrei gebleichtem Papier.

Springer Vieweg ist eine Marke von Springer DE. Springer DE ist Teil der Fachverlagsgruppe Springer Science+Business Media
www.springer-vieweg.de

# Vorwort zur 8. Auflage

Die Ölhydraulik ist und bleibt eine reizvolle und bedeutende Querschnittsdisziplin des modernen Maschinenbaus mit nach wie vor überdurchschnittlichen Zuwachsraten – auch dank ihrer Rolle als wichtiger Pfeiler der Mechatronik.

Das inzwischen verbreitete Buch richtet sich an Studenten und praktizierende Ingenieure des Maschinenbaus, der Fahrzeugtechnik, der Produktions- und Anlagentechnik sowie der Luft- und Raumfahrt.

Viele Rechenbeispiele sowie 110 Kurzaufgaben unterstützen die Wissensanwendung – zahlreiche, sorgfältig ausgewählte Literaturangaben zu jedem der 9 Kapitel erleichtern den Einstieg in ein vertieftes Studium.

Komponenten der Ölhydraulik können in vielen Fällen helfen, die Wirtschaftlichkeit und Energieeffizienz technischer Systeme zu verbessern – dieses auch immer mehr im Verbund mit weiter entwickelten elektrischen Komponenten.

Hohe Energie-Effizienz gelingt durch die Umstellung von Drosselsteuerungen auf Verdrängersteuerungen mit kostengünstigen Hydro-Speichern für die Rekuperation. Der Antrieb kann bei gleicher Leistungsfähigkeit häufig kleiner werden.

Im Mobilbereich kann ein solches „Downsizing" bei Dieselmotoren zusätzliche strategische Vorteile bringen, wenn z. B. der Motor damit in die Klasse bis 56 kW Nennleistung rutscht, für die deutlich mildere EU-Abgasvorschriften gelten.

Hauptbasis der früheren Auflagen des vorliegenden Lehrbuches waren Vorlesungen und Forschungsarbeiten an der TU Braunschweig unter dem Erstverfasser sowie entsprechende Aktivitäten an der TU München unter dem Zweitverfasser. Dieser übernahm mit der 4. Auflage die Neugestaltung und Weiterentwicklung des Werkes. Weitere Details enthält das nachfolgende Vorwort der 6. Auflage (2008).

Die 7. Auflage war neu bearbeitet und erweitert worden – auch bezüglich gezielter Verlustreduzierung. Wegen der großen Aktualität dieses Themas wurde der bisher nur kurze Abschnitt 9.7 in der vorliegenden 8. Auflage völlig neu gestaltet und um 8 Seiten erweitert: Das Kapitel „9.7 Energie sparen durch Hydraulik" vertieft die Grundlagen zu elektro-hydraulischen Antrieben und erhöht die Zahl aktueller Anwendungsbeispiele.

Daneben wurden zahlreiche Textpassagen überarbeitet, die Kapitel 7.3.1 und 7.3.2 zur besseren Übersicht umgestellt, neue Normen berücksichtigt sowie die Literaturangaben, die Internethinweise und das Sachwortverzeichnis aktualisiert.

Danken möchte ich dem Lektorat des Verlages für die wiederum sehr konstruktive und gute Zusammenarbeit.

München, im September 2014 Karl Th. Renius

# Vorwort zur 6. Auflage

Die Ölhydraulik hat sich zu einer bedeutenden technischen Querschnittsdisziplin entwickelt. Einige mobile Arbeitsmaschinen, wie z. B. Hydraulikbagger, Radlader, Straßenwalzen, Stapler, selbst fahrende landwirtschaftliche Arbeitsmaschinen oder mobile Kommunalmaschinen setzen ihre gesamte Motorleistung hydrostatisch um und betreiben damit sämtliche Maschinenfunktionen. In anderen Fällen arbeiten hydraulische Antriebe und Steuerungen im Verbund mit mechanischen und elektrischen Systemen, wie z. B. bei Straßenfahrzeugen, Baumaschinen, Traktoren, Landmaschinen, Werkzeugmaschinen, Flugzeugen, Sonderfahrzeugen oder bei stationären Anlagen. Die elektronische Steuerung und Regelung hat inzwischen viele Anwendungen der Hydraulik nachhaltig aufgewertet.

Die heutige technologische Führungsrolle Deutschlands ist u. a. das Ergebnis von intensiver Forschung und industrieller Entwicklung auf diesem Gebiet. Auch die Ausbildung qualifizierter Ingenieure im Bereich der Ölhydraulik hat ihren Anteil daran. So wurde 1970 vom Erstverfasser dieses Buches an der TU Braunschweig eine Hydraulikvorlesung neu eingerichtet, die auch die Grundlage für die ersten drei Auflagen des Buches bildete. 1989 hat der Mitverfasser der 4., 5. und vorliegenden 6. Auflage eine Vorlesung über Ölhydraulik an der TU München gestartet, aus der neuere Bausteine einflossen. Beide Verfasser konnten ferner von eigenen Forschungs- und Entwicklungsprojekten der Ölhydraulik profitieren.

Wie bereits bei der ersten Auflage wurde auch bei der Weiterentwicklung des Buches besonderer Wert auf didaktische Gesichtspunkte gelegt. Trotz wissenschaftlicher Aktualisierung und Vertiefung blieb die Lesbarkeit und Übersichtlichkeit ein wichtiges Ziel.

Alle Buchkapitel wurden in der 4. Auflage grundlegend überarbeitet und mit wesentlich erweiterten Literaturangaben versehen. Neu aufgenommen bzw. erheblich weiterentwickelt wurden in den Auflagen 4 bis 6 vor allem folgende Gebiete: Neuere Historie – Vergleich Hydraulik–Elektrotechnik – Normungswesen – Bio-Öle – neue Verdrängermaschinen – aktuelle Kennlinien und Kennfelder – hydraulische Brückenschaltungen – neue Grundordnung der Kreislaufsysteme – Sensoren – regelungstechnische Grundlagen – Daten-BUS – geräuscharme Hydraulik – neue hydrostatische Getriebe (auch leistungsverzweigt) – Überlagerungslenkung bei Raupenfahrzeugen – Antiblockiersysteme – hydropneumatische Federung – Flugzeughydraulik – Produktplanung – 110 neue Kurzaufgaben – erweiterte Rechenbeispiele – laufend aktualisierte Literaturangaben.

Zu den ersten beiden Auflagen des Buches haben die damaligen Mitarbeiter des Erstverfassers, die Herren O. Böinghoff, H. Esders, W. Friedrichsen, H.-H. Harms, D. Hoffmann, M. Kahrs, B. Link und J. Möller beigetragen. Bei der 4. bis 6. Auflage unterstützte uns Herr G. Anthuber (TU München), der vor allem den kompletten Umbruch druckreif produzierte und dem wir für seinen großen Einsatz besonders danken.

Braunschweig und München, im März 2008       H. J. Matthies und K. Th. Renius

# Geleitwort zur 7. und 8. Auflage

In den vergangenen Jahren hat sich der Technologiewandel enorm beschleunigt und die Rahmenbedingungen für den Maschinenbau verändert. Bei mobilen Arbeitsmaschinen erfordern die neuen Emissionsgrenzen nach TIER4 Final völlig neue Systemansätze für die Mobilhydraulik. Bei industriellen Anwendungen im Anlagenbau und der Fabrikautomation fordern immer mehr Anwender eine höhere Energieeffizienz, um ihre $CO_2$-Emission zu verringern. Gleichzeitig erwarten sie, dass sich die Hydraulik nahtlos in die Systemarchitekturen der Maschinen einfügt und den gleichen Bedienkomfort wie elektrische Antriebe bietet.

Für die Ölhydraulik entstehen mit diesem beschleunigten Wandel Risiken aber auch Chancen. Denn die Hydraulik bietet nach wie vor eine einzigartige Kraftdichte und Kompaktheit. Aktuell verbinden immer mehr innovative Systemlösungen diese Stärken mit den veränderten Anforderungen. Im Mobilbereich eröffnet die digitale Vernetzung der Dieselmotor- mit der Hydrauliksteuerung erstmals Möglichkeiten, die neuen Emissionsgrenzen bei mindestens gewohnter Leistung zu erreichen. Hydraulische Hybridantriebe für schwere Fahrzeuge senken im Kurzstreckenbetrieb den Kraftstoffverbrauch um bis zu 25 Prozent.

In industriellen Anwendungen erschließen drehzahlvariable Pumpenantriebe Energieeinsparungen von bis zu 80 Prozent. Aus der Drehzahl der Pumpenantriebe heraus gesteuerte hydraulische Bewegungen vereinfachen die hydraulische Schaltung und verbinden die Vorteile der Elektrik mit der Hydraulik. In der Steuerungssoftware integriertes Hydraulik-Know-how vereinfacht die Einbindung der Fluidtechnologie in Maschinen.

Die Richtung stimmt: Die Hydraulik zeigt aktuell, dass sie mit innovativen Lösungen Antworten auf veränderte Marktanforderungen geben kann. Die Voraussetzung dafür ist eine technologieübergreifende Entwicklungsarbeit. Gerade weil zunehmend Software bislang mechanisch gelöste Aufgaben übernimmt, wächst der Bedarf an einem tiefen physikalischen Verständnis für die Hydraulik.

Dieses Buch leistet einen wichtigen Beitrag, die Basis dafür zu legen. Es vermittelt anschaulich die Funktionsweise und Vorteile der Hydraulik. Darüber hinaus zeigt es wichtige Ansätze, die Energieeffizienz und die Einbindung der Hydraulik in Steuerungssysteme zu verbessern. Hier besteht auch in Zukunft ein weites Feld für Innovationen und spannende Ingenieuraufgaben.

Dr.-Ing. Karl Tragl, Vorstandsvorsitzender Bosch Rexroth AG

VIII

# Inhalt

# 3 Energiewandler für stetige Bewegung (Hydropumpen und -motoren)

# 4 Energiewandler für absätzige Bewegung (Hydrozylinder, Schwenkmotoren)

# Zusammenstellung der wichtigsten Formelzeichen

Zeichen ............ Bedeutung ............................................. Einheiten

A, $A_1$, $A_2$, $A_3$ ............ Fläche, Kolben-, Kolbenring-, Kolbenstangenfläche ............ $m^2$

b ........................ Breite, Konstante (Viskositäts-Temperatur-Verhalten) ........ m, K

C ...................... Wärmespeichervermögen ......................................... kJ/K

c ...................... Konstante (VT-Verhalten), Federrate ........................ K, N/m

c, $c_p$ ................... Spezifische Wärmekapazität ............................... kJ/(kg, K)

D ....................... Außendurchmesser ............................................. m

D ....................... Dämpfung ................................................... –

d ...................... Durchmesser, Innendurchmesser .............................. m

e ...................... Exzentrizität ............................................... m

F ...................... Kraft ........................................................ N

f ..................... Frequenz, Pulsationsfrequenz ................................ $s^{-1}$

g ..................... Erdbeschleunigung ......................................... $m/s^2$

h ...................... Abstand, Spalthöhe, Zahnhöhe usw. .......................... m

I, $I_N$ ............... Strom, Nennstrom ............................................ A

K ...................... Kompressionsmodul ............................... Pa = $N/m^2$; bar*

k ...................... Konstante (Viskositäts-Temp.-Verhalten) ............. Pa·s = $Ns/m^2$

$k_s$, $k_t$, $k_x$ ............... Druckverlust-Faktoren ................................. –

l ...................... Länge, Rohrlänge ............................................ m

M ...................... Drehmoment ............................................... Nm

m ...................... Masse, Richtungskonstante (Ölviskosität) ................. kg, –

n ...................... Drehzahl, Polytropenexponent ................... $s^{-1}$, $min^{-1}$, –

P ...................... Leistung .................................................. W, kW

p, $p_0$, $p_B$ ............... Druck, atmosphärischer Druck, Berstdruck ........ Pa = $N/m^2$; bar

p ...................... mittlere Flächenpressung ......................... Pa = $N/m^2$; bar

Q ...................... Volumenstrom ............................................ $m^3$/s

R ...................... Lagerradius, Krümmungsradius ............................... m

Re ...................... Reynolds'sche Zahl .......................................... –

$R_m$ ...................... Zugfestigkeit, Bruchfestigkeit (Rohre) ........... $N/mm^2$ = MPa

r ...................... Radius, Wellenradius ........................................ m

S ...................... Wärmeabgabevermögen ..................................... kW/K

s ...................... Weg, Steigung, Wanddicke ................................... m

t ...................... Zeit ........................................................ s

T ...................... absolute Temperatur bzw. Temperaturdifferenz ............... K

U ...................... Innere Energie ...................................... W·s, kW·s

V ...................... Volumen, Verdrängungsvolumen .............................. $m^3$

v ...................... Geschwindigkeit, mittlere Geschwindigkeit ................. m/s

W ...................... Arbeit .............................................. W·s, kW·s

z ...................... Kolbenzahl ................................................. –

---

* 1 bar = $10^5$ Pa (Pascal) = $10^5$ $N/m^2$ --- 1 MPa = $10^6$ Pa = 10 bar = 1 $N/mm^2$

| Zeichen | Bedeutung | Einheiten |
|---|---|---|
| $\alpha$ | Wärmeübergangskoeffizient | $W/(m^2 \cdot K)$, $kW/(m^2 \cdot K)$ |
| $\alpha$ | Bunsen'scher Losungskoeffizient | $-$ |
| $\alpha$ | Viskositäts-Druckkoeffizient | $Pa^{-1}$; $bar^{-1}$ |
| $\alpha$ | Durchflusszahl | $-$ |
| $\beta$ | lin. Wärmeausdehnungskoeffizient, Filterkennwert | $K^{-1}$, $-$ |
| $\gamma$ | Wärmeausdehnungskoeffizient | $K^{-1}$ |
| $\delta$ | Ungleichförmigkeitsgrad | $-$ |
| $\delta$ | Spalthöhe | $m$ |
| $\eta$ | Dynamische Viskosität | $Pa \cdot s = N \cdot s/m^2$ |
| $\eta$ | Wirkungsgrad | $-$ |
| $\vartheta$ | Temperatur | $K$, $°C$ |
| $\kappa$ | Isentropenexponent | $-$ |
| $\kappa$ | Kompressibilität | $Pa^{-1}$; $bar^{-1}$ |
| $\lambda$ | Wärmeleitkoeffizient | $W/(m \cdot K)$, $kW/(m \cdot K)$ |
| $\lambda_R$ | Rohrwiderstandsbeiwert | $-$ |
| $\mu$ | Reibungszahl | $-$ |
| $\nu$ | kinematische Viskosität | $m^2/s$ |
| $\zeta$ | Widerstandsbeiwert | $-$ |
| $\rho$ | Dichte | $kg/m^3$ |
| $\sigma$, $\sigma_B$ | Spannung, Bruchspannung | $N/mm^2 = MPa$ |
| $\tau$ | Schubspannung durch Scherung | $N/m^2 = Pa$ |
| $\tau$ | Zeitkonstante | $s$ |
| $\psi$ | Relatives Lagerspiel | $-$ |
| $\omega$ | Winkelgeschwindigkeit, Eigenfrequenz | $s^{-1}$ |

Indices

| | | | |
|---|---|---|---|
| 1 | Antrieb | M | Motor |
| 2 | Abtrieb | n | normal |
| A | Arbeitsgang, Ausgang | ND | Niederdruck |
| Anl | Anlage | P | Pumpe |
| Betr | Betrieb | q | quer |
| D | Drossel | Sa | Schrägachsen-Bauweise |
| eff | effektiv | Ss | Schrägscheiben-Bauweise |
| E | Eilgang, Eingang | t | tangential |
| ges | Gesamt | th | verlustlos |
| HD | Hochdruck | Ts | Taumelscheiben-Bauweise |
| hm | hydraulisch-mechanisch | Umg | Umgebung |
| k, K | Kolben | v | Verlust |
| Kühl | Kühler | vol | volumetrisch |
| L | Lecköl, Last | wä | Wärme |

# 1 Einführung

## 1.1 Begriffe

Die „Hydraulik" war im ursprünglichen, umfassenden Sinn die Wissenschaft von der Bewegung der strömenden Flüssigkeiten, insbesondere des Wassers (griech *Hydor*).
Da man als Arbeitsfluid für den Betrieb von hydraulischen Maschinen, wie beispielsweise von hydraulischen Pressen [1.1], seit Beginn des 20. Jahrhunderts nicht mehr Wasser, sondern das gegen Korrosion schützende und gleichzeitig besser schmierende Mineralöl benutzte, hat sich der Begriff „Ölhydraulik" gebildet. Die Ölhydraulik befasst sich mit der hydrostatischen Energie- und Signalübertragung in Maschinen und Anlagen. Während beim *hydrodynamischen* Antrieb die von einem Pumpenrad erzeugte

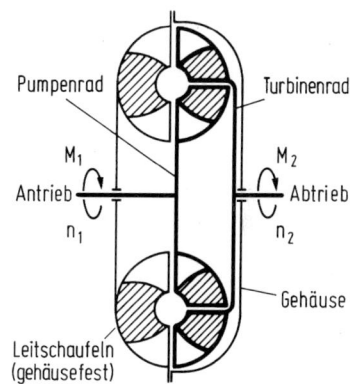

**Bild 1.1:** Hydrodynamischer Antrieb, Energieübertragung durch Massenwirkung (Größen s. 1.2)

Bewegungsenergie des Fluids auf ein Turbinenrad übertragen wird, **Bild 1.1**, arbeitet der *hydrostatische* Antrieb nach **Bild 1.2** mit einer *volumetrisch* wirkenden Pumpe und *volumetrisch* wirkenden Verbrauchern. Entscheidend ist hier das Prinzip der Verschiebung eines Ölvolumens, davon rührt der Sammelbegriff

*„Verdrängermaschinen"*

für Pumpen und Motoren.
Gegensatz:

*„Strömungsmaschinen".*

Hydrodynamische Antriebe oder *Föttinger-Wandler* werden in großer Stückzahl für Pkw-Getriebe verbaut [1.2] oder auch in der Form der Flüssigkeitskupplung (ohne Leitrad, nur Drehzahlwandlung) in kleinen Stückzahlen

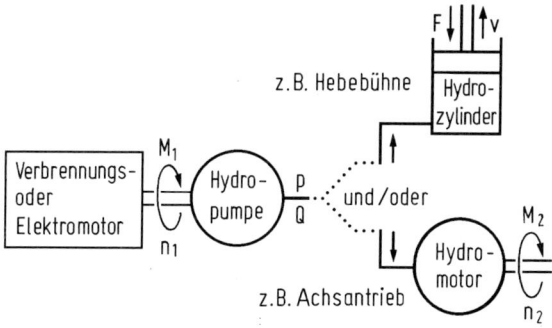

**Bild 1.2:** Hydrostatischer Antrieb durch Verschieben der Flüssigkeit, z. B. bei 320 bar (Größen siehe 1.2)

für Antriebe benutzt. Beide Antriebsarten werden seit langem nicht zur Ölhydraulik gerechnet, ablesbar z. B. an der Einleitung zu DIN ISO 1219-1 (2007): *„In fluidtechnischen Anlagen wird Energie durch ein unter Druck stehendes Medium (flüssig oder gasförmig) innerhalb eines Kreislaufes übertragen und der Energiefluss gesteuert oder geregelt."* Dieses Buch schließt gasförmige Fluide (*„Pneumatik"*) aus.

## 1.2 Aufbau und Funktion ölhydraulischer Antriebe

Die Bestandteile und das grundsätzliche Zusammenwirken der einzelnen Baugruppen eines hydraulischen Antriebes zeigt **Bild 1.3**. Der hydrostatische Teil besteht danach aus der Hydropumpe als dem Druckölerzeuger und dem Hydrozylinder oder dem Hydromotor als dem Druckölverbraucher. Dazwischen befinden sich die Ölleitungen, die Steuerventile und das sonstige Hydraulikzubehör, wie Filter, Kühler, Speicher usw. Als Antriebsmaschine wird meistens ein Elektro- oder ein Verbrennungsmotor verwendet; er treibt die Pumpe mit dem Drehmoment $M_1$ und der Drehzahl $n_1$ an und liefert damit die mechanische Leistung

$$P_{\text{mech}} = M_1 \cdot \omega_1 = 2\pi \cdot M_1 \cdot n_1 \qquad (1.1)$$

Die Hydropumpe liefert infolge von Verlusten eine kleinere hydraulische Leistung

mit $p$ als Druckanstieg und $Q$ als Volumenstrom. Häufig ergibt sich $p$ rückwirkend aus der Belastung der Arbeitsmaschine („Lastdruck"). Der druckbeladene Ölstrom gelangt über Leitungen und Steuerventile in den Hydrozylinder oder in den Hydromotor, wo die hydraulische Leistung wieder in die von der Arbeitsmaschine benötigte mechanische Leistung umgewandelt wird. Letztere wird für den Hydrozylinder aus der Kolbenkraft $F$ und der Kolbengeschwindigkeit $v$ ermittelt:

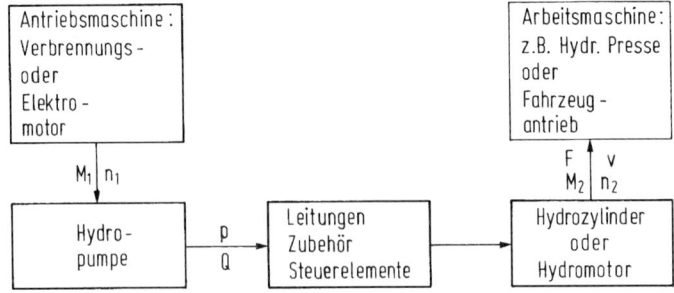

**Bild 1.3:** Blockschaubild zur Leistungsübertragung in Hydraulikanlagen

$$P_{mech} = F \cdot v \qquad (1.3)$$

Für den Hydromotor (Index 2) ergibt sich die abgegebene Leistung zu:

$$P_{mech} = 2\pi \cdot M_2 \cdot n_2 \qquad (1.4)$$

**Bild 1.4** zeigt die schematisierte technische Ausführung und die Darstellung des Antriebes mit Hilfe von genormten Symbolen (siehe Kap. 1.5.3) für einen Hydrozylinder. Verwendet werden hier eine Konstantpumpe (konstantes Fördervolumen je Pumpenumdrehung = *Hubvolumen*) und ein doppelt wirkender Zylinder. Die Pumpe saugt das Öl aus dem Ölbehälter und liefert den Volumenstrom $Q$ unter dem Druck $p$ an den Zylinder. Die weiteren Aussagen gelten zunächst der Einfachheit halber für eine Vernachlässigung von Reibungs- und Leckölverlusten.

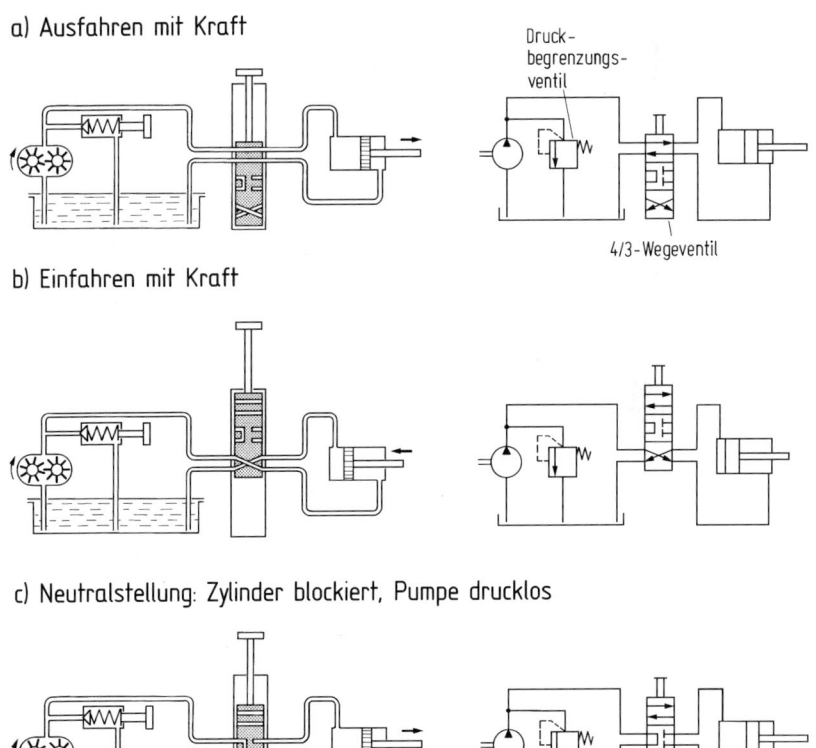

**Bild 1.4:** Antrieb eines Hydrozylinders

Der Volumenstrom ist proportional der Pumpendrehzahl und bestimmt die Kolbengeschwindigkeit; das Antriebsmoment ist proportional dem Druck, der sich hier entsprechend der Kolbenlast einstellt („Lastdruck"). Da die Pumpe nur einseitig fördert, der Zylinder sich jedoch in beiden Richtungen bewegen soll, ist ein Wegeventil nötig, das den Ölstrom auf die jeweils gewünschte Seite des Kolbens lenkt. Das Wegeventil bestimmt Start, Stop und Bewegungsrichtung, d. h. den gesamten Bewegungsablauf des Kolbens. In der oberen Darstellung in Bild 1.4 ist das Wegeventil auf Kolbenvorlauf geschaltet: Der von der Pumpe kommende Ölstrom strömt in den linken Zylinderteil, so dass sich der Kolben nach rechts bewegt. Das Ölvolumen, das der rechte Zylinderteil (Kolbenringfläche) verdrängt, kann über das Wegeventil in den Ölbehälter zurückfließen.

Für den Kolbenrücklauf (Bild 1.4, mittig) wird der Ventilschieber nach oben geschoben, so dass die diagonal liegenden Bohrungen zur Wirkung kommen. In der mittleren Ventilstellung, der so genannten Ruhestellung, sind beide Zuleitungen zum Zylinder abgesperrt, und der Pumpenölstrom kann drucklos kurzgeschlossen in den Behälter zurückfließen (Bild 1.4, unten). Zur Absicherung einer Hydraulikanlage und ihrer Geräte oder zur Begrenzung des Öldruckes auf einen Maximalwert aus sonstigen Gründen werden Druckbegrenzungsventile verwendet: Sobald die aus dem Öldruck sich ergebende Kolbenkraft größer wird als die Federkraft, gibt der Ventilkolben den Durchfluss zum Ölbehälter frei.

Das in Bild 1.4 eingezeichnete Druckbegrenzungsventil spricht auch an, sobald der Kolben seine jeweilige Endlage erreicht hat. Der Pumpenölstrom fließt dann voll gedrosselt in den Öltank zurück, die dabei entstehende Wärme wird mit dem Öl abgeführt. Wegen der Vergeudung kostbarer Energie (mit eventueller Überhitzungsgefahr) ist dieser Zustand bei höheren Drücken nur kurzfristig vertretbar. Mit derselben Schaltung kann auch ein Hydromotor betrieben werden. **Bild 1.5** zeigt Schema und Schaltplan für einen Konstantmotor, der ein konstantes Verdrängungsvolumen (Schluckvolumen) je Umdrehung aufweist.

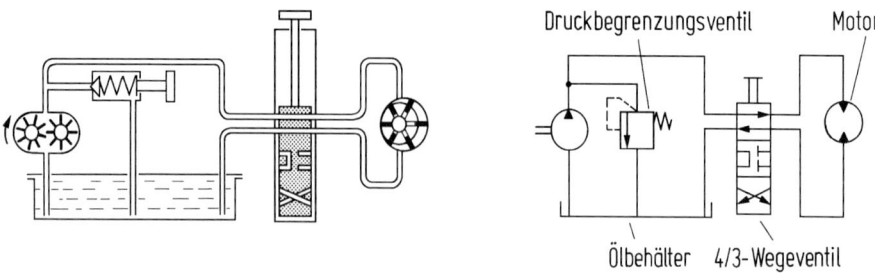

**Bild 1.5:** Antrieb eines Hydromotors

# 1.3 Technische Eigenschaften ölhydraulischer Antriebe

## 1.3.1 Grundlegende Eigenschaften

Die Ölhydraulik hat dem Maschinenbauingenieur völlig neue Möglichkeiten für die Verwirklichung von Konstruktionsideen in die Hand gegeben. Der Ersatz der Seilbagger durch Hydraulikbagger oder die Einführung stufenloser Getriebe bei vielen mobilen Maschinen sind Beispiele hierfür. Seit Normbauteile (wie z. B. Rohre, Rohrverschraubungen, O-Ringe u. a.) und einbaufertige Komponenten (wie z. B. Pumpen, Motoren, Ventile, Arbeitszylinder, Filter, Speicher u. a.) in vielfältigen Ausführungen von Spezialfirmen zur Verfügung stehen, wurde die Ölhydraulik zu einer bedeutsamen Querschnittsdisziplin des Maschinenbaus, der Fahrzeugtechnik und der Luft- und Raumfahrttechnik: Die Planung, Berechnung, Simulation und Optimierung ganzer Anlagen („*Systemtechnik*") beschäftigt heute wesentlich mehr Ingenieure als die Entwicklung der Komponenten. Vergleiche mit alternativen Konzepten erfordern eine möglichst gute Bilanz der jeweiligen Stärken und Schwächen.

**Positive Eigenschaften der hydrostatischen Antriebe:**

1. Einfacher Aufbau mit Hilfe von Normbauteilen und Zulieferkomponenten.
2. Freizügige Anordnung aller Bauteile.
3. Konstruktiv einfache Erzeugung großer Kräfte, sehr hohe Kraft- und Leistungsdichte.
4. Gutes Zeitverhalten (Beschleunigung- oder Verzögerungsvermögen) infolge großer Stellkräfte /-momente bei vergleichsweise geringen Massenträgheiten.
5. Einfache Wandlung von rotierender in translatorische Bewegung.
6. Einfaches Anfahren ohne Kupplung. Einfache Bewegungsumkehr.
7. Stufenlose, nahezu formschlüssige Übersetzungsänderung unter Last (besonders vorteilhaft z. B. für die Fahrantriebe mobiler Arbeitsmaschinen).
8. Einfacher Überlastungsschutz durch Druckbegrenzungsventile/Drucksensoren.
9. Gute Möglichkeiten zur Automatisierung von Prozessen.

**Negative Eigenschaften der hydrostatischen Antriebe:**

1. Wirkungsgrade geringer als bei mechanischen Antrieben: Zusätzlich zu mechanischer Reibung gibt es Druckverluste durch Flüssigkeitsreibung in Rohren und Elementen und Lecköverluste in den Spalten der Elemente.
2. Gewisser (wenngleich meistens sehr geringer) Schlupf zwischen An- und Abtrieb infolge von Lecköverlusten und Kompression des Öls, wodurch eine exakte Synchronisierung von Bewegungsabläufen erschwert wird.
3. Hoher Herstellungsaufwand infolge der Präzision der Hydraulikelemente.
4. Betriebsverhalten über die Viskosität des Fluids temperaturabhängig.

## 1.3.2 Systemeigenschaften ölhydraulischer und elektrischer Antriebe

Die rotatorische elektrische Antriebstechnik hat in jüngerer Zeit an Bedeutung gewonnen, **Tafel 1.1** (angelehnt an [1.3]) – Hauptgründe:

1. Entwicklung sehr effizienter Leistungselektronik für Spannungstransformation, Frequenzumrichtung und Schaltung von Erregerwicklungen.
2. Neue Werkstoffe für Permanentmagnete mit höherer Feldstärke.
3. Leistungsfähige digitale Kontrollsysteme.

Diese Tendenzen verschärfen auf den ersten Blick den Wettbewerb mit der Ölhydraulik. Jedoch zeigt es sich, dass der Königsweg oft darin besteht, moderne Leistungselektronik, Elektromotoren und hydraulische Verdrängermaschinen geschickt zu kombinieren – siehe Grundlagen und neue Anwendungen in Kap. 9.7.

**Tafel 1.1:** Rotatorische hydrostatische oder elektrische Antriebe (5 Punkte „sehr gut", 1 Punkt „schlecht")

| Bewertungskriterium | hydrost. | elektr. |
|---|---|---|
| Leistungsgewicht | 5 | 2 |
| Preis leistungsbezogen | 4 | 3 |
| Bauraum | 5 | 2 |
| Dynamik | 4 | 3 |
| Anfahren | 4 | 4 |
| Überlastbarkeit | 3 | 4 |
| Wirkungsgrad | 4 | 5 |
| Regelbarkeit | 3 | 4 |
| Leckagen | 1 | 5 |
| Geräuschentwicklung | 2 | 4 |
| Kühlung | 4 | 2 |
| Wartung | 3 | 5 |

### 1.3.3 Physikalische Analogien Ölhydraulik – Elektrik

Hydrostatische und elektrische Antriebe sind in ihrer konstruktiven Ausführung sehr unterschiedlich. Bezüglich ihres Systemverhaltens gibt es jedoch einige interessante Analogien [1.4, 1.5], von denen fünf wichtige in **Tafel 1.2** angesprochen werden. Ihre Nutzanwendung kann für die Entwicklung hydrostatischer Systeme z. B. folgende Vorteile haben:

1. Hilfen beim Verstehen des Systemverhaltens (Funktionalität)
2. Hilfen beim mathematischen Modellieren (Betriebsverhalten, Dynamik)

Als erstes Beispiel zu 1. sei das Betriebsverhalten eines Konstantdrucksystems mit Verstellpumpe aufgeführt, das mit dem eines Gleichspannungsnetzes vergleichbar ist. Als zweites Beispiel zu 1. kann die elektrische Wheatstone'sche Brückenschaltung angesehen werden. Sie ist z. B. bei Drosselschaltungen oder Vorsteuerstufen von Wegeventilen bedeutsam.

Als ein Beispiel zu 2. kann die Modellierung von Systemen genannt werden, bei denen schnelle Verstellungen oder Regelungen eine Rolle spielen.

| Größe | Elektrisch | Hydraulisch |
|---|---|---|
| Strom | elektrischer Strom $I$ | Volumenstrom $Q$ |
| Spannung | elektr. Spannung $U$ | hydrostat. Druck $p$ |
| Widerstand | el. Widerstand $R = \dfrac{U}{I}$ | hydr. Widerst. $R = \dfrac{\Delta p}{Q}$ |
| Kapazität | $C = \dfrac{\text{Ladung}}{\text{Spannung}} = \dfrac{\int I \, dt}{U}$ | $C = \dfrac{Q}{dp/dt} = \dfrac{\Delta V}{\Delta p} = \dfrac{V_0}{K}$ |
| Induktivität | $L = \dfrac{U}{dI/dt}$ | $L = \dfrac{\Delta p}{dQ/dt}$ |

**Tafel 1.2:** Physikalische Analogien zwischen den wichtigsten Größen elektrischer und hydrostatischer Systeme. $K$ ist bei der Kapazität der Kompressionsmodul. (Werte in Tafel 2.3)

Bei solchen instationären Vorgängen (z. B. in den verbreiteten Load-Sensing-Systemen) ist bei raschen Druckänderungen die Kompressibilität zu berücksichtigen (*kapazitives* Verhalten) oder die Massenwirkung einer beschleunigten Ölsäule einzubeziehen (*induktives* Verhalten).

In die *Kapazitäten* geht vor allem die Kompressibilität des Öls ein (Rohraufweitung meist vernachlässigbar). Schläuche erhöhen jedoch die Kapazität erheblich und Speicher nochmals mehr. Bei der *Induktivität* geht die Rohrlänge linear ein. Die System-Induktivität wird durch Massenträgheiten von Stellgliedern erhöht.

## 1.4 Historische und wirtschaftliche Entwicklung der Ölhydraulik

Der Begriff „Hydraulik" hatte ursprünglich eine sehr umfassende Bedeutung.
In der 11. Auflage des Brockhaus Conversations-Lexikons heißt es 1866 noch:

*„Hydraulik ist ein Theil der angewandten Mathematik und im besondern der Hydromechanik, d. h. der Mechanik flüssiger Körper. Der Name wird in einem weitern und einem engern Sinne gebraucht: im ersteren begreift H. die wissenschaftliche Betrachtung alles dessen, was auf die Bewegung tropfbarer Flüssigkeiten Bezug hat; im letztern beschäftigt sie sich nur mit den praktischen Anwendungen, welche von der Bewegung des Wassers gemacht werden, umfasst also die Wasserbaukunst, ferner die Untersuchung der Quellen, die Wasserhebung, den Bau und die Kenntnis der Wasserräder, Wassersäulenmaschinen u.s.w."*

Hundert Jahre später, in der 17. Auflage des Brockhaus-Lexikons wird 1969 unter „Hydraulik" jedoch verzeichnet:

*„Die Lehre und technische Anwendung von Strömungen inkompressibler Flüssigkeiten (Rohrhydraulik). Unter Einschränkung des Begriffes werden hydrostatische Antriebe (Druckmittelgetriebe) mit Hydraulik bezeichnet....."*

In diesen beiden Beschreibungen spiegelt sich der Wandel wieder, der sich in der Bedeutung des Begriffs „Hydraulik" vollzogen hat.

Über Handhebel betätigte Kolbenpumpen sind schon aus der Zeit vor Christi Geburt bekannt geworden. So berichtet Vitruv [1.6] über Ktesibios, der in der ersten Hälfte des 3. Jh. v. Chr. gelebt und u. a. eine Kolbenpumpe mit zwei gegenläufigen stehenden Zylindern erfunden hat. Sie saugten das Wasser durch die in ihren Böden befindlichen Einlassventile an, um es über Auslassventile in einen zwischen ihnen montierten Druckbehälter zu fördern. In den darauf folgenden Jahrhunderten, selbst noch im Mittelalter, war die Druckwasserhydraulik offensichtlich von nur geringer Bedeutung. Erst zu Beginn der Neuzeit, etwa vom 16. Jh. an, werden zahlreiche Bestrebungen sichtbar, Druckwasserpumpen zu entwickeln, speziell für die sogenannten „Wasserkünste".

Schon zu dieser Zeit wurden fast alle wichtigen Pumpenbauarten erfunden. So beschreibt schon Ramelli in einem 1588 erschienenen Buch [1.7] eine sogenannte „Capselkunst" als Vorläufer der heute in der Ölhydraulik gebräuchlichen Flügelzellenpumpen, **Bild 1.6**. Im selben Buch wird auch eine mit mehreren axial bewegten Kolben ausgerüstete Pumpe beschrieben, die als einer der ersten Vorläufer unserer heutigen Axialkolbenpumpen angesehen werden kann, siehe **Bild 1.7**. Über Wasserrad (1) und Winkelgetriebe (2) werden die Triebwelle (3) und mit ihr die Taumelscheiben (4) und (5) angetrieben. Die Rollen 6 sind mit den Kolbenstangen (7) verbunden, so dass die an ihrem unteren Ende befestigten Kolben beim Drehen der Welle (3) in den Zylindern (8) bis (11) eine Hubbewegung ausführen. Über Ventile saugen sie Wasser aus Behälter (12) an und fördern es über Druckrohr (13) in den Hochbehälter (14).

**Bild 1.6:** Flügelzellenpumpe zur Wasserförderung, 1588 von Ramelli beschrieben in [1.7]

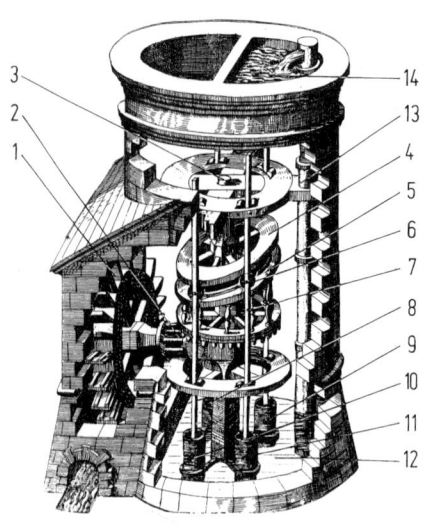

**Bild 1.7:** Axialkolbenpumpe zur Wasserförderung, 1588 in [1.7] beschrieben

Die heute sehr weit verbreitete Zahnradpumpe wurde schon 1597 von Johannes Kepler erfunden, **Bild 1.8**. In seiner um 1604 gemachten Eingabe [1.8] weist er besonders darauf hin, dass diese Pumpe keine Ventile benötigt. Er schreibt:

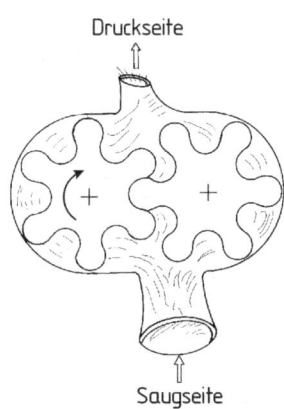

Druckseite

Saugseite

*„Zwo oder mehr Wellen in einem verschlossenen Casten, die da ghüb angehen, und jede sechs mehr oder weniger Holkehlen, sampt sechs runden leisten 70 im umkreiß statt, dass also die Wellen im umbtreiben, mit oder ohne füetterung wasser halten, und eine die andere auslähre. Durch wölliches mittel die Pompen Heb- von Truckwergkh in continuum gebracht werden und nit aussetzen, und kheine Ventilen von nöthen seind."*

**Bild 1.8:** 1597 von Johannes Kepler erfundene Zahnradpumpe (nach einer Skizze von W. Schickard 1617)

Später wird die Zahnradpumpe unter dem Namen „Machina Pappenheimiana" in der Ausführung bekannt, wie sie 1724 von Leupold [1.9] im „Theatri Machinarum Hydraulicarum" beschrieben wird.

Soweit bekannt, beschrieb Blaise Pascal als Erster um 1660 das Prinzip der hydraulischen Kraftverstärkung:

*„So man in der Wand eines sonst von allen Seiten geschlossenen, mit Wasser gefüllten Gefäßes zwei Öffnungen anbringt, von denen die eine 100 mal größer ist als die andere, diese Öffnungen mit genau passenden Kolben versieht und den kleinen Kolben durch einen Mann verschieben lässt, so erhält man die Kraft von 100 Männern."*

Die erste praktische Ausführung einer hydraulischen Presse wurde jedoch erst viel später von Joseph Bramah geschaffen, der im Jahre 1795 ein Patent darauf erhielt.

Im 19. Jh. folgten rasch aufeinander weitere Anwendungen der Druckwasserhydraulik [1.1], beispielsweise für Schmiedepressen (1861, John Haswell), Materialprüfmaschinen (um 1850, Ludwig Werder), Gesteinsbohrmaschinen (1877, Alfred Brandt), Ankerwinden und andere. Schließlich wurden auch hydraulisch betriebene Kräne und Aufzüge gebaut. Die kommerzielle Entwicklung hydrostatischer Maschinen, die mit Öl arbeiteten, begann erst im 20. Jahrhundert – mit großen Anfangsschwierigkeiten.

Als hemmende Faktoren bezeichnete der bekannte Hydraulikkonstrukteur und Erfinder Hans Molly (1902-94) in [1.10]: *Mangelhafte kinematische Analyse, fehlende Dimensionierungserfahrung, unausgereifte hydrostatische Entlastungen, Werkstoff- und Fertigungsprobleme.*

1905 präsentierten die Amerikaner Williams und Janney ein mit Taumelscheiben arbeitendes hydrostatisches Getriebe in Axialkolbenbauweise, das mit Drücken bis zu 40 bar arbeitete und erstmals mit Mineralöl als Druckflüssigkeit betrieben wurde [1.11]. Die erste brauchbare Radialkolbenmaschine entwickelte Hele Shaw 1910 [1.12, 1.13]. Hans Thoma (1887–1973), der schon 1922 eine schnell laufende Radialkolbenmaschine vorgestellt hatte, erhielt 1929 gemeinsam mit Heinrich Kosel das Patent auf die dann rasch bekannt gewordene Axialkolbenmaschine in Schrägachsenbauweise [1.14]. Sie wurde ab 1940 für Drücke bis zu 250 bar in Serie gebaut, mehr als 10 Jahre vor den einfacheren Axialkolbenmaschinen in Schrägscheibenbauweise. Zu H. Thomas Werdegang enthält [1.15] Hinweise.

1925 meldete H.G. Ferguson seine Erfindung einer automatischen Tiefenführung von Anbaupflügen bei Traktoren zum Patent an [1.16]. Von mehreren vorgeschlagenen Alternativen setzte sich die hydraulische Umsetzung klar durch und gehört seit etwa 1960 weltweit zur Standardausrüstung fast aller landwirtschaftlichen Traktoren. Die neuere Entwicklung beschreibt Hesse in einer Übersichtsarbeit [1.17]. Die Autoren dieses Buches schätzen, dass bis 2008 über 20 Millionen Systeme auf den Markt gebracht worden sind. Nach dem Zweiten Weltkrieg setzte dann eine boomartige Entwicklung der Ölhydraulik ein mit Durchdringung des gesamten Maschinenbaus [1.17] – bei Werkzeugmaschinen, Verarbeitungsmaschinen, im Schiffbau, im Flugzeugbau, im Kraftfahrzeugbau, im Landmaschinen- und Traktorenbau sowie bei Baumaschinen, Forstmaschinen und in der Kommunaltechnik. Spektakulär lief z. B. der rasche Ersatz des Standard-Seilbaggers durch den Hydraulikbagger, eingeleitet durch Demag 1954.

Bei Drosselsteuerungen waren es ab 1958 die Grundlagen von Blackburn, Lee und Shearer (MIT) [1.18], die die Entwicklung der Servohydraulik eingeleitet haben.

Der Jahresumsatz der im VDMA vertretenen Hydraulikfirmen (ohne Pneumatik) stieg von 1966 bis 1981 von 0,4 auf etwa 2,2 Mrd DM an und betrug 2007 bereits über 4 Mrd. €. Die tatsächlichen Produktionswerte sind aber noch deutlich höher, weil die Hydraulik-Eigenfertigung von Maschinenbaufirmen sowie Liefe-rungen an die Automobilindustrie nicht enthalten sind. Ferner vertritt der VDMA nicht 100% des Umsatzes sondern etwa 85%. Weltweit sind die USA der größte Produzent vor Deutschland und Japan, im Export nimmt jedoch deutsche Ölhydraulik auf dem Weltmarkt seit vielen Jahren den ersten Platz ein.

Diese bemerkenswerten deutschen Erfolge wurden 1997 durch zwei herausragende Persönlichkeiten der Branche gewürdigt: durch Professor Wolfgang Backé als Vertreter der Forschung [1.19] und den Manager Werner Dieter als Vertreter der Industrie [1.20].

# 1.5 Normung in der Ölhydraulik

## 1.5.1 Normungsziele

Typische Inhalte von Normen der Ölhydraulik betreffen (ähnlich wie in anderen Gebieten) Begriffe, Definitionen, Einheiten, Symbole, Anschlussmaße und sonstige Schnittstellen, Stoffwerte, Messverfahren, Berechnungsverfahren, Testverfahren, Methoden zur Erfassung technischer Daten, Einrichtung von Klassen oder Kategorien, Festlegung von Nennwerten, Ergebnisdarstellungen und anderes. Neben der Industrie sind oft auch der Gesetzgeber bzw. eingeschaltete Prüfämter sowie Kommunalverwaltungen, Versicherungsgesellschaften oder Berufsgenossenschaften an guten Normen interessiert, auf die sie sich beziehen können.

Normen haben in der Ölhydraulik vor allem deswegen eine große Bedeutung, weil die Anlagen aus vielen Einzelkomponenten bestehen, die gewöhnlich auch noch von verschiedenen Herstellern produziert werden. Dieses „Zusammensetzen von Anlagen" aus dem heute weltweiten Komponentenangebot würde ohne Normen nicht gut funktionieren. Die gerade für Deutschland besonders wichtige Globalisierung der Geschäftsbeziehungen in der Ölhydraulik bewirkt, dass nationale Normen an Bedeutung verlieren, aber internationale stark an Gewicht zunehmen.

## 1.5.2 Trend zu internationalen Normen

Aus den oben genannten Gründen hat es sich in neuerer Zeit bewährt, bei größeren Normungsschritten von nationalen auf internationale Normen überzugehen und dann z. B. aus einer fertigen ISO-Norm eine nationale Norm DIN ISO abzuleiten (siehe z.B. DIN ISO 1219). In der ISO sind folgende Arbeitsebenen üblich:

| | |
|---|---|
| ISO | International Organization for Standardization |
| TC | Technical Committee (federführend für ein Gebiet) |
| SC | Sub Committee (federführend für ein Teilgebiet) |
| WG | Working Group (Expertengremium) |

Die Ölhydraulik wird in TC 131 betreut, Öle in TC 28/SC 4 (Stand 2010). Eine internationale Norm entsteht in vielen Schritten. Am Ende der Vorbereitungsphasen ergibt sich ein „Committee Draft, CD", der bereits den technischen Konsens der mitwirkenden Länder und Gremien darstellt. Die darauf folgenden (und schon veröffentlichten) Phasen sollten dann für praktische Anwendungen möglichst schon berücksichtigt werden – diese sind:

| | |
|---|---|
| ISO/DIS | „Draft International Standard", Internationaler Entwurf |
| ISO/FDIS | „Final Draft International Standard", Internationaler Schlussentwurf |
| ISO | „International Standard", Internationale Norm („Weißdruck") |

Die Schaffung guter ISO-Normen ist ein sehr mühsamer „globaldemokratischer" Prozess. Ist der Inhalt für eine Norm weniger geeignet, aber wichtig, so kann z.b. ein ISO/TR („Technical Report") erstellt werden. Ein ISO/TS („Technical Specification") bedingt Konsens in einem ISO Committee. Auf einigen Gebieten gewinnt derzeit die Einbindung europäischer Normen (EN) als Zwischenebene an Bedeutung – insbesondere bei Sicherheitsfragen. Dreifachnormen heißen dann z. B. DIN EN ISO. Europäische Normen werden vom CEN erarbeitet und herausgegeben (Europäisches Komitee für Normung, Brüssel).

Die Normungsarbeit der Ölhydraulik wird durch die Geschäftsstelle des Fachbereiches Fluidtechnik im Normenausschuss Maschinenbau (NAM) betreut, der selbst als Teilbereich des „DIN Deutsches Institut für Normung e.V." arbeitet. Gute Normen bedingen die Mitwirkung möglichst kompetenter Fachleute, die diese Arbeit oft ehrenamtlich zusätzlich zum Tagesgeschäft leisten. Die Ergebnisse sind nicht nur für die Entwicklung der Ölhydraulik innerhalb der Industrienationen wichtig, sondern sie stellen auch einen bedeutenden Beitrag zum Technologietransfer in weniger entwickelte Länder dar. Dieses gilt vor allem für die ISO-Normen, die originär in englischer Sprache verfasst werden. Für die Übersetzung von Fachbegriffen in die deutsche oder in die französische Sprache wurde mit ISO 5598 ein Fachwörterbuch geschaffen. Übersichten über alle wichtigen Normen und Normentwürfe der Fluidtechnik erscheinen beispielsweise in [1.21]. Anfragen kann man richten an www.vdma.org/fluidtechnik.

## 1.5.3 Grafische Symbole für Schaltpläne

Ähnlich wie in der Elektrotechnik können auch in der Ölhydraulik Schaltpläne helfen, Strukturen und Arbeitsfunktionen von Anlagen so einfach wie möglich abzubilden. Dadurch werden das Verständnis, die Planung, die Modellierung und die spätere Überwachung erheblich erleichtert. Nach der ursprünglichen nationalen Norm DIN 24 300 wurde 1978 in Deutschland die aus ISO 1219 abgeleitete nationale Norm DIN ISO 1219 für „Schaltzeichen" gültig. Später erweiterte man die Weltnorm ISO 1219 zu mehreren Teilen: 1991 kam ISO 1219-1 für „Graphic Symbols" heraus, daraus leitete sich dann die 1996 veröffentlichte deutsche Norm DIN ISO 1219-1 ab, die nun den Begriff „graphische Symbole" benutzt. Sie erschien erneut verfeinert im Jahre 2007 [1.22]. Bei jedem Schritt gab es leichte Änderungen. Der neuere Stand betont mehr als zuvor die Gestalt der elementaren grafischen Elemente, aus denen man die Symbole zusammensetzt. Kleine Änderungen gab es z. B. bei den Druckbegrenzungsventilen (beim vorletzten Stand), den Arbeitszylindern (schwarze Dreiecke kamen beim vorletzten Stand hinein, beim Stand 2007 [1.22] wieder heraus), den Kompaktgetrieben und den Blendendrosseln (z. B. bei Stromregelventilen).

**Tafel 1.3** bis **1.5** vermittelt einen Überblick, der für das weitere Studium des Buches unerlässlich ist. Grundlage ist die Norm DIN ISO 1219-1, Stand 2007 [1.22]. Bei mehreren möglichen Schaltstellungen wird grundsätzlich die Ruhestellung dargestellt. Die jetzt in DIN ISO 1219-1 auch enthaltenen, aber unten nicht aufgenommenen Symbole für Einbauventile findet man in Kapitel 5.6.2. Für EDV-unterstütztes Zeichnen von Schaltplänen gibt es in [1.22] Hilfen. Zweckmäßig ist auch das Anlegen einer Datei (in Vektorgrafik) mit den wichtigsten Elementen.

**Tafel 1.3:** Grafische Symbole für Energiewandler nach DIN ISO 1219

### Hydropumpen und -motoren

| | | |
|---|---|---|
| Konstantpumpe | konstantes Verdrängungsvolumen, eine Förderrichtung, Antrieb durch E-Motor | 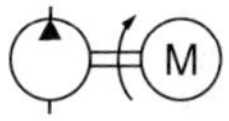 |
| Konstantpumpe | konstantes Verdrängungsvolumen, zwei Förderrichtungen | 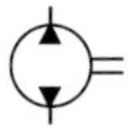 |
| Verstellpumpe | verstellbares Verdrängungsvolumen, zwei Förderrichtungen | 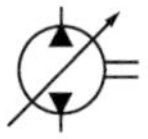 |
| Konstantmotor | konstantes Verdrängungsvolumen, eine Drehrichtung | 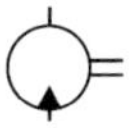 |
| Verstellmotor | verstellbares Verdrängungsvolumen, zwei Drehrichtungen | 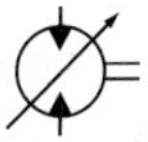 |
| Hydrokompakt-getriebe | Verstellpumpe und -motor für zwei Abtriebsdrehrichtungen | 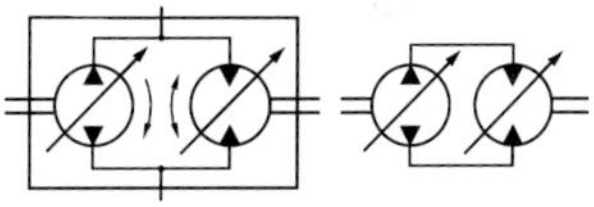 |

### Hydrozylinder

| | | |
|---|---|---|
| Einfach wirken-der Zylinder | in einer Richtung wirkend, Rückbewegung durch äußere Kraft |  |
| Doppelt wirken-der Zylinder | in zwei Richtungen wirkend |  |
| Teleskop-zylinder | in einer Richtung wirkend, Rückbewegung durch äußere Kraft | 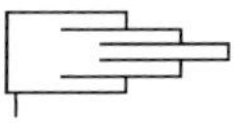 |

**Tafel 1.4:** Grafische Symbole für Hydroventile nach DIN ISO 1219

## Wegeventile

| | | |
|---|---|---|
| 3/2-Wegeventil | 3 Anschlüsse, 2 Schaltstellungen (Anschlüsse in „Ausgangsstellung") | 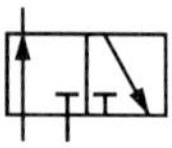 |
| 4/3-Wegeventil | Umlaufstellung von P nach T P: Pumpe, T: Ölbehälter (Tank) A, B: Verbraucheranschlüsse | 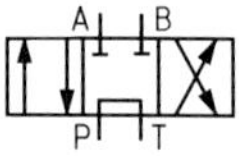 |
| 4/3-Wegeventil (Betätigungen) | handbetätigt (Betät.-Element darf auch mittig angesetzt sein) | 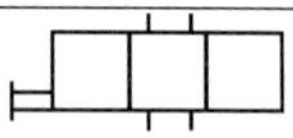 |
| | direkt hydraulisch betätigt | 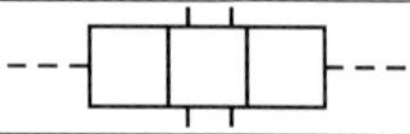 |
| | über Vorsteuerventil indirekt hydraulisch betätigt | 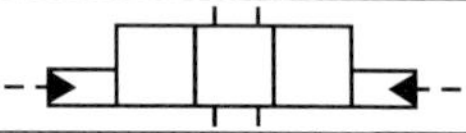 |
| | elektromagnetisch betätigt, Rückstellung durch Federn | 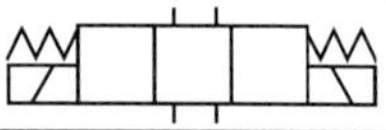 |
| 4/3-Wegeventil (Durchfluss) | nicht drosselnd, 2 Endschaltstellungen | 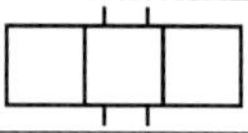 |
| | drosselnd, beliebig viele Zwischen-Schaltstellungen | 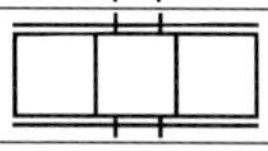 |

## Druckventile

| | | |
|---|---|---|
| Druckbegrenzungsventil | begrenzt Druck im Zulauf durch Federkraft, öffnet bei Überdruck | 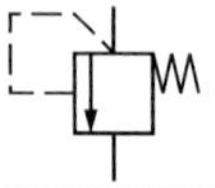 |
| Folgeventil | schaltet Verbraucher zu, sobald gewisser Eingangsdruck erreicht ist, hat dabei geringen Druckverlust | 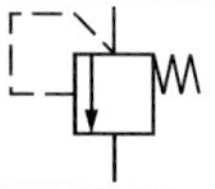 |
| Druckregelventil | hält Druck im Ablauf konstant, schließt, wenn Druck im Ablauf zu groß | 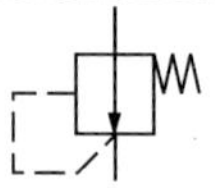 |
| Differenzdruckregelventil | hält Druckdifferenz zwischen Zu- und Ablauf konstant | 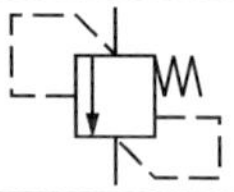 |
| Verhältnisdruckregelventil | hält Druckverhältnis zwischen Zu- und Ablauf konstant | 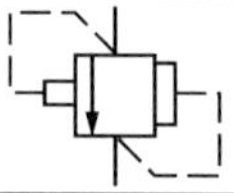 |

**Tafel 1.4:** Fortsetzung

### Sperrventile, Stromventile

| | | |
|---|---|---|
| Rückschlagventil | sperrt, wenn Ausgangsdruck größer als Eingangsdruck | 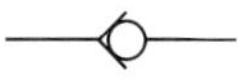 |
| Drosselventil | drosselt den Ölstrom durch Verengen des Durchfluss-Querschnitts | 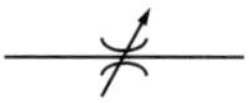 |
| 2-Wege-Stromregelventil | hält Ausgangsstrom durch Regelvorgang konstant, Ölüberschuss muss über DBV in Tank zurück | 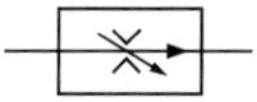 |
| 3-Wege-Stromregelventil | hält Ausgangsstrom konstant, führt Ölüberschuss z. B. in Tank zurück | 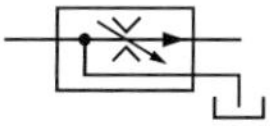 |
| Stromteilventil | teilt Ölstrom in bestimmtem Verhältnis unabhängig vom Druck | 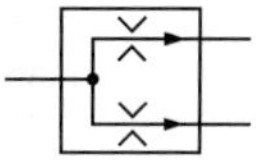 |

**Tafel 1.5:** Grafische Symbole für Leitungen und Hydrogeräte nach DIN ISO 1219

### Leitungen, Leitungsverbindungen

| | | |
|---|---|---|
| Arbeitsleitung | Rohrleitung zur Energieübertragung ohne und mit Leitungsverbindung |  |
| Sonstige Leitungen | Steuer-, Abfluss- oder Leckölleitung | 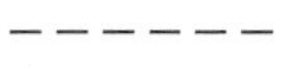 |
| Biegsame Leitung | z. B. Hochdruckschlauch | |
| Schnellkupplung | links gekuppelt, rechts entkuppelt | 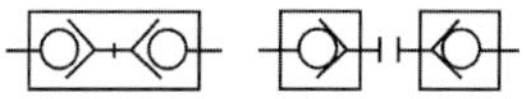 |

### Hydrogeräte

| | | |
|---|---|---|
| Behälter, belüftet | horiz. Länge beliebig. Leitung bis Boden, wenn Ende in Fluid eintaucht | |
| Hydrospeicher | Speicherung hydraulischer Energie Membranspeicher mit Gasfüllung | 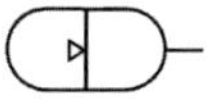 |
| Filter | | 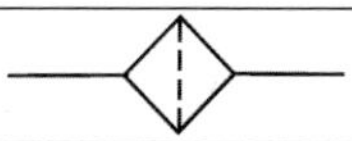 |
| Wärmetauscher | Kühler oder Heizer entsprechend Pfeilrichtung | 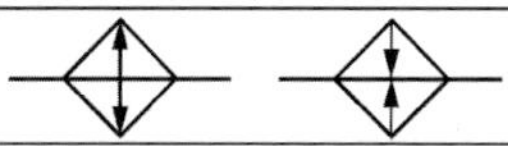 |

**Literaturverzeichnis**

[1.1]   Weingarten, F.: Entwicklung der hydrostatischen Energieübertragung im 19. und 20. Jahrhundert. O+P 26 (1982) H. 12, S. 873-879.

[1.2]   Förster, H. J.: Automatische Fahrzeuggetriebe. Berlin, Heidelberg: Springer Verlag 1991.

[1.3]   Harms, H.-H.: Elektrische oder hydraulische Antriebe in der Landtechnik. In: VDI-Berichte 1449, S. 61-63. Düsseldorf: VDI-Verlag 1998.

[1.4]   Schlösser, W. M. J. und W. F. T. C. Olderaan: Eine Analogietheorie der Antriebe mit rotierender Bewegung. Antriebstechnik 2 (1963) H. 1, S. 5-10.

[1.5]   Helduser, S. und R. Schönfeld: Systemdenken in der Technik. O+P 41 (2002) H. 9, S. 51, 52, 54, 56, 57.

[1.6]   Vitruv: Zehn Bücher der Architektur, S. 189-491. Darmstadt: Wiss. Buchgesellschaft 1981.

[1.7]   Ramelli, A.: Le diverse et artificiose machine. Paris: Schatzkammer mechanischer Künste 1588. Deutsche Ausgabe 1620.

[1.8]   Gerlach, W. und M. List: Johannes Kepler, Dokumente zu Lebenszeit und Lebenswerk. München: Ehrenwirth-Verlag 1971.

[1.9]   Leupold, J.: Theatri Machinarum Hydraulicarum. Leipzig: Verlag Chr. Zunkel 1724.

[1.10]  Molly, H.: Hydrostatische Fahrzeugantriebe – ihre Schaltung und konstruktive Gestaltung. Teil I und II. ATZ 68 (1966) H. 4, S. 103-110 und H. 10, S. 339-346.

[1.11]  ,-: The Williams-Janney variable speed gear. Engineerg. 95 (1913, Bd.1), S. 156, 157, 160.

[1.12]  Hele-Shaw, H. S.: Britisches Patent No. 12943, 1910.

[1.13]  Joanidi, J.: Hydraulische Kraftübertragung – System Hele-Shaw. Der Motorwagen 17 (1914) H. 10, S. 211-216.

[1.14]  Kosel, H. und H. Thoma: Preßölpumpe oder -motor mit rotierender Zylindertrommel und darin wirkenden Kolben. DRP Nr. 485 815 (Anm. 23.03.1924, erteilt 24.10.1929).

[1.15]  Schunder, F.: Die Rexroth-Geschichte. Lohr a. Main: Mannesmann Rexroth GmbH 1995.

[1.16]  Ferguson, H. G.: Apparatus for Coupling Agricultural Implements to Tractors and Automatically Regulating the Depth of Work. Britisches Patent No. 253 566 (Anm. 2.2.1925).

[1.17]  Hesse, H.: Rückblick auf Entwicklungsschwerpunkte der Traktorhydraulik. O+P 43 (1999) H. 10, S. 704-713 (darin 18 weitere Lit.).

[1.18]  Blackburn, J. el al.: Fluid Power Control. Original 1960 in Englisch. Deutsche Ausgabe im Krauskopf-Verlag, Wiesbaden 1962 (gibt es auch französisch).

[1.19]  Backé, W.: 40 Jahre Forschung in der Fluidtechnik (1957-1997). O+P 41 (1997) H. 7, S. 494-501.

[1.20]  -,-: Die Hydraulikindustrie in Deutschland 1957-1997: Von bescheidenen Anfängen zum weltweiten Technologieführer. O+P-Gespräch mit W. Dieter. O+P 41 (1997) H. 7, S. 75, 476, 478, 480, 481.

[1.21]  -,-: Normen und Norm-Entwürfe für Fluidtechnik. Übersichten in „Konstruktions Jahrbuch O+P". Mainz: Vereinigte Fachverlage.

[1.22]  -,-: Fluidtechnik. Graphische Symbole und Schaltpläne. Teil 1: Graphische Symbole (ISO 1219-1: 2006). DIN ISO 1219-1 (Dez. 2007). Berlin: Beuth Verlag 2007.

# 2 Physikalische Grundlagen ölhydraulischer Systeme

## 2.1 Grundlagen über Druckflüssigkeiten

DIN-Normen (wie z. B. DIN 51524) benutzen das Wort „Druckflüssigkeiten" als Oberbegriff für Hydraulikflüssigkeiten. Diese beeinflussen als Energieübertrager Funktion, Betriebsverhalten und Lebensdauer der Anlagen. Wichtigster Betriebsparameter ist dabei die Viskosität.

### 2.1.1 Aufgaben und Anforderungen

**Aufgaben:** Die Hauptaufgaben der Druckflüssigkeit bestehen in der Energie- und Signalübertragung. Typische Nebenaufgaben betreffen Schmierung, Reduzierung von Verschleiß, Korrosionsschutz, Dämpfung, Wärmeabfuhr und Reinigung.
**Anforderungen:** Sie können von Anlage zu Anlage verschieden sein. Eine hohe Viskosität begünstigt die Schmierung und verringert die Leckverluste – erhöht jedoch die Scher- und Strömungsverluste. In Anlehnung an [2.1], an Praxiserfahrungen und reichhaltige Normen ergeben sich folgende Anforderungen:

1. Günstiges *Viskositäts-Temperatur-Verhalten („V-T-Verhalten"):*
   Über einen möglichst weiten Temperaturbereich sollte sich die Viskosität möglichst wenig ändern mit auch ausreichender Fließfähigkeit bei tiefen Temperaturen. Die Viskosität sollte infolge mechanischer Beanspruchung während der Einsatzzeit möglichst nicht abfallen (*Scherstabilität* der Additive).
2. Gute *Schmierungs- und Verschleißschutzeigenschaften:*
   Gute Benetzungsfähigkeit der Oberflächen, um die Ausbildung tragender hydrodynamischer Schmierfilme zu unterstützen. Bei Mischreibung sollten Reibungszahl und Verschleiß möglichst klein sein – etwa durch die Fähigkeit zur Bildung von „Reaktionsschichten".
3. Gute *Korrosionsschutzeigenschaften* und gute *Verträglichkeit* mit Dichtungen, Gummi, Kunststoffen, Buntmetalllegierungen und sonstige Werkstoffen.
4. *Alterungsbeständigkeit* auch unter harten Bedingungen, wie beispielsweise bei mobilen Maschinen mit relativ hohen Betriebstemperaturen: Widerstand gegen thermisch bedingte Oxidation (Säurebildung) und ebenso gegen Polymerisation (Schlamm- und Harzbildung).
5. Günstiges Verhalten gegenüber Luft, d. h. gutes *Luftabscheidevermögen, geringe Neigung zur Schaumbildung,* gutes *Luftlösevermögen.*
6. Ausreichende *Filtrierbarkeit.*
7. Gutes *Wärmeleitvermögen.*

8. *Umweltschonung/Entsorgung:* Praktikable und wirtschaftliche Entsorgung verbrauchter Druckflüssigkeiten. Diese sollten möglichst nicht toxisch sein und sich durch geringe Flüchtigkeit auszeichnen.

Zuweilen wird der Begriff *Druckfestigkeit* missverstanden. Gängige Druckfluide haben hier *keine* praktisch relevanten physikalischen Grenzen. An gehärteten Zahnradflanken treten z. B. im EHD-Kontakt Fluiddrücke bis um 30.000 bar auf. Gefährdet sind aber gewisse Additive (Zerteilung langer Molekülketten), wenn ein hohes Schergefälle auftritt.

Aus obigen Anforderungen resultieren Ölspezifikationen, die in Normen festgelegt wurden (Kriterien, Zahlenwerte, Toleranzen, Prüfverfahren). Als Einstieg ist DIN 51 524 geeignet. Besonders verbreitet sind mineralische Hydrauliköle der Klasse HLP 46.

## 2.1.2 Arten und Stoffdaten

**Arten**: Standardfluide der Hydraulik (siehe auch [2.2, 2.3] und ISO 6743-4) sind

– *Druckflüssigkeiten auf Mineralölbasis* (DIN 51 524, ISO 6743-4)
– *Schwer entflammbare Druckflüssigkeiten* (Luxemb. Report, CETOP RP 97 H)
– *Biologisch schnell abbaubare Druckflüssigk.* (VDMA 24568, DIN ISO 15380)

**Tafel 2.1** strukturiert die beiden ersten Gruppen. Weitere übliche Fluide sind:

– *Motorenöle* (HD-Öle)
– *Getriebeöle* (Standardqualitäten)
– *Universalöle* (UTTO, STOU)
– *Getriebeöle für Automatikgetriebe* (ATF-Öle)
– *Sonstige Flüssigkeiten* (z. B. Bremsflüssigkeiten)

*Druckflüssigkeiten auf Mineralölbasis* sind die häufigsten Arbeitsfluide. Sie werden speziell für diese Verwendung gemischt und mit Additiven versehen [2.2, 2.3]. Diese sollen bestimmte Eigenschaften verbessern, beispielsweise das Viskositäts-Temperatur-Verhalten, den Verschleißschutz (Reaktionsschichten bilden), die Korrosionsschutzeigenschaften und die Alterungsbeständigkeit.

*Schwer entflammbare Druckflüssigkeiten* haben eine erheblich höhere Zündtemperatur als Mineralöle oder brennen gar nicht. Sie finden daher in feuer- und explosionsgefährdeten Anlagen Verwendung, wie z. B. im Bergbau oder in Hüttenwerken [2.4]. Unterschieden wird zwischen wasserhaltigen Druckflüssigkeiten auf Mineralölbasis und wasserfreien Druckflüssigkeiten auf synthetischer Basis. Hohe Wasseranteile (HFA, HFB, HFC) können die Schwerentflammbarkeit wesentlich verbessern. Bei ihrem Einsatz sind die im Vergleich zu Mineralölen teilweise ungünstigeren Eigenschaften zu beachten, bei HFA-Flüssigkeiten z. B. die

**Tafel 2.1:** Überblick über Druckflüssigkeiten auf Mineralölbasis und schwer entflammbare Druckflüssigkeiten (angelehnt an Eckhardt [2.1] und einschlägige Normen)

Mineralöle

| DIN 51 524 | ISO 6743-4 | Zusammensetzung | Einsatzbereiche |
|---|---|---|---|
| (H)* | HH | ohne besondere Wirkstoffzusätze (Grundöle) | Anlagen ohne besondere Anforderungen (selten) |
| HL | HL | mit Wirkstoffen zum Erhöhen des Korrosionsschutzes und der Alterungsbeständigkeit. DIN 51 524, Teil 1 | Anlagen mit mäßigen Drücken, jedoch hohen Temperaturen. Gutes Wasserabscheidevermögen |
| HLP | HM | wie HL, jedoch weitere Zusätze zur Minderung des Fressverschleißes b. Mischreibung. DIN 51 524, Teil 2 | Anlagen mit hohen Drücken und Temperaturen. Hochwertiges, sehr verbreitetes Hydrauliköl, insbesondere HLP 46 |
| HVLP | HV | wie HLP, jedoch weitere Zusätze zur Verbesserung des Viskositäts-Temperatur-Verhaltens. DIN 51 524, Teil 3. | Gegenüber HLP erweiterter Temperaturbereich mit tiefen Startwerten infolge flacherer Viskositätskennlinie |
| HLDP | (–) | wie HLP, jedoch Zusätze zur Lösung von Ablagerungen (detergierend) und begrenzt wassertragend (emulgierend/dispergierend) | Anlagen mit Wasserzutritt zur Ölfüllung (Kondenswasser, Kühlschmierstoffe bei Werkzeugmaschinen, mobile Systeme) |

Schwer entflammbare Flüssigkeiten **

| ISO 6743 / CETOP Lux. Ber. / VDMA | Zusammensetzung | Einsatzbereiche |
|---|---|---|
| HFA | Öl-in-Wasser-Emulsion oder synth. wässrige Lösung mit max. 20% Konzentrat | Bergbau, hydr. Pressen, Temperaturbereich 5 bis 55 °C |
| HFB | Wasser-in-Öl-Emulsion mit max. 60% Ölanteil | Bergbau, Temperaturbereich 5 bis 60 °C |
| HFC | wässrige Polymerlösung mit 35–55% Wasser | Bergbau, Gießereien, mäßige Drücke, Umweltschutz, Temperaturbereich -20 bis 60 °C |
| HFDU | Carbonsäureester (wasserfrei, synthetisch) | Temperaturbereich -35 bis 100 °C, verbreiteter als HFDR |
| HFDR | Phosphorsäureester (wasserfrei, synthetisch) | Kraftfahrzeuge, Luft- und Raumfahrt, Temp.-ber. -20 bis 150 °C |

* Die nationale Normung der Bezeichnung „Hydrauliköl (H)" wurde 1982 ersatzlos gestrichen, entsprechende Öle werden seitdem mit DIN 51 517, Teil 1, abgedeckt
** Normen siehe DIN 51 502 (Bezeichnungen), ISO 6743-0 und -4 sowie CETOP RP 97 H und Luxemburger Bericht/EG (Spezifikationen), DIN 51 345 (Verträglichkeit mit Metallen), DIN 51 346 (Beständigkeit). Richtlinien siehe VDMA 24 317, VDMA 24 568 und 24 569 (Anforderungen, Umstellungen).

geringere Schmier- und Dichtfähigkeit – vor allem wegen niedrigerer Viskosität – und das schlechtere Korrosionsverhalten [2.5 bis 2.7]. Diese Nachteile lassen es meist nicht zu, die in normalen Hydraulikanlagen üblichen Druck- und Temperaturwerte zu erreichen. Nach [2.4] gab es auch Probleme mit Wälzlagern. Daher wird versucht, die ganze Konstruktion ggf. gezielt an Druckflüssigkeiten mit hohen Wasseranteilen anzupassen (u. a. Gleitlager statt Wälzlager) [2.8].

Über Wassermischungen hinaus gibt es auch ernsthafte Versuche, Leitungswasser als Druckflüssigkeit einzusetzen [2.9]. Es gibt auch Anwendungen, nicht jedoch bei hohen Anforderungen wie sie z. B. in der Mobilhydraulik gegeben sind.

Die synthetischen HFD-Flüssigkeiten sind wasserfrei und thermisch hoch belastbar. HFDU-Öle (Turbinen, Flughydraulik) sind rückläufig, während der Marktanteil der HFDR-Öle steigt (gute Schmierungseigenschaften, gute biologische Abbaubarkeit, Entflammbarkeit etwa wie HFC).

*Biologisch schnell abbaubare Druckflüssigkeiten* dienen dem Schutz des Menschen und der Umwelt (Luft, Boden, Wasser, Wasserschutzgebiete) – langfristig auch den begrenzten Vorräten an Erdöl. Nach [2.10] gelangt nur etwa die Hälfte des verkauften Hydrauliköls in die Entsorgungswirtschaft zurück und man muss annehmen, dass ein gewisser Teil die Umwelt belastet (Stand 1996).

In jüngerer Zeit kristallisierten sich die folgenden drei Flüssigkeitsgruppen als „HE-Fluide" (Hydraulic Ecological Fluids) heraus [2.10]:

– Rapsölbasische Flüssigkeiten (Triglyzeride) HETG
– Polyglykole HEPG
– Synthetische Ester HEES

Ihre Eigenschaften (mit Vor- und Nachteilen) wurden z. B. in [2.11, 2.12] beschrieben, technische Anforderungen in der VDMA-Richtlinie 24568 nieder gelegt. Die Normen ISO 6743-4 und DIN ISO 15380 definieren noch eine vierte Kategorie HEPR (= synthetische Kohlenwasserstoffe).

Ein wichtiges Kriterium für „umweltfreundlich" ist die Zuordnung zu den gesetzlich geregelten drei Wassergefährdungsklassen. Geräteseitig geht das Volumen des Fluids ein, fluidseitig dessen toxische Daten und seine biologische Abbaubarkeit. Auch Mineralöl ist übrigens biologisch abbaubar, aber es dauert relativ lange. Für die „Umölung" auf biologisch schnell abbaubare Fluide ist die „VDMA Umstellungsrichtlinie 24569" hilfreich.

*Rapsöl* wurde u. a. wegen seiner Eigenschaft als nachwachsender Rohstoff erforscht [2.11 bis 2.17], auch angewendet, aber später vielfach durch biologisch abbaubare synthetische Esteröle ersetzt. Rapsöl hat hervorragende Eigenschaften bezüglich Schmierung und Korrosionsschutz. Nach [2.12] deckt sich seine Viskositäts-Temperatur-Kennlinie etwa mit derjenigen des verbreiteten mineralischen Hydrauliköls HLP 46. In weiten Bereichen verläuft sie sogar flacher (ähnlich HVLP 46) – steigt aber leider unterhalb von -5 °C stärker an. Kritisch sind auch hohe Temperaturen über 70 °C, und zwar vor allem bezüglich oxydativer Stabilität (Verharzen infolge der mehrfach ungesättigten Fettsäuren). Beide Grenzen lassen sich durch Additive verschieben, wobei aber auch deren biologische Abbaubarkeit nötig ist. Ein weiterer Nachteil ist nur sehr schwer in den Griff zu bekommen: die Neigung zur Hydrolyse, d. h. zur Verseifung bei Wasserzutritt. Der Zielkonflikt entsteht dadurch, dass genau diese Eigenschaft die biologische Abbaubarkeit unterstützt. Daher sind ggf. Maßnahmen an der Hydraulikanlage nötig, um den Wasseranteil unter 100 ppm zu halten. Rapsöl ist mit Mineralölen mischbar.

*Polyglykole* sind als Druckflüssigkeit HEPG mechanisch und thermisch hoch belastbar mit z. T. sehr niedrigen Reibungszahlen, jedoch aggressiv gegenüber einigen Kunststoffen und Werkstoffpaarungen – ferner wasserlöslich und mit Mineralölen nicht mischbar. Papierfilter können zum Verstopfen neigen.

*Synthetische Ester* HEES neigen etwas zur Hydrolyse [2.18], weisen jedoch im Übrigen hervorragende Eigenschaften auf mit Standzeiten, die über denen von Mineralölen liegen können. Diese Flüssigkeiten sind teuer, haben aber den größten Marktanteil der HE-Fluide. Die Mischbarkeit mit Mineralölen ist gegeben.

Bei allen drei diskutierten biologisch schnell abbaubaren Druckflüssigkeiten wird die Additivierung dadurch erschwert, dass die Zusätze unter Umständen schlecht abbaubar sind. Gewisse Entlastungen verspricht man sich von dem Prinzip, Funktionen des Öls in die Oberfläche von Bauteilen zu verlagern, beispielsweise durch keramische Werkstoffe [2.19] oder spezielle Beschichtungen. Vor allem auf dem zweiten Gebiet gab es in den letzten Jahren große Fortschritte [2.20].

*Motorenöle* werden z. T. trotz ihres hohen Preises als Druckflüssigkeit verwendet, um eine weitere Ölsorte in der Lagerhaltung zu vermeiden (Logistik, Verwechslungsgefahr). Die Viskositäten mineralischer Mehrbereichs-Motorenöle (wie etwa 10W40) passen für viele Hydraulikanwendungen relativ gut. Motorenöle ertragen sehr hohe Temperaturen – Schwachpunkt ist für Hydrauliksysteme das Wasserabscheidevermögen.

*Getriebeöle* werden vor allem bei Hydrauliksystemen verwendet, die einen gemeinsamen Ölhaushalt mit Getrieben haben (wie teilweise bei Traktoren oder Baumaschinen). Übliche Mineralöle für Getriebe gehören oft zur SAE-Viskositätsklasse 90 (Kraftfahrzeug-Getriebeöle). In diesen Fällen ist die Viskosität für gängige Hydraulikanlagen eher zu groß. Bei Kompromissen (etwa Getriebeöl SAE 75W oder 80W) muss geprüft werden, ob die Schmierung des Getriebes noch gut genug ist (insbesondere für Zahnflanken und Gleitlager bei hohen Temperaturen).

*Universalöle* (UTTO: Universal tractor transmission oil; STOU: Super tractor universal oil) werden für die gleichzeitige Anwendung in Motoren, Fahrzeuggetrieben und Fahrzeughydrauliken angeboten. Ihre Viskositäten liegen im Bereich gängiger Motorenöle (ggf. Freigaben beim Maschinenhersteller anfragen).

*Sonstige Flüssigkeiten* betreffen vor allem spezielle Fluide der Kraftfahrzeugtechnik [2.21], insbesondere auch Bremsflüssigkeit [2.22] sowie der Luftfahrt [2.23].

**Stoffdaten für Druckflüssigkeiten.** Wichtigste Eigenschaft ist die Viskosität. *Mineralöle* sind daher in Viskositätsklassen (Viscosity Grades, VG) eingeteilt, insbesondere nach ISO 3448 bzw. DIN 51524. Der Nennwert gibt die kinematische Mittelpunktsviskosität bei 40 °C an, die Toleranz beträgt ± 10%, **Tafel 2.2**. Weitere Daten für die besonders verbreiteten HLP-Öle findet man in DIN 51 524, Teil 2. Unter ihnen hat HLP 46 einen hohen Anteil. Für den Betrieb ölhydraulischer Anlagen und Komponenten sind bestimmte Viskositätsgrenzen einzuhalten, die in der Regel vom Hersteller vorgeschrieben werden.

**Tafel 2.2**: ISO-Viskositätsklassen für Hydrauliköle nach DIN 51 524 (April 2006)

| Viskositätsklasse (DIN 51 519) | Kinematische Viskosität bei 40 °C in mm²/s | | Beispiele |
|---|---|---|---|
| | Nennwert | Toleranzbereich | |
| ISO VG 10 | 10 | 9,0 … 11,0 | HLP 10 |
| ISO VG 22 | 22 | 19,8 … 24,2 | HLP 22 |
| ISO VG 32 | 32 | 28,8 … 35,2 | HLP 32 |
| ISO VG 46 | 46 | 41,4 … 50,6 | HLP 46 |
| ISO VG 68 | 68 | 61,2 … 74,8 | HLP 68 |
| ISO VG 100 | 100 | 90,0 … 110,0 | HLP 100 |

Nach Industrie-Empfehlungen gelten folgende Anhaltswerte (Saugleitung):

$v_{max}$ (Kaltstart, wenig Druck ) ………… 1000 mm²/s

$v_{Betrieb}$ (Dauerbetrieb) ……………… 16 bis 36 mm²/s

$v_{min}$ (Kurzzeitbetrieb) ……………………... 10 mm²/s

Bei 200 bar steigt die Viskosität von Mineralölen z. B. um fast 50%.

Solche Stoffeigenschaften werden beim physikalischen Verhalten von Druckflüssigkeiten im nächsten Kapitel besprochen. Gute Unterlagen gibt es auch von den Herstellern von Druckflüssigkeiten (siehe z. B. [2.2] und [2.3]).

Als Übersicht (einschließlich schwer entflammbarer Druckflüssigkeiten) zeigt **Tafel 2.3** einige Faustwerte wichtiger Stoffdaten (aus verschiedenen Quellen).

**Tafel 2.3:** Faustwerte der wichtigsten Stoffdaten für mineralische und schwer entflammbare Druckflüssigkeiten für Umgebungsdruck (nach verschiedenen Quellen)

| Stoffeigenschaften | Formelzeichen | Einheit | Mineral. Druckfl. | Schwer entflammbare Druckflüssigkeiten | | | Wasser |
|---|---|---|---|---|---|---|---|
| | | | | HFA | HFC | HFD | |
| Kinemat. Viskosität bei 40 °C | $\nu$ | mm$^2$/s | 10–$\underline{46}$–100 | 1,5–2,0 | 22–$\underline{46}$–68 | 15–$\underline{46}$–100 | ~1 |
| Dichte bei 15 °C | $\rho$ | g/cm$^3$ | 0,85–0,91 | ~0,99 | 1,04–1,09 | 1,14–1,45 | ~1 |
| Wärmeausdehnungskoeffizient | $\gamma$ | K$^{-1}$ | ~7·10$^{-4}$ | 1,8·10$^{-4}$ | ~7·10$^{-4}$ | ~7,4·10$^{-4}$ | 2·10$^{-4}$ |
| Kompressibilität | $\kappa$ | bar$^{-1}$ | ~7·10$^{-5}$ | ~4·10$^{-5}$ | ~2,9·10$^{-5}$ | ~3,8·10$^{-5}$ | ~4,5·10$^{-5}$ |
| Kompressionsmodul | $K = \kappa^{-1}$ | bar | ~1,6·10$^4$ | ~2,5·10$^4$ | ~3,5·10$^4$ | ~2,6·10$^4$ | 2,2·10$^4$ |
| Bunsen-Lösungskoeffizient | $\alpha$ | – | 0,08–0,09 | 0,02 | 0,01–0,02 | 0,01–0,02 | 0,02 |
| Spezifische Wärmekapazität | $c$ | kJ/(kg·K) | 1,8–2,2 | ~4,2 | 3,1–3,3 | 1,3–1,5 | 4,183 |
| Wärmeleitkoeffizient b. 20 °C | $\lambda$ | W/(m·K) | 0,12–0,14 | 0,60 | 0,3–0,4 | 0,11–0,13 | 0,598 |
| Flammpunkt | $t_{\text{Flamm}}$ | °C | 220 (VG46) | – | – | 240–300 | – |
| Zündtemperatur | $t_{\text{Zünd}}$ | °C | 310–360 | (keine) | (keine) | ~500 | – |
| Max. Betriebstemperatur | $t_{\text{max}}$ | °C | 90–110 | 55 | 60 | 90–150 | 50 |

## 2.1.3 Physikalisches Verhalten

### 2.1.3.1 Viskositätsverhalten

**Begriff der Viskosität.** Die Viskosität oder Zähigkeit der Druckflüssigkeit ist meistens der bedeutendste Betriebsparameter ölhydraulischer Komponenten und Anlagen. Die Viskosität gibt Auskunft über die innere Reibung der Druckflüssigkeit und ist daher für fast alle Strömungsvorgänge von Bedeutung – insbesondere für die Druckverluste durchströmter Rohrleitungen und Kanäle und für die Leckölverluste an Spalten. Darüber hinaus beeinflusst sie die Fähigkeit, Maschinenelemente durch hydrodynamisch erzeugte Tragfelder zu trennen, beispielsweise Wellen in Gleitlagern oder Kolben in Zylindern. Die Viskosität wird am besten durch zwei parallel gegeneinander bewegte Platten veranschaulicht, zwischen denen sich das Fluid befindet, **Bild 2.1.** Bleibt die untere Platte in Ruhe und wird die obere Platte mit der Geschwindigkeit $v_{xPlatte}$ nach rechts bewegt, so ergibt sich zwischen den Platten auf Grund der Haftbedingungen für „Newton'sche Flüssigkeiten" eine lineare Geschwindigkeitsverteilung $v_x(y)$ und es gilt:

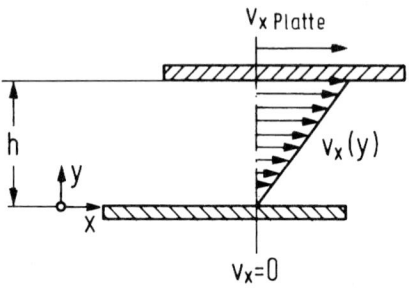

**Bild 2.1:** Geschwindigkeitsverteilung in einer „Newton'schen Flüssigkeit" zwischen zwei parallel zueinander bewegten Platten

$$\frac{v_x(y)}{y} = \frac{v_{xPlatte}}{h}$$

Die auf die Flächeneinheit bezogene Reibungsschubspannung $\tau$ ist proportional zur Steigung der Geraden $v_x(y)$, d.h. proportional zum Ausdruck $dv_x / dy$. Mit $\eta$ als Proportionalitätsfaktor ergibt sich:

$$\tau = -\eta \cdot \frac{dv_x}{dy} \qquad (2.1)$$

Das ist das bekannte, nach Newton benannte Reibungsgesetz für ideale Flüssigkeiten [2.24, 2.25], in dem $\eta$ die *dynamische Viskosität* bedeutet. Für die Strömungsmechanik der Ölhydraulik ist auch die *kinematische Viskosität $v$* von Bedeutung, sofern Massenkräfte berücksichtigt werden – etwa bei der Bildung der Reynolds-Zahl „*Re*" oder auch bei der vereinfachten Messung der Viskosität durch Ausfluss unter Schwerkraft. Die kinematische Viskosität $v$ ergibt sich mit der Flüssigkeitsdichte $\rho$ aus $\eta$ zu:

$$v = \frac{\eta}{\rho} \tag{2.2}$$

Einheiten für die dynamische Viskosität $\eta$:

$$1 \text{ Ns/m}^2 = 1 \text{ Pa} \cdot \text{s} = 10^3 \text{ mPa} \cdot \text{s} \text{ (früher: 1 cP} = 1 \text{ mPa} \cdot \text{s)}$$

Einheiten für die kinematische Viskosität v:

$$1 \text{ m}^2/\text{s} = 10^6 \text{ mm}^2/\text{s}$$
$$(\text{früher: 1 cSt} = 1 \text{ mm}^2/\text{s})$$

Faustwert und beispielhafte Umrechnung:

$$v = 30 \text{ mm}^2/\text{s (HLP 46, 60 °C, 210 bar)} \rightarrow \eta = 26 \cdot 10^{-3} \text{ Ns/m}^2.$$

**Viskositäts-Temperatur-Verhalten (VT-Verhalten).** Mit zunehmender Temperatur sinkt die Viskosität der Druckflüssigkeit, **Bild 2.2**. Der Gradient ist bei tiefen Temperaturen besonders groß. Hohe Temperaturen reduzieren die hydrodynamische Reibung (z. B. in Rohren) – ebenso aber auch die hydrodynamisch erzeugten Tragdrücke. Ferner steigen mit abnehmender Viskosität die Leckölverluste. Das VT-Verhalten kann durch empirisch gewonnene Gleichungen beschrieben werden. Für die *dynamische Viskosität* mineralischer Öle bei atmosphärischem Druck wurde 1921 folgender Ansatz von H. Vogel [2.26] publiziert:

$$\eta(\vartheta) = k \cdot e^{\frac{b}{c+\vartheta}} \tag{2.3}$$

Die Konstante $k$ wird darin in Ns/m$^2$, die Konstanten $b$ und $c$ werden in °C eingesetzt. A. Cameron schlug 1966 vor, die Konstante $c$ für Schmieröle einheitlich mit 95 °C zu benutzen. Kahrs übernahm diese Empfehlung [2.27] – nach [2.28] passte hingegen für das dort verwendete Öl ein Wert von 125 °C besser. Es gibt noch weitere Modelle wie z. B. das von Witt [2.29].

Die Abhängigkeit der *kinematischen Viskosität* $v$ von der Temperatur wird meist nach Ubbelohde und Walter (1935) modelliert [2.30, 2.28, 2.31], siehe z. B. auch DIN 51 563:

$$\log\log(v + 0.8) = \log\log(v_1 + 0.8) - m \log\frac{T}{T_1} \tag{2.4}$$

mit $v$ in mm$^2$/s, $T$ in K und der Richtungskonstanten m [2.30].
Die hohe Güte des Ansatzes wird 1983 in [2.28] ausdrücklich gewürdigt. In der Praxis benutzt man dieses Modell dazu, Abszisse und Ordinate so zu skalieren, dass die Funktionen $v(T)$ sich als Geraden abbilden, siehe **Bild 2.3** und „Blanko"-Netz in **Bild 2.4** (z. B. für Eintragungen von Messpunkten).

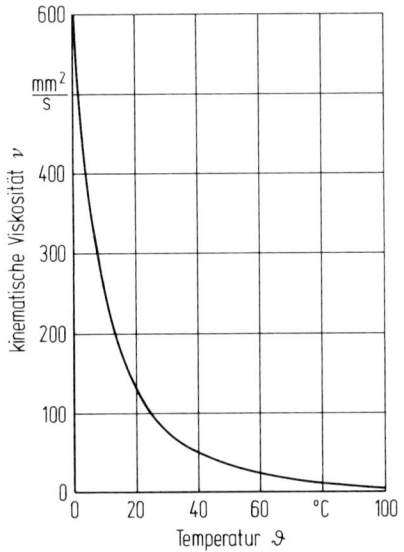

**Bild 2.2:** Änderung der kinematischen Viskosität mit der Temperatur für Hydrauliköl HL 46, VI 100, $p_o = 1$ bar, nach [2.1]

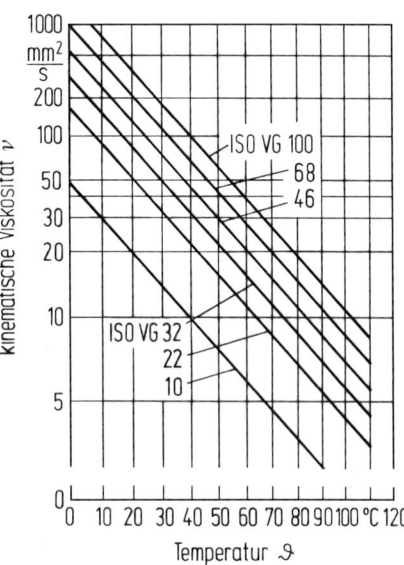

**Bild 2.3:** Ubbelohde-Diagramm für Hydrauliköle ISO VG 10 bis 100, VI 100, $p_o = 1$ bar, nach [2.1]

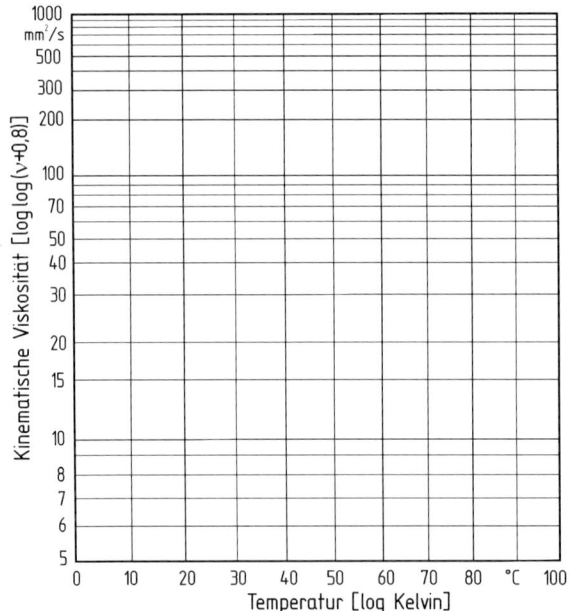

**Bild 2.4:** Nach Ubbelohde und Walter generiertes „Blanko"-Netz zur Eintragung von Viskositätsgeraden über der Temperatur für Mineralöle

Der Anstieg der Viskosität mit fallender Temperatur wird auch mit Hilfe des „Viskositätsindex VI" (ISO 3448, typisch z. B. VI = 100) beschrieben.

**Viskositäts-Druck-Verhalten (VP-Verhalten).** Mit zunehmendem Druck erhöht sich die Viskosität der Hydraulikflüssigkeit. Faustwert: Sie verdoppelt sich bei Druckerhöhung von 1 bar auf 400 bar für HLP 46 und übliche Betriebstemperatur (60–70 °C). Das VP-Verhalten wird durch ein von Barus [2.32] schon 1893 vorgelegtes und durch Kießkalt [2.33] 1927 bestätigtes Modell beschrieben

$$\eta(p) = \eta_0 \cdot e^{\alpha(p - p_0)}$$
(2.5)

Darin ist $\eta_0$ die dynamische Viskosität bei atmosphärischem Druck $p_0$ und $\alpha$ der Viskositäts-Druck-Koeffizient. $\alpha$ ist abhängig von der Ölstruktur, der Viskosität und der Temperatur. Setzt man Betriebsdruck $p$ und Bezugsdruck $p_0$ (Umgebung) in bar ein, ergibt sich $\alpha$ in bar$^{-1}$.

Gemessene Werte wurden z. B. von Kahrs [2.27] mitgeteilt, **Bild 2.5**. Aus dem VT-Verhalten und dem VP-Verhalten lässt sich das Viskositäts-Druck-Temperatur-Verhalten (VPT-Verhalten) kombinieren. **Bild 2.6** zeigt dieses am Beispiel HL 46 (weitere Messwerte siehe [2.28], umfassende Modelle siehe Witt [2.34]).

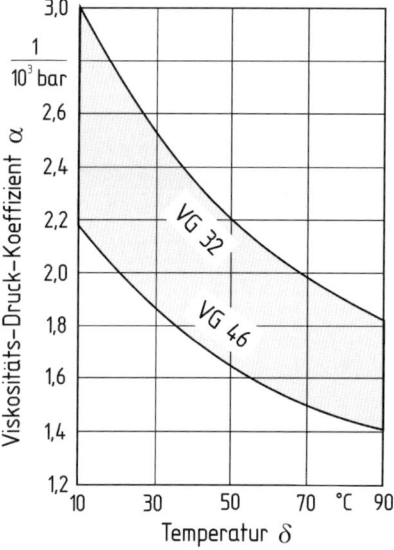

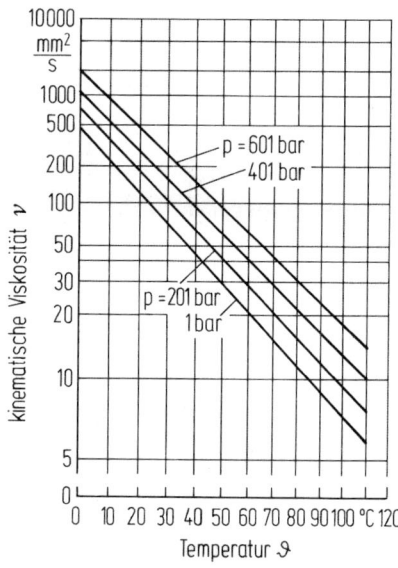

**Bild 2.5:** Streufeld des Viskositäts-Druck-Koeffizienten für Gleichung (2.4), nach Kahrs [2.27]. Basis: 8 gängige Mineralöle (um 1970)

**Bild 2.6:** Kinematische Viskosität eines mineralischen Hydrauliköls (HL 46) in Abhängigkeit von Temperatur und Druck (nach Firmenangaben, Drücke absolut)

## 2.1.3.2 Dichte-Verhalten

**Übersicht.** Die Dichte $\rho$ der Druckflüssigkeit ist das Verhältnis der Masse $m$ zu deren Volumen $V$:

$$\rho = \frac{m}{V}$$

Sie ist eine maßgebliche Kenngröße der Druckflüssigkeit für die Berechnung von Strömungswiderständen und dynamischen Strömungskräften. Die Dichte ist etwas temperatur- und druckabhängig, **Bild 2.7**. Das Kennfeld gilt für ein typisches mineralisches Hydrauliköl. Fast identische Werte findet man in [2.28] (dort Bild 3) für ein Hydrauliköl „CLP 32".
Erhöht man bei konstanter Temperatur den Druck, so steigt die Dichte wegen der Kompressibilität. Erhöht man die Temperatur bei konstantem Druck, verringert sie sich durch Ausdehnung.

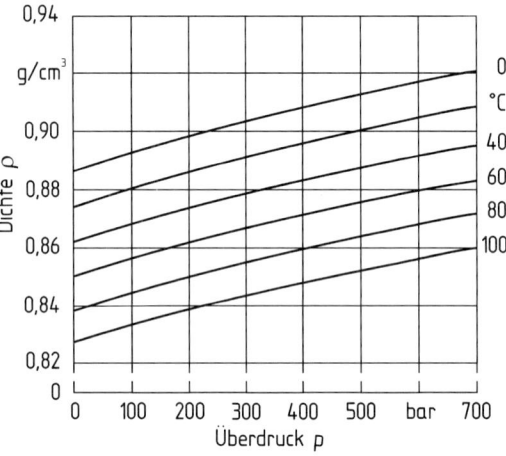

**Bild 2.7:** Dichte-Druck-Verhalten in Abhängigkeit von der Temperatur (Hydrauliköl HL 46 mit VI = 100, nach Herstellerangaben). Andere Hydrauliköle ähnlich.
Faustwert: ca. 0,6% Änderung je 100 bar

**Dichte-Temperatur-Verhalten isobar.** Das Fluidverhalten kann für variable Temperatur bei konstantem Druck wie folgt modelliert werden:

$$\rho(\vartheta) = \frac{\rho_0}{1 + \gamma(\vartheta - \vartheta_0)} \qquad (2.6)$$

Darin sind $\rho_0$ in kg/m$^3$ und $\vartheta_0$ in °C die Bezugsgrößen und $\gamma$ in 1/K der Wärmeausdehnungs-Koeffizient. Dieser ermöglicht eine einfache Berechnung der Volumenzunahme $\Delta V$ mit $V_0$ als Ausgangsvolumen nach der Gleichung

$$\Delta V = \gamma \cdot V_0 (\vartheta - \vartheta_0) \qquad (2.7)$$

Betrachtet man z. B. in Bild 2.7 bei 220 bar Druck eine Temperaturerhöhung von 0 °C auf 60 °C, so verringert sich die Dichte dabei von 0,900 auf 0,863 g/cm$^3$. Dieses entspricht einem gemittelten Wärmeausdehnungskoeffizienten $\gamma$ von etwa $7{,}0 \cdot 10^{-4}$ K$^{-1}$. Die Volumenzunahme beträgt nach obiger Gleichung 4,2%.

**Dichte-Druck-Verhalten isotherm.** Die Dichte einer Druckflüssigkeit nimmt bei konstanter Temperatur mit steigendem Druck infolge Kompressibilität zu:

$$\rho(p) = \frac{\rho_0}{1 - \kappa \cdot (p - p_0)} \qquad (2.8)$$

Darin sind $\rho_0$ in kg/m$^3$ und $p_0$ in bar die Bezugsgrößen und $\kappa$ in 1/bar die Kompressibilität (auch „Kompressibilitätsfaktor" $\beta$). Den reziproken Wert von $\kappa$ nennt man Kompressions-Modul $K$ (z. T. auch mit $E$ bezeichnet):

$$K = \frac{1}{\kappa}$$

Beide Größen sind temperatur- und druckabhängig. Die Kompressibilität $\kappa$ ermöglicht eine einfache Berechnung der Volumenabnahme bei Druckerhöhung nach der Gleichung

$$\Delta V = -\kappa \cdot V_0 (p - p_0) \qquad (2.9)$$

Beispiel: Druckerhöhung in Bild 2.7 von 0 auf 300 bar bei 60°C, Dichte erhöht sich von 0,851 auf 0,867. $\kappa \approx 6{,}3 \cdot 10^{-5}$ bar$^{-1}$, Kompressionsmodul $K \approx 16.000$ bar.

### 2.1.3.3 Temperaturverhalten bei adiabater Druckänderung

Verdichtet oder expandiert man Hydrauliköl wärmedicht ohne Reibung (z. B. in einem Drucktopf), so ändert sich die Fuidtemperatur um etwa 1,25 K je 100 bar. Dieses Phänomen kann man für die Wirkungsgradbestimmung nutzen, **Bild 2.8.**

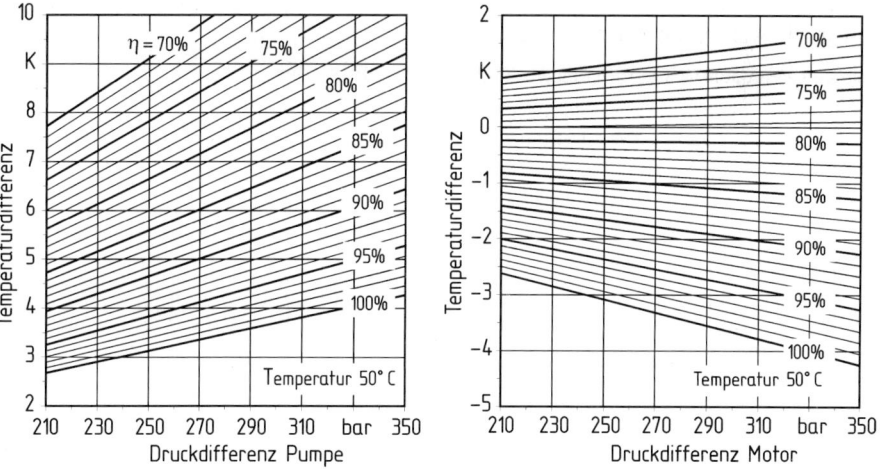

**Bild 2.8:** Wirkungsgrade und Temperaturänderung bei Pumpen und Motoren mit internem Lecköl nach Witt [2.34, 2.35] f. Mobiloil DTE Medium, 50 °C. Alle Mineralöle ähnlich

Eine Druckerhöhung (Kompression) bewirkt einen gleichzeitigen Anstieg der Temperatur – eine Entspannung (Dekompression) eine Temperaturabsenkung. Genauere Werte sind etwas abhängig von Ölsorte, Temperatur und Druck [2.36, 2.37]. Die Kennfelder erlauben eine thermodynamische Wirkungsgradbestimmung oder „Gesundheitsüberwachung" von Verdrängermaschinen mit internem Lecköl. Das Phänomen gilt auch für Drosseln. Nach [2.35] wurde z. B. für eine Drossel-Entspannung von 100 bar auf Umgebungsdruck bei 50 °C Anfangstemperatur ein Anstieg von 4,3 K gemessen, der sich aus den Anteilen +5,55 K (aus Druck x Volumenstrom) und -1,25 K (Dekompression) zusammensetzt. Ein Verfahren zur kombinierten Erfassung der Stoffwerte, Drücke und Temperaturen wurde z. B. von Höfflinger vorgelegt [2.38].

### 2.1.3.4 Luftaufnahmevermögen

Luft kann in Mineralölen gelöst oder ungelöst (Blasenform) enthalten sein. Gelöst beeinflusst sie die Öleigenschaften nicht, auch nicht die Kompressibilität. Im Sättigungszustand kann Mineralöl bei Atmosphärendruck $p_0$ und 50 °C z. B. 9 Volumenprozent Luft in gelöster Form aufnehmen. Während dieser Wert von der Temperatur kaum abhängt, nimmt er mit dem Druck stark zu: Nach dem Henry'schen Gesetz gilt für das maximal gelöste Luftvolumen $V_L$ (bis etwa 300 bar):

$$V_L = V_{Öl} \cdot \alpha \cdot \frac{p}{p_0} \tag{2.10}$$

$V_{ÖL}$ ist das Ölvolumen bei Atmosphärendruck, $\alpha$ der Bunsen'sche Lösungskoeffizient (für Mineralöl etwa 0,08 bis 0,09 leicht steigend mit der Temperatur). Für $p$ ist der Absolutdruck einzusetzen. Je 100 bar beträgt das lösbare Luftvolumen das Acht- bis Neunfache des Ölvolumens – ein hoher Wert! Sobald das Aufnahmevermögen des Öls für gelöste Luft überschritten wird, bilden sich Luftblasen im Öl. Auch kann in Öl gelöste Luft in Luftblasen übergehen, wenn der Sättigungsdruck unterschritten wird, z. B. in der Ansaugleitung, in engen Krümmungen, hinter Drosselstellen usw. Ebenso können Luftblasen durch Ansaugen von Luft, durch Leckstellen oder Pantschen entstehen.

Luftblasen verkleinern den Kompressionsmodul $K$, können bei Druckerhöhung in einer Pumpe schlagartig verdichtet werden und extreme örtliche Temperaturen annehmen (Gefährdung von Dichtungen, Ölalterung, Geräusche, Gefahr kavitationsähnlicher Verschleiß- und Ermüdungserscheinungen [2.39]). „Kavitationsähnlich", weil es sich streng genommen um eine Mischung aus etwas Ölkavitation (Dampfdruck viel höher als bei Wasser) und aber erheblichen, meistens überwiegenden Luftblasenwirkungen handelt. Daher kommt der Luftabscheidung eine besondere Bedeutung zu [2.40] (siehe auch Kap. 6.3 Ölbehälter).

## 2.2 Grundlagen aus der Hydrostatik

### 2.2.1 Hydrostatisches Verhalten von Flüssigkeiten

Eine in einem Behälter vorhandene ruhende Flüssigkeit kann nur Normalkräfte auf Behälterwände und -boden übertragen. Die in **Bild 2.9a** durch Gravitation an den Stellen A, B und C vorhandenen Drücke $p$ wirken immer senkrecht zu Behälterwänden und Boden. Ihre Größe wächst mit dem Eigengewicht der betrachteten Flüssigkeitssäule, das heißt mit dem Höhenunterschied $h$:

$$p = \rho \cdot g \cdot h \qquad (2.11)$$

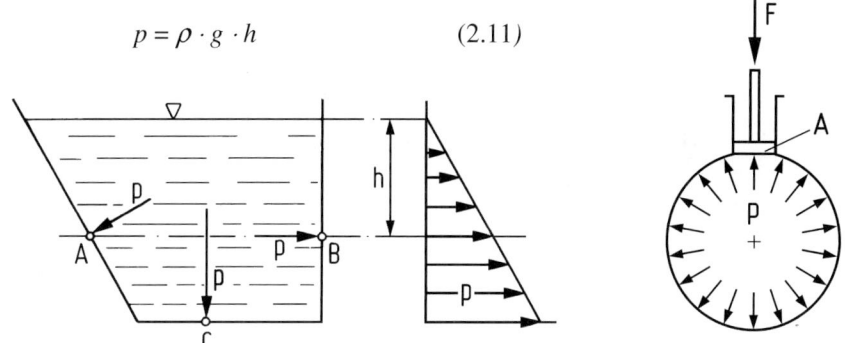

**Bild 2.9a**: Hydrostatischer Druck einer ruhenden Flüssigkeit durch Gravitation

**Bild 2.9b**: Hydrostatischer Behälterdruck durch Kolbenkraft F auf Fläche A

Bei der Berechnung ölhydrostatischer Anlagen kann das Eigengewicht der Flüssigkeitssäule gegenüber dem Arbeitsdruck in der Regel vernachlässigt werden. Der über eine äußere Kraft $F$ erzeugte Druck ist entsprechend **Bild 2.9b**:

$$p = \frac{F}{A} \qquad (2.12)$$

### 2.2.2 Energiewandlung mit Kolben und Zylinder

Für die in **Bild 2.10** gezeigte Hebevorrichtung mit der Hubkraft $F_2$ und der Betätigungskraft $F_1$ wird der aufzubringende *Arbeitsdruck* oder *Lastdruck*

$$p = \frac{F_1}{A_1} = \frac{F_2}{A_2} \qquad (2.13)$$

Sieht man von Lecköilverlusten ab, so verdrängt der Kolben mit der Fläche $A_1$, wenn er um den Weg $s_1$ bewegt wird, das Flüssigkeitsvolumen $V_1$:

Das Verschiebevolumen beträgt lecköfrei

$$V_1 = V_2 = A_1 \cdot s_1 = A_2 \cdot s_2$$

Daraus ergibt sich

$$\frac{s_1}{s_2} = \frac{A_2}{A_1} \qquad (2.14)$$

Die Kraftverstärkung ist $\dfrac{F_2}{F_1}$ .

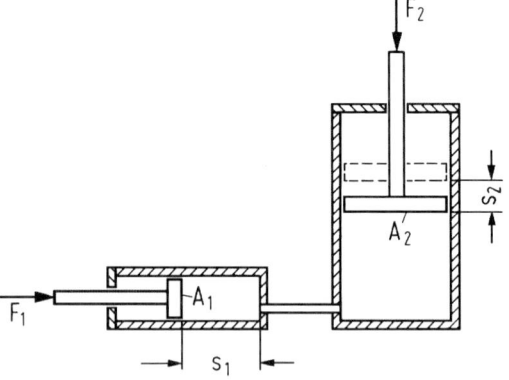

Sie entspricht bei einer Vernachlässigung jeglicher Reibung dem Verhältnis der Kolbenflächen:

**Bild 2.10:** Schema einer Hebevorrichtung mit Pump- und Hubzylinder

$$F_2 = \frac{A_2}{A_1} \cdot F_1 \qquad (2.15)$$

Umgekehrt wird die *Hubgeschwindigkeit* $v_2$ kleiner als die dafür aufgebrachte Geschwindigkeit $v_1$, denn es gilt

$$\frac{v_1}{v_2} = \frac{A_2}{A_1} \qquad (2.16)$$

Die auf dem Wege $s_1$ ($s_2$) aufgewendete Kolbenkraft $F_1$ ($F_2$) ergibt die *Arbeit*

$$W = F_1 \cdot s_1 = F_2 \cdot s_2 \qquad (2.17)$$

und die Leistung

$$P = F \cdot v$$

Mit $F = A \cdot p$ und $v = \dfrac{Q}{A}$ ergibt sich daraus erwartungsgemäß die hydrostatische Leistung zu

$$P = p \cdot Q \qquad \text{siehe auch (1.2)}$$

Darin ist $Q$ der Volumenstrom und $p$ der Verschiebedruck.

## 2.2.3 Energiewandlung mit rotierendem Verdränger

In **Bild 2.11** ist das Schema einer Pumpe mit rotierendem Verdrängerkolben dargestellt. Der Kolben mit der Fläche $A$ legt bei einer Umdrehung gegen den Lastdruck den Weg $2\pi \cdot r$ zurück und verdrängt dabei das Flüssigkeitsvolumen

$$V = 2\pi \cdot r \cdot A \qquad (2.18)$$

Dieses Verdrängungsvolumen nennt man bei einer Hydropumpe das *„Hubvolumen"*, bei einem Hydromotor das *„Schluckvolumen"*.

Der *Volumenstrom* ergibt sich mit der Drehzahl $n$ zu:

$$Q = V \cdot n \qquad (2.19)$$

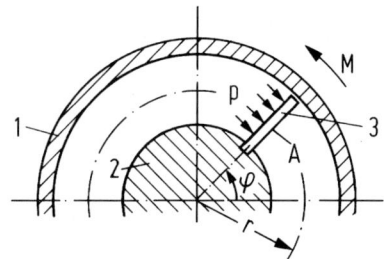

**Bild 2.11:** Schema einer Pumpe mit rotierendem Verdränger.

Betrachtet man für verlustfreien Betrieb ein aus Pumpe (1) und Motor (2) bestehendes Hydrogetriebe, so gilt mit $Q_1 = Q_2$:

$$\frac{n_1}{n_2} = \frac{V_2}{V_1} \qquad (2.20)$$

1 festes Gehäuse, 2 Rotor, 3 Flügel, $r$ effektiver Radius

Bei der in Bild 2.11 gezeigten Verdrängermaschine wirkt das *Drehmoment*

$$M = p \cdot A \cdot r \qquad (2.21)$$

Mit $A = V/2 \cdot \pi \cdot r$ erhält man durch Einsetzen das *verlustlose mechanisch-hydrostatische Gleichgewicht für Rotation*:

$$M = \frac{p \cdot V}{2\pi} = \frac{p \cdot Q}{2\pi \cdot n} \quad \text{bzw.} \quad M\,[\text{Nm}] = \frac{p\,[\text{bar}] \cdot V\,[\text{cm}^3]}{20\pi} \qquad (2.22)$$

Die Gleichung (2.22) ist für die Projektierung besonders bedeutsam, weil sie für Pumpen und Motoren gilt und von deren Bauart völlig unabhängig ist. Die verlustlos aufgenommene oder abgegebene *Leistung* beträgt

$$P = M \cdot \omega = M \cdot 2\pi \cdot n = p \cdot Q \qquad (2.23)$$

Setzt man $Q$ in [l/min] und $p$ in [bar] ein, so ergibt sich für eine verlustlose Leistungsberechnung die wichtige Zahlenwertgleichung

$$P\,[\text{kW}] = \frac{Q\,[\text{l/min}] \cdot p\,[\text{bar}]}{600} \qquad (2.24)$$

## 2.3 Grundlagen aus der Hydrodynamik

Bei der Berechnung strömungsmechanischer Vorgänge (Hydrodynamik) ging man zunächst vom Idealfall der reibungsfreien, inkompressiblen Flüssigkeit aus. In weiteren Schritten berücksichtigte man die Flüssigkeitsreibung durch Einbeziehung des Stoffwertes „Viskosität" und dessen Abhängigkeiten von weiteren Parametern, insbesondere der Temperatur und dem Druck.

Für die strömungstechnische Modellierung ölhydraulischer Komponenten und Anlagen gelten vor allem folgende Grundlagen als bedeutsam:

– *Kontinuitätsgleichung:* Erhaltung der Masse längs eines Stromfadens
– *Bernoulli-Gleichung:* Erhaltung der Energie längs eines Stromfadens
– *Druckverluste beim Fluidumlauf:* Reibungsbehaftete Strömungen
– *Strömungsmodelle für spezielle Geometrien:* Drosseln und Spalte
– *Impulssatz und Energiebilanz:* Kraftwirkungen strömender Flüssigkeiten.

Für Routineberechnungen in der Praxis stehen die Zusammenhänge zwischen Volumenströmen und Druckverlusten meistens im Vordergrund. Sie sollen daher auch im Folgenden besonders berücksichtigt werden.

### 2.3.1 Kontinuitätsgleichung

Für die stationäre, reibungslose Strömung einer inkompressiblen Flüssigkeit gilt das Gesetz von der Erhaltung der Massen, **Bild 2.12**. Es besagt, dass der durch den Querschnitt $A_1$ fließende Massenstrom $\dot{m}_1$ gleich dem durch den kleineren Querschnitt $A_2$ fließenden Massenstrom $\dot{m}_2$ ist; bei Flüssigkeiten mit gleich bleibender Dichte gilt dies auch für die instationäre Strömung. Der Massenstrom ist die pro Zeiteinheit durch einen bestimmten Rohrquerschnitt fließende Flüssigkeitsmasse:

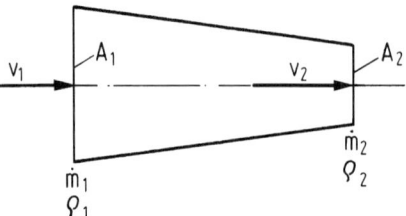

**Bild 2.12:** Flüssigkeitsströmung durch ein sich verengendes Rohr

$$\dot{m} = \rho \cdot A \cdot v \qquad (2.25)$$

mit $v$ als mittlerer Geschwindigkeit und es gilt nach Bild 2.12:

$$\rho_1 \cdot A_1 \cdot v_1 = \rho_2 \cdot A_2 \cdot v_2 \qquad (2.26)$$

und bei gleich bleibender Flüssigkeitsdichte, d. h. inkompressiblem Fluid:

$$A_1 \cdot v_1 = A_2 \cdot v_2 \qquad (2.27)$$

## 2.3.2 Bernoulli'sche Bewegungsgleichung

Die Bernoulli'sche Gleichung geht davon aus, dass der Energieinhalt einer stationär und reibungslos strömenden idealen Flüssigkeit in jedem Punkt des Stromfadens zu jeder Zeit konstant ist [2.41].

Aus dieser Annahme ergibt sich, dass die Summe aus den drei folgenden charakteristischen Druckanteilen entlang des Stromfadens nach Bernoulli in jedem Punkt konstant ist:

– *Hydrostatischer* Druck (in der Ölhydraulik der Arbeitsdruck)
– *Hydrodynamischer* Druck, auch „Geschwindigkeitsdruck"
– Druck infolge von *Gravitation*, auch „Höhendruck"

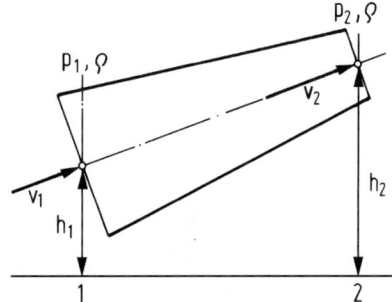

**Bild 2.13:** Flüssigkeitsströmung durch ein geneigtes Rohr mit sich verengendem Querschnitt

Als Beispiel sollen an Hand von **Bild 2.13** zwei Stromfadenpunkte 1 und 2 betrachtet werden. Die Druckbilanz wird durch die Bernoulli'sche Gleichung für ein inkompressibles Fluid wie folgt beschrieben:

$$p_1 + \frac{\rho \cdot v_1^2}{2} + \rho \cdot g \cdot h_1 = p_2 + \frac{\rho \cdot v_2^2}{2} + \rho \cdot g \cdot h_2 \qquad (2.28)$$

Darin ist $p$ der statische Druck, $\rho$ die Fluiddichte, $v$ die mittlere Geschwindigkeit und $g$ die Gravitationsbeschleunigung (weitere Größen siehe Bild 2.13).

Allgemein gilt für ein inkompressibles, reibungsfreies Fluid ($\rho_1 = \rho_2$):

$$p + \frac{\rho \cdot v^2}{2} + \rho \cdot g \cdot h = \text{const.} \qquad (2.29)$$

Da der Höhendruck gegenüber dem dynamischen und statischen Druck in der Ölhydraulik meist vernachlässigt werden kann, gilt vereinfacht:

$$p + \frac{\rho \cdot v^2}{2} = \text{const.} \qquad (2.30)$$

Auf dieser für inkompressible und reibungsfreie Flüssigkeiten gültigen vereinfachten Druckbilanz kann nun die Berechnung der Druckverluste in Hydraulikrohrleitungen mit realen Stoffwerten aufbauen.

Diese Berechnung wird im nächsten Kapitel behandelt.

## 2.3.3 Druckverlust in Rohrleitungen

### 2.3.3.1 Grundlegende Betrachtungen

**Physikalische Entstehung der Rohrreibung.** Im Gegensatz zu den o. g. idealisierten Annahmen sind reale Flüssigkeiten weder inkompressibel noch reibungsfrei, vielmehr hat die Reibung eine ganz wesentliche Bedeutung für die Berechnung und die Beurteilung dynamischer Vorgänge bei Flüssigkeiten, insbesondere auch für die Bestimmung der Druckverluste in Rohrleitungen.

Die Reibung entsteht aus Schubspannungen des viskosen Fluids, die infolge von Geschwindigkeitsgefällen quer zur Strömungsrichtung entsprechend Bild 2.1 bzw. Gl. (2.1) entstehen. Das betrifft sowohl die Reibung innerhalb der Flüssigkeit als auch den Sonderfall der Reibung zwischen Flüssigkeit und Wand (Grenzschicht). Die Größe der Reibung wird dementsprechend vor allem durch die Zähigkeit (Viskosität) des Fluids und die Geschwindigkeitsverhältnisse bestimmt. Die Gleitbewegungen unter Schubspannung erzeugen Wärme – die notwendige Energie wird der Druckenergie entnommen. Den entsprechenden Verlustdruck $\Delta p$ kann man in die vereinfachte Bernoulli-Gleichung, d. h. in Gl. (2.30) einführen:

$$p + \frac{\rho \cdot v^2}{2} + \Delta p = \text{const.} \qquad (2.31)$$

Betrachten wir hierzu in **Bild 2.14** ein Rohrstück konstanten Durchmessers (und damit konstanten dynamischen Druckes). Von 1 nach 2 entsteht durch Reibung ein Druckverlust. Wegen des konstanten dynamischen Druckanteils muss der statische Druck $p$ in Strömungsrichtung um den Verlustdruck $\Delta p$ absinken. In der Ölhydraulik sind die üblichen Viskositäten viel größer als z. B. bei Wasser. Daher ergeben sich in den Rohrleitungen nicht vernachlässigbare Druckverluste.

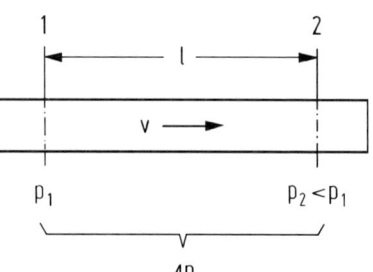

**Bild 2.14:** Druckabfall in geraden Rohren

**Grundansatz für den Druckabfall in Rohrleitungen.** Der Ansatz für den Druckabfall einer reibungsbehafteten Flüssigkeit bei der Durchströmung eines Rohres geht auf Prandtl zurück und lautet wie folgt:

$$\frac{dp}{dl} = -\lambda_R \cdot \frac{1}{d} \cdot \frac{\rho \cdot v^2}{2} \qquad (2.32)$$

Durch Integration erhält man die bekannte Gleichung für den Druckabfall einer inkompressiblen, stationären, isothermer Strömung:

$$\Delta p = p_1 - p_2 = \lambda_R \cdot \frac{l}{d} \cdot \frac{\rho \cdot v^2}{2} \tag{2.33}$$

In dieser Gleichung bedeuten entsprechend Bild 2.14:

$\Delta p$  Druckabfall von Rohrquerschnitt 1 nach 2
$d$  Innendurchmesser des Rohres
$l$  Rohrlänge
$v$  auf $d$ bezogene mittlere Strömungsgeschwindigkeit
$\rho$  Dichte der Flüssigkeit

Der Faktor $\lambda$ ist der *Rohrwiderstandsbeiwert*, der nicht konstant, sondern eine Funktion der Reynolds'schen Zahl $Re$ ist.

$$\lambda_R = f\,(Re) \tag{2.34}$$

$$Re = \frac{v \cdot d}{v} = \frac{v \cdot d \cdot \rho}{\eta} = 21\,221 \cdot \frac{Q\ [l/min]}{d\ [mm] \cdot v\ [mm^2 / s]} \tag{2.35}$$

mit $v$ als kinematischer und $\eta$ als dynamischer Viskosität.

Man unterscheidet zwischen *laminarer* Strömung (Schichtenströmung, Zähigkeitskräfte überwiegen gegenüber Massenträgheitskräften) und *turbulenter* Strömung (ungeordnete Strömung, Wirbel, Querbewegung auch senkrecht zur Rohrachse, Massenträgheitskräfte überwiegen gegenüber den Zähigkeitskräften).

Darüber hinaus muss beachtet werden, dass Strömungsvorgänge in beiden Fällen sowohl *isotherm* (Temperatur konstant) als auch *nicht isotherm* ablaufen können.

Letzterer Fall tritt in der Ölhydraulik wegen des Wärmeanfalls aus den besprochenen und meistens relativ großen Druckverlusten auf. Streng genommen muss man bei nicht isothermer Berechnung auch noch den Wärmeaustausch des Rohres mit der Umgebung berücksichtigen. Vernachlässigt man diesen, so gilt für *adiabate* Bedingungen (wärmedichtes Rohr) das Schema von **Tafel 2.5**.

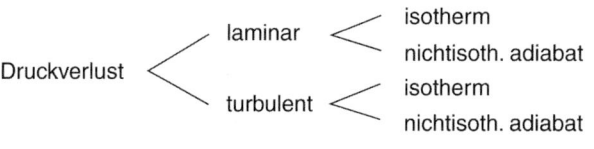

Druckverlust
— laminar — isotherm
              nichtisoth. adiabat
— turbulent — isotherm
               nichtisoth. adiabat

**Tafel 2.5:** Vier wichtige Fälle für die Berechnung der Druckverluste in wärmedichten Rohrleitungen

Diese vier Fälle sollen im Folgenden behandelt werden.

## 2.3.3.2 Laminare Rohrströmung

**Laminare isotherme Rohrströmung.** Diese tritt bei Reynoldszahlen, Gl. (2.35), unter etwa 2000 auf (kleine Rohrdurchmesser, mäßige Strömungsgeschwindigkeiten und Temperaturen) und sie ist mathematisch elegant und exakt modellierbar. *Isotherm* bedeutet: konstant angenommene Temperatur und damit konstante Viskosität sowohl über dem Rohrquerschnitt als auch in Rohrlängsrichtung.

Unter diesen Bedingungen lässt sich die Strömungsmechanik exakt berechnen. Dieses soll im Folgenden geschehen – auch als Beispiel für die gute rechnerische Zugänglichkeit laminarer Strömungen. Als Ansatz dient nach **Bild 2.15** ein im Flüssigkeitsstrom mitfließendes kleines zylindrisches Flüssigkeitselement $\pi \cdot y^2 \cdot l$. Dieses möge sich im Gleichgewicht mit der umgebenden, im Strom fließenden Flüssigkeit befinden. Auf die Stirnflächen dieses Zylinderelements wirken dann links die Druckkraft $p_1 \cdot \pi \cdot y^2$ und rechts die infolge der Druckverluste entlang der Länge $l$ etwas kleinere Kraft $p_2 \cdot \pi \cdot y^2$. Insgesamt ergibt sich daraus die resultierende axiale Druckkraft: $(p_1 - p_2) \cdot \pi \cdot y^2 = \Delta p \cdot \pi \cdot y^2$. Ihr entgegen wirkt infolge der Schubspannung $\tau$ auf die Mantelfläche die Schubkraft $2\pi \cdot y \cdot l \cdot \tau$.

Bei Gleichgewicht gilt:

$$\Delta p \cdot \pi \cdot y^2 = 2\pi \cdot y \cdot l \cdot \tau \tag{2.36}$$

Für $\tau$ gilt nach dem Newton'schen Reibungsgesetz, Gl. (2.1):

$$\tau = -\eta \cdot \frac{dv}{dy}$$

Damit ergibt sich nach Kürzen und Umstellung

$$\frac{dv}{dy} = -\frac{\Delta p}{\eta \cdot l} \cdot \frac{y}{2}$$

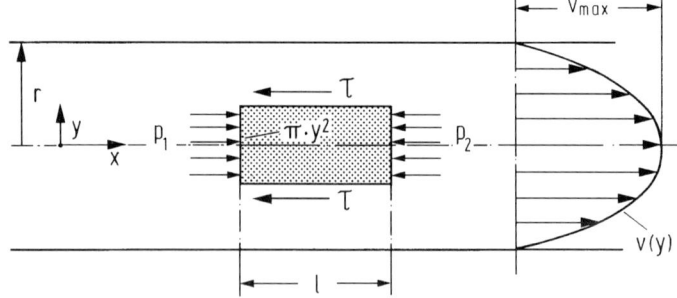

**Bild 2.15:** Spannungen und Geschwindigkeitsprofil bei laminarer Rohrströmung

Durch Integration erhält man mit der Bedingung $v = 0$ bei $y = r$ die Gleichung des Rotationsparaboloids

$$v(y) = -\frac{\Delta p}{4\eta \cdot l} \cdot (y^2 - r^2)$$ (2.37)

Der Maximalwert der Strömungsgeschwindigkeit in der Rohrachse ergibt sich mit $y = 0$ zu

$$v_{max} = \frac{\Delta p}{4\eta \cdot l} \cdot r^2$$ (2.38)

Der durch den Rohrquerschnitt fließende Volumenstrom ist formal gleich dem Inhalt des Rotationsparaboloids. Durch Integration von Gl. (2.37) über konzentrische Flächenelemente $dA = 2\pi \cdot y \cdot dy$ erhält man mit den Grenzen $y = 0$ und $y = r$ das von Hagen und Poiseuille um 1840 erstmals veröffentlichte Gesetz für den Volumenstrom bei laminarer, isothermer Rohrströmung:

$$Q = \frac{\pi \cdot r^4}{8\eta \cdot l} \cdot \Delta p = \frac{\pi \cdot d^4}{128\eta \cdot l} \cdot \Delta p$$ (2.39)

Für die mittlere Geschwindigkeit im Rohr gilt dabei

$$v = \frac{Q}{\pi \cdot r^2} = \frac{\Delta p}{8\eta \cdot l} \cdot r^2$$ (2,40)

Sie entspricht damit genau der halben maximalen Strömungsgeschwindigkeit:

$$v = 0,5 \cdot v_{max}.$$

Eine Auflösung von Gl. (2.40) nach dem Druckabfall $\Delta p$ ergibt

$$\Delta p = 8 \cdot \eta \cdot \frac{l}{r^2} \cdot v$$ (2.41)

Man erkennt aus dieser Gleichung, dass der Strömungswiderstand $\Delta p$ bei laminarer Strömung linear mit der Geschwindigkeit wächst. Da es sich um ein Gesetz handelt, kann Gl. (2.41) bei sehr genau kontrollierter Fluidtemperatur sogar zur experimentellen Bestimmung der Viskosität benutzt werden [2.27].

Setzt man die Gleichungen (2.41) und (2.33) gleich, so wird

$$\lambda_R = \frac{64}{Re}$$ (2.42)

Diese Funktion ist eine Hyperbel, die sich im doppelt logarithmischen Netz als Gerade abbildet – hierauf wird später noch Bezug genommen.

**Laminare nicht isotherme adiabate Rohrströmung.** Obwohl in der Praxis meist mit isothermer Rohrströmung gerechnet wird, kann bei bestimmten Anwendungsfällen der Ölhydraulik – anders als bei Strömungsvorgängen mit Wasser – der Ansatz einer nicht isothermen Strömung sinnvoll sein. Vereinfachend sollen dabei adiabate (wärmedichte) Verhältnisse vorausgesetzt werden.

Hydrauliköl hat eine etwa 50-fach höhere Viskosität als Wasser, und die Viskosität ist zusätzlich besonders stark temperaturabhängig (siehe Abschnitt 2.1.3.1). Hohe Viskosität bedeutet hohe Reibung, insbesondere bei großem Schergefälle $dv/dy$ an der Rohrwand bzw. in deren Nähe. Dadurch ist dort die Temperaturerhöhung am größten, **Bild 2.16**. Entsprechend ergeben sich in Rohrwandnähe die geringsten Viskositäten. Dieses hat im Vergleich zur isothermen Behandlung eine Verringerung des Strömungswiderstands zur Folge.

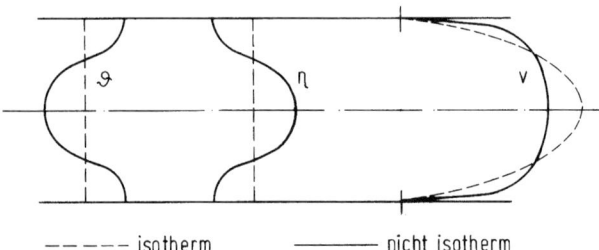

**Bild 2.16 :** Temperatur- ($\vartheta$), Viskositäts- ($\eta$) und Geschwindigkeitsverlauf ($v$) über dem Rohrquerschnitt bei isothermer und nicht isothermer laminarer Rohrströmung (Schema)

—————— isotherm            ———— nicht isotherm

Nach Kahrs [2.27] kann die Berechnung des Druckabfalls unter Verwendung der allgemeinen Druckabfallgleichung, Gl. (2.33), dadurch geschehen, dass man zusätzlich die Faktoren $k_s$ und $k_x$ einführt:

$$\Delta p = k_s \cdot k_x \cdot \lambda_R \cdot \frac{l}{d} \cdot \frac{\rho \cdot v^2}{2} \qquad (2.43)$$

Der Faktor $k_S$ berücksichtigt den Einfluss von Temperatur- und Viskositätsänderungen über dem Rohrquerschnitt und ist im Wesentlichen von dem Produkt aus der mittleren Strömungsgeschwindigkeit $v$ und der mit der mittleren über dem Rohrquerschnitt errechneten dynamischen Viskosität abhängig, **Bild 2.17**.

Der Faktor $k_X$ berücksichtigt den Einfluss von Temperatur- und Viskositätsänderungen über der Rohrlänge und ist vom Druckgefälle abhängig. **Bild 2.18** zeigt die Auftragung über dem extrapolierten Anfangsdruckabfall. Dieser extrapolierte Anfangsdruckabfall kann mit Gl. (2.43) bei Einsetzen von $k_x = 1$ ermittelt werden. Wie man erkennt, kann die Temperaturerhöhung in Strömungsrichtung bei mäßigem Druckverlust vernachlässigt werden (z. B. $k_X = 0{,}99$ bei etwa 12 bar).

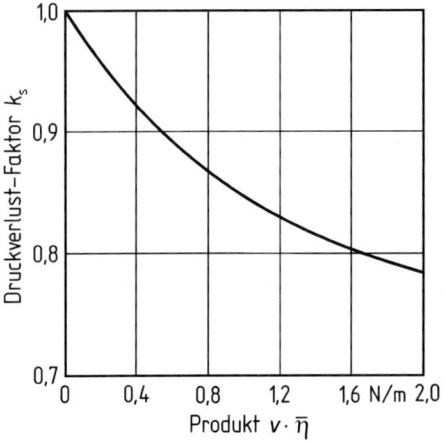

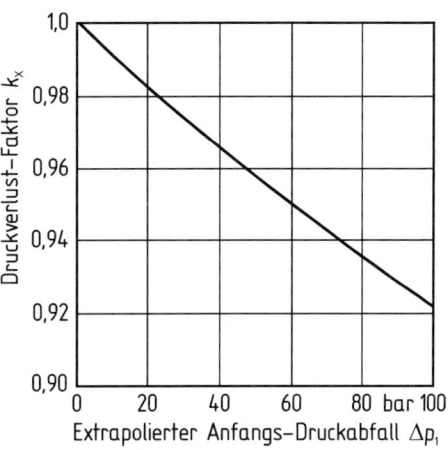

**Bild 2.17:** Druckverlustfaktor $k_s$ für laminare, nicht isotherme, adiabate Rohrströmung (nach Kahrs [2.27])

**Bild 2.18:** Druckverlustfaktor $k_x$ für laminare, nicht isotherme adiabate Rohrströmung. Näherungsweiser Verlauf für übliche Viskositäten (nach Kahrs [2.27])

### 2.3.3.3 Turbulente Rohrströmung

**Turbulente isotherme Rohrströmung.** Für den Geschwindigkeitsverlauf über dem Rohrquerschnitt ergibt sich bei turbulenter Strömung ein im Verhältnis zur laminaren Strömung mehr abgeflachtes Strömungsprofil, **Bild 2.19.** Die mittlere Geschwindigkeit beträgt für den isothermen Fall etwa

$$v = (0,79...0,82)\, v_{max} \qquad (2.44)$$

Bei Medien kleiner Viskosität, wie etwa Luft und Wasser, findet der Umschlag von laminarer in turbulente Strömung in einem sehr engen Bereich der *Re*-Zahl um den Wert 2320 statt. Bei Strömungen in Ölhydraulikanlagen lässt sich der Übergang infolge von möglichen Störeinflüssen (z. B. Pulsation) meist nicht so genau festlegen. Im turbu-

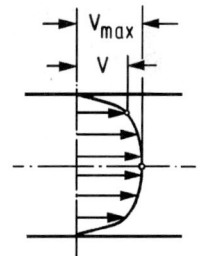

**Bild 2.19:** Geschwindigkeitsprofil bei turbulenter Strömung

lenten Bereich sind der Längsbewegung der Strömung unregelmäßige Querbewegungen überlagert. Jedoch bildet sich in der Nähe der Rohrwand stets eine dünne laminare Grenzschicht [2.42] aus. Die Dicke dieser Grenzschicht verringert sich mit wachsender *Re*-Zahl. Ist die Dicke der laminaren Grenzschicht größer als die größte Erhebung an der Rohrwand, so spricht man von einem hydraulisch glatten Rohr, das günstige Strömungsverhältnisse ermöglicht.

Ein solches Rohr hat dann den geringst möglichen Strömungswiderstand. Die dafür zulässigen Rauigkeiten sind bei den in der Ölhydraulik üblichen Präzisionsstahlrohren nach DIN 2391 meistens gut genug erfüllt.

**Bild 2.20** zeigt die Rohrwiderstandsbeiwerte für isotherme, laminare Strömung (links) und isotherme turbulente Strömung (rechts) in Abhängigkeit von der *Re*-Zahl. Nach Kahrs [2.27] tritt der Übergangsbereich in der Ölhydraulik bei *Re*-Zahlen von 1900 bis 3000 auf.

Der linke Verlauf entspricht der oben abgeleiteten Gl. (2.42), der rechte dem Modell von Blasius (1913) für „hydraulisch glatte" Rohre:

$$\lambda_R = 0{,}3164 \cdot Re^{-0{,}25} \tag{2.45}$$

Diese Gleichung ist eine einfache und für die Ölhydraulik bis $Re = 10^5$ ausreichende Ersatzfunktion verschiedener bekannt gewordener komplizierterer Modelle anderer Forscher [2.41]. Häufig ergeben sich für Arbeitsströmungen in Hydraulikrohren Betriebspunkte in der Nähe des Übergangsbereiches mit $\lambda_R$ um 0,04.

Beispiel: $Re = 2400$ ergibt sich bei einer Arbeitsleitung mit 0,014m (14mm) lichter Weite, 6 m/s Strömungsgeschwindigkeit und 35 mm²/s kinematischer Viskosität.

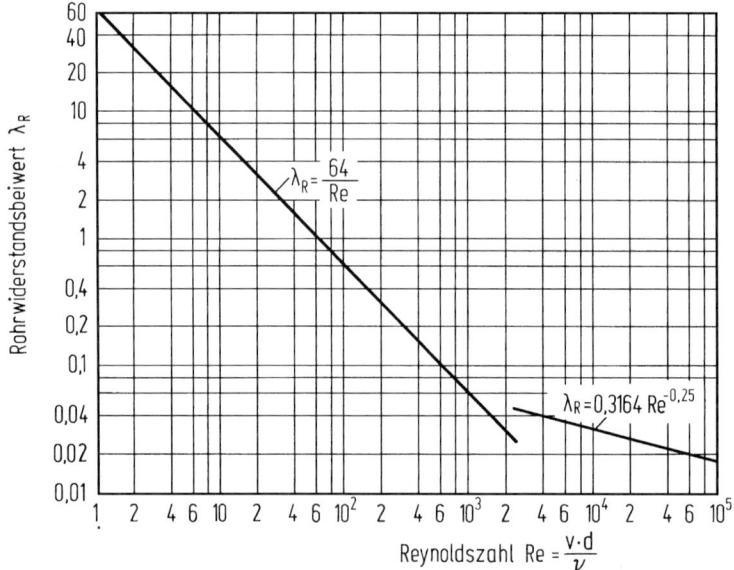

**Bild 2.20:** Rohrwiderstandsbeiwerte für die praktische Anwendung in der Ölhydraulik. Der linke Ast gilt für laminare isotherme Strömung (Hagen-Poisseuille) und der rechte für turbulente, isotherme Strömung für „hydraulisch glatte Rohre" (Blasius)

**Turbulente nicht isotherme adiabate Rohrströmung.** Auch bei turbulenter Rohrströmung kann das nicht isotherme Verhalten mit Hilfe eines Korrekturfaktors berücksichtigt werden [2.27], der aus dem Nomogramm in **Bild 2.21** zu entnehmen ist. Damit wird für den turbulenten Bereich:

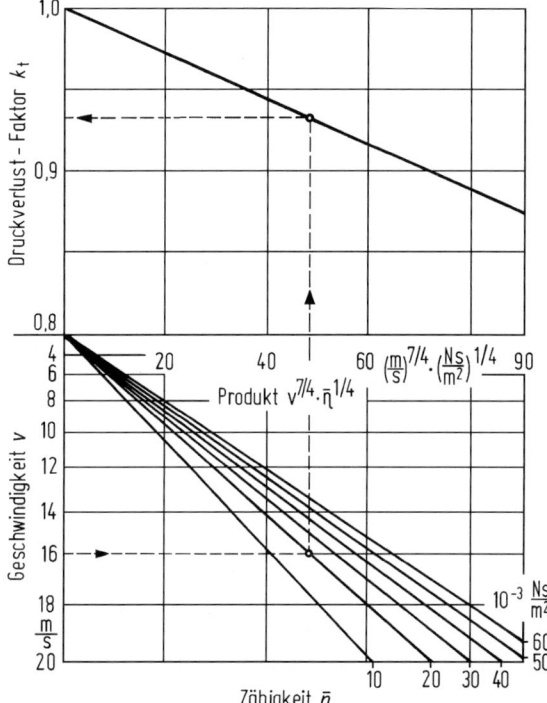

$$\Delta p = k_t \cdot \lambda_R \cdot \frac{l}{d} \cdot \frac{\rho \cdot v^2}{2} \quad (2.46)$$

Da der Faktor $k_t$ immer kleiner als 1 ist, führt die Ermittlung des Druckabfalls bei nicht isothermer Betrachtung gegenüber isothermer Rechnung zu etwas kleineren Druckverlusten. Wie es das Nomogramm zeigt, sind die Unterschiede aber nur bei sehr hohen Strömungsgeschwindigkeiten und tendenzmäßig hohen Viskositäten von Bedeutung: Selbst bei hohen Strömungsgeschwindigkeiten in Arbeitsleitungen von z. B. 10 m/s ergeben sich für übliche Viskositäten $k_t$-Werte von nur 0,96 bis 0,97. Für das o. g. Beispiel käme 0,98 heraus – ein vernachlässigbarer Wert.

**Bild 2.21:** Nomogramm zur Bestimmung des Druckverlustfaktors $k_t$ für turbulente nicht isotherme adiabate Rohrströmung und übliche Betriebsviskositäten der Ölhydraulik (nach Kahrs [2.27])

## 2.3.4 Druckverlust in Krümmern und Leitungselementen

Bei der Durchströmung von Rohrkrümmern und Leitungselementen wie Rohrverzweigungen, Rohrvereinigungen, Querschnittsänderungen und Rohreinläufen findet der Übergang laminar – turbulent bei vergleichsweise sehr kleinen Re-Zahlen statt. Für turbulente Druckverluste ist folgender Ansatz üblich:

$$\Delta p = \zeta \cdot \frac{\rho \cdot v^2}{2} \quad (2.48)$$

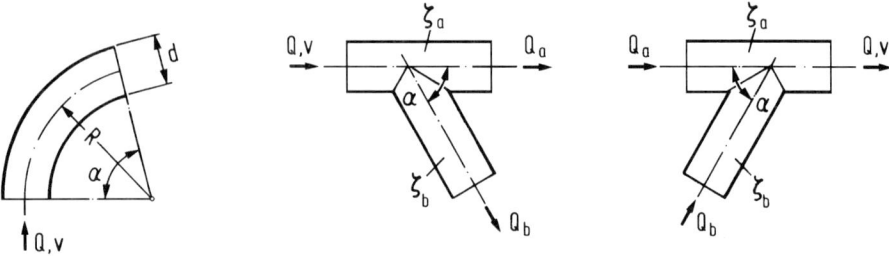

**Bild 2.22:** Rohrkrümmer, Rohrverzweigung, Rohrvereinigung

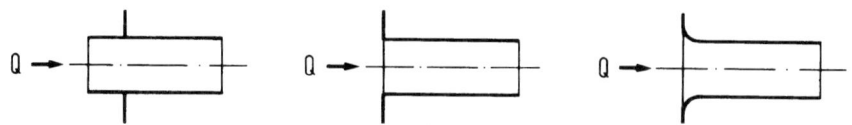

**Bild 2.23:** Rohreinläufe (links und mittig ungünstig, rechts günstig)

Die Strömungsgeschwindigkeit $v$ wird üblicherweise auf den Rohrquerschnitt bezogen (auch bei Verschraubungen). Der Widerstandsbeiwert (nach [2.44] auch „Druckverlustzahl") ist für viele Geometrien experimentell ermittelt worden [2.45, 2.46]. Praktische Werte werden für die in den **Bildern 2.22** und **2.23** skizzierten Elemente in **Tafel 2.6** bis **2.9** angegeben. Sie stammen aus Messungen bei relativ geringen Viskositäten (Viskosität hat bei Turbulenz kaum Einfluss auf $\zeta$ [2.46]).

**Tafel 2.6:** $\zeta$-Werte für glatte Rohrkrümmer, siehe Bild 2.22 links (nach Eck [2.45])

| R / d | $\alpha = 45°$ | $\alpha = 90°$ |
|-------|--------|--------|
| 1 | 0,14 | 0,21 |
| 2 | 0,09 | 0,14 |
| 4 | 0,08 | 0,11 |
| 6 | 0,075 | 0,09 |
| 10 | 0,07 | 0,11 |

**Tafel 2.7:** $\zeta$-Werte für Rohrverzweigungen, siehe Bild 2.22 mittig, nach Eck [2.45] (beide Rohre mit gleichem Durchmesser)

| $Q_b$ / Q | $\alpha = 45°$ | | $\alpha = 90°$ | |
|-----------|------------|------------|------------|------------|
| | $\zeta_a$ | $\zeta_b$ | $\zeta_a$ | $\zeta_b$ |
| 0,6 | 0,07 | 0,33 | 0,07 | 0,96 |
| 0,8 | 0,20 | 0,29 | 0,21 | 1,10 |
| 1,0 | 0,33 | 0,35 | 0,35 | 1,29 |

**Tafel 2.8:** $\zeta$- Werte für Rohrvereinigungen entspr. Bild 2.22 rechts, nach Eck [2.45] (beide Rohre mit gleichem Durchmesser)

| $Q_b / Q$ | $\alpha = 45°$ | | $\alpha = 90°$ | |
|---|---|---|---|---|
| | $\zeta_a$ | $\zeta_b$ | $\zeta_a$ | $\zeta_b$ |
| 0,6 | 0,05 | 0,22 | 0,40 | 0,47 |
| 0,8 | -0,20 | 0,37 | 0,50 | 0,73 |
| 1,0 | -0,57 | 0,38 | 0,60 | 0,92 |

**Tafel 2.9:** $\zeta$-Werte für Rohreinläufe, nach Herning [2.43]

| Einlaufform nach Bild 2.23 | scharfe Kante | gebrochene Kante |
|---|---|---|
| links | 3,0 | 0,55 |
| mittig | 0,5 | 0,25 |
| rechts | 0,06 ... 0,005 je nach Wandrauigkeit | |

Man erkennt die gravierende Bedeutung von Gestaltungsmaßnahmen für den Beiwert $\zeta$. Schon eine nur gebrochene Einlaufkante bewirkt gegenüber scharfer Kante einen nur etwa halb so großen Widerstandsbeiwert - physikalisch durch die verringerte Strahleinschnürung erklärbar. Bei abgerundeten Einlaufkanten kann man sogar den Zusatzwiderstand ganz vernachlässigen. Im laminaren Bereich steigen die $\zeta$-Werte mit abnehmender Reynoldszahl stark an. Chaimowitsch empfiehlt in [2.46] für zwei Re-Bereiche einen Korrekturfaktor b. Damit gilt:

$$\Delta p = \zeta \cdot b \cdot \frac{\rho \cdot v^2}{2} \tag{2.49}$$

Praxisrelevant ist vor allem der Bereich Re = 2 bis 500. Für ihn kann man die grafische Angabe aus [2.46] in folgende Gleichung kleiden:

$$b_{Re = 2 ... 500} \approx \frac{730}{Re} \tag{2.50}$$

## 2.3.5 Strömungsmechanik hydraulischer Widerstände

Bewusst eingesetzte hydraulische Widerstände werden in der Ölhydraulik – ähnlich wie in der Elektrotechnik – vor allem zur Steuerung angewendet. Man unterscheidet zwischen laminaren und turbulenten Widerständen.
**Laminare Widerstände.** Der Widerstand entsteht durch laminare Scherreibung. Die Konstruktion wird gezielt darauf ausgerichtet, laminare Bedingungen durch kleine *Re*-Zahlen zu sichern – beispielsweise durch Anwendung des Prinzips „Kapillare": langer zylindrischer Kanal kleinen Querschnitts.

Die Berechnung laminarer Widerstände ist mathematisch sehr gut zugänglich. Für Kreisquerschnitte gilt z. B. die in Kap. 2.3.3.2 abgeleitete Gl. (2.39).

Bei laminaren Widerständen ist der Zusammenhang zwischen Ölstrom und Druckabfall linear, er entspricht damit bezüglich Analogie mit der Elektrotechnik dem Verhalten idealer Ohmscher Widerstände (vergleiche mit Kap. 1.3.3). Von Nachteil ist bei Fluiden die sehr starke nicht lineare Temperaturabhängigkeit, die durch den Einfluss der dynamischen Viskosität entsteht. Diesen Nachteil kann man bei turbulenten Widerständen weitgehend ausschalten.

**Turbulente Widerstände.** Der Widerstand entsteht hier dadurch, dass statischer Druck durch Querschnittsverengung nach der Bernoulli-Gleichung (Kap. 2.3.2) in dynamischen Druck umgesetzt wird und die kinetische Energie des Fluids nur teilweise zurück gewonnen wird, d. h. weitgehend durch Verwirbelung in Wärme übergeht. Durch scharfkantige Querschnittsverengungen kann man den Wandeinfluss (Grenzschicht) so weit unterdrücken, dass die Strömungsmechanik oberhalb gewisser *Re*-Zahlen von der Viskosität weitgehend unabhängig wird.

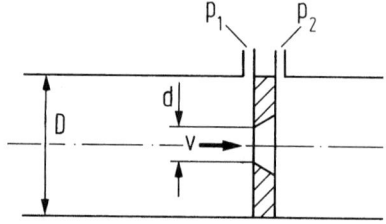

Hierzu zeigt **Bild 2.24** das bekannte Beispiel der „Blende" mit zwei Druckmessstellen (1) und (2) unmittelbar vor und hinter der scharfkantigen Verengung.

Die höchste Geschwindigkeit tritt nun nicht im engsten Querschnitt, sondern auf Grund

**Bild 2.24:** Geometrie und Messstellen an einer scharfkantigen Blende

der Massenkräfte (Strahlkontraktion) in Strömungsrichtung erst dahinter auf. Dadurch sinkt der statische Druck hinter dem engsten Querschnitt nach Bernoulli im freien Strahl zunächst noch etwas weiter ab.

Die Strömungsmechanik von Blenden ist wegen der Anwendung für die Messung von Volumenströmen gut bekannt. Das klassische deutsche Modell lautet:

$$Q = \alpha \cdot A_{\mathrm{D}} \cdot \sqrt{\frac{2 \cdot (p_1 - p_2)}{\rho}} = \alpha \cdot A_{\mathrm{D}} \cdot \sqrt{\frac{2 \cdot \Delta p}{\rho}} \tag{2.51}$$

$A_D$ Querschnittsfläche der Blende, $\rho$ Fluiddichte, $\alpha$ Durchflusszahl.

Dieser Widerstand ist im Gegensatz zu einer laminaren Kapillare nicht linear, aber dafür – wie gesagt – theoretisch und auch praktisch unabhängig von der Viskosität.

$\alpha$ berücksichtigt neben den genauen Orten der Druckmessungen vor allem die Strahlkontraktion auf Grund der Massenkräfte und ist daher vom Öffnungsverhältnis $m$ und der Reynoldszahl *Re*-Zahl abhängig.

Es gilt:

$$m = \left(\frac{d}{D}\right)^2 \tag{2.52}$$

$$Re = \frac{v \cdot d}{v} \tag{2.53}$$

Für „Normblenden mit Eckenentnahme" findet man in der Literatur und in den relevanten Normen für $Re$-Zahlen >5000 und $m = 0,05...0,45$ Werte für $\alpha$ bei etwa 0,6 bis 0,7. Diese sind als Faustwerte auch für die Ölhydraulik brauchbar. Die noch relativ neue Norm DIN EN ISO 5167 arbeitet nicht mehr mit $\alpha$, sondern mit einer ähnlichen Gleichung wie (2.51), jedoch mit dem Durchflusskoeffizienten C, der sich im Wert von $\alpha$ unterscheidet. Umrechnungen sind möglich.

Gl. (2.51) kann im Prinzip auch für verstellbare Drosselquerschnitte in der Form von Schlitzen und Kerben angewendet werden. Nach [2.47] können die $\alpha$-Werte bei kleinen $Re$-Zahlen deutlich größer als 1 werden, dieses trat für einige typische Geometrien unterhalb von $Re = 700$ bis 1000 auf, während oberhalb von etwa $Re = 2000$ fast konstante Werte um $\alpha = 0,7$ gemessen wurden. Bei genauen Vergleichen muss man sich die Messorte für die Drücke $p_1$ und $p_2$ und ggf. auch die für die $Re$-Zahl benutzte charakteristische Länge ansehen.

**Widerstände mit Übergangsbereichen laminar-turbulent.** Im Prinzip ist für jede durchströmte Geometrie ein solcher Übergang in einem bestimmten Bereich der Reynoldszahl $Re$ zu erwarten. Daher ist es sehr sinnvoll, bei entsprechenden Berechnungen oder Messungen die $Re$-Zahl zu beobachten bzw. als Parameter festzuhalten [2.47]. Für die Auslegung von Steuerungen ist zu beachten, dass bei Annäherung von laminar an turbulent die Viskosität des Fluids und damit die Temperatur steigenden Einfluss auf die Widerstandscharakteristik gewinnt.

### 2.3.6 Leckölverlust durch Spalte

An druckbeaufschlagten Spalten zwischen Funktionsflächen in Verdrängermaschinen oder Ventilen entstehen Leckölströme. Diese dienen zwar auch zur Schmierung der Elemente, beeinflussen jedoch das Betriebsverhalten von Anlagen sowohl bezüglich Wirkungsgrad (Verluste) als auch bezüglich der Qualität von Steuerungen und Regelungen. Überschlägige Vorausberechnungen können mit Hilfe der im Folgenden aufgeführten Gleichungen für die in **Bild 2.25** skizzierten wichtigsten Spaltformen durchgeführt werden. Unter der Voraussetzung, dass es sich um die üblichen relativ breiten Spalte mit kleinen Spaltweiten (häufig 0,001 bis 0,020 mm) und um laminare, isotherme Leckölströmung handelt, können die folgenden Gleichungen ähnlich wie Gl. (2.39) hergeleitet werden.

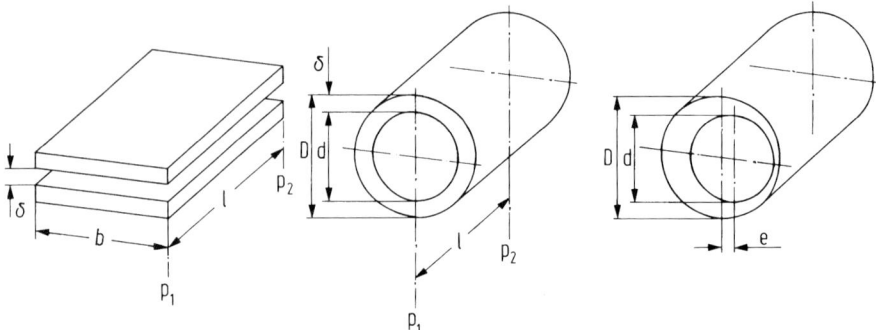

**Bild 2.25:** Wichtige Spaltformen – ebener, konzentrischer und exzentrischer Spalt

a) ebener Spalt:

$$Q_L = \frac{b \cdot \delta^3}{12 \cdot \eta} \cdot \frac{p_1 - p_2}{l} \qquad (2.54)$$

b) konzentrischer Spalt:

$$Q_L = \frac{\pi \cdot d \cdot \delta^3}{12 \cdot \eta} \cdot \frac{p_1 - p_2}{l} \qquad (2.55)$$

c) exzentrischer Spalt (nach [2.46, 2.48])

$$Q_L = \frac{\pi \cdot d \cdot \delta^3}{12 \cdot \eta} \cdot \frac{p_1 - p_2}{l} \cdot (1 + 1,5 \cdot \varepsilon^2) \qquad (2.56)$$

In a) bis c) sind einzusetzen:

$$\delta = \frac{D - d}{2}$$

In c) ist einzusetzen:

$$\varepsilon = \frac{e}{\delta} \qquad (2.57)$$

Man erkennt, dass der Leckstrom durch exzentrische Lage des Innenteils gegen über einer zentrischen Lage grundsätzlich zunimmt, siehe Zusatzglied in Gl. (2.56). Bei einseitiger Anlage ($\varepsilon = 1$) steigt der Leckölstrom auf das 2,5-fache an.
Bei der Berechnung von Leckölverlusten durch Spalte ist zu beachten, dass bei genauer Modellierung die tatsächliche Viskosität im Fluid anzusetzen ist, wobei im Gegensatz zur Rohrleitung die Temperatur der „Wandung" sehr bedeutsam ist. Wegen der kleinen Fluidmasse im Vergleich zur umgebenden Festkörpermasse

und wegen des dünnen Fluidfilms folgt die Fluidtemperatur weitgehend der Oberflächentemperatur der Festkörpermasse. Adiabate Bedingungen können daher hier nicht angenommen werden. Bei größeren Temperatur- und Druckunterschieden sind numerische Verfahren zu empfehlen.

Darüber hinaus muss bei b) und c) beachtet werden, dass sich die Spaltweite und damit auch der Leckölverlust infolge unterschiedlicher Wärmeausdehnungen der Elemente während des Betriebes verändern kann. Diese Abhängigkeit ist wegen der kleinen Spaltweiten und des kubischen Einflusses der Spaltweite auf den Leckstrom sehr sensibel. Eine Durchmesseränderung $\Delta d$ infolge Temperaturänderung $\Delta \vartheta$ berechnet man nach der Gleichung

$$\Delta d = d \cdot \beta \cdot \Delta \vartheta \tag{2.58}$$

Für Temperaturen $\vartheta < 100\ °C$ gelten folgende Werte für den linearen Wärmeausdehnungskoeffizienten $\beta$ in 1/K. GG: $1{,}05 \cdot 10^{-5}$, St: $1{,}1$ bis $1{,}2 \cdot 10^{-5}$ (rostfrei höher), Ms: $1{,}85 \cdot 10^{-5}$, Al-Legierungen: $2{,}1$ bis $2{,}4 \cdot 10^{-5}$.

## 2.3.7 Kraftwirkung strömender Flüssigkeiten, Druckstöße

**Impulssatz.** Wenn sich die Geschwindigkeit einer strömenden Flüssigkeit nach Betrag und/oder Richtung ändert, werden nach dem Impulssatz Massenkräfte auf die Führungselemente ausgeübt. Anschauliche Beispiele sind die Schubkraft einer Düse, die Kräfte an gebogenen Rohren und Schläuchen, Strömungskräfte an Ventilschiebern oder die Kraft beim Auftreffen eines Flüssigkeitsstrahls auf eine ebene Platte. Solche Kräfte lassen sich mit Hilfe des Impulssatzes bestimmen [2.41]. Er sagt aus, dass die zeitliche Änderung der gerichteten Größe $m \cdot v$ eines Systems gleich der auf das System wirkenden gerichteten äußeren Kraft ist. Das „System" wird durch ein „Kontrollgebiet" definiert. In der Hydraulik kann man für viele Probleme dieser Art reibungsfreie stationäre Strömung ansetzen und erhält mit der Fluiddichte $\rho$ für das Kontrollgebiet mit der Grenzlinie R:

$$\Sigma F = \Sigma Q \cdot \rho \cdot v \tag{2.59}$$

In den Eintrittsquerschnitten des Kontrollgebietes wirkt die Reaktionskraft von $Q \cdot \rho \cdot v$ in Strömungsrichtung – in den Austrittsquerschnitten entgegen der Strömungsrichtung. Zusätzlich sind ggf. alle Kräfte aus hydrostatischen Druckfeldern anzusetzen. Alle Anteile werden geometrisch addiert. Die Resultierende steht mit der am Kontrollgebiet angreifenden äußeren Kraft $F$ im Gleichgewicht.
Nach dieser Regel ergeben sich für die in **Bild 2.26** skizzierten Elemente die auf der nächsten Seite aufgelisteten folgenden Gleichungen:

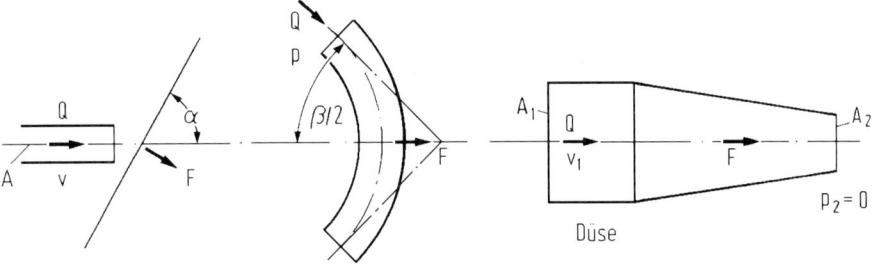

ebene Platte          Rohrkrümmer          **Bild 2.26:** Strömungskräfte
an Bauelementen

a) Strahlkraft auf eine ebene geneigte Platte (Normalkraft):

$$F = Q \cdot \rho \cdot v \cdot \sin \alpha \qquad (2.60)$$

Für $\alpha = 90°$ ist

$$F = Q \cdot \rho \cdot v = \dot{m} \cdot v \qquad (2.61)$$

b) Kraft auf Rohrkrümmer:

$$F = 2(p \cdot A + \rho \cdot Q \cdot v) \cdot \cos \frac{\beta}{2} \qquad (2.62)$$

c) Kraft auf Düsenmantel:

$$F = Q \cdot \rho \cdot v_1 \cdot \frac{1}{2} \left( \frac{A_1}{A_2} - 1 \right)^2 \qquad (2.63)$$

**Schallgeschwindigkeit und Stoß.** Die Schallgeschwindigkeit berechnet sich zu

$$c = \sqrt{K / \rho} \qquad (2.64)$$

mit $K$ als Kompressionsmodul und $\rho$ als Dichte.
Wird bei einer Rohrströmung (Geschw. $v$) ein Absperrventil schnell geschlossen, entsteht ein Druckstoß. Wenn die Schließung schnell genug erfolgt, wird die gesamte Bewegungsenergie der Ölsäule in potenzielle Energie „aufgestaut". Aus der Gleichsetzung der beiden Energien ergibt sich mit Einsetzen von $K = c^2 \cdot \rho$ nach Gl. (2.64) die maximale Stoß-Druckanhebung nach Joukowski/Allievi zu

$$\Delta p = c \cdot \rho \cdot v \qquad (2.65)$$

Interessant ist hieran, dass Leitungslänge oder Fluidvolumen *nicht* eingehen. Erklärung: Steigt die Masse, steigt auch das abfedernde Kompressionsvolumen. Real sind die Druckanstiege meist geringer infolge „unterkritischer" Schließzeiten.

## 2.4 Tragende Ölfilme

**Bedeutung.** In der Ölhydraulik werden Gleitlager nicht nur als Lagerelement für eine rotierende Welle verwendet, sondern treten auch in anderen Formen auf, als:
– Arbeitskolben in Zylinderbohrungen von Axialkolbenmaschinen
– rotierende Zylindertrommeln gegen feste Steuerböden
– Gleitschuhe auf Schrägscheiben von Axialkolbenmaschinen
– Flügel von Flügelzellenmaschinen gegen Außenring
– Dichtungslippen auf glatten Dichtflächen, Drehdurchführungen u. a.
Derartige Gleitkontakte sind oft hoch belastet – trotzdem ist ein trennender, tragender Ölfilm anzustreben.

**Hydrodynamischer und hydrostatischer Tragdruck.** Zur Veranschaulichung werden in **Bild 2.27** drei typische Fälle gezeigt.

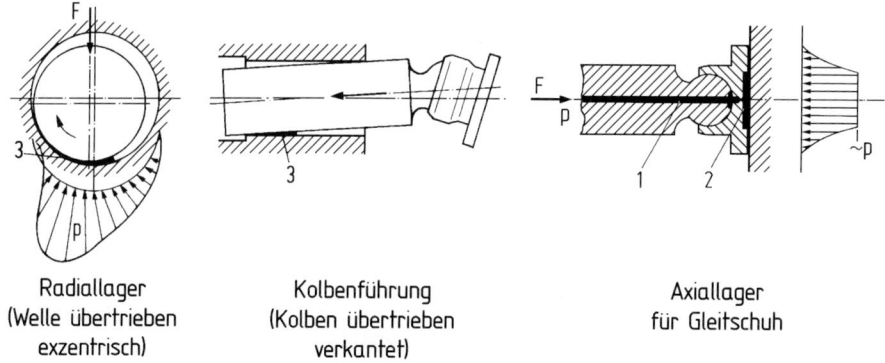

|  Radiallager | Kolbenführung | Axiallager |
| (Welle übertrieben | (Kolben übertrieben | für Gleitschuh |
| exzentrisch) | verkantet) | |

**Bild 2.27:** Tragende Ölfilme (Beispiele)

Beim *Radial-Gleitlager,* wie es z. B. in Zahnradpumpen vorkommt, wird das Fluid durch Haften an der Welle in den Spalt gezogen, wodurch bei (3) der Tragdruck entsteht [2.49]. Alternativ kann dieser auch durch Verdrängung erzeugt werden, wenn z. B. Welle und Lagerschale stillstehen und die Last umläuft oder rasch ihre Richtung ändert. Eine solche Tragdruckerzeugung durch „Verdrängung" ist sogar besonders wirksam (siehe „hydrodynamisch wirksame Winkelgeschwindigkeit").

Das zweite Beispiel zeigt die *Paarung Kolben-Zylinder* einer Schrägscheiben-Axialkolbenpumpe. Der Kolben fährt gegen Öldruck ein und wird durch die vom Gleitschuh eingeleiteten Querkräfte verkantet (Kap. 3.1.2). Durch die bewusst kurze Führungslänge der „Buchse" entsteht infolge von Translation bei (3) ein Tragdruck, der das Betriebsverhalten gegenüber einer durchgehenden „Buchse" im Pumpenbetrieb nachweisbar verbessert [2.50]. Zusätzlich rotiert der Kolben je nach

Gelenkreibung mehr oder weniger stark (nach [2.50] ungünstig). Für die gezeigte Kolben-Zylinder-Paarung ist es sehr ungeschickt, den Kolben mit Umfangsnuten (Eindrehungen) zu versehen [2.50] (Tragfilmdränage, siehe Gleitlager [2.51]).

Das rechte Beispiel von Bild 2.27 zeigt die Wirkung eines *hydrostatischen Tragfeldes*. Der Druck wird über die Bohrung (1) dem Arbeitsraum des Zylinders entnommen. Die Resultierende des hydrostatischen Druckfeldes (2) entspricht *nicht ganz* der axialen Kolbenkraft $F$ – typisch sind nach [2.52] 90 bis 95%. Der Rest muss hydrodynamisch erzeugt werden, man spricht daher hier von einer *hydrostatischen Entlastung*. Die komplexe Reibungsmechanik der Gleitschuhe wurde eingehend von Böinghoff erforscht [2.53].

Bei einem echten *hydrostatischen Lager* wird immer die volle Last hydrostatisch getragen, und zwar nach dem Druckaufbringen ohne jede Berührung [2.54, 2.55]. Dafür ist ein Konzept zur Spalthöhenstabilisierung notwendig, z. B. ein starker Vorwiderstand oder eine Konstantpumpe je Tragfeld. Beim Gleitschuh würden sich nach diesem Prinzip extrem kleine Drosselelemente ergeben [2.52]. Die in Bild 2.27 erkennbare Verengung im Zufluss (häufig 0,5 bis 1 mm Ø) wäre dafür viel zu groß. Sie dient eher der Leckstrombegrenzung bei Verkannten. Systeme dieser Art werden heute mit aufwändigen Simulationsverfahren modelliert [2.56].

**Analyse der Reibungszustände geschmierter Gleitstellen.** Bedeutende Grundlagen hat R. Stribeck um 1900 geschaffen [2.57]. C. Biel bezeichnet 1920 und dann Vogelpohl 1954 die „Stribeck- Kurve" als Kennzeichen des allgemeinen Reibungsverhaltens geschmierter Gleitstellen [2.58]. **Bild 2.28** zeigt die Reibungszahl $\mu$ über der Gleitgeschwindigkeit $v$ bzw. der Kennzahl $\eta \cdot \omega / \bar{p}$ für ein Gleitlager [2.58].

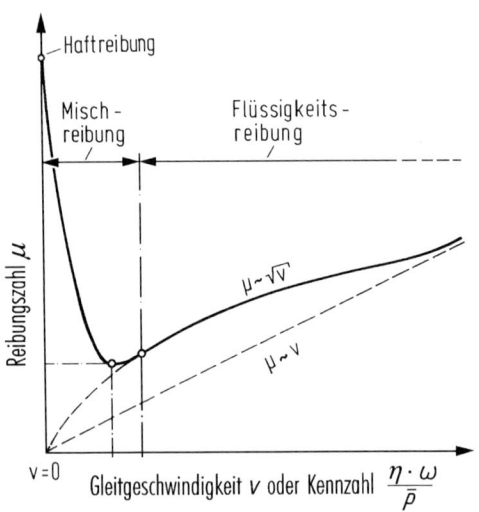

**Bild 2.28:** Stribeck-Kurve für Gleitlager. Bei Auftragung über der Gleitgeschwindigkeit müssen dynamische Viskosität $\eta$ und mittlere Flächenpressung $\bar{p}$ konstant gehalten werden. Eleganter ist die Auftragung über der angeschriebenen Kennzahl (auch als *Gümbel-Hersey-Zahl* bezeichnet).

$\eta$   dynamische Viskosität
$\omega$   Winkelgeschwindigkeit
$\bar{p}$   spezifische Belastung

Die Kurve beginnt bei hoher Haftreibung ($v = 0$, inniger Kontakt), um mit wachsender Gleitgeschwindigkeit und Tragdruckentwicklung auf ein Minimum abzufallen. Danach steigt sie bis zum „Ausklinkpunkt" progressiv an. Hier beginnt der Bereich der Vollschmierung. Nach degressivem Anstieg geht sie nach einem Wendepunkt in die sog. *Petroff-Gerade* über: *konzentrischer Wellenlauf*, Berechnung siehe [2.49]. Im Mischreibungsgebiet sind die Gleitflächen grundsätzlich einem Verschleiß unterworfen, bei Flüssigkeitsreibung aber völlig getrennt. Der weitere Anstieg der Reibungszahl ergibt sich auf Grund des zunehmenden Schergefälles, Gl. (2.1). Jeder Dauerbetrieb sollte weit genug rechts vom Ausklinkpunkt liegen.

Die einfache Darstellung der Reibungszahl über der Gleitgeschwindigkeit ist sehr verbreitet, jedoch wegen der Bedingung einer *konstanten Viskosität* messtechnisch wegen der nach rechts steigenden Verlustwärme kaum zu realisieren. Daher wird die zweite Darstellung über der Ähnlichkeitskennzahl $\eta \cdot \omega / \bar{p}$ empfohlen, für die Vogelpohl in [2.58] den Namen *Gümbel-Hersey-Zahl* unterstützte. Es handelt sich um eine reziproke, vereinfachte Form der sog. *Sommerfeld-Zahl* [2.49], bei der man das relative Lagerspiel $\psi$ heraus nahm. Definition von $\psi$:

$$\psi = (R - r)/r \qquad (2.66)$$

mit $R$ als Lagerschalen- und $r$ als Wellenradius.

Mit der *Gümbel-Hersey-Zahl* muss die Viskosität (bzw. meistens die Temperatur) nur noch festgestellt, aber nicht mehr konstant gehalten werden, was Experimente außerordentlich vereinfacht. Es können sogar alle drei Variablen $\eta$, $\omega$ und $\bar{p}$ frei floaten oder eingestellt werden und ergeben trotzdem zuverlässigere Stribeck-Kurven als bei der Auftragung über $v$ – bedeutsam z. B. für Validierungen.

Beim Einsatz vieler hydrostatischer Maschinen wird das Mischreibungsgebiet oft durchfahren, vor allem bei mobilen Arbeitsmaschinen. Daher sind ein schmales Mischreibungsgebiet und ein tief liegendes Reibungsminimum durch möglichst intelligente *hydrostatische Entlastungen* und gezielte Förderung *hydrodynamischer Tragdrücke* anzustreben. Die Aussagen der Stribeck-Kurve wurden für geschmierte Gleitstellen hydrostatischer Maschinen mehrfach nachgewiesen, z. B. in [2.59, 2.53] für „Gleitschuhe" sowie in [2.50] erstmalig auch für quer belastete Kolben von Schrägscheiben-Axialkolbenmaschinen. Neuere Ansätze mit PVD-Beschichtungen [2.20] zielen auf einen reduzierten Verschleiß bei Mischreibung in Verbindung mit umweltfreundlichen, niedrig additivierten Arbeitsfluiden.

**Abschließend eine wichtige, leider nicht immer beachtete Regel:** *Die örtliche Viskosität des Fluids sollte bei der experimentellen Erforschung geschmierter Gleitstellen (z. B. auch bei Reibungsmessungen an dynamischen Dichtungen) zur Modellbildung unbedingt ermittelt und dokumentiert werden.*

## Literaturverzeichnis

[2.1]  Eckhardt, F.: Druckflüssigkeiten – Auswahl, Eigenschaften, Probleme, Anwendung. Teil I
       bis IV. O+P 24 (1980) H. 2, S. 81-84; H. 3, S. 167-173; H. 4, S. 275-279 und H. 6,
       S. 358-364 (darin insgesamt 104 weitere Lit.).

[2.2]  Bock, W.: Hydraulic Oils. In: Mang, Th. und W. Dresel (Hrsg.): Lubricants and Lubrica-
       tion. Weinheim: WILEY-VCH 2001, S. 246-300.

[2.3]  Frauenstein, M.: Hinweise über Druckflüssigkeiten für Konstrukteure. Firmenschrift der
       Mobil Oil AG, Hamburg, 3. Aufl. 1980.

[2.4]  Reichel, J.: Druckflüssigkeiten der Gruppe HFC und das Verschleißverhalten von Ver-
       drängermaschinen. O+P 29 (1985) H. 3, S. 157-162.

[2.5]  Reichel, J.: O+P-Gesprächsrunde: Wohin führt der Weg der Wasserhydraulik? O+P 41
       (1997) H. 2, S. 68-74, 76-80, 82-85.

[2.6]  Elfers, G. und A. Spijkers: Servohydraulik auf Wasserbasis. O+P 41 (1997) H. 10,
       S. 725-729.

[2.7]  Reichel, J.: Druckflüssigkeiten für die Wasserhydraulik. O+P 43 (1997) H. 4, S. 254,
       266, 268, 270-272.

[2.8]  Oberen, R.: Entwicklung eines Schrägscheibenmotors für die Wasserhydraulik. O+P 42
       (1998) H. 2, S. 105-110.

[2.9]  Trostmann P. und P. M. Clausen: Wasserhydrauliksysteme. O+P 40 (1996) H. 10, S.
       670, 674, 676-679.

[2.10] Staeck, D.: O+P-Gesprächsrunde: Wann sind biologisch schnell abbaubare Druckflüssig-
       keiten problemlos einsetzbar? O+P 40 (1996) H. 5, S. 306-308, 310, 312, 314, 317, 318,
       320-322, 324 und 326.

[2.11] Staeck, D.: Die „neuen" Druckflüssigkeiten – Biologisch abbaubare umweltschonende
       Medien. O+P 34 (1990) H. 6, S. 385, 386, 388-395 (darin 13 weitere Lit.).

[2.12] Galle, R.: Umweltschonende Druckflüssigkeiten. O+P 35 (1991) H. 4, S. 356, 359, 360,
       362, 364, 366, 369 b (darin 16 weitere Lit.).

[2.13] Busch, Ch.: Untersuchungen an Rapsöl als Druckübertragungsmedium. O+P 35 (1991)
       H. 6, S. 506, 508, 510, 512, 514–519 (siehe auch Diss. RWTH Aachen 1995).

[2.14] Römer, A.: Einsatz von biologisch abbaubaren Hydraulikflüssigkeiten in der Mobiltech-
       nik. O+P 38 (1994) H. 10, S. 626–630.

[2.15] Römer, A.: Biologisch schnell abbaubare Hydrauliköle für Traktoren und Landmaschi-
       nen. O+P 43 (1999) H. 3, S. 188–190, 192, 194, 195 (s. Diss. TU Braunschweig 2000).

[2.16] Remmele, E., B. Widmann, H. Schön und B. Wachs: Hydrauliköle auf Rapsölbasis.
       Landtechnik 52 (1997) H. 3, S. 136–137.

[2.17] Werner, M. und H. Bock: Praxisnaher Kurzzeitprüfstand für biologisch schnell abbauba-
       re Hydraulikfluide. O+P 42 (1998) H. 8, S. 516–518, 520, 521.

[2.18] Kempelmann, C., A. Remmelmann und M. Werner: Perspektiven für die umweltschonen-
       de Hydraulik. O+P 41 (1997) H. 5, S. 352–356, 359, 360, 362–367 (mit 13 weitere Lit.).

[2.19] Schöpke, M. und D. G. Feldmann: Einsatz keramischer Werkstoffe in Axialkolbenma-
       schinen. O+P 41 (1997) H. 4, S. 242, 244, 246, 248, 250.

[2.20] Murrenhoff, H. (Hrsg.): Umweltverträgliche Tribosysteme. Berlin, Heidelberg: Springer verlag 2010.(Siehe auch Diss. van Bebber „PVD-Schichten in Verdrängereinheiten ..." RWTH Aachen 2002).

[2.21] German S. und E. Pelzer: Moderne Hydraulikmedien im Kfz. O+P 34 (1990) H. 12, S. 854, 855.

[2.22] Burckhart, M.: Bremsflüssigkeit für die Zentralhydraulik in Kraftfahrzeugen? O+P 33 (1989) H. 3, S. 232, 234.

[2.23] Jantzen, E.: Hydrauliköle in der Luftfahrt. O+P 28 (1984) H. 5, S. 320, 322, 323 (darin 11 weitere Lit.).

[2.24] Newton, I.: Philosophiae naturalis principia mathematica. London: 1687.

[2.25] Tietjens, O.: Strömungslehre. Band 1 (siehe dort S. 8). Berlin: Springer-Verlag 1960.

[2.26] Vogel, H.: Das Temperaturabhängigkeitsgesetz der Viskosität von Flüssigkeiten. Physikal. Zeitschr. XXII (1921) H. 28, S. 645–646.

[2.27] Kahrs, M.: Der Druckverlust in den Rohrleitungen ölhydraulischer Antriebe. VDI-Forschungsheft 537. Düsseldorf: VDI-Verlag 1970.

[2.28] Peeken, H. und J. Blume: Druck- und Temperaturabhängigkeit der Kompressionskennwerte und Viskositäten eines mineralischen Hydrauliköls. Konstruktion 35 (1983) H. 12, S. 473–497.

[2.29] Witt, K.: Die Berechnung physikalischer Kennwerte von Druckflüssigkeiten. O+P 16 (1972) H. 7, S. 279–283 (siehe auch ähnliche Diss. TH Eindhofen 1974).

[2.30] Ubbelohde, L.: Zur Viskosimetrie. Leipzig: Hirzel, 1935 (1. Aufl.) und 1936 (2. Aufl.).

[2.31] Peeken, H. und M. Spilker: Druck- und temperaturabhängige Eigenschaften von Hydraulikflüssigkeiten. Teil 1: Druck- und Temperaturverhalten der Viskosität von Hydraulikflüssigkeiten. O+P 25 (1981) H. 12, S. 903–907.

[2.32] Barus, C.: Isothermals, Isopiestics and Isometrics Relative to Viscosity. American J. of Science 45 (1893) H. 266, S. 87-96.

[2.33] Kießkalt, S.: Untersuchungen über den Einfluß des Druckes auf die Zähigkeit von Ölen und seine Bedeutung auf die Schmiertechnik. VDI-Forsch.-Heft 291. Berlin: VDI-Verlag 1927.

[2.34] Witt, K.: Druckflüssigkeiten und thermodynamisches Messen. Frankfurt/M.: Ingenieur Digest 1974.

[2.35] Witt, K.: Thermodynamisches Messen in der Ölhydraulik. „Einführung und Übersicht". O+P 20 (1976) H. 6, S. 416-424 (weitere Arbeiten in nachfolgenden O+P-Heften).

[2.36] Blume, J.: Druck- und Temperatureinfluß auf Viskosität und Kompressibilität von flüssigen Schmierstoffen. Diss. RWTH Aachen 1987.

[2.37] Schmidt, A.: Charakterisierung umweltverträglicher Schmierstoff-Werkstoff-Kombinationen mittels tribologischem Datenbanksystem. Diss. RWTH Aachen 2001.

[2.38] Höfflinger, W.: Entwicklung eines Meßverfahrens zur thermodynamischen Bestimmung des Wirkungsgrades ölhydraulischer Pumpen, Motoren und Getriebe. Fortschritt-Ber. VDI-Z. Reihe 14, Nr. 21. Düsseldorf: VDI-Verlag 1979.

[2.39] Kleinbreuer, W.: Untersuchungen der Werkstoffzerstörung durch Kavitation in ölhydraulischen Systemen. Diss. RWTH Aachen 1980.

[2.40]  Leichnitz, J.: Verschäumtes Hydrauliköl - Verfahren zur Messung des Ölverhaltens. Diss. TU Braunschweig 2007. Aachen: Shaker Verlag 2007 (siehe darin Hinweis auf Diss. Weimann).

[2.41]  Truckenbrodt, E.: Fluidmechanik (Bd. 1 und 2). Berlin, Heidelberg, New York: Springer Verlag 1980.

[2.42]  Schlichting, H.: Grenzschichttheorie. Karlsruhe: Verlag G. Braun 1990.

[2.43]  Herning, F.: Stoffströme in Rohrleitungen. 4. Auflage. Düsseldorf: VDI-Verlag 1966.

[2.44]  Findeisen, D.: Ölhydraulik. 5. Auflage. Berlin, Heidelberg: Springer Verlag 2006 (darin besonders zahlreiche weitere Lit.).

[2.45]  Eck, B.: Technische Strömungslehre. Bd. 1, 9. Auflage (1988) und Bd. 2, 8. Auflage (1981). Berlin: Springer Verlag 1981 und 1988.

[2.46]  Chaimowitsch, J.M.: Ölhydraulik. Berlin: VEB Verlag Technik 1961.

[2.47]  Widmann, R.: Hydraulische Kennwerte kleiner Drosselquerschnitte. O+P 29 (1985) H. 3, S. 208, 213–217.

[2.48]  Becker, E.: Strömungsvorgänge in ringförmigen Spalten und ihre Beziehungen zum Poiseulleschen Gesetz. In: Mitt. Forschungsarbeiten Ing. Wes. H. 48, S. 1-42. Berlin: Verlag J. Springer (i. A. des VDI) 1907.

[2.49]  Vogelpohl, G.: Betriebssichere Gleitlager. Bd. 1: Grundlagen und Rechnungsgang. 2. Aufl. Berlin: Springer-Verlag 1967.

[2.50]  Renius, K. Th.: Untersuchungen zur Reibung zwischen Kolben und Zylinder bei Schräg- scheiben- Axialkolbenmaschinen. Diss. TU Braunschweig 1973 und VDI-Forschungs- heft 561. Düsseldorf: VDI-Verlag 1974.

[2.51]  Peeken, H.: Über den Einfluß der Unterteilung von Schmierflächen auf die Tragfähigkeit von Schmierfilmen. Diss. TH Braunschweig 1959. Auszug in Ing.-Archiv 29 (1960) H. 3, S. 199–218.

[2.52]  Renius, K. Th.: Zum Entwicklungsstand der Gleitschuhe in Axialkolbenmaschinen. O+P 16 (1972) H. 12, S. 494–497.

[2.53]  Böinghoff, O.: Untersuchungen zum Reibungsverhalten der Gleitschuhe in Schrägschei- ben-Axialkolbenmaschinen. VDI-Forschungsheft 584. Düsseldorf: VDI-Verlag 1977.

[2.54]  Thoma, J.: Der Ölfilm als Konstruktionselement. O+P 13 (1969) H. 11, S. 524–528.

[2.55]  Rippel, H. C.: Design of hydrostatic bearings. Teil 1–10 in Machine Design 35 (1963).

[2.56]  Wieczorek, U. und M. Ivantysynowa: Computer aided optimization of bearing and sealing gaps in hydrostatic machines – the simulation tool CASPAR. Intern. J. of Fluid Power 3 (2002) H. 1, S. 7–20.

[2.57]  Stribeck, R.: Die wesentlichen Eigenschaften der Gleit- und Rollenlager. Z. VDI 46 (1902) H. 36, S. 1341–1348; H. 38, S. 1432–1438 und H. 39, S. 1463–1470. Siehe auch Mitt. Forschungsarbeiten Ing. Wes. Nr. 7. Berlin: VDI-Verlag 1903.

[2.58]  Vogelpohl, G.: Die Stribeck-Kurve als Kennzeichen des allgemeinen Reibungsverhaltens geschmierter Gleitflächen. Z-VDI 96 (1954) H. 9, S. 261–268.

[2.59]  Renius, K. Th.: Experimentelle Untersuchungen an Gleitschuhen von Axialkolbenma- schinen. O+P 17 (1973) H. 3, S. 75–80.

# 3 Energiewandler für stetige Bewegung (Hydropumpen und -motoren)

**Einteilung nach Grundfunktionen.** Hydropumpen dienen zur Wandlung mechanischer in hydrostatische Energie – Hydromotoren für den umgekehrten Vorgang (Bezeichnung „Wandler" statt „Umformer" nach Roth [3.1] wegen der Änderung der Energieart). Die Wandlung geschieht nur durch Verdrängung und ist stetig (Gegensatz: absätzige Bewegung – s. Kap. 4).

Man unterscheidet grundsätzlich zwischen Maschinen mit *konstantem* und solchen mit *veränderlichem Verdrängungsvolumen*, ferner zwischen Maschinen mit *einer* oder *zwei Strömungsrichtungen (Förderrichtungen)*, Tafel 1.3.

Unter Verdrängungsvolumen (auch „Hubvolumen") versteht man das je Umdrehung leckagefrei geförderte bzw. aufgenommene Ölvolumen.

**Einteilung nach Bauarten.** Die große Vielfalt wird in **Bild 3.1** vereinfachend dargestellt. Alle (außer den Schraubenmaschinen) können grundsätzlich als Hydropumpen oder als Hydromotoren eingesetzt werden, allerdings gibt es Präferenzen. Die wichtigsten Bauarten werden in den folgenden Abschnitten besprochen, ihr Betriebsverhalten wird in Abschnitt 3.7 behandelt.

Die bedeutendsten Bauarten mit *verstellbarem Hubvolumen* sind die Axialkolbenmaschinen, Radialkolbenmaschinen und Flügelzellenmaschinen.

Die wichtigsten Bauarten mit *konstantem Hubvolumen* sind die Zahnradmaschinen, Zahnringmaschinen und Flügelzellenmaschinen.

Kolbenmaschinen sind für besonders hohe Drücke und Leistungen geeignet.

## 3.1 Axialkolbenmaschinen

Axialkolbenmaschinen werden in sehr großen Stückzahlen als Pumpen und Motoren hergestellt, insbesondere für die Mobilhydraulik. Wegen ihrer hohen Leistungsdichte und konstruktiv einfachen Verstellbarkeit des Hubvolumens sind sie insbesondere für stufenlose hydrostatische Getriebe sowie für Kreisläufe mit geregelten Parametern geeignet und verbreitet.

Nach ihrer Kinematik unterscheidet man entsprechend **Bild 3.2**:
– Schrägachsenmaschinen (*MH*-Maschinen [3.2])
– Schrägscheibenmaschinen (*MZ*-Maschinen [3.2])
– Taumelscheibenmaschinen (*MZ*-Maschinen [3.2])

Die Schrägscheibenmaschinen entwickelten sich im Laufe der Jahre zur bedeutendsten Bauart – danach rangieren die Schrägachsenmaschinen.

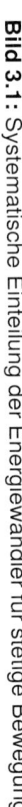

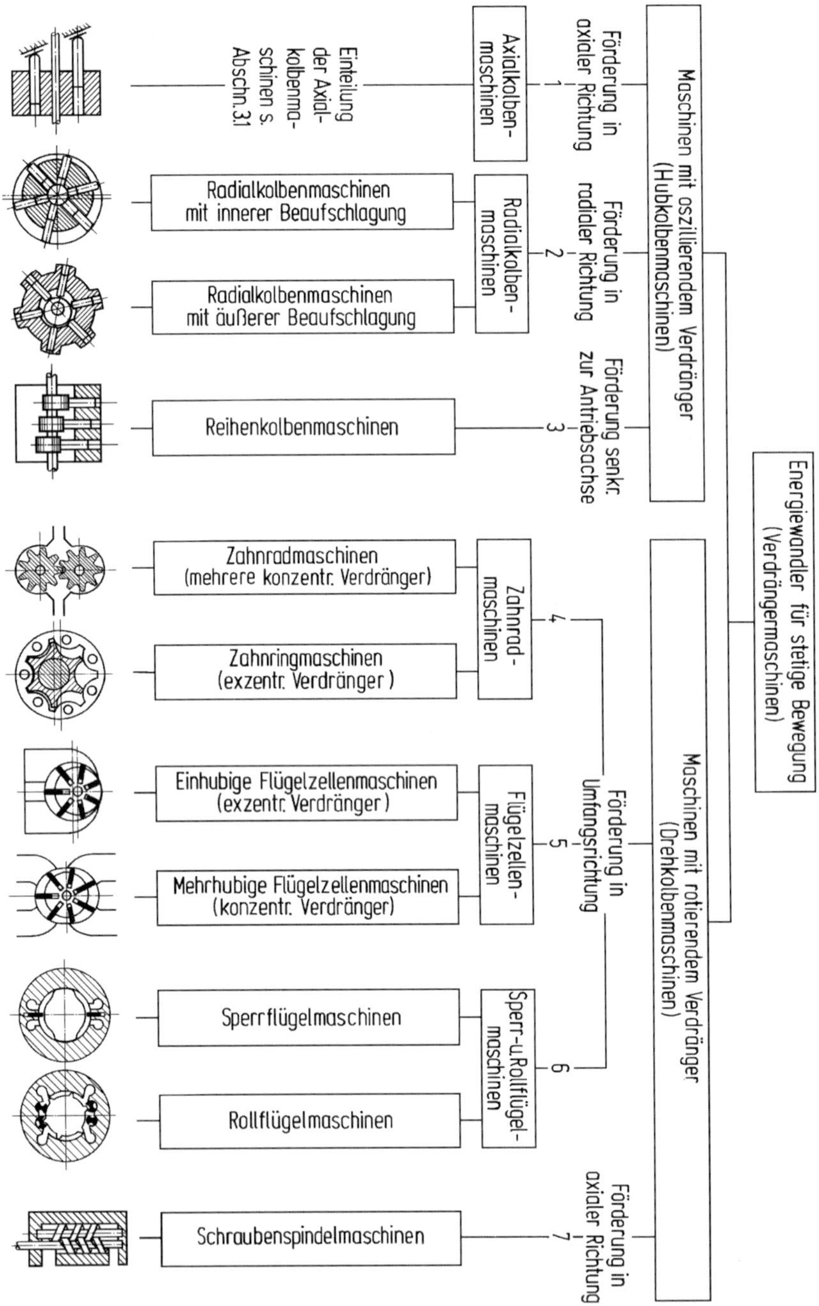

**Bild 3.1:** Systematische Einteilung der Energiewandler für stetige Bewegung

| Bauform, Huberzeugung | Skizze der Bauform | Kräfte und Drehmomente |
|---|---|---|
| **1. Schrägachsenmaschinen** <br><br> Bei schräg gestellter Zylinderblockachse oder Triebscheibenachse gegenüber Triebwellenachse (Schwenkwinkel $\alpha$) wird bei Drehung von Triebwelle, Triebscheibe und Zylinderblock an den Kolben ein Hub erzeugt. | 1.1 mit schwenkb. Zylinderblock <br> <br> 1.2 mit schwenkb. Triebscheibe <br> | 1.1 $\quad F_t = F_k \cdot \sin \alpha$ <br> <br> 1.2 <br> Nutzkräfte  Nutzhebelarme <br> <br> $M = \Sigma F_t \cdot r_{Sa} \cdot \sin \varphi$ |
| **2. Schrägscheibenmaschinen** <br><br> Bei schräg gestellter Schrägscheibe gegenüber der Triebwellenachse (Schwenkwinkel $\alpha$) wird bei der Drehung von Triebwelle und Zylinderblock an den Kolben ein Hub erzeugt. | 2.1 mit Gleitschuhen <br> <br> 2.2 mit Kugelkopfkolben <br> | $F_q = F_k \cdot \tan \alpha$ <br> <br> <br> $M = \Sigma F_q \cdot r_{Ss} \cdot \sin \varphi$ |
| **3. Taumelscheibenmaschinen** <br><br> Bei schräg gestellter Taumelscheibe wird relativ zum feststehenden Zylinderblock (Schwenkwinkel $\alpha$) bei Drehung von Triebwelle und Taumelscheibe am Kolben ein Hub erzeugt (kinematische Umkehrung von 2). | 3.1 mit Gleitschuhen <br> <br> 3.2 mit Kugelkopfkolben <br> | $F_q = F_k \cdot \tan \alpha$ <br> <br> $M = \Sigma F_q \cdot r_{Ts} \cdot \sin \varphi$ <br> M stützt sich am feststehenden Zylinderblock ab, sein Betrag entspricht aus Gleichgewichtsgründen dem Taumelscheibenmoment. |

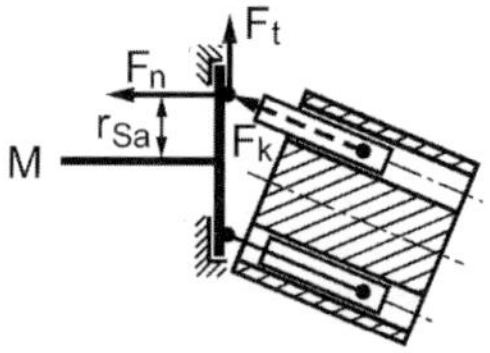

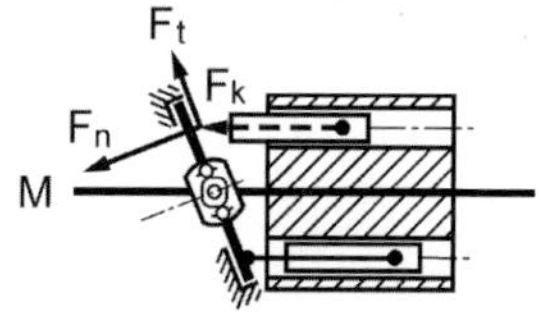

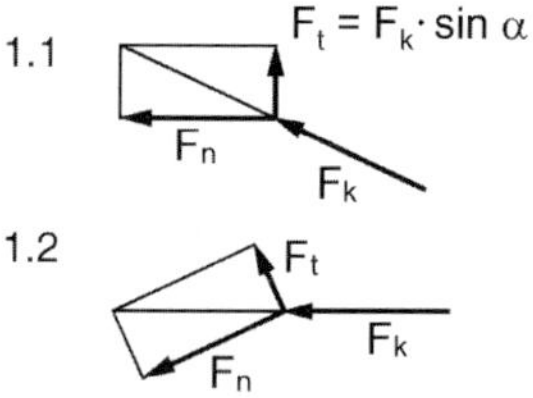

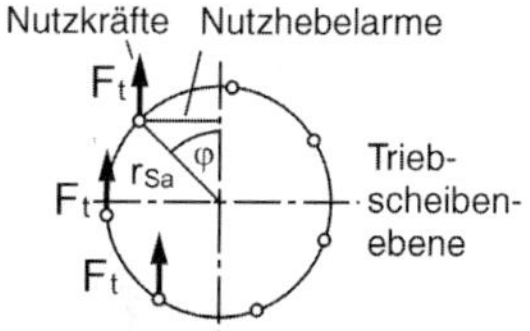

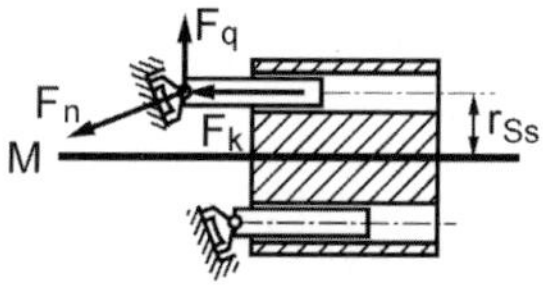

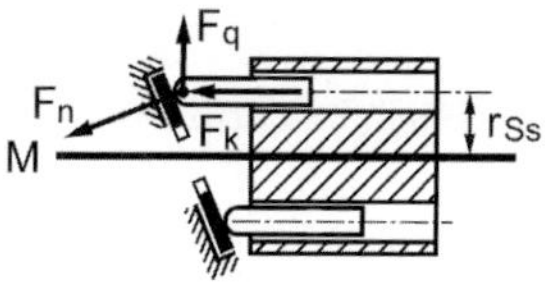

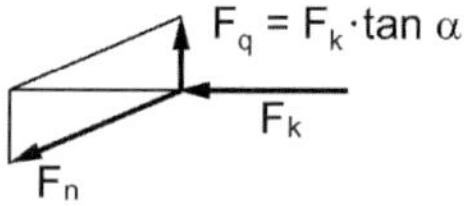

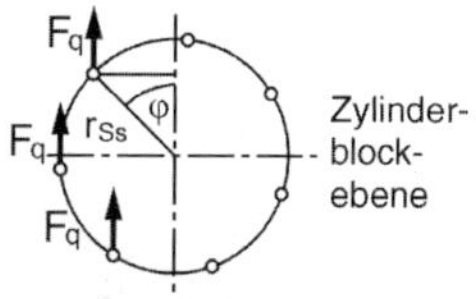

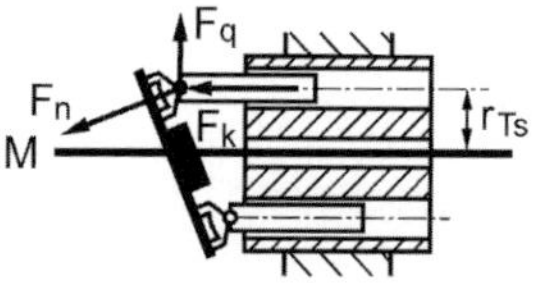

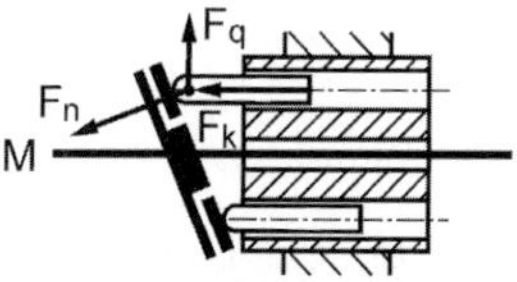

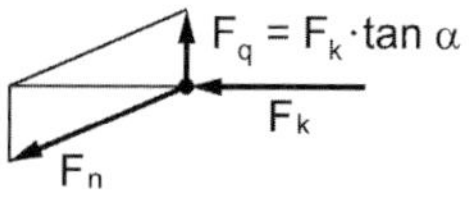

**Bild 3.2:** Gesamtübersicht über die Bauformen der Axialkolbenmaschinen

**Günstige Kolbenzahlen.** Jeder Kolben erzeugt leider einen pulsierenden Ölstrom (Pumpe) bzw. nimmt einen angebotenen Ölstrom pulsierend auf (Motor). Um die Förderstrom-Ungleichförmigkeit klein zu halten, werden *ungerade* Kolbenzahlen bevorzugt – selten 5, oft 7, 9 oder 11, siehe Kap. 3.8.2.

### 3.1.1 Schrägachsenmaschinen

**Übersicht.** Die Schrägachsenmaschine ist die älteste Bauart der Axialkolbenmaschinen. Von den beiden kinematisch möglichen Grundstrukturen in Bild 3.2 ist die obere (1.1) die übliche. Sie arbeitet mit einem relativ zur Triebachse schwenkbaren bzw. (bei Konstantmaschinen) schräg gestellten Gehäuse, in dem der Zylinderblock gemeinsam mit der Triebscheibe umläuft.

Die zweite Ausführung hat eine kardanisch auf der Welle befestigte schwenkbare (bzw. schräge) Triebscheibe, die auch gemeinsam mit dem Zylinderblock umläuft, sich jedoch am Gehäuse abstützt. Das Gelenk ist aufwendig, die durchführbare Welle hat Vorteile. Die Bedeutung dieser Bauart ist gering.

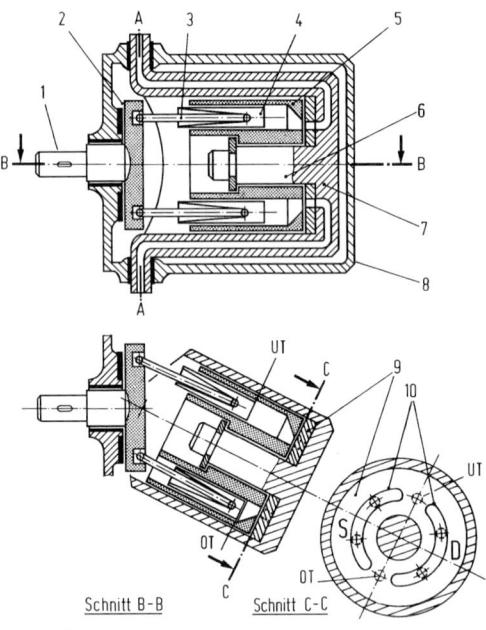

Schnitt B-B     Schnitt C-C

**Bild 3.3:** Axialkolbenmaschine in Schrägachsenbauweise (Schema). S Saugseite, D Druckseite, OT Oberer Totpunkt, UT Unterer Totpunkt

**Grundfunktion der Bauart 1.1.** Nach **Bild 3.3** ist die Triebwelle (1) mit der Triebscheibe (2) fest verbunden. Diese wird meistens durch Wälzlager abgestützt und ist rechts mit dem Zylinder-block (5) über die Pleuelstangen (3) und die Kolben (4) gekoppelt. Damit laufen die Teile (1) bis (5) gemeinsam um. Der Drehzapfen (6) ist im Schwenkgehäuse (7) befestigt, das im festen Außengehäuse (8) um die Achse A-A schwenkbar ist. Bei *Pumpenbetrieb* setzt die Triebwelle (1) über Triebscheibe (2), Kolbenstangen (3) und Kolben (4) den Zylinderblock (5) in Rotation. Schwenkt man das Gehäuse (7) in die im Schnitt B-B gezeichnete Stellung, so vollführen alle im Zylinderblock gelagerten Kolben Hubbewegungen; der obere Kolben wird sich z. B. bei einer Drehung des Zylinderblocks um 180° von dem gezeichneten unteren zum oberen Totpunkt bewegen und dabei einen Teilölstrom erzeugen. Bei weiterer Drehung um 180° wird er Öl ansaugen. Etwa die Hälfte der Kolben wird also einen Druck-, die andere Hälfte einen Saughub vollführen. Druck- und Saugseite sind über die Druck- und Saugniere 10 der Steuerscheibe (9) („Steuerspiegel", „Steuerboden") mit dem Druckstutzen und dem Saugstutzen der Pumpe verbunden. Der Ölstrom wird durch die Schwenkachse zu den Außenanschlüssen geführt, was leider konstruktiv aufwendig ist.

Beim Betrieb als *Motor* ergibt sich der umgekehrte Vorgang: Der über die Druckniere in die Zylinder der Axialkolbenmaschine gelangte Druckölstrom bewegt die Kolben vom oberen zum unteren Totpunkt. Dabei erzeugen die Kolbenkräfte über die Kolbenstangen Teildrehmomente an der Triebscheibe (Bild 3.2).

**Besonderheiten der Kinematik.** Bei der Schrägachsenmaschine werden die Arbeitsräfte allein durch Längskräfte in den Pleuelstangen übertragen. Zerlegt man diese am Triebflansch in die beiden in Bild 3.2 gezeigten Komponenten, so kann man die tangentiale Komponente als Nutzkraft an der Triebscheibe (auch „Hubscheibe") und die axiale als Blindkraft auffassen (daher nach H. Molly „*MH*-Maschinen" [3.2]: *Moment an der Hubscheibe*). Im Gegensatz dazu werden die Arbeitskräfte bei den Schrägscheibenmaschinen allein durch Querkräfte zwischen Kolben und Zylinder erzeugt (nach Molly „*MZ*-Maschinen" [3.2]: *Moment am Zylinderblock*). Bei den Schrägachsenmaschinen ist die Kolbenreibung daher sehr gering. Es ergeben sich geringe Anlaufverluste. Das Prinzip erlaubt sehr große Schwenkwinkel. Nachteilig ist die aufwendige Ölführung durch die Schwenkachse. Ferner besteht eine Neigung zu Drehschwingungen [3.3] (Zylinderblock als Drehmasse, Mitnahmeelemente als Drehfeder).

**Konstruktive Merkmale des Triebwerks.** Die maximalen Schwenkwinkel betragen häufig 32°, bei „Großwinkelmaschinen" inzwischen auch 45° (konstant und verstellbar). Große Winkel führen zu hoher Leistungsdichte, günstigen Wirkungsgraden und großen Wandlungsbereichen bei Getrieben – leider ist die etwas „sperrige" Außenkontur und die nicht durchgehende Triebflanschwelle manchmal von Nachteil. Der Zylinderblock kann entweder über Pleuel oder über ein zentrales Gelenk mitgenommen werden – bei Konstantmaschinen auch über eine Kegelradverzahnung [3.2]. Die Newton'sche Scherreibung zwischen Kolben und Zylinder wurde im Laufe der Entwicklung durch verringerte Flächen reduziert – im Extremfall vereinigt man Kolben und Pleuelstange zu einem „Knochen" mit geschichteten Kolbenringen am rudimentären Kolben, **Bild 3.4.** Die Axialkräfte auf den Triebflansch werden meistens durch Wälzlager aufgenommen, die wegen der großen Kräfte vergleichsweise aufwändig ausfallen – sie machen daher einen

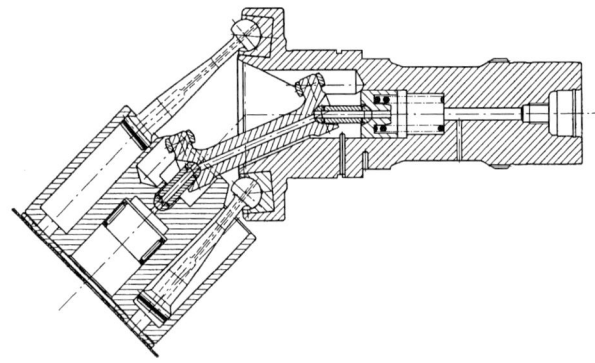

**Bild 3.4:** Triebsatz von einer verstellbaren 45° Schrägachsenmaschine mit Gelenkmitnahme. Bauart Fendt/Sauer-Danfoss. Sphärischer Kolbenbereich mit geschichteten „Kolbenringen". Serienproduktion begann 1996 für Traktorgetriebe. (Werkbild AGCO-Fendt)

hohen Kostanteil aus und bestimmen meistens die Lebensdauer der Einheit. Der Vorschlag hydrostatischer Tragfelder [3.2] hat sich bisher vermutlich wegen der zusätzlichen Leckverluste nicht durchgesetzt. Jedoch wird vereinzelt von einem Vorschlag von Molly [3.2] Gebrauch gemacht, zwei Schrägachsenmaschinen so auf eine gemeinsame Welle zu setzen, dass sich die Axialkräfte (bei gleichen Drücken und Schwenkwinkeln) aufheben, **Bild 3.5**. Der Nachteil der aufwendigen Drehdurchführung wird für Hydrogetriebe (Pumpe plus Ölmotor) bei dem Doppeljoch-Prinzip von Sauer-Danfoss umgangen: Pumpe und Motor arbeiten kostengünstig in einem gemeinsamen Gehäuse mit fest versetzten Schwenkwinkeln.

**Konstruktive Merkmale der Umsteuerung.**
Von großer Bedeutung für die Funktion aller Axialkolbenmaschinen ist die Ausbildung der Umsteuerung. Die feste Steuerscheibe ist ebenflächig oder sphärisch. Bei Taumelscheibenmaschinen benötigt man ein umlaufendes Steuerelement. Wenn ein Kolben bei Pumpenbetrieb nach dem Ansaugen seinen unteren Totpunkt erreicht hat, überfährt die Öffnung seines Zylinders den Steg zwischen den Steuernieren und wird bei Beginn des Einfahrens mit der „Druckniere" D verbunden (Bild 3.3). Damit beginnt der Arbeitshub, der im oberen

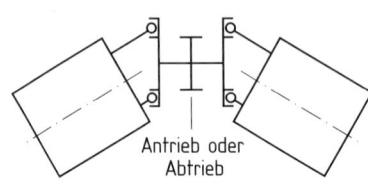

**Bild 3.5:** Tandemanordnung bei Schrägachsenmaschinen mit Kompensation der Axialkräfte zur Einsparung von Wälzlageraufwand (nach H. Molly [3.2])

Totpunkt mit dem Überfahren des zweiten Steges endet. Der Umsteuersteg ist im Interesse geringer Überströmverluste etwas breiter als die Zylinderöffnung. Beim Überfahren haben die Zylinder daher kurzzeitig keine Verbindung mit der Saug- bzw. der Druckleitung. Eine plötzliche Verbindung ist vor allem beim Übergang von der Saug- zur Druckniere ungünstig, weil das Ölvolumen des Zylinderraumes schlagartig von Saugdruck auf Arbeitsdruck verdichtet wird [3.4]. Die Steilheit des Druckanstiegs kann ohne besondere Maßnahmen bis ca. 1000 bar/ms betragen und die entstehende überschwingende Druckspitze weit über dem Systemdruck liegen (Schwingungen, Geräusche). Dem begegnet man konstruktiv durch *Vorkompression* und/oder durch Anbringen von *Vorsteuerkerben*, bzw. Nuten oder Bohrungen im Umsteuersteg [3.5].

## 3.1.2 Schrägscheibenmaschinen

**Übersicht.** Schrägscheiben-Axialkolbenmaschinen erreichten erst in den letzten Jahrzehnten große Stückzahlen. Heute gelten sie als die bedeutendste Bauart der hydrostatischen Kolbenmaschinen. Zu Beginn ihrer Entwicklung gab es Probleme wegen der hohen Querkräfte zwischen Kolben und Zylindern (Reibung, Verschleiß) und der Gleitschuhabstützung (Lecköl, Kippen, Verschleiß).

**Aufbau und Funktion.** Nach Bild 3.2 und **Bild 3.6** unterscheidet man zwischen Schrägscheibenmaschinen mit Gleitschuhen und solchen mit Kugelkopfkolben. Die Gleitschuh-Variante herrscht eindeutig vor. Bei beiden Varianten ist der Zylinderblock (5) drehfest mit der Triebwelle (1) verbunden. Die Schrägscheibe (2) ist fest eingebaut oder schwenkbar gelagert. Die Kolben (4) besitzen hier keine Pleuelstange, sondern sie stützen sich entweder über Gleitschuhe (3) oder über Kugelkopfkolben (9) direkt auf der Schrägscheibe (2) ab. Bei Maschinen mit Kugelkopfkolben wird zwecks reibungsärmerer Kraftübertragung meist noch eine wälzgelagerte Zwischenscheibe (3a) eingebaut. Wird der Zylinderblock (5) in Drehung versetzt, so vollführen die Kolben eine Hubbewegung. Durch einen Vordruck auf der Saugseite, durch Kolbenfedern oder durch Niederhalter wird der Kontakt der Gleitschuhe bzw. der Kugelkopfkolben mit der Schrägscheibe bzw. der Wälzscheibe sichergestellt. Die Welle (1) kann vorteilhaft auf der Gegenseite fortgesetzt werden (8).

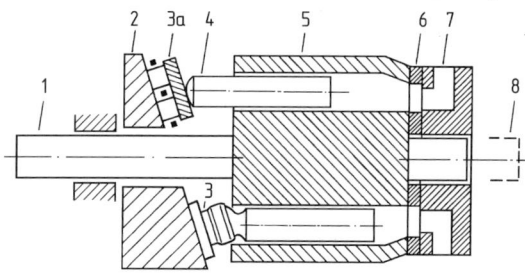

Steuerscheibe 6 und Anschlüsse 7 um 90° versetzt gezeichnet

**Bild 3.6:** Axialkolbenmaschine in Schrägscheiben-Bauweise, unten mit Gleitschuhen – oben mit Kugelkopfkolben

**Besonderheiten der Kinematik.** Bei der Schrägscheibenmaschine werden die Arbeitskräfte allein durch Querkräfte zwischen Kolben und Zylinder übertragen. Es herrschen infolge der Verkantung große örtliche Flächenpressungen, dieses insbesondere bei voll ausgefahrenem Kolben, **Bild 3.7**. Die Reibungsmechanik dieses Bereiches ist daher für das Betriebsverhalten von zentraler Bedeutung. Eine erste, allerdings stark vereinfachte Modellierung der Hydrodynamik wurde 1972 von van der Kolk [3.6] vorgelegt. Die Messung der Reibungskräfte mit Nachweis trennender Flüssigkeitsfilme bis 20° Schwenkwinkel und Herausarbeitung von Konstruktionsregeln gelang 1973 erstmalig Renius

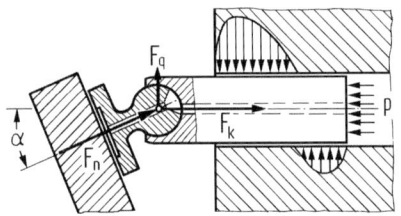

**Bild 3.7:** Gleichgewicht am Kolben-Gleitschuh-Element ohne Gleitschuhreibung (Schema)

[2.50] (Kap. 2.4). Als günstig erwiesen sich glatte Kolben mit etwa 1‰ Lagerspiel und für Pumpen eine verkürzte Führungslänge. Der Verlust durch Anlaufreibung beträgt für Motorbetrieb nach [3.7] für höhere Drücke in Drehmoment ausgedrückt etwa 25% (nach [2.50] 15–16% allein am Kolben) – für Pumpenbetrieb noch höher. Den Mischreibungsbereich kann man durch ein geringes Lagerspiel verkleinern (maximale Drehzahl zu beachten). Weitere Forschungsergebnisse s. [3.8 bis 3.10].

Inverse Konzepte (Bild 3.7: Kugel am Gleitschuh) erreichen statt 18 bis 20° Schwenkwinkel bis zu 22°.

Die Mitnahme zwischen Welle und Zylinderblock sollte nahe der Ebene der Kolben-Gleitschuh – Gelenke erfolgen und eine Selbstanpassung des Zylinderblocks an den Steuerboden erlauben, **Bild 3.8**.

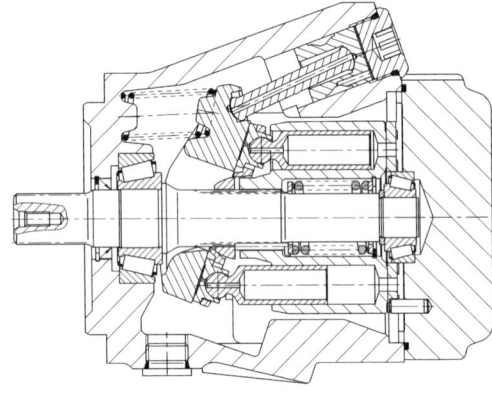

**Bild 3.8:** Verstellbare Schrägscheiben-Axialkolbenmaschine, Bauart Bosch-Rexroth, Baureihe A10 VNO für mäßige Drücke (rel. große Kolben)

Etwas günstigere Verhältnisse hinsichtlich der Wirkung der Querkräfte ergeben sich für die Schrägscheibenmaschine mit Kugelkopfkolben, **Bild 3.9**. Die Lage der Kontaktstelle ergibt in der gezeigten Position ein geringeres Kippmoment als bei Gleitschuhabstützung. Die Drücke sind wegen der Hertz'schen Pressungen auf etwa 200 bis 250 bar begrenzt.

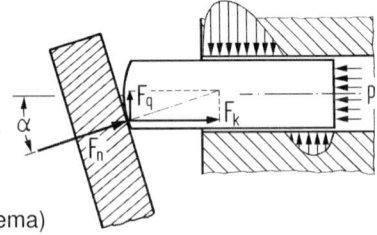

**Bild 3.9:** Gleichgewicht am Kugelkopfkolben (Schema)

### 3.1.3 Taumelscheibenmaschinen

Bei der Taumelscheibenmaschine läuft nach **Bild 3.10** die Welle (1) mit der daran fest oder (selten) verstellbar befestigten Taumelscheibe (2) um. Diese erzeugt über die Wälzscheibe (3) den Hub der Kolben (4) im feststehenden Zylinderblock. Die Steuerung erfolgt durch den mit der Welle fest verbundenen Steuerzylinder (5).
Nicht verstellbare Taumelscheiben- Axialkolbenmaschinen sind robust und haben relativ gute Wirkungsgrade.

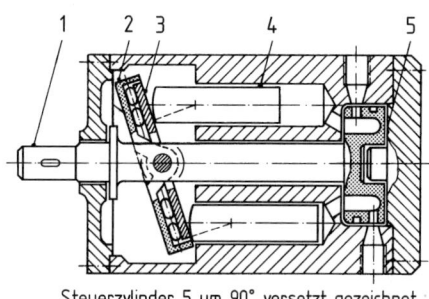

Steuerzylinder 5 um 90° versetzt gezeichnet

**Bild 3.10:** Taumelscheiben-Axialkolbenmaschine

### 3.1.4 Berechnung der Axialkolbenmaschinen

**Verdrängungsvolumen.** Es ergibt sich aus der Kinematik und den Abmessungen der Axialkolbenmaschinen mit Hilfe der in **Bild 3.11** abgeleiteten Kolbenhübe. Der Winkel $\alpha$ geht dabei unterschiedlich ein.

Für die *Schrägachsenmaschinen* (links) erhält man bei einer Kolbenzahl $z$ mit dem Durchmesser $d_K$ das Verdrängungsvolumen $V$:

$$V = \frac{z}{2} \cdot \pi \cdot d_K^2 \cdot r_{Sa} \cdot \sin \alpha \qquad (3.1)$$

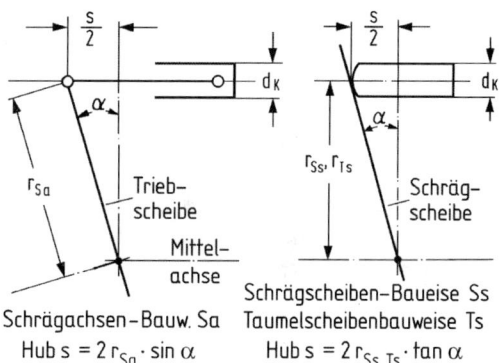

**Bild 3.11:** Axialkolbenmaschinen, Kolbenhübe

Für die *Schrägscheiben-* und die *Taumelscheibenmaschinen* (rechts) gilt:

$$V = \frac{z}{2} \cdot \pi \cdot d_K^2 \cdot r_{Ss,Ts} \cdot \tan \alpha \qquad (3.2)$$

Maximale Schwenkwinkel liegen bei Schägscheibenmaschinen zwischen 18 und 22°. Eine Winkelvergrößerung wirkt sich dabei enstsprechend tan $\alpha$ stärker aus als bei Schrägachsenmaschinen ($\sin \alpha$), vergleiche Gl. (3.2) mit Gl. (3.1).
Da die Maximalwinkel der Schrägscheibenmaschine nur etwa halb so groß sind, bringt jedes Grad mehr (z. B. 22° statt 21°) relativ viel an Hubvolumenzuwachs.

**Mittleres Drehmoment.** Die Berechnung kann auf zwei Arten erfolgen, am einfachsten durch Einsetzen der abgeleiteten Hubvolumina $V$ in die Grundgleichung Gl. (2.22).

Es gilt für *Schrägachsenmaschinen (MH)*:

$$M = \frac{z}{4} \cdot d_K^2 \cdot p \cdot r_{Sa} \cdot \sin \alpha \qquad (3.3)$$

und für *Schrägscheiben-* bzw. *Taumelscheibenmaschinen (MZ)*:

$$M = \frac{z}{4} \cdot d_K^2 \cdot p \cdot r_{Ss,\,Ts} \cdot \tan \alpha \qquad (3.4)$$

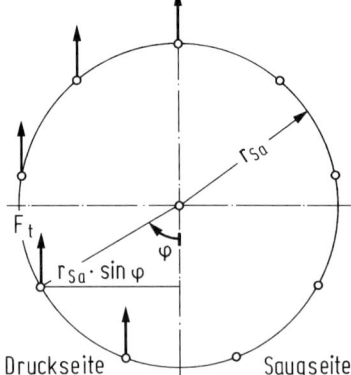

Etwas aufwändiger ist der zweite Weg: die Ableitung des mittleren Moments aus der Aufsummierung der Teilmomente. Dieses sei anhand von **Bild 3.12** beispielhaft für die *Schrägachsenmaschine* beschrieben (Moment an der Triebscheibe). Integriert wird über die Funktion des sich über dem Drehwinkel

**Bild 3.12:** Drehmomententwicklung an der Triebscheibe bei Schrägachsenmaschinen

ändernden Teilmoments eines Kolbens. Da über den Arbeitshub = Weg $\pi$ nur die halbe Kolbenzahl wirkt, ergibt sich

$$M = \frac{z}{2} \cdot \frac{1}{\pi} \cdot \int_0^\pi F_{Sa} \cdot r_{Sa} \cdot \sin \varphi \cdot d\varphi = \frac{z}{2} \cdot \frac{1}{\pi} \cdot F_t \cdot 2 r_{Sa} \qquad (3.5)$$

Setzt man nach Bild 3.2 nun $F_t = F_k \cdot \sin \alpha$ mit Kolbenfläche und –druck ein, erhält man Gl. (3.3). Nach diesem Prinzip kann man ebenso bei den anderen Axialkolbenmaschinen vorgehen, bei den Taumelscheibenmaschinen mit zweistufiger Zerlegung der Kolbenkraft.

**Leistungen.** Die mechanische Wellenleistung von Pumpe oder Motor ist:

$$P_{mech} = M \cdot \omega = 2\pi \cdot M \cdot n \qquad (3.6)$$

und die hydraulische Leistung:

$$P_{hydr} = p \cdot Q \qquad (3.7)$$

Bei praktischen Rechnungen ist der Gesamtwirkungsgrad $\eta$ zu berücksichtigen:

$$P_{mech} = \frac{p \cdot Q}{\eta^{\pm 1}} \qquad \begin{array}{l} + \text{ für Pumpe} \\ - \text{ für Motor} \end{array} \qquad (3.8)$$

## 3.2 Radialkolbenmaschinen

Bei Radialkolbenmaschinen sind die Zylinder in radialer Richtung sternförmig zur Antriebswelle angeordnet. Man teilt sie nach Murrenhoff [3.11] ein in
– Radialkolbenmaschinen mit *Außenabstützung* (auch „innen beaufschlagt")
– Radialkolbenmaschinen mit *Innenabstützung* (auch „außen beaufschlagt").
Radialkolben*pumpen* sind meistens schnelllaufend – Radialkolben*motoren* überwiegend langsam laufend, teilweise mit mehreren Hüben je Kolbenumlauf.

### 3.2.1 Maschinen mit Außenabstützung

Die Kolbenkräfte werden über Gleitelemente oder Wälzpaarungen außen abgestützt, während man die Druckflüssigkeit von innen zu- bzw. abführt. Als besonders bekanntes Beispiel gilt die von Bosch entwickelte [3.12] und 2001 von Moog übernommene schnelllaufende Radialkolbenpumpe nach **Bild 3.13**.

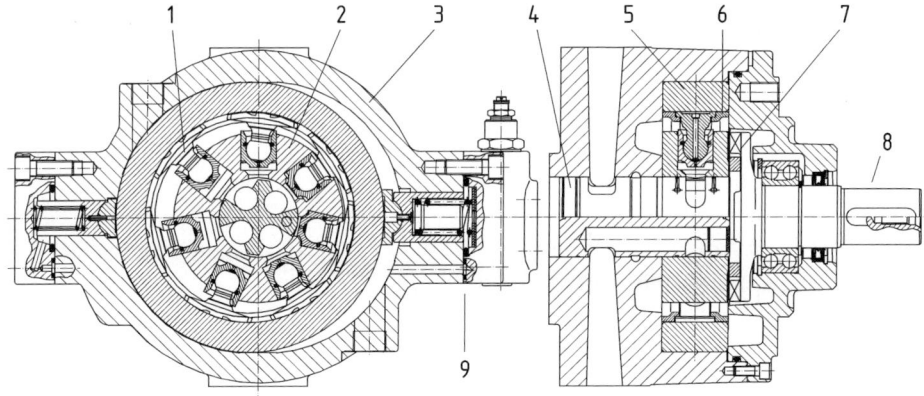

**Bild 3.13:** Radialkolbenmaschine mit Aussenabstützung (nach Bosch und Moog)

Die Kolben-Gleitschuh-Elemente (1) sind im umlaufenden Zylinderstern (2) angeordnet, der um den Steuerzapfen (4) rotiert (fest am Gehäuse 3). Wird der Hubring (Gleitring 5) durch die Stellkolben in eine exzentrische Lage nach links bewegt, entsteht an den Kolben ein Hub. Der Niederhalter (6) hält die Gleitschuhe auf dem Hubring. Im Interesse einer ungestörten Selbsteinstellung des Zylinderblocks (2) wird dieser über eine Kreuzscheibenkupplung (7) mit der Antriebswelle (8) gekoppelt. Wegen der günstigen hydrodynamischen Bedingungen benötigen die Gleitschuhe nach Harms [3.13] nur mäßige hydrostatische Entlastungsgrade. An die Fläche 9 können Steuer- bzw. Regeleinrichtungen angeflanscht werden.

Nach [3.12] gelten folgende Vorteile: hohe
Dauerdrücke, gutes Selbstansaugverhalten,
niedriger Geräuschpegel (u. a. durch Öl-
filmdämpfung am schwimmenden Zylinderstern), gute Verstelldynamik, günstige
Wirkungsgrade (im Optimum bis 93%) und
Robustheit (Selbstnachstellung der Steuer-
fläche durch druckseitige Anlage am Steuerzapfen). **Bild 3.14** zeigt einen typischen
Langsamläufer-Radialkolbenmotor mit Mehr-
fachhub. Die Arbeitskolben (1) stützen sich
über Rollen (2, kolbenseitig hydrostatisch
teilentlastet) auf der gehäusefesten Kurven-
bahn (3) außen ab, der Zylinderstern rotiert
(hier im Uhrzeigersinn). 80 Hübe je Umlauf
ergeben ein besonders großes Schluckvolumen (damit auch Drehmoment) relativ
zum Bauvolumen – die maximalen Drehzah-

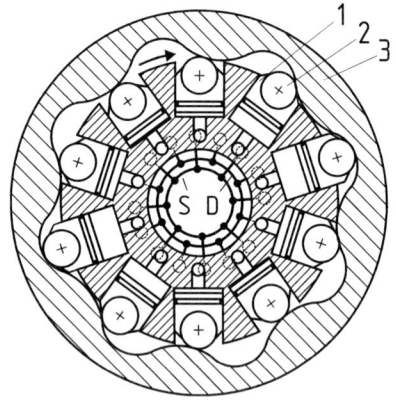

**Bild 3.14:** Radialkolbenmotor mit Außenabstützung und Mehrfachhüben
(Bild: Verfasser, angelehnt an Poc-
lain). S Saugseite, D Druckseite

len sind dafür je nach Baugröße auf z. B. 50 bis 300/min begrenzt. Die Ölan-
schlüsse der Zylinder erfolgen über die gestrichelt dargestellten kreisförmigen
Öffnungen, die zur feststehenden axialen Steuerplatte gehören (S Saugseite, D
Druckseite, Kanäle schematisiert). Spezielle Ausführungen sind auf halbes
Schluckvolumen umschaltbar – z. B. durch Abschaltung der halben Kolbenzahl
oder durch Hintereinanderschalten von je 2
Zylindern (Drehzahlverdopplung). Konzepte
dieser Art erreichen heute beste Wirkungsgrade
um 92% (z. B. bei 40% Maximaldrehzahl und
210 bar). Sie können damit zuweilen etwas
effizienter sein als die Kombinationen aus Axialkolbenmotoren und Planetengetrieben.

## 3.2.2 Maschinen mit Innenabstützung

Die in **Bild 3.15** gezeigte Radialkolbenmaschine
wird als langsam laufender Hydromotor angeboten. Der zylindrisch ausgeführte Kolben (1) stützt
sich an der Kugelfläche des Gehäusekopfes (4)
ab und wird gleichzeitig im Zylinder (2) geführt,
der sich seinerseits auf der Kugelfläche 3 abstützt. Deren Exzentrizität bewirkt beim Rotieren

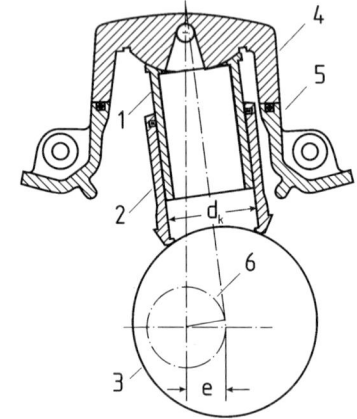

**Bild 3.15:** Langsam laufender
Radialkolbenmotor mit Innenabstützung (nach Denison/Calzoni)

einen Hub des Zylinders relativ zum Kolben. Der Ölstrom wird durch eine mitdrehende axiale (nicht sichtbare) Steuerplatte gesteuert und gelangt über Gehäuse (5) und Gehäusekopf (4) in den Verdrängungsraum. Das relativ große Totvolumen lässt sich durch Füllen des Kolbens vermindern. Sonderausführungen arbeiten mit hydrostatisch verstellbarer Exzentrizizät (z. B. bei ZF). Alle haben Einfachhub.

### 3.2.3 Berechnung von Radialkolbenmaschinen

**Verdrängungsvolumen.** Mit der Exzentrizität $e$ ergibt sich für eine Maschine nach Bild 3.15 mit $z$ Zylindern vom Durchmesser $d_k$ das Verdrängungsvolumen:

$$V = \frac{z \cdot \pi \cdot d_K^2}{4} \cdot 2e = \frac{z}{2} \cdot \pi \cdot d_K^2 \cdot e \qquad (3.9)$$

Bei Maschinen mit mehreren Hüben je Umdrehung (wie z. B. nach Bild 3.14) ist das mit dieser Gleichung errechnete Verdrängungsvolumen noch mit der Anzahl der Kolbenhübe je Umdrehung zu multiplizieren.

**Mittleres Drehmoment.** Es beträgt mit Gl. (2.22) für Einfachhub

$$M = \frac{p \cdot V}{2\pi} = \frac{z}{4} \cdot p \cdot d_K^2 \cdot e \qquad (3.10)$$

## 3.3 Zahnrad- und Zahnringmaschinen

Diese Gruppe repräsentiert konstante Verdrängermaschinen, die in sehr großen Stückzahlen als Pumpe oder Motor hergestellt werden. Man unterscheidet
– *Außenzahnradmaschinen*
– *Innenzahnradmaschinen*
– *Zahnringmaschinen*

### 3.3.1 Außenzahnradmaschinen

Außenzahnradmaschinen bestehen im Wesentlichen aus zwei ineinander greifenden zylindrischen Zahnrädern, **Bild 3.16**. Die Druckflüssigkeit wird bei Rotation in den Zahnlücken zwischen Zahnrädern und Gehäusemantel gefördert.

In der Ölhydraulik betragen die zulässigen Dauerdrücke guter Zahnradpumpen heute etwa 250 bar. Dafür ist die früher verbreitete einfache Plattenbauweise ohne Spaltkompensation ungeeignet. Um die Lecköverluste zwischen Saug- und Druckseite

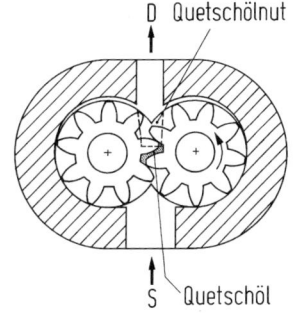

**Bild 3.16:** Funktion einer einfachen Zahnradmaschine. S Saugseite, D Druckseite

zu begrenzen, wurden Zahnradpumpen entwickelt, bei denen die Radial-
und Axialspalte hydrostatisch klein
gehalten werden [3.14 bis 3.17]. Der
Eingriffsbereich wird durch das
Drehmoment für das zweite Zahnrad
relativ gut dicht – auf die Abführung
des sog. Quetschöls muss geachtet
werden (Quetschölnut). Die Spalt-
kompensationen werden konstruktiv
z. B. dadurch erreicht, dass die Zahn-

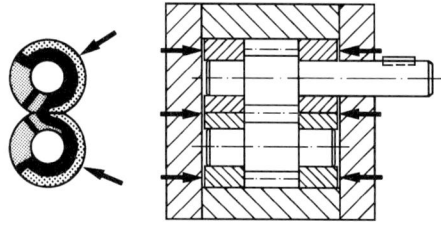

**Bild 3.17:** Zahnradmaschine mit Axial- und
Radialspaltausgleich (nach Bosch)

räder mit ihren Wellen in Buchsen oder Brillen gelagert sind, die axial und radial
über definierte Felder mit dem Arbeitsdruck beaufschlagt werden.
**Bild 3.17** zeigt das Prinzip. Die Felder werden so ausgelegt, dass die Arbeits-
druckkräfte ausgeglichen bzw. leicht überkompensiert werden. Ein bekanntes
Patent von Molly und Eckerle [3.14] führte zur seinerzeit bedeutenden Brillenpumpe von Bosch, die in großer Stückzahl gebaut worden ist. Die radiale Anpressung erfolgte in Richtung der Druckseite mit Abdichtung der Zahnradköpfe am
Umfang kurz vor Eintritt in den Druckstutzen. Dadurch konnte man die Lager-
kräfte klein halten und sehr hohe Wirkungsgrade erreichen (nach [3.15] im
Bestpunkt sogar 96%). Als Nachteile erwiesen sich das hohe Geräuschniveau
infolge des kleinen Druckaufbauweges und die aufwendige Fertigung. Daher
entstand bei Bosch die sogenannte Buchsenpumpe, **Bild 3.18.** Der Druckaufbau
am Zahnkopf erstreckt sich nun über einen großen Sektor [3.15], die Geräusche
sind geringer, infolge der höheren Lagerbelastung leider auch die Wirkungsgrade
[3.15]. Dieses kostengünstige Konzept löste die Brillenpumpe schließlich ab.

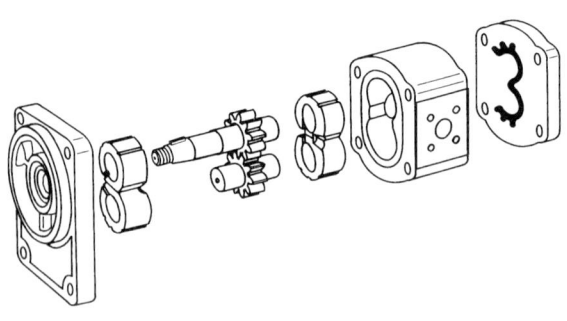

Infolge der Kinematik des
Zahneingriffs entstehen
druckseitig bei Zahnrad-
pumpen Förderstrom- und
Druckpulsationen (Geräu-
sche, s. Kap. 3.7.3).
Mit großen Zähnezahlen
ließen sich die Geräusche
senken, sie sind aber wegen
zu kleiner Hubvolumina
bzw. Leistungsdichten nicht
zielführend.

**Bild 3.18:** Bosch „Buchsenpumpe"
mit Spaltkompensation (Bosch)

Bosch baute zeitweise eine Zahnradpumpe mit zwei versetzten Zahnradpaaren (siehe 6. Auflage). Diese Lösung wurde später durch ein kostengünstigeres Konzept mit spielfreier Verzahnung und Zweiflankenabdichtung abgelöst.
Auf der BAUMA 2010 stellte man die Pumpe SILENCE PLUS vor, **Bild 3.19**. Sie arbeitet mit einem nicht evolventischen Zahnradprofil, das sehr dem Vorschlag von Kepler (1597) ähnelt, Bild 1.8.
Dieses Profil in Verbindung mit Schrägverzahnung führt zu einer drastischen Geräuschreduzierung. Für das Eigengeräusch werden gegenüber konventionellen Pumpen bis zu 15 db(A) weniger angegeben. Die Axialkräfte aus der Schrägverzahnung fängt man durch Druckfelder auf.

**Bild 3.19:** Sehr leise Außenzahnradpumpe SILENCE PLUS Bosch Rexroth. Max. 280 bar (Werkbild)

## 3.3.2 Innenzahnradmaschinen

**Innenzahnradmaschinen mit Füllstück**. Bei der in **Bild 3.20** gezeigten Innenzahnradmaschine wird das Ritzel (1) angetrieben und nimmt das Innenzahnrad (2) mit. Das Öl wird in den Lücken zwischen den beiden Zahnrädern und dem Füllstück (3) gefördert. Auch Innenzahnradmaschinen arbeiten mit hydrostatisch kompensierten Radial- und Axialspalten. Sie können bei gleichem Verdrängungsvolumen etwas kleiner ausgeführt werden als Außenzahnradmaschinen. Die vergleichsweise große Überdeckung ergibt eine geringe Förderstrom- und Druckpulsation.

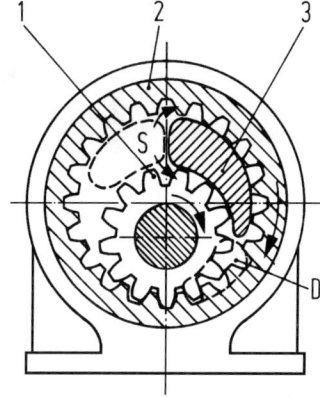

**Innenzahnradmaschinen ohne Füllstück**. Als Beispiel zeigt **Bild 3.21** eine neuere Bauart von Eckerle [3.18, 3.19]. Zahnrad (1) ist auch hier

**Bild 3.20:** Innenzahnradmaschine. S Saugseite, D Druckseite

mit Innenzahnrad (2) im Eingriff, jedoch mit „Zähnezahldifferenz 1" und direkter Abdichtung an den speziell geformten Zahnköpfen. Der Ring (3) ist im Gehäuse so gelagert, dass er durch Druckfelder Kräfte auf das Hohlrad ausüben kann, die den inneren Druckkräften entgegenwirken und eine gute Zahnkopfabdichtung ermöglichen. Die Pumpe wurde für sehr kleine Hubvolumina (nach [3.19] bis 4 cm³) und Dauerdrücke bis zu 250 bar 2001 in Serie eingeführt. Wegen ihres niedrigen Geräuschpegels und ihrer sehr kompakten Bauform wird sie besonders für Einsätze in Straßenfahrzeugen empfohlen.

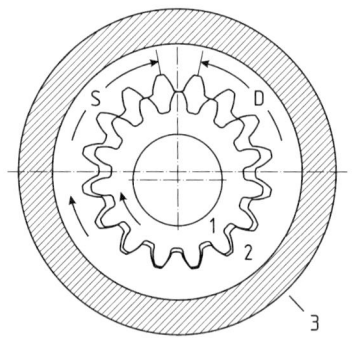

### 3.3.3 Zahnringmaschinen

Zahnringmaschinen werden in großer Stückzahl als Motoren verwendet, **Bild 3.22**. Der Verdrängerteil besteht aus einem gehäusefes--ten, innenverzahnten Außenring (1) mit sieben und einem außen verzahnten Rotor (2)

**Bild 3.21:** Innenzahnradmaschine ohne Füllstück (Schemadarstellung, angelehnt an Eckerle EIPR). S Saugseite, D Druckseite

mit sechs „Zähnen" und kardanischem Antrieb (3). Bei Motorbetrieb sind alle Kammern, deren Volumina sich gerade vergrößern, mit der Druckseite verbunden – Kammern mit Volumenverkleinerung schieben die Flüssigkeit aus. Die Steuerung erfolgt durch das zylindrische rotierende Verteilerventil (4). Während der Bewegung eines Rotorzahnes von einer Zahnlücke zur nächsten füllt und entleert sich jede Kammer einmal. Das Schluckvolumen ist daher spezifisch sehr groß und erlaubt nach Gl. (2.22) hohe Motordrehmomente. Die Wirkungsgrade sind leider mäßig infolge hoher Lecköl- und Strömungsverluste.

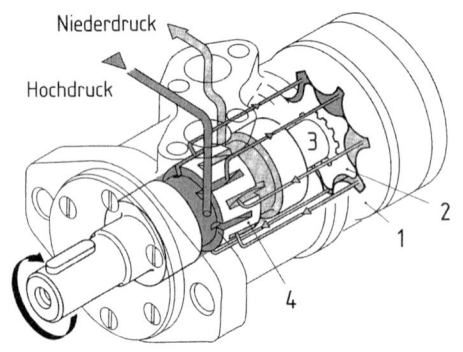

**Bild 3.22:** Zahnringmaschine (nach Danfoss)

### 3.3.4 Berechnung von Zahnrad- und Zahnringmaschinen

**Verdrängungsvolumen.** Für die überschlägige Berechnung von *Zahnradmaschinen* kann man in erster Näherung davon ausgehen, dass Zähne und Zahnlücken das gleiche Volumen einnehmen. Mit dieser Voraussetzung gilt bei zwei Zahnrädern:

$$V \approx \frac{\pi}{4} \cdot (D^2 - d^2) \cdot b \qquad (3.11)$$

mit $D$ als Kopfkreis- und $d$ als Fußkreisdurchmesser des treibenden Rades sowie $b$ als Radbreite. Eine genauere Berechnung ist relativ aufwendig [3.20 bis 3.22]. Für *Zahnringmaschinen* gilt mit $z$ als Zähnezahl des Innenzahnrades und $b$ als Zahnbreite nach **Bild 3.23**

$$V = z \, (z + 1) \cdot (A_{max} - A_{min}) \cdot b \qquad (3.12)$$

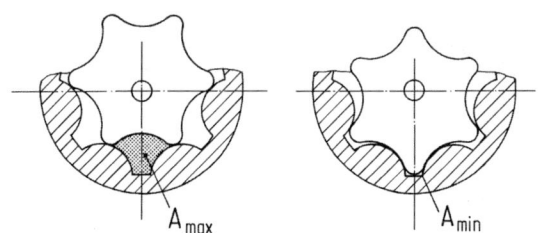

**Bild 3.23:** Skizzen zur Ermittlung charakteristischer Flächen für die Berechnung des Verdrängungsvolumens von Zahnringmaschinen

**Mittleres Drehmoment.** Für *Zahnradmaschinen* ergibt sich bei Einsetzen von Gl. (3.11) in Gl. (2.22):

$$M \approx \frac{1}{8}(D^2 - d^2) \cdot b \cdot p \qquad (3.13)$$

Entsprechend erhält man für *Zahnringmaschinen*:

$$M = \frac{z \cdot (z+1)}{2\pi} \cdot (A_{max} - A_{min}) \cdot b \cdot p \qquad (3.14)$$

## 3.4 Flügelzellenmaschinen

Flügelzellenmaschinen lassen sich unterteilen in:
– *einhubige* oder *mehrhubige* Maschinen
– *innere* oder *äußere* Beaufschlagung
– *festes* oder *verstellbares* Hubvolumen

Alle Bauformen werden vorwiegend als Pumpe ausgeführt. Motoren sind häufig mehrhubig. Im Folgenden werden nur die vorherrschenden außen beaufschlagten Flügelzellenmaschinen behandelt. Reibungsmechanik (Fliehkräfte), Festigkeit und Abdichtung im Flügelbereich bestimmen die Eigenschaften und Grenzen dieses Prinzips [3.23]. Es arbeitet wegen der außerordentlich geringen Förderstrompulsation sehr leise, erreicht aber nur mäßige Drücke und Wirkungsgrade und verlangt eine besonders gute Ölfilterung. Mehrhubige Maschinen sind nicht stufenlos verstellbar – können aber im Hubvolumen umschaltbar gestaltet werden.

## 3.4.1 Einhubige Maschinen

Die verstellbare einhubige Flügelzellenmaschine nach **Bild 3.24** hat einen Rotor (1) mit zahlreichen Flügeln (2), die durch Fliehkraft, durch Öl- oder Federdruck oder durch mehrere dieser Kräfte an der Innenfläche eines Gleitrings (3) anliegen. Hydrostatisch entlastete Doppelflügel sind besonders günstig. Der Gleitring (3) liegt in der Darstellung bei maximaler Exzentrizität an der Stellschraube (4) an. Sobald der zwischen Flügeln, Gehäuse und Rotor eingeschlossene Raum sich erweitert, wird Fluid aus der Saugleitung S über die Saugniere (5) angesaugt und bei weiterer Drehung des Rotors über die Druckniere (6) in den Druckstutzen D gefördert. Die Exzentrizität wird durch das Druckstück (7) kontrolliert, das die Stellkraft

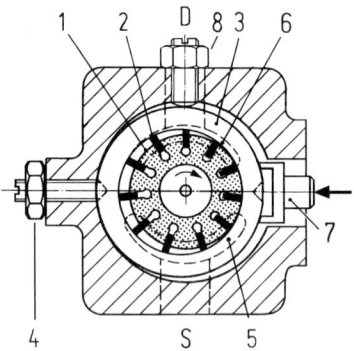

**Bild 3.24:** Verstellbare einhubige Flügelzellenmaschine, prinzipieller Aufbau. S Saugseite, D Druckseite

von einer mechanischen oder hydraulischen Steuer- oder Regeleinrichtung erhält (Anflanschfläche) und gleichzeitig die horizontale Komponente der Gleitring-Druckkräfte aufnimmt (Ansatz für eine einfache mechanische Konstantdruck-Regelung). Die Stellschraube (8) ermöglicht eine kleine vertikale Exzentrizität – diese erzeugt eine Vorkompression, wodurch die Pumpe im Betrieb leise eingestellt werden kann. Eine typische Ausführung wird z. B. in [3.24] besprochen.

## 3.4.2 Mehrhubige Maschinen

Bei der zweihubigen Flügelzellenmaschine nach **Bild 3.25** sind um den Rotor zwei einander gegenüberliegende Verdrängungsräume 1 und 2 angeordnet, die mit je einer Saugniere 3 bzw. 4 und einer Druckniere 5 bzw. 6 verbunden sind. Saug- und Drucknieren sind auch miteinander und mit den entsprechenden Stutzen S und D verbunden. Infolge der symmetrischen Anordnung der Verdrängungsräume werden Rotor und Lager weitgehend von Radialkräften entlastet.

Eine stufenlos verstellbare Variante ist bei Mehrhubigkeit nicht möglich.

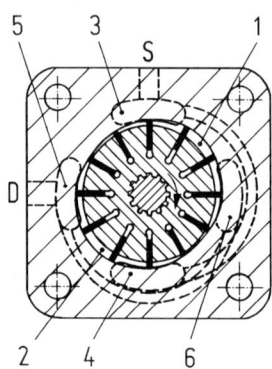

**Bild   3.25:**  Doppelhubige Flügelzellenmaschine (nach Sperry Vickers). S Saugseite, D Druckseite

### 3.4.3 Berechnung von Flügelzellenmaschinen

**Verdrängungsvolumen.** Es lässt sich in Anlehnung an [3.25] aus der Differenz der Kammervolumina $V_1$ (Hinförderung) und $V_2$ (Rückförderung) unter Abzug des in den Ringraum hineinragenden Flügelvolumens berechnen, **Bild 3.26**. Zieht man die schraffierten Grundflächen voneinander ab, so bleibt als wirksame Grundflä-

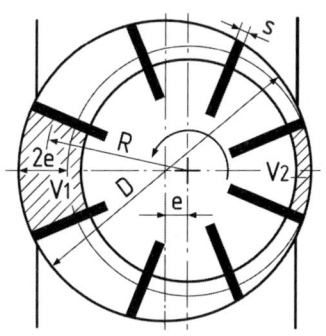

che ein Streifen, der in der Mitte die Breite 2e hat, die sich bei üblichen Flügelzahlen (oft 11, 13) zu den Grenzen hin vernachlässigbar verringert. Für eine Umdrehung ist das Volumen $V_1 - V_2$ mit der Zellenzahl, d. h. Flügelzahl zu multiplizieren. Mit $R = D/2$ ist der zugehörige Gesamtbogen $D \cdot \pi$ und es gilt in Anlehnung an [3.25]:

$$V = 2 \cdot e \cdot b (D \cdot \pi - s \cdot z) \qquad (3.15)$$

mit $b$ als Flügelbreite und $z$ als Flügelzahl.

Für mehrhubige Maschinen erhöht sich das Verdrängungsvolumen entsprechend.

**Bild 3.26:** Ermittlung des Verdrängungsvolumens von Flügelzellenmaschinen

**Mittleres Drehmoment.** Die Berechnung kann wieder mit Gl. (2.22) erfolgen.

## 3.5 Sperr- und Rollflügelmaschinen

### 3.5.1 Sperrflügelmaschinen

Die Sperrflügelmaschine kann als kinematische Umkehrung der Flügelzellenmaschine angesehen werden, **Bild 3.27**. Die beiden um 180° versetzten Flügel (1) im Gehäuse werden durch Federkraft, durch Drucköl oder durch beides auf die Lauffläche des Rotors (2) gedrückt und sperren so Druckraum (3) und Saugraum (4) voneinander ab. Im Interesse einer niedrigen Förderstrompulsation baut man zwei Einheiten mit 90° Winkelversatz kompakt zusammen.

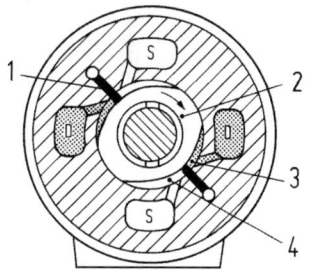

**Bild 3.27:** Sperrflügelmaschine (nach Sauer). S Saugseite, D Druckseite

Die Rotorgeometrie muss stoßfreie Flügelhübe ergeben (stetige Beschleunigungsfunktion) und soll auf kleinste geometrisch bedingte Förderstrompulsationen ausgelegt sein (geringe Geräuschpegel). Die hydrostatischen Kräfte der gegenüberliegenden Druckräume gleichen sich am Rotor aus und führen zu geringen Lagerbelastungen und -verlusten. Bei guter Abdichtung sind gute Wirkungsgrade erreichbar. Vorwiegend als Pumpe, Drücke bis 210 bar.

### 3.5.2 Rollflügelmaschinen

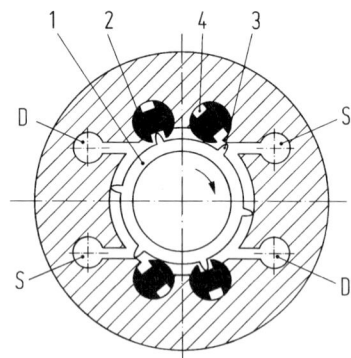

Die in **Bild 3.28** skizzierte Rollflügelmaschine ist mit einem Rotor (1) und mit vier Rollflügeln (2) ausgerüstet. Über (nicht gezeichnete) Zahnräder werden Rotor und Rollflügel formschlüssig synchronisiert, so dass die Zähne (3) des Rotors gesteuert in die Lücken (4) der Rollflügel eingreifen. Die Saug- und Druckseiten sind horizontal durch die Rollflügel, vertikal durch die Rotorzähne abgedichtet. Die gegenüberliegenden, sich ausgleichenden Rotor-Druckfelder ergeben geringe Lagerbelastungen und gutes Anlaufen unter Last. Meist als Hydromotor bis ca. 210 bar eingesetzt.

**Bild 3.28:** Rollflügelmaschine (nach Rollstar). S Saugseite, D Druckseite

### 3.5.3 Berechnung von Sperr- und Rollflügelmaschinen

**Verdrängungsvolumen.** Für die *Sperrflügelmaschine* gilt nach **Bild 3.29** mit $b$ als Rotorbreite und $\alpha$ als Korrekturwinkel (Flächenäquivalenz für $D - d$):

$$V = \frac{\pi \cdot b}{2}(D^2 - d^2) \cdot \frac{180° - \alpha}{180°} \qquad (3.16)$$

Für die *Rollflügelmaschine* gilt nach Bild 3.29 mit $A_Z$ als stirnseitiger Zahnfläche, $z$ als Anzahl Zähne und $b$ als Rotorbreite:

$$V = \frac{\pi \cdot b}{2}(D^2 - d^2) - 2 \cdot z \cdot A_z \cdot b \qquad (3.17)$$

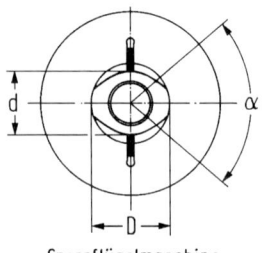

Sperrflügelmaschine

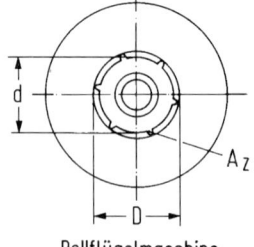

Rollflügelmaschine

**Mittleres Drehmoment.** Die Berechnung erfolgt wieder nach Gl.(2.22).

**Bild 3.29:** Skizzen zur Ermittlung des Verdrängungsvolumens von Sperr- und Rollflügelmaschinen

## 3.6 Schraubenmaschinen

Schraubenmaschinen bestehen aus dem Gehäuse, einer angetriebenen Schrauben-spindel und einer oder mehreren Gegenspindeln, die von der Antriebsspindel in Rotation versetzt werden, **Bild 3.30**. Durch den Eingriff entstehen abgedichtete Kammern, die in axialer Richtung von der Saug- zur Druckseite wandern. Nach [3.26] ist dieses die leiseste aller Ver-drängerpumpen, die nach [3.27] erst den Bau hydraulischer Aufzüge ermöglicht hat. Schraubenmaschinen werden häufig aus zweigängigen Spindeln hergestellt [3.28]. Nach Schlösser [3.29] kann das Hubvolumen aus dem Produkt von Steigung $s$ und freiem Strömungsquer-schnitt $A$ gebildet werden ($A$ = freier radialer Gehäusequerschnitt abzüglich Schnittfläche der Spindeln). Genauere Berechnungen sind aufwendig.

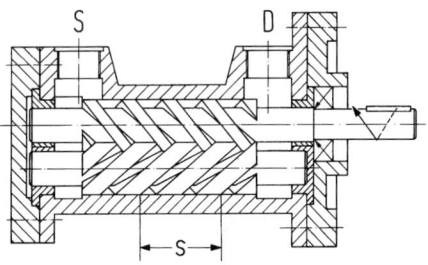

**Bild 3.30:** Schraubenmaschine. S Saug-seite, D Druckseite, s Spindelsteigung

$$V = A \cdot s \tag{3.18}$$

Schraubenmaschinen werden ausschließlich als Pumpen eingesetzt und bieten ein sehr gutes Selbstsaugverhalten. Bei geringen Drücken (oft zwei Spindeln) dienen sie z. B. zum Stofftransport oder zur Speisung großer Hochdruckpumpen – bei mäßigen bis höheren Drücken (eher drei Spindeln, 100–210 bar) für Aufzüge, Schiffsladewinden, leise Papierpressen, Gesenkschmiedehämmer, Wasserturbi-nensteuerungen u. a. [3.27]. Nach [3.26] wurde bei 2900/min ein bester Wirkungs-grad von 85% bei 40 bar erreicht. Andere Quellen geben z. T. geringere Werte an. Da Radialkräfte hydrodynamisch getragen und Axialkräfte hydrostatisch ausgegli-chen werden können, sind Lageraufwand und Verschleiß gering [3.26]. Da Stör-kräfte durch oszillierende Massen fehlen, laufen Schraubenmaschinen auch bei hohen Drehzahlen sehr ruhig. Sie verkraften einen großen Viskositätsbereich.

## 3.7 Übersicht zur Auswahl von Verdrängermaschinen

Um die Projektierung hydrostatischer Anlagen zu erleichtern, werden *charakte-ristische Betriebseigenschaften und technische Daten* der bisher besprochenen Verdrängermaschinen in **Tafel 3.1** bzw. **3.2** zusammengefasst. Die Informationen fußen vor allem auf Herstellerangaben [3.30, 3.31] und sind als Anhaltswerte zu verstehen – im Einzelfall sollte man den Hersteller zu Rate ziehen.

**Tafel 3.1:** Betriebseigenschaften und Anwendung von Verdrängermaschinen

| Maschinenart | Vorteile |
|---|---|
| 1) *Axialkolbenmaschinen*<br>  a) Schrägachsenbauweise<br>  b) Schrägscheibenbauweise<br>     mit Gleitschuhen<br>  c) Schrägscheibenbauweise<br>     mit Kugelkopfkolben | - hohe Drücke, große Leistungsdichte<br>- Hubvolumen konstant oder verstellbar<br>  (verstellbar bes. kostengünstig bei b)<br>- hohe Wirkungsgrade (bes. bei a und c)<br>a: keine Arbeitsquerkräfte am Kolben,<br>  daher große Schwenkwinkel bis 45°<br>  und gutes Anlaufverhalten unter Last<br>b, c: kostengünstig, kompakt, einfache<br>  Ölführung im Gehäuse (Kompaktge-<br>  triebe möglich), Welle durchführbar<br>b: hohe Verstelldynamik (Regelkreise) |
| 2) *Radialkolbenmaschinen*<br>  a) schnell laufend<br>  b) langsam laufend m. Exzenter<br>  c) langsam laufend m. Nockenring | - hohe Wirkungsgrade<br>a: sehr hohe Drücke, hohe Drehzahlen,<br>  hohe Verstelldynamik, kompakt<br>b: hohe Drehmomente bei kleinen Drehz.<br>c: wie b, aber kompakter |
| 3) *Zahnrad- und Zahnringmaschinen*<br>  a) Außen-Zahnradmaschinen<br>     ohne Spaltausgleich<br>  b) Außenzahnradmaschinen<br>     mit Spaltausgleich<br>  c) Innenzahnradmaschinen<br>  d) Zahnringmaschinen | - sehr kostengünstig, hohe Leistungsdichte<br>- geringer Platzbedarf, anbaufreundlich<br>- Welle durchführbar<br>a: sehr einfach, preisgünstigste Pumpe<br>b: gute Wirkungsgrade, insbesondere<br>  geringe Leckströme<br>c: geringe Förderstrompulsation (leise)<br>d: sehr hohe Drehmomente relativ zur<br>  Baugröße, kleine Drehzahlen möglich |
| 4) *Flügelzellenmaschinen*<br>  a) einhubige Maschinen<br>  b) mehrhubige Maschinen<br><br>5) *Sperr- u. Rollflügelmaschinen*<br>  a) Sperrflügelmaschinen<br>  b) Rollflügelmaschinen | - geringes Bauvolumen, kompakt<br>- geringe Förderstrompulsation (leise)<br>- Welle durchführbar<br>- günstige volumetrische Wirkungsgrade<br>4a: Hubvolumen konst. oder verstellbar,<br>  Vorkompression einfach einstellbar<br>4b, 5a, 5b: hydrostat. Kraftausgleich |
| 6) *Schraubenmaschinen*<br>  a) Einspindelmaschinen<br>  b) Mehrspindelmaschinen | - pulsationsfreier Förderstrom (sehr leise)<br>- vibrationsarm, hohe Drehzahlen möglich<br>- sehr geringer Verschleiß |

| Nachteile | bevorzugte Anwendung (P Pumpe, M Motor) |
|---|---|
| - hohe Herstellkosten (besonders a)<br>- Baulänge größer als bei Pos. 2<br>a: aufwändige Ölführung bei ver-<br>stellb. Einheiten, sperriger Platz-<br>bedarf, Welle nicht durchführbar<br>b: Querkräfte und Kippmoment am<br>Kolben begrenzen Schwenkwin-<br>kel, erschweren Anlaufen<br>c: Herz'sche Pressung am Kugel-<br>kopf begrenzt Arbeitsdruck | P/M a: weniger als Pumpe – eher wegen<br>des guten Anlaufens als Motor (fest<br>oder oft in einer Richtung verstellbar).<br>Großwinkelmaschinen (45°) für hoch-<br>effiziente leistungsverzweigte Traktor-<br>fahrantriebe<br>P/M b: Als Verstellpumpe und Konstant-<br>motor in der Mobilhydraulik in sehr<br>großen Stückzahlen in Anwendung.<br>Dauerbetrieb bei sehr kleinen Dreh-<br>zahlen (Motoren) ungünstig (Reibung) |
| - hohe Herstellkosten, insbes. b,c<br>b: großes Bauvolumen<br>b/c: Bei höheren Drehzahlen sin-<br>ken Wirkungsgrade oft stark ab<br>c: nicht stufenlos verstellbar | P a: eher stationär als mobil angewendet<br>M b: Hydromotor f. Getriebe von Sonder-<br>fahrzeugen (z. B. Arbeitsmaschinen).<br>Stationär: Winden, Kunststoffpressen ...<br>M c: Wie vor, Radantriebe eher direkt. |
| - nur konst. Hubvolumen möglich:<br>Beeinflussung des Förderstroms<br>durch Drosselung verlustreich<br>a: nur für niedrige Drücke gut,<br>kaum als Hydromotor geeignet<br>b: deutlich aufwendiger als a<br>c: nochmals teurer als b<br>d: mäßige Wirkungsgrade und<br>relativ geringe Höchstdrehzahlen | P a: für niedrige Drücke (rückläufig)<br>P b: einfache Systeme der Mobilhydraulik<br>(z. B. Lenkung). Stationärhydrauliken<br>P c: Werkzeugmaschinen, Automatik-<br>getriebe (einfach, f. niedrige Drücke)<br>M b: billiger einfacher verbreiteter Motor<br>mit mäßigem Anlaufverhalten (Reibung)<br>M d: verbreitet als langsam/mittelschnell<br>laufender Motor und Lenk-Dosiereinheit |
| - mäßige Drücke<br>4a: einseitige Rotorbelastung<br>4a/b: empfindlich gegen Schmutz<br>und Druckspitzen, mäßige mech.<br>und Gesamtsamtwirkungsgrade<br>4b, 5a, 5b: stufenlose Verstellbar-<br>keit nicht möglich | P/M für 4 a/b: weit verbreitet als Pumpe<br>(4a auch oft verstellbar in Regelkreisen).<br>Häufig bei (geräuschsensiblen) PKW-<br>Lenkungen und Werkzeugmaschinen<br>P/M 5 a/b: Einsatz stationär bei hohen<br>Geräuschanforderungen, 5b vorwiegend<br>als Motor |
| - mäßiges Druckniveau<br>- mäßige Wirkungsgrade<br>- hohe Herstellkosten | P Leise Förderpumpe für viele Fluide, bei<br>höheren Drücken verbreitet für hydro-<br>statische Aufzugsanlagen |

| Maschinenart | Stück-zahl *) | Verdrängungsvolumen [cm³] **) | Max. Drehzahl [min⁻¹] ***) | Nenndruck [bar] |
|---|---|---|---|---|
| **1) Axialkolbenmaschinen** | | | | |
| a) Schrägachsen-Axialkolbenmaschinen | • | 5 ... 50 ... 500 ... 4000 | 7500 ... 500 | 280 ... 420 |
| b) Schrägscheiben-Axialkolbenmaschinen-A. mit Gleitschuhen | | | | |
|   - mittelschwere Baureihen | ••• | 5 ... 20 ... 70 ... 300 | 4000 ... 1000 | 210 ... 250 |
|   - schwere Baureihen | •• | 5 ... 20 ... 250 ... 1000 | 5000 ... 500 | 280 ... 420 |
| c) Schrägscheiben-A. mit Kugelkopfkolben | • | 2 ... 20 ... 200 ... 500 | 8000 ... 1500 | 150 ... 200 |
| **2) Radialkolbenmaschinen** | | | | |
| a) schnell laufend | • | 2 ... 50 ... 500 ... 8000 | 3000 ... 300 | 280 ... 700 |
| b) langsam laufend mit Exz. oder Nockenring | | | | |
|   - mittelschwere Baureihen | •• | 10 ... 200 ... 5000 ... 35000 | 1500 ... 50 | 250 ... 280 |
|   - schwere Baureihen | | 50 ... 200 ... 5000 ... 15000 | 1000 ... 30 | 350 ... 420 |
| **3) Zahnrad- und Zahnringmaschinen** | | | | |
| a) Außenzahnradmasch. ohne Spaltausgleich | ••• | 0,1 ... 5 ... 50 ... 1000 | 7500 ... 2500 | 50 ... 150 |
| b) Außenzahnradmasch. mit Spaltausgleich | ••• | 0,2 ... 5 ... 50 ... 250 | 8000 ... 2000 | 200 ... 280 |
| c) Innenzahnradmaschinen | ••• | 0,2 ... 5 ... 50 ... 500 | 5000 ... 2000 | 100 ... 320 |
| d) Zahnringmaschinen | •• | 10 ... 50 ... 200 ... 800 | 2000 ... 200 | 100 ... 200 |
| **4) Flügelzellenmaschinen** | | | | |
| a) einhubige Flügelzellenmaschinen | ••• | 3 ... 6 ... 30 ... 150 | 5000 ... 1000 | 100 ... 180 |
| b) mehrhubige Flügelzellenmaschinen | •• | 2 ... 20 ... 50 ... 200 | 4000 ... 1300 | 120 ... 210 |
| **5) Sperr- und Rollflügelmaschinen** | | | | |
| a) Sperrflügelmaschinen | • | 4 ... 10 ... 40 ... 400 | 4000 ... 1700 | 140 ... 210 |
| b) Rollflügelmaschinen | • | ... 750 | 1200 | 140 ... 210 |
| **6) Schraubenmaschinen** | • | 3 ... 20 ... 1000 ... 10000 | 20000 ... 2000 | 6 ... 210 |

*) Stückzahl: • klein　•• mittel　••• groß　•••• sehr groß

**) Hauptbereich unterstrichen

***) abnehmend mit steigender Verdrängungsvolumen

**Tafel 3.2:** Betriebsdaten von Verdrängermaschinen (Pumpen und Motoren). Anhaltswerte ohne sehr seltene Sonderausführungen und ohne Pumpen für sehr niedrige Drücke (etwa für die Getriebehydraulik)

# 3.8 Betriebsverhalten von Verdrängermaschinen

## 3.8.1 Wirkungsgrade und Kennlinienfelder

**Gesamtwirkungsgrad und Teilwirkungsgrade.** Der *Gesamtwirkungsgrad* einer Verdrängermaschine ist das Produkt aus zwei charakteristischen Teilwirkungsgraden, dem *volumetrischen Wirkungsgrad* $\eta_{vol}$ und dem *hydraulisch-mechanischen Wirkungsgrad* $\eta_{hm}$ :

$$\eta_{ges} = \eta_{vol} \cdot \eta_{hm} \qquad (3.19)$$

$\eta_{vol}$ berücksichtigt alle Leckölverluste (intern und extern) und bei Pumpen teilweise die Kompressionsverluste (z. B. bei 40% Totvolumen 1,3% je 300 bar [3.11]). Lecköl entsteht z. B. bei einer Schrägscheiben-Axialkolbenpumpe am Steuerboden, an den Kolben und an den Gleitschuhen. Das am Steuerboden direkt vom Druck- zum Sauganschluss überströmende Lecköl bezeichnet man als *internes Lecköl*. Das übrige Lecköl sammelt sich im Gehäuse. Auch dieses kann *intern* direkt der Saugseite zugeführt werden, wenn die Pumpe z. B. aus dem Tank ansaugt. Bei höheren saugseitigen Vordrücken (geschlossene Kreisläufe) sind die Druckgrenzen von Gehäuse und Dichtungen zu beachten. Ggf. muss das Gehäuse separat mit dem Tank verbunden werden, hier fließt dann *externes Lecköl*.

Demgegenüber beinhaltet $\eta_{hm}$ jegliche Reibung in der Verdrängermaschine einschließlich aller Scher- und Strömungsverluste.

Die Gesetzmäßigkeit der Teilwirkungsgrade erlaubt für die Berechnung von Anlagen zwei bedeutende Grundsätze – nämlich:

– *Drehzahlverluste* beruhen ausschließlich auf Leckströmen ($\eta_{vol}$)
– *Drehmomentverluste* beruhen ausschließlich auf Reibung ($\eta_{hm}$)

Diese Regeln gelten sinngemäß auch für Translation (z. B. Hydrozylinder: Geschwindigkeitsverluste, Kraftverluste). $\eta_{vol}$ ist dort allerdings praktisch 100%.

**Praktische Berechnung.** In **Bild 3.31** wird das Verlustverhalten von Pumpe (Index 1) und Motor (Index 2) vereinfachend modelliert. Die verlustlosen Aus- und Eingangsgrößen sind mit dem Index „th" gekennzeichnet, während der Index „v" die Verluste anzeigt. Wenn für den Betrieb eines Hydrauliksystems z. B. ein Volumenstrom $Q_{eff}$ und ein Druck $p_{eff}$ verlangt werden, so müssen bei der Auslegung der Hydropumpe die an ihr entstehenden Lecköl- und Reibungsverluste vorgehalten werden. Erstere werden in $Q_{1v}$, letztere in $p_{1v}$ zusammengefasst. Für die *Auslegung der Pumpe* gelten folgende Bilanzen:

$$Q_{1th} = Q_{1eff} + Q_{1v} = \frac{Q_{1eff}}{\eta_{1vol}} = n_1 \cdot V_1 \qquad (3.20)$$

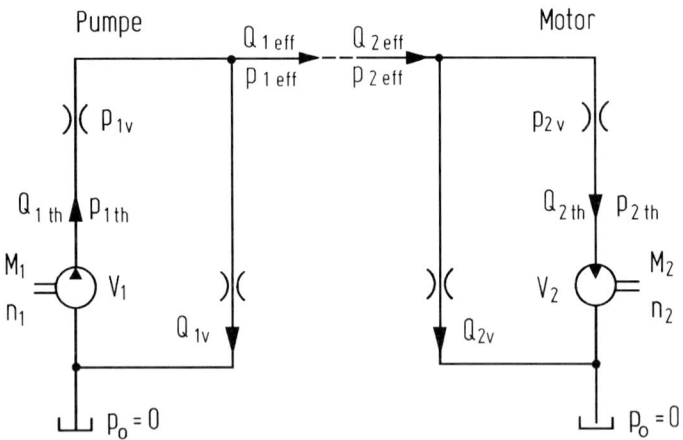

**Bild 3.31:** Modellierung des Verlustverhaltens von Hydropumpe und Hydromotor

$$p_{1th} = p_{1eff} + p_{1v} = \frac{p_{1eff}}{\eta_{1hm}} = \frac{2\pi \cdot M_1}{V_1} \qquad (3.21)$$

Um $Q_{eff}$ zu erreichen, muss man bei $V_1$ oder $n_1$ entsprechend vorhalten und um $p_{eff}$ zu liefern, ist wegen des Druckverlustes $p_{1v}$ ein Vorhalten beim Antriebsdrehmoment $M_1$ notwendig.

Entsprechend gilt für die *Auslegung des Hydromotors*:

$$Q_{2th} = Q_{2eff} - Q_{2v} = Q_{2eff} \cdot \eta_{2vol} = n_2 \cdot V_2 \qquad (3.22)$$

$$p_{2th} = p_{2eff} - p_{2v} = p_{2eff} \cdot \eta_{2hm} = \frac{2\pi \cdot M_2}{V_2} \qquad (3.23)$$

Daraus können für Pumpe und Motor die folgenden Gleichungen für die drei charakteristischen Wirkungsgrade abgeleitet werden:

*Pumpe:*

$$\eta_{1ges} = \eta_{1vol} \cdot \eta_{1hm} = \frac{p_{1eff} \cdot Q_{1eff}}{2\pi \cdot M_1 \cdot n_1} \qquad (3.24)$$

$$\eta_{1hm} = \frac{\eta_{1ges}}{\eta_{1vol}} = \frac{p_{1eff} \cdot Q_{1th}}{2\pi \cdot M_1 \cdot n_1} = \frac{p_{1eff} \cdot V_1}{2\pi \cdot M_1} \qquad (3.25)$$

$$\eta_{1vol} = \frac{\eta_{1ges}}{\eta_{1hm}} = \frac{Q_{1eff}}{Q_{1th}} = \frac{Q_{1eff}}{n_1 \cdot V_1} = \frac{Q_{1th} - Q_{1V}}{Q_{1th}} \qquad (3.26)$$

*Motor:*

$$\eta_{2\text{ges}} = \eta_{2\text{vol}} \cdot \eta_{2\text{hm}} = \frac{2\pi \cdot M_2 \cdot n_2}{p_{2\text{eff}} \cdot Q_{2\text{eff}}} \tag{3.27}$$

$$\eta_{2\text{hm}} = \frac{\eta_{2\text{ges}}}{\eta_{2\text{vol}}} = \frac{2\pi \cdot M_2 \cdot n_2}{p_{2\text{eff}} \cdot Q_{2\text{th}}} = \frac{2\pi \cdot M_2}{p_{2\text{eff}} \cdot V_2} \tag{3.28}$$

$$\eta_{2\text{vol}} = \frac{\eta_{2\text{ges}}}{\eta_{2\text{hm}}} = \frac{Q_{2\text{th}}}{Q_{2\text{eff}}} = \frac{n_2 \cdot V_2}{Q_{2\text{eff}}} = \frac{Q_{2\text{th}}}{Q_{2\text{th}} + Q_{2\text{V}}} \tag{3.29}$$

**Visualisierung des Betriebsverhaltens.** Einen Einblick in Volumenströme und volumetrische Verluste sowie in An- oder Abtriebsmomente und Verlustmomente vermittelt **Bild 3.32** beispielhaft für eine Konstantpumpe.

Der verlustlose Förderstrom $Q_{1\text{th}}$ steigt nach Gl. (2.19) linear mit der Drehzahl und der Leckölstrom der Pumpe $Q_{1\text{V}}$ fast linear mit der Druckdifferenz an, ist aber nur wenig von der Drehzahl abhängig.

Das verlustlose Antriebsmoment $M_{1\text{th}}$ steigt nach Gl. (2.22) linear mit dem Druck an. Ihm überlagert sich das Verlustmoment $M_{1\text{V}}$, das bei konstanter Drehzahl mit dem Druck flach ansteigt, bei Drehzahl null aber bereits einen gewissen Wert hat (z. B. durch federbelastete Gleitstellen). Über der Drehzahl verhält sich das Verlustmoment bei konstantem Druck ähnlich einer Stribeck-Kurve (siehe Kap. 2.4). Aus Bild 3.32 lassen sich vereinfachend zwei charakteristische Diagramme ablei-

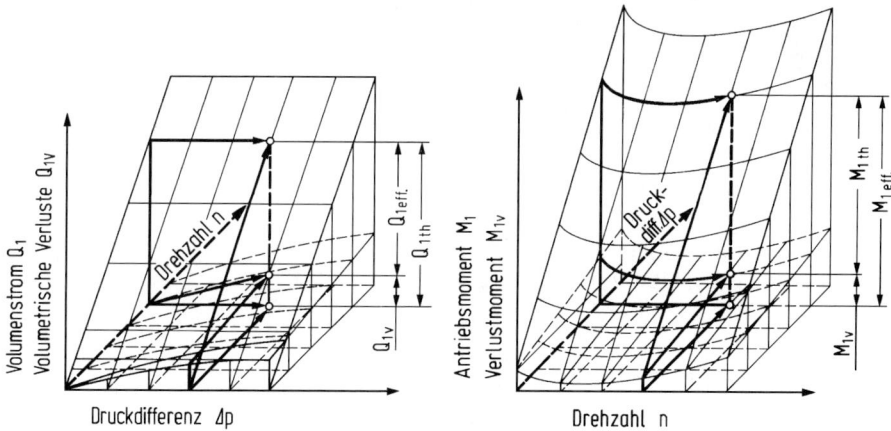

**Bild 3.32:** Räumliche Kennlinienfelder für eine Konstantpumpe (nach Backé, Hahmann und Murrenhoff [3.11]). Das Anlaufverlustmoment ist hier auffallen gering.

ten, **Bild 3.33.** Dargestellt sind die drei oben definierten Wirkungsgrade, wie sie sich etwa für eine gute Zahnradpumpe mit Spaltausgleich oder eine durchschnittliche Kolbenpumpe über dem Druck (links) und über der Drehzahl (rechts) ergeben. Über dem *Arbeitsdruck* steigt der hydraulisch-mechanische Teilwirkungsgrad $\eta_{hm}$ vor allem deswegen an, weil die darin enthaltenen Strömungsverluste und ein Teil der Reibungsverluste vom Druck kaum abhängen (s. Kap. 2.3 und 2.4). Der volumetrische Teilwirkungsgrad $\eta_{vol}$ fällt mit steigendem Druck infolge der weitgehend laminaren Lecköölströme (s. Kap. 2.3.6) etwa linear ab.

Über der *Antriebsdrehzahl* steigt der hydraulisch-mechanische Teilwirkungsgrad $\eta_{hm}$ von einem ungünstigen „Losbrechpunkt" bis zu einem Maximum an und fällt dann stetig ab. Der ganze Verlauf ähnelt dem Spiegelbild einer Stribeck-Kurve (Kap. 2.4) und ist auch damit im linken Bereich gut deutbar, während sich im rechten Bereich zusätzlich die Strömungsverluste auswirken, die mit der Drehzahl meist progressiv ansteigen (turbulente Strömung, s. Kap. 2.3.4). Der volumetrische Teilwirkungsgrad $\eta_{vol}$ beginnt mit null bei einer kleinen Mindestdrehzahl – diese benötigt die Pumpe, um die eigenen Leckströme zu decken. Da die Leckverluste bei konstantem Druck im ganzen Drehzahlbereich absolut etwa konstant sind, muss $\eta_{vol}$ über der Drehzahl kontinuierlich ansteigen.

**Bild 3.34** zeigt typische Wirkungsgrade wichtiger Verdrängermaschinen über dem Arbeitsdruck. Teilweise wurden die volumetrischen Teilwirkungsgrade mit angegebenen (hydraulisch-mechanische Wirkungsgrade daraus berechenbar).

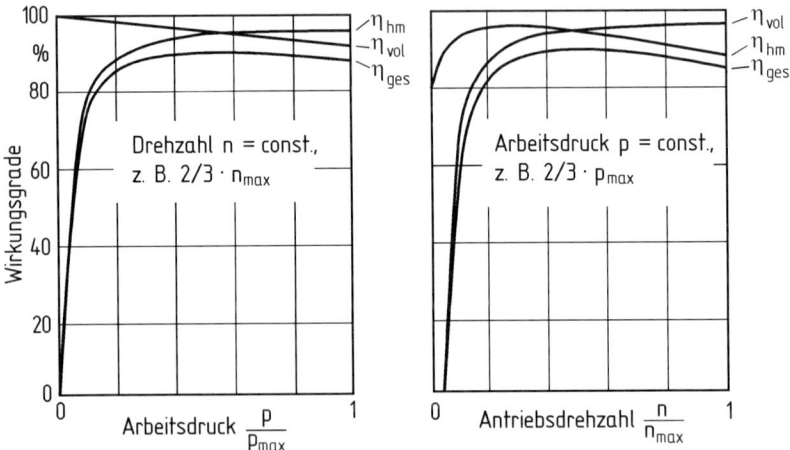

**Bild 3.33:** Teilwirkungsgrade und Gesamtwirkungsgrad von verlustarmen Pumpen über dem Druck (links) und der Drehzahl (rechts) für übliche konstante Betriebsviskosität

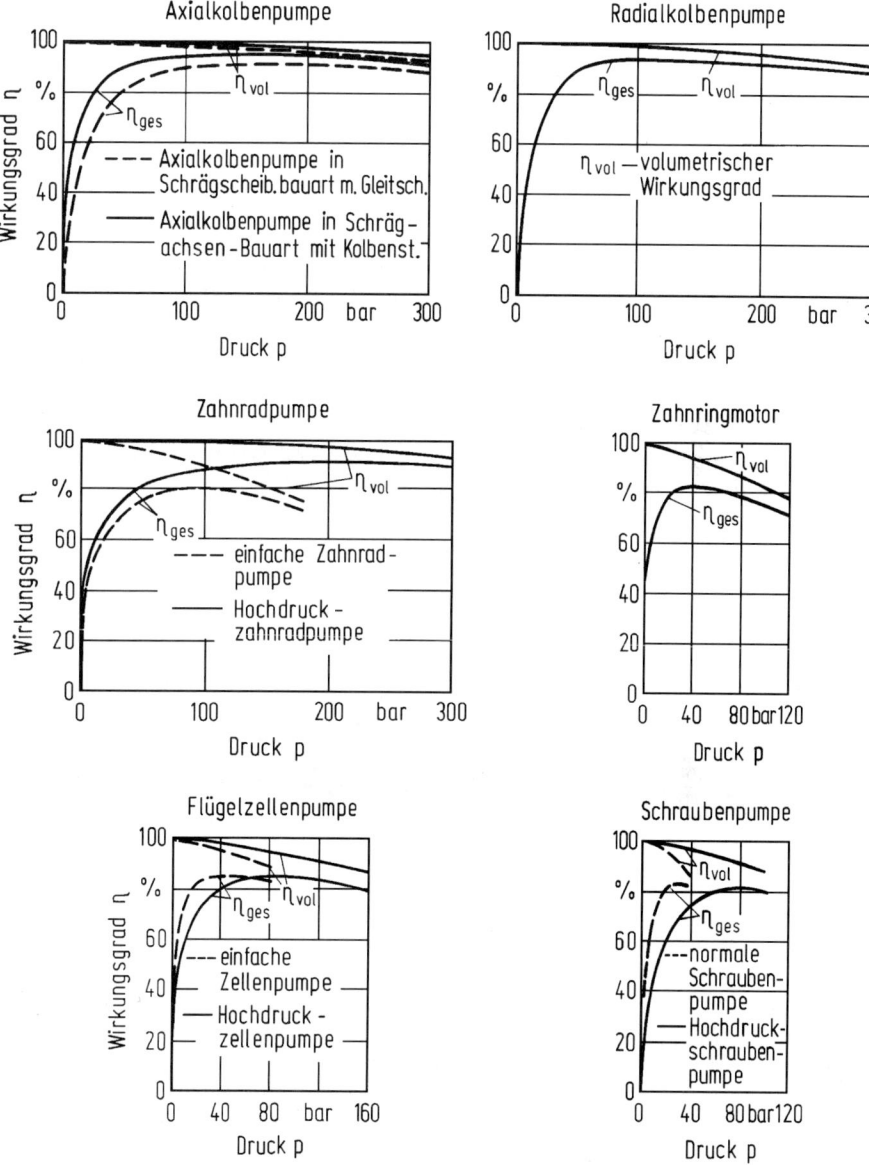

**Bild 3.34:** Gesamtwirkungsgrade und volumetrische Wirkungsgrade über dem Druck für verschiedene Verdrängermaschinen. Unter Druck ist der Differenzdruck zu verstehen. Umgebungsdruck oder kleine Vordrücke auf der Niederdruckseite. Drehzahl ca. 2/3 des Maximalwertes, gängige kinematische Ölviskositäten um 20-30 mm²/s

**Anlaufmomente von Hydromotoren.**
Hydromotoren müssen z. B. bei hydrostatischen Fahrantrieben unter Last anlaufen, insbesondere Axialkolbenmaschinen, **Bild 3.35**. Deren Anlaufverhalten wird nach [3.7] über der Druckdifferenz wiedergegeben. Das tatsächliche Anlaufdrehmoment wurde auf das nach Gl. (2.22) berechnete verlustlose Moment bezogen.
Wegen der so großen Kolbenreibung [2.50] schneiden die Schrägscheiben - Axialkolbenmaschien (b) mäßig ab. Daher wird Bauart (a) als Motor bevorzugt. Aktuelle Werte von b sind vermutlich etwas günstiger. Im Betrieb sind sie höher, wenn ein Motor nach dem Lauf nur kurze Zeit still steht (noch Öl im Kolbenspalt).

**Betriebskennfelder.** Sie geben die Wirkungsgrade (und z. T. auch weitere Größen) in Abhängigkeit von Drehzahl und Druck und ggf. auch von der Hubvolumeneinstellung an. Die Ölviskosität sollte vermerkt ein.
**Bild 3.36** zeigt ein Kennfeld [3.15] für die in Bild 3.18 dargestellte Außenzahnradmaschine. Der beste Wirkungsgrad von 90% ist für Zahnradpumpen mit Spaltausgleich guter Durchschnitt. Gute Werte im oberen Druckbereich (max. 250 bar) und flache $Q$-Kennlinien zeigen hier sehr geringe volumetrische Verluste an.

Die mechanische Antriebsleistung ergibt sich aus der hydrostatischen Leistung, Gl. (2.24), dividiert durch den abgelesenen Wirkungsgrad, Gl. (3.8).

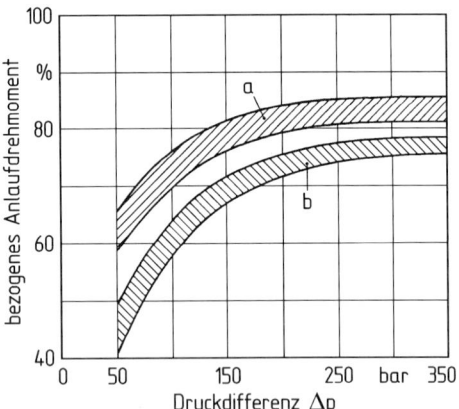

**Bild 3.35:** Anlaufdrehmomentverhalten von drei Schrägachsen-Axialkolbenmotoren (a) und fünf Schrägscheiben-Axialkolbenmotoren (b) nach Causemann (1972) [3.7]

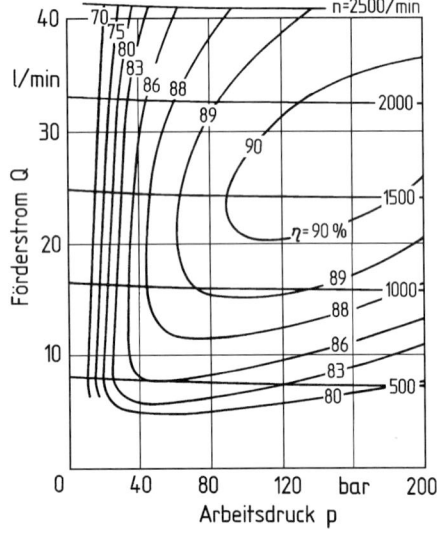

**Bild 3.36:** Gemessenes Betriebskennfeld für die in Bild 3.18 gezeigte Außenzahnradpumpe (Bosch „Buchsenpumpe") [3.15]. Öltemperatur 60 °C, kinematische Viskosität 20 cSt = 20 mm²/s

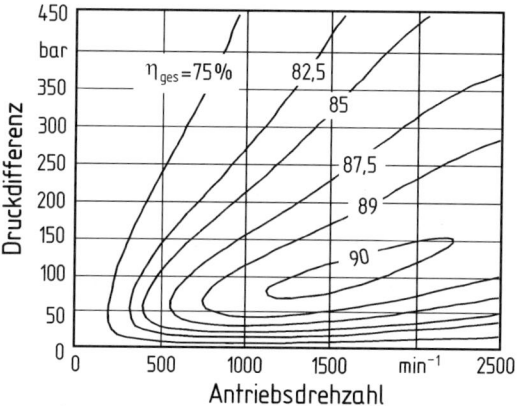

**Bild 3.37a:** Wirkungsgradkennfeld einer verstellbaren Schrägscheiben-Axialkolbenpumpe für geschlossenen Kreislauf, voll geschwenkt (18°). Sauer-Danfoss, schwere Baureihe H1 (2008), mittlere Größe. Dauerdruck 400 bar, kurzzeitig 450 bar. Öl VG 46, 80°, Ölviskosität 11 mm²/s auf Saugseite

Die **Bilder 3.37a und b** zeigen gemessene Wirkungsgradkennfelder für typische Axialkolbenpumpen der modernen Mobilhydraulik.
Der Bestwert 90% im oberen Kennfeld ist nur als mittelgut zu bezeichnen. Bei halber Ausschwenkung sinkt er auf 84%. Allerdings ist diese Pumpe sehr gezielt geräuschreduziert und sie soll besonders robust sein. Bei geringeren Anforderungen an die Geräuschabstrahlung läge das Optimum etwas höher – nach Herstellerangaben eher bei 91 bis 92% bei gleichzeitiger Verschiebung zu höheren Drücken und niedrigeren Drehzahlen.

**Bild 3.37b** zeigt das hervorragend gute Kennfeld einer Axialkolbenmaschine entsprechend Bild 3.4, maximaler Schwenkwinkel 45°, Stand 2010.
Nach Firmenangaben liegen die Werte bei Teilausschwenkung auch sehr hoch, z. B. bei 70% Hubvolumen nur um etwa 1% niedriger.
Ein Kennfeld dieser Güte kann mit sehr guten Elektromaschinen konkurrieren, wenn man deren Leistungselektronik einbezieht.

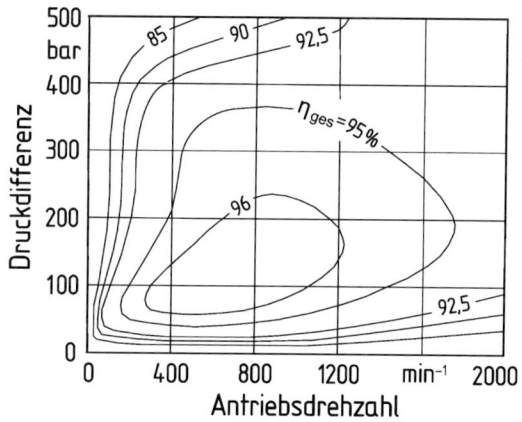

**Bild 3.37b:** Wirkungsgradkennfeld einer verstellbaren 45°-Schrägachsen-Axialkolbenpumpe Nenngröße 160 cm³, voll ausgeschwenkt. Ölviskosität 11 mm²/s auf Saugseite. Nach Sauer-Dannfoss. Stand 2010

## 3.8.2 Förderstrom- und Druckpulsation

Verdrängerpumpen liefern keinen konstanten, sondern einen etwas schwankenden Volumenstrom; man spricht von *Förderstrompulsation*. Ob bzw. in welchem Maße daraus eine *Druckpulsation* entsteht, hängt nach **Bild 3.38** von der Kompressibilität des Fluids und der Beschaffenheit nachgeordneter Anlagenteile ab (s. Kap. 3.7.4). Die verbleibende Druckpulsation erzeugt Schwingungen, die wiederum die Ursache für Geräusche oder ggf. Beschädigungen sein können. Nach Link [3.32] besteht die gesamte Förderstrompulsation aus folgenden Komponenten

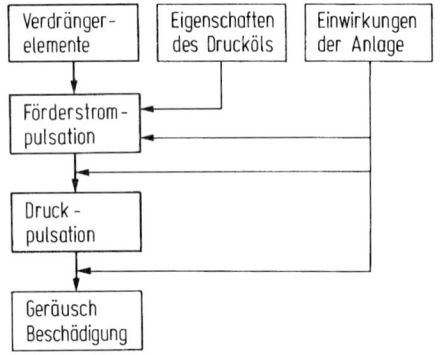

– *geometrische* Förderstrompulsation
– *Kompressions*-Förderstrompulsation
– *Leckölbedingte* Förderstrompulsation

Die geometrisch bedingte Pulsation steht häufig im Vordergrund. Sie soll daher mit Hilfe von **Bild 3.39** für eine Pumpe mit 6 Kolben ermittelt werden. Die Kolben fördern während einer halben Umdrehung der Antriebswelle (Druckhub) harmonische Teilförderströme, die sich zu $Q$ addieren.

**Bild 3.38:** Wirkzusammenhang zwischen Förderstrompulsation, Druckpulsation und Geräuschentstehung

Beispiel: Bei $\varphi = 0$ ist $Q = Q_1 + Q_2 + Q_3$. Es alterniert zwischen $Q_{max}$ und $Q_{min}$.

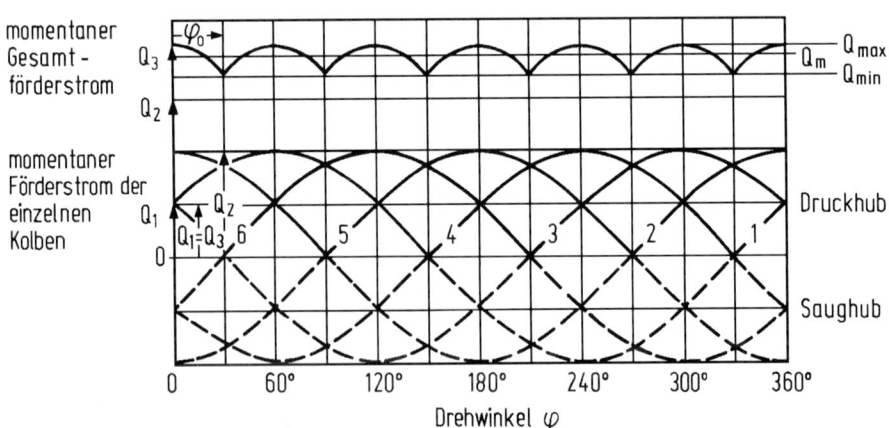

**Bild 3.39:** Darstellung des geometrisch bedingten Gesamtförderstroms einer Kolbenpumpe

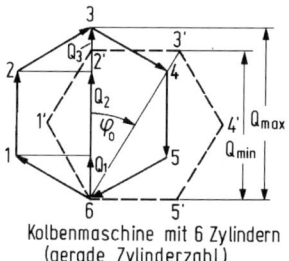

Kolbenmaschine mit 6 Zylindern
(gerade Zylinderzahl)

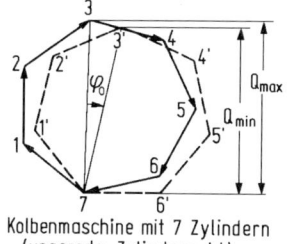

Kolbenmaschine mit 7 Zylindern
(ungerade Zylinderzahl)

**Bild 3.40:** Grafische Bestimmung des momentanen verlustlosen Gesamtförderstroms einer Kolbenpumpe mit Hilfe von Zeigerdiagrammen

$Q_{max}$, $Q_{min}$ und $Q_m$ können, wie **Bild 3.40** zeigt, mit Hilfe von Zeigerdiagrammen bestimmt werden. Rotiert der Zeiger mit der Winkelgeschwindigkeit der Triebwelle, so ist der Förderstrom des Einzelkolbens proportional zur vertikalen Komponente des Zeigers. Bei mehreren gleichmäßig über den Umfang verteilten Zylindern werden die Zeiger mit ihren Zwischenwinkeln geometrisch addiert, wodurch man ein geschlossenes, regelmäßiges Vieleck erhält. Da nur die nach oben weisenden Zeigerkomponenten zur Förderung beitragen, ist die Förderung gleich der augenblicklichen Höhe des Vielecks über der Grundlinie. Den Förderstrom kann man sich also anschaulich als die Höhe eines über eine feste Ebene rollenden Vielecks vorstellen, wie es in Bild 3.40 für Maschinen mit gerader und ungerader Kolbenzahl dargestellt ist. Zwischen $Q_{max}$ und $Q_{min}$ liegt der charakteristische Winkel $\varphi_0$, er beträgt:

$$\varphi_0 = \frac{\pi}{z} \left( \begin{array}{c} \text{gerade Kol-} \\ \text{benzahl } z \end{array} \right) \qquad \varphi_0 = \frac{\pi}{2z} \left( \begin{array}{c} \text{ungerade} \\ \text{Kolbenzahl} \end{array} \right)$$

Aus dem Zeigerdiagramm folgt für den minimalen Förderstrom

$$Q_{min} = Q_{max} \cdot \cos \varphi_0$$

und die *Förderstromschwankung* ergibt sich zu

$$Q_{max} - Q_{min} = Q_{max} (1 - \cos \varphi_0)$$

Der *mittlere Förderstrom* ist

$$Q_m = \frac{1}{\varphi_0} \cdot \int_0^{\varphi_0} (Q_{max} - \cos \varphi) \cdot d\varphi = Q_{max} \cdot \frac{\sin \varphi_0}{\varphi_0} \tag{3.30}$$

Der so genannte *Ungleichförmigkeitsgrad* $\delta$ ist definiert als das Verhältnis von Förderstromschwankung zu mittlerem Förderstrom:

$$\delta = \frac{Q_{max} - Q_{min}}{Q_m} \cdot 100\% = \frac{(1 - \cos \varphi_0) \cdot \varphi_0}{\sin \varphi_0} \cdot 100\% \tag{3.31}$$

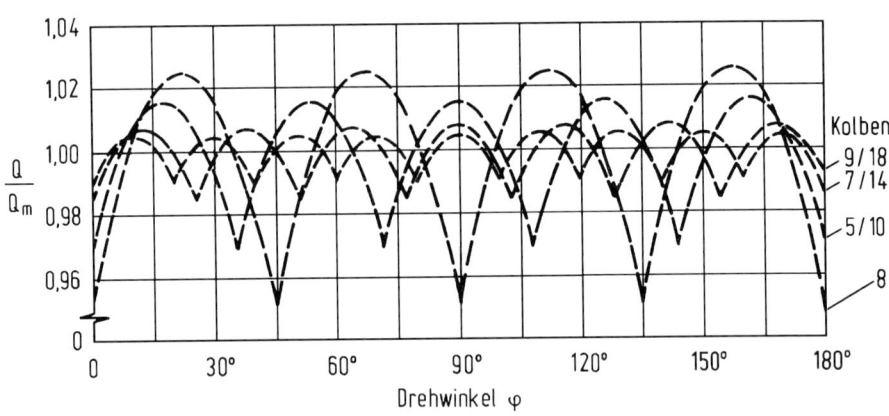

**Bild 3.41:** Geometrisch bedingte Förderströme von Kolbenpumpen.

In Ergänzung zu Bild 3.39 werden in **Bild 3.41** die Gesamtförderströme von Kolbenpumpen für einige Kolbenzahlen über dem Drehwinkel dargestellt. Auffällig ist hier, dass ungerade Kolbenzahlen günstiger sind als gerade – fünf Kolben sind z. B. besser als acht. Einen Gesamtüberblick über die Ungleichförmigkeitsgrade für Kolbenzahlen von 3 bis 11 liefert **Tafel 3.3**. Es zeigt sich, dass die geometrisch bedingte Ungleichförmigkeit einer Kolbenpumpe mit ungerader Kolbenzahl genau so groß ist wie die einer Pumpe mit doppelter (gerader) Kolbenzahl.

**Tafel 3.3:** Geometrisch bedingte Ungleichförmigkeitsgrade bei Kolbenpumpen

| Kolbenzahl $z$ | 3 | 4 | 5 | 6 | 7 | 8 | 9 | 10 | 11 |
|---|---|---|---|---|---|---|---|---|---|
| $\delta$ (%) | 14,03 | 32,53 | 4,97 | 14,03 | 2,53 | 7,81 | 1,53 | 4,97 | 1,02 |

Die *Pulsationsfrequenzen* von Verdrängermaschinen ergeben sich wie folgt:
- Kolbenmaschinen mit gerader Kolbenzahl $z$ $\cdots\cdots\cdots\cdots\cdots f = n \cdot z$
- Kolbenmaschinen mit ungerader Kolbenzahl $z$ $\cdots\cdots\cdots f = 2n \cdot z$
- Zahnrad- u. Flügelzellenmaschinen mit $z$ Zähnen/Flügeln $\cdots f = n \cdot z$

Bezüglich der umfangreicheren Herleitung der Ungleichförmigkeitsgrade von Zahnrad- und Flügelzellenmaschinen sei auf [3.20, 3.32 und 3.33] verwiesen. Von D. Hoffmann [3.15, 3.34] wurden für drei Zahnradpumpen die geometrisch bedingten Förderstrompulsationen berechnet und mit gemessenen Druckpulsationen verglichen. Dabei ergab sich eine relativ gute Korrelation zwischen den beiden Größen, **Bild 3.42**. Zu erkennen sind ferner die mit steigender Zähnezahl abnehmenden Druck-Amplituden. Die Innenzahnradpumpe schneidet dabei wesentlich besser ab als die Außenzahnradpumpen.

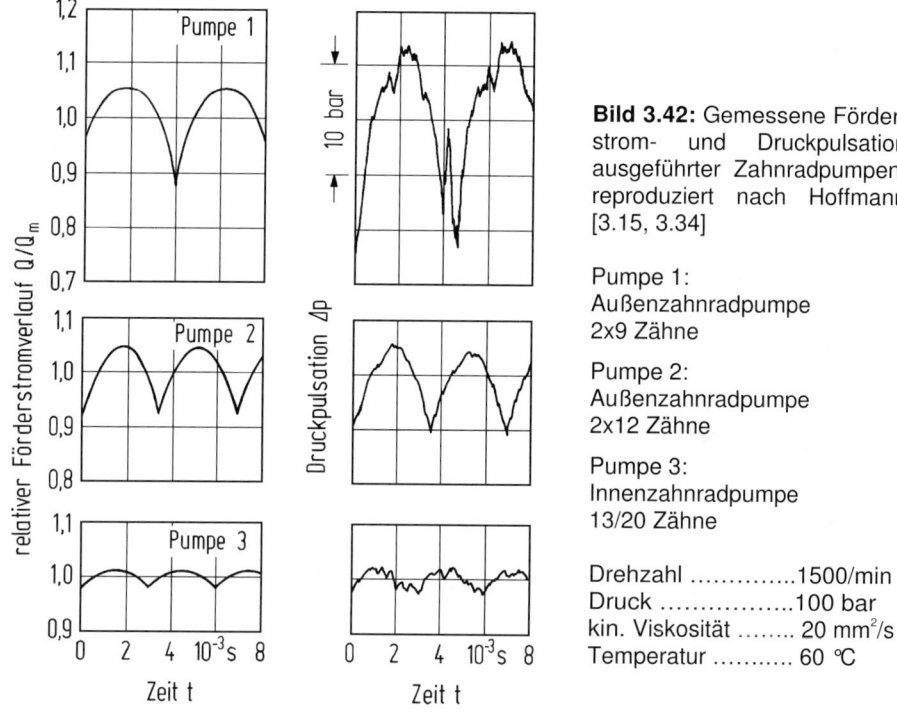

**Bild 3.42:** Gemessene Förderstrom- und Druckpulsation ausgeführter Zahnradpumpen, reproduziert nach Hoffmann [3.15, 3.34]

Pumpe 1:
Außenzahnradpumpe
2x9 Zähne

Pumpe 2:
Außenzahnradpumpe
2x12 Zähne

Pumpe 3:
Innenzahnradpumpe
13/20 Zähne

Drehzahl ..............1500/min
Druck ..................100 bar
kin. Viskosität ........ 20 mm²/s
Temperatur ........... 60 °C

Bei der ersten Pumpe treten größere Abweichungen auf, weil außer der geometrisch bedingten Ungleichförmigkeit noch andere Faktoren Einfluss auf die Förderstrompulsation haben – insbesondere mangelnde Vorkompression (nach [3.35] hier relevant) und die Leckverluste (Spalte, Viskosität, Druck, Drehzahl).

### 3.8.3 Pulsationsdämpfung

Die Druckpulsation hat erheblichen Einfluss auf die Geräuschentstehung. Ggf. besteht die Möglichkeit der sekundären Glättung durch Dämpfer [3.35, 3.36].

**Bewertung der Dämpfung.** Die *Dämpfung D* wird häufig in dB angegeben:

$$D = 20 \log (p_E/p_A) \tag{3.32}$$

mit $p_E$ und $p_A$ als Druckamplituden an Eingang und Ausgang.
Die Dämpfung $D$ in dB ist dimensionslos, d. h. dB ist keine Einheit, sondern steht für eine Rechenvorschrift (siehe Akustik). Für die Dämpfung der Druckpulsation gibt es grundsätzlich viele physikalische Möglichkeiten, die sich nach Esser [3.36] in drei Gruppen einteilen lassen, **Bild 3.43**.

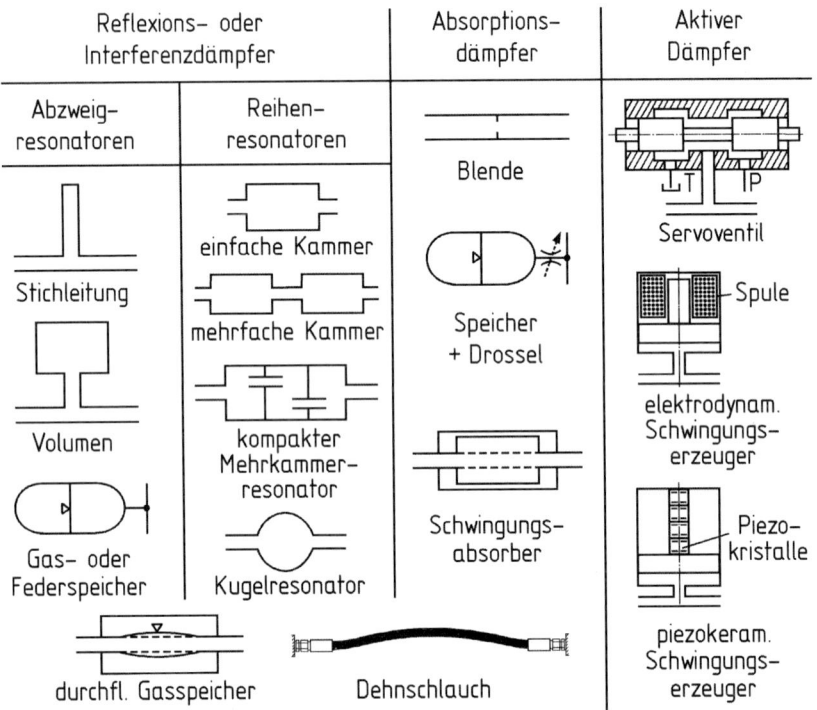

**Bild 3.43:** Dämpfer-Bauarten (nach Esser [3.36], überarbeitet)

**Reflexions- oder Interferenzdämpfer.** Um die störende primäre Druckwelle aus-
zulöschen, wird eine zweite z. B. rücklaufende Welle gleicher Amplitude und gleicher Frequenz erzeugt, die jedoch um eine halbe Wellenlänge verschoben ist.

**Absorptionsdämpfer.** Die Schwingungsenergie wird mit Hilfe von Flüssigkeitsreibung (z. B. Speicher mit Drossel) oder durch Materialien mit innerer Reibung
(z. B. Dehnschläuche mit Hysterese) teilweise in Wärmeenergie umgewandelt.

**Aktive Dämpfer.** Man glättet bei diesem Prinzip die Druckpulsation im geschlossenen sehr schnellen Regelkreis: Der Druck-Istwert wird gemessen und mit dem
pulsationsfreien Mittelwert (Sollwert) verglichen. Bei Abweichungen (Schwingungen) wirken schnelle Stellglieder entweder entlastend (Druckberg) oder belas-
tend (Drucktal). Piezo-Aktoren sind besonders schnell (hohe Eigenfrequenz).

**Beispiele für Reflexions- und Interferenzdämpfer.** Die Dämpfung ist hier stark
frequenzabhängig. Als erstes sei die Dämpfungswirkung eines hydropneumatischen Speichers nach D. Hoffmann [3.35] wiedergegeben, **Bild 3.44.**

Das Dämpfungsmaximum liegt bei üblicher Speichergröße, typischen Betriebsda-

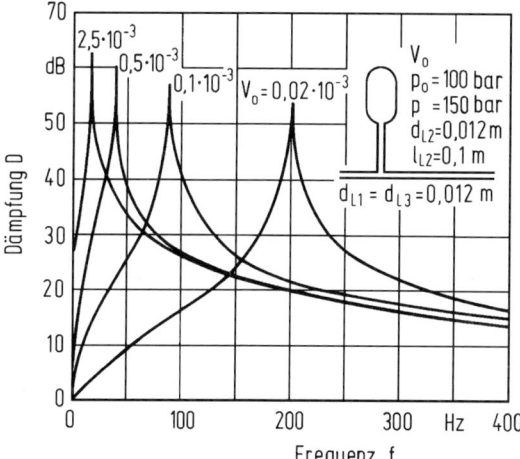

**Bild 3.44:** Dämpfung mit Abzweig-Gasspeichern verschiedener Volumina [3.35]

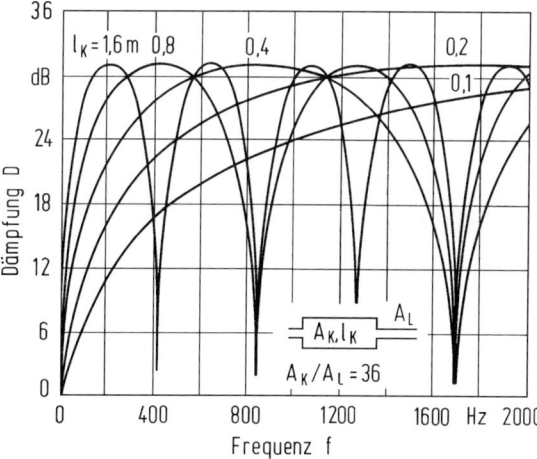

**Bild 3.45:** Dämpfungsverläufe für Einzelkammerdämpfer mit konstantem Querschnittsverhältnis $A_K/A_L$, aber verschiedener Kammerlänge $l_K$ [3.35]

ten und üblicher Ankopplung unter 100 Hz, so dass die Anregung durch eine Hydropumpe nur wenig gedämpft wird. Eine Verkürzung der Länge und Vergrößerung des Durchmessers der Verbindungsleitung sowie eine Verringerung des Speichervolumens führt zu höheren Frequenzen. **Bild 3.45** zeigt die Wirkung eines Einzelkammer-Dämpfers [3.35].

Die Dämpfung steigt mit dem Querschnittsverhältnis $A_K/A_L$ an und sie kann hohe Werte erreichen. Der Verlauf über der Anregungsfrequenz weist Maxima und Minima auf, deren Lage von der Kammerlänge $l_K$ abhängt. Um Einbrüche im Frequenzbereich bis zu 2000 Hz zu vermeiden, sollte die Kammer möglichst nicht länger als etwa 0,2 m sein. Bei größerer Länge kann man die Ablaufleitung ohne Dämpfungseinbußen bis Kammermitte einschieben.

**Hintereinanderschalten von mehreren Einzelkammern.** Dadurch lassen sich größere Dämpfungen erreichen. Nach [3.35] ist bereits ein Zweikammersystem wirkungsvoll, muss jedoch geometrisch sorgfältig an das Frequenzspektrum der Anregung angepasst werden.

**Schläuche** erreichen Dämpfungen bis etwa 20 dB, wenn sie Textileinlagen aufweisen. Hochdruckschläuche sind infolge der Stahleinlagen weniger günstig.

**Dämpfereinbau.** Zu beachten ist für alle Dämpfer, dass diese möglichst direkt hinter der Schwingungsquelle in die Leitung eingebaut werden, weil ein größerer Abstand unerwünschte Dämpfungseinbrüche verursachen kann. Alle oben angegebenen Dämpfungswerte gelten für Dämpfer innerhalb einer reflexionsfreien Rohrleitung. Da ein reflexionsfreier Rohrleitungsabschluss in der Praxis meist nicht vorhanden ist, können sich etwas geringere Dämpfungswerte ergeben.

## Literaturverzeichnis

[3.1]   Roth, K. H.: Konstruieren mit Konstruktionskatalogen. Berlin: Springer-Verlag 1982.

[3.2]   Molly, H.: Die Axialkolben-Mehrzellenmaschinen in der Hydrostatik. Eine Betrachtung ihrer Arbeitsweise. VDI-Z. 114 (1972) H. 2, S. 113-120 (Teil I), H. 5, S. 330-335 (Teil II) und H. 11, S. 816-824 (Teil III).

[3.3]   Walzer, W.: Theoretische und experimentelle Untersuchung der Zylindertrommelmitnahme in Großwinkel-Axialkolbenmaschinen. Diss. Univ. Karlsruhe 1984. Kurzfassg. in: O+P 29 (1985) H. 11, S. 826, 828, 830, 832, 833.

[3.4]   Nikolaus, H.: Geräuschbildung an Axialkolbenpumpen. O+P 19 (1975) H. 7, S. 535-539 (darin 30 weitere Lit.).

[3.5]   Grahl, T.: Geräuschminderung an Axialkolbenpumpen durch variable Umsteuersysteme. O+P 33 (1989) H. 5, S. 437, 438 und 440-443.

[3.6]   van der Kolk, H.-J.: Beitrag zur Bestimmung der Tragfähigkeit des stark verkanteten Gleitlagers Kolben-Zylinder in Axialkolbenpumpen der Schrägscheibenbauart. Diss. Univ. Karlsruhe 1972.

[3.7]   Causemann, P.: Untersuchungen der Anlaufmomente und des Anlaufverhaltens von Axialkolbenmotoren. Industrie-Anzeiger 94 (1972) H. 81, S. 1931-1934.

[3.8]   Regenbogen, H. J.: Das Reibungsverhalten von Kolben und Zylinder in hydrostatischen Axialkolbenmaschinen. VDI-Forschungsheft 590. Düsseldorf: VDI-Verlag 1978.

[3.9]   Koehler, O.: Hydrostatische Druckverteilung im Spalt zwischen Kolben und Zylinder beim Anlaufen eines Schrägscheibenaxialkolbenmotors. O+P 30 (1986) H. 11, S. 839-842 und 31 (1987) H. 11, S. 856-860 (siehe auch Diss. TU Braunschweig 1984).

[3.10]  Ivantysynowa, M. und R. Lasaar: An investigation into micro- and macrogeometric design of piston/cylinder assembly of swash plate machines. Internat. J. of Fluid Power 5 (2004) H. 1, S. 23-36.

[3.11]  Murrenhoff, H.: Grundlagen der Fluidtechnik. Teil 1: Hydraulik. Umdruck zur Vorlesung. 6. Auflage. Aachen: Shaker Verlag, 20011.

[3.12]  Kersten, G.: Neue geräuscharme, verstellbare Hochdruckradialkolbenpumpe. O+P 17 (1973) H. 4, S. 110-115.

[3.13]  Harms, H.-H.: Untersuchungen zum Reibungsverhalten zwischen Gleitschuh und Gleitring von schnellaufenden Radialkolbenmaschinen. Diss. TU Braunschweig und VDI Forschungsheft 613. Düsseldorf: VDI-Verlag 1982.

[3.14]  Molly, H. und O. Eckerle: Zahnradpumpe. DBP 1 006 722 (Anm. 6.8.1953).

[3.15] Hoffmann, D.: Betriebsverhalten und Einsatzmöglichkeiten verschiedener Zahnradpumpenbauarten. Grundl. Landtechnik 24 (1974) H. 2, S. 51-55.

[3.16] Griese, K.: Zahnradpumpen und –motoren. O+P 42 (1998) H. 9, S. 564-571.

[3.17] Fricke, H.-J.: Neue Wege der Geräuschsenkung bei Außenzahnradpumpen. O+P 21 (1977) H. 10, S.709-711.

[3.18] Eckerle, O.: Füllstücklose Innenzahnradpumpe. Offenlegungsschrift DE 196 51 683 A 1 (Anm. 12.12.1996).

[3.19] -.-: Spaltkompensierte Innenzahnradpumpen. O+P 43 (1999) H. 6, S. 456-457.

[3.20] Molly, H.: Die Zahnradpumpe mit evolventischen Zähnen. O+P 2 (1958) H. 1, S. 24-26.

[3.21] Gutbrod, W.: Förderstrom von Außen- und Innenzahnradpumpen und seine Ungleichförmigkeit. O+P 19 (1975) H. 2, S. 97-104 (s. auch Diss. Univ. Stuttgart 1974).

[3.22] Kollek, W. und J. Stryczek: Optimierung der Parameter von Zahnradpumpen mit Evolventen-Außenverzahnung. O+P 22 (1978) H. 4, S. 208-212.

[3.23] Heisel, U., W. Fiebig und N. Matten: Untersuchungen zum Flügelverhalten in druckgeregelten Flügelzellenpumpen O+P 36 (1992) H. 2, S. 102 und 105-110.

[3.24] Kahrs, M.: Neue regelbare Flügelzellenpumpen-Baureihe. O+P 26 (1982) H. 9, S. 623-626.

[3.25] Wowries, E.: Der theoretische Förderstrom regelbarer Flügelzellenpumpen. O+P 8 (1964) H. 2, S. 58-60.

[3.26] Wunderlich, E.: Die Schraubenspindelpumpe in der Ölhydraulik, Teil I: Aufbau, Konstruktion und Wirkungsweise. O+P 26 (1982) H.1, S. 28-30.

[3.27] Noel, A.: Die Schraubenspindelpumpe in der Ölhydraulik, Teil II: Anwendungen. O+P 26 (1982) H. 5, S. 342-343.

[3.28] Geimer, M.: Druckaufbauprofil in dreispindeligen Schraubenspindelpumpen. O+P 35 (1991) H. 12, S. 898-905 (siehe auch Diss. RWTH Aachen 1995).

[3.29] Schlösser, W. M. J. und J. W. Hilbrands: Das theoretische Hubvolumen von Verdrängerpumpen. O+P 7 (1963) H. 4, S. 133-138.

[3.30] Mannesmann Rexroth AG (Hrsg.): Grundlagen und Komponenten der Fluidtechnik Hydraulik. Der Hydraulik Trainer, Bd. 1 (2. Aufl.). Lohr a. Main: Mannesmann Rexroth AG 1991.

[3.31] -,-: O+P Konstruktions Jahrbuch 27 (2002/2003). Mainz: Vereinigte Fachverlage 2002 (erscheint jährlich aktualisiert mit wechselnden Schwerpunkten).

[3.32] Link, B.: Untersuchung der Förderstrom- und Druckpulsation von spaltkompensierten Außenzahnradpumpen. Diss. TU Braunschweig 1985. Fortschritt-Ber. VDI Reihe 1, Nr. 137. Düsseldorf: VDI-Verlag 1986. Auszug in O+P 30 (1986) H. 11, S.836-838.

[3.33] Wüsthoff, P. und M. Willekens: Das geometrische Hubvolumen und die Ungleichförmigkeit verstellbarer Flügelpumpen. Ind.-Anz. 95 (1973) H. 16, S. 293-296.

[3.34] Hoffmann, D.: Wirkungsgrad und Pulsation verschiedener Zahnradpumpenbauarten und ihr Einfluss auf den Einsatzbereich. O+P 18 (1974) H. 8, S. 601-605.

[3.35] Hoffmann, D.: Die Dämpfung von Flüssigkeitsschwingungen in Ölhydraulikleitungen. VDI-Forschungsheft 575. Düsseldorf: VDI-Verlag 1976.

[3.36] Esser, J.: Adaptive Dämpfung von Pulsationen in Hydraulikanlagen. Dissertation RWTH Aachen 1996.

# 4 Energiewandler für absätzige Bewegung (Hydrozylinder, Schwenkmotoren)

Die Energiewandler für absätzige Bewegung gliedern sich im Wesentlichen in *Hydrozylinder* und *Schwenkmotoren*, **Bild 4.1**. *Hydrozylinder* ermöglichen auf einfache Weise translatorische Bewegungen und große Kräfte. Immer bedeutender wird der Einsatz als Stellglied (*Aktuator*) bei Steuerungen und Regelungen [4.1, 4.2]. Es gibt einfach und doppelt wirkende Bauformen, zunehmend mit integrierten Positionssensoren zur Rückführung des Istwertes [4.2]. Der Wirkungsgrad (z. B. 95%) steigt mit dem Durchmesser, da die Reibungskraft (Kap. 6.2.3) linear, die Druckkraft aber quadratisch zunimmt. Für Hydrozylinder existieren zahlreiche Normen [4.3]. *Schwenkmotoren* setzt man vorwiegend für absätzige Drehbewegungen ein (begrenzter Drehwinkel), insbesondere für große Momente.

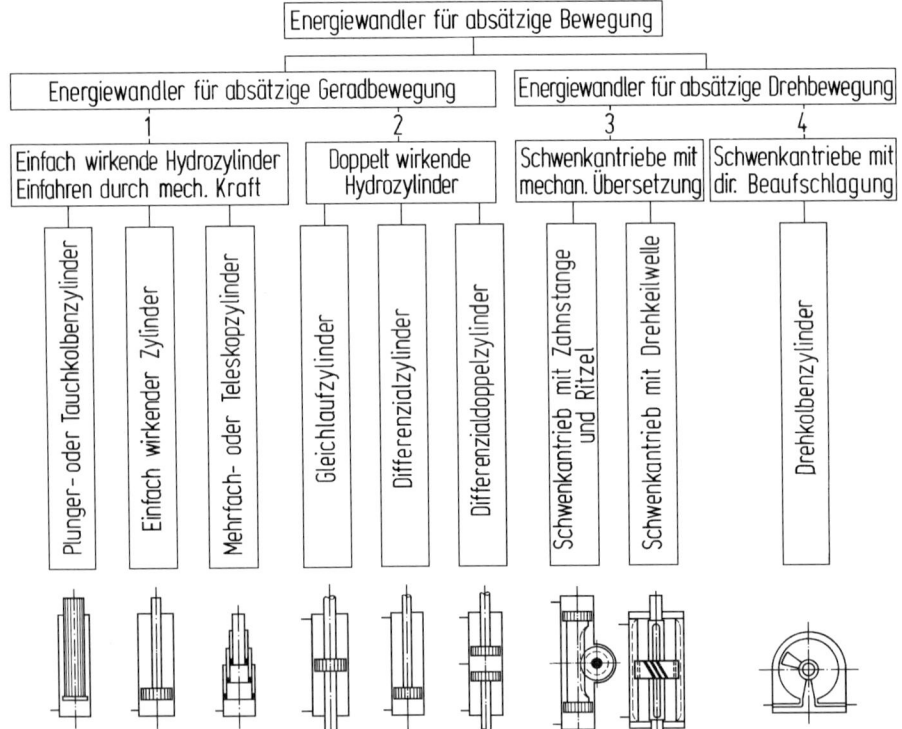

**Bild 4.1:** Systematische Einteilung der Energiewandler für absätzige Bewegung

# 4.1 Einfach wirkende Zylinder

Einfach wirkende Zylinder werden nur von einer Seite, das heißt in der Regel nur beim Arbeitshub, mit Hydrauliköl beaufschlagt. Der Rückhub wird dagegen durch äußere mechanische Kräfte bewirkt, z. B. durch gehobene Lasten oder Federn. Es werden drei verschiedene Arten von einfach wirkenden Zylindern verwendet:
- Plunger- oder Tauchkolbenzylinder
- normale einfach wirkende Zylinder
- Mehrfach- oder Teleskopzylinder.

Allen Zylindern ist gemein, dass die Gleitflächen von Dichtungen extrem glatt sein müssen (Reibungskraft, Dichtheit, Verschleiß). Bei Kolbenstangen ist zusätzlich eine harte, korrosionsgeschützte Oberfläche vorteilhaft (s. Kap. 6.2).

## 4.1.1 Plunger- oder Tauchkolbenzylinder

Der Plunger- oder Tauchkolbenzylinder ist sehr einfach aufgebaut, **Bild 4.2** und daher sehr kostengünstig. Der Hub entsteht durch die Verdrängung der Kolbenstange (2) beim Zuführen von Druckflüssigkeit in den innen unbearbeiteten Zylinder (1). Zwischen Zylinder und Kolbenstange ist ein großer Spalt (3), da die

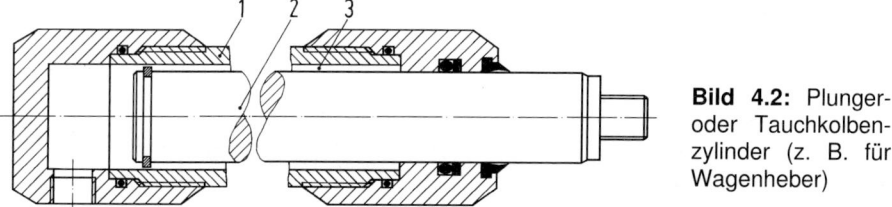

**Bild 4.2:** Plunger- oder Tauchkolbenzylinder (z. B. für Wagenheber)

Kolbenstangenführung und -abdichtung am rechten Zylinderende erfolgt. Bei großen Kippmomenten kann man Führungselemente am linken Stangenende vorsehen (insbesondere bei langen Zylindern). Einfahren erfolgt durch äußere Kräfte. Plungerkolbenzylinder haben geringe Reibungsverluste. Längere Zylinder eignen sich eher für den vertikalen als für den horizontalen Einbau [4.4].

## 4.1.2 Normaler einfach wirkender Zylinder

Der normale einfach wirkende Zylinder besteht aus einem Rohr (1) mit Kolben (2), **Bild 4.3**. Der Kolben hat Führungs- und Dichtungselemente. Die Innenrauigkeit des Rohrstücks ist extrem gering, nicht aber die Durchmessertoleranz. Deswegen kann man kostengünstig gezogene Rohre „von der Stange" verwenden, deren Innenfläche keine Nachbearbeitung erfordert. Einseitiger Ölanschluss (volle Fläche). Auf der Gegenseite ist der Zylinder mit der Außenluft verbunden und

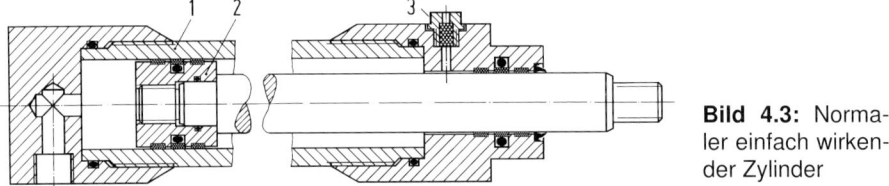

**Bild 4.3:** Normaler einfach wirkender Zylinder

durch einen kleinen Filter (3) geschützt. Kolben und Kolbenstange werden auch rechts im Zylinder geführt und abgedichtet. Besonders geringe Reibungsverluste sind mit speziellen Dichtsystemen und Oberflächen (auch beschichtet) möglich.

### 4.1.3 Mehrfach- oder Teleskopzylinder

Ist bei geringer Einbauhöhe ein großer Hub erforderlich, wie z. B. bei Lastwagen- kippern, so verwendet man Teleskopzylinder. Sie werden überwiegend als einfach wirkende Zylinder verwendet, können aber auch doppelt wirkend ausgeführt wer- den [4.5]. Für die Auswahl eines Teleskopzylinders ist die letzte Stufe (kleinster Teilkolben) entscheidend – denn auch er muss ja die Hubkraft aufbringen.

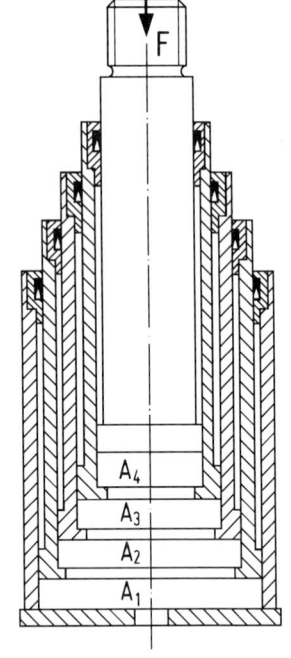

**Einfacher Teleskopzylinder.** Beim einfachen Teles- kopzylinder nach **Bild 4.4** fährt der Kolben mit der größten Fläche $A_1$ zuerst an den Anschlag von $A_2$ usw., d. h. er nimmt alle Zylinder als Block mit weil er den geringsten Druck erfordert. Erst wenn er seine Endlage erreicht hat, folgt der Kolben mit der nächst kleineren Fläche $A_2$ usw., zuletzt der Kolben mit $A_4$. Für kon- stante äußere Kraft (Last) $F = p \cdot A$ und konstanten Zulauf-Volumenstrom $Q = V \cdot A$ ergibt sich für das Ausfahren:

*Druckwerte*                    *Geschwindigkeitswerte*

$$p_1 = \frac{F}{A_1} \text{ (min.)} \qquad V_1 = \frac{Q}{A_1} \text{ (min.)}$$

bis

$$p_4 = \frac{F}{A_4} \text{ (max.)} \qquad V_4 = \frac{Q}{A_4} \text{ (max.)}$$

Beim Übergang der Bewegung von einem zum ande- ren Kolben treten Druck- und Geschwindigkeitssprün- ge auf, die mit Stößen verbunden sind.

**Bild 4.4:** Einfacher Teleskopzylinder

Für bestimmte Anwendungsfälle – etwa die Betätigung eines Kippers – ist dieses durchaus erwünscht, weil der Abladevorgang durch die Stöße verbessert wird. Zu

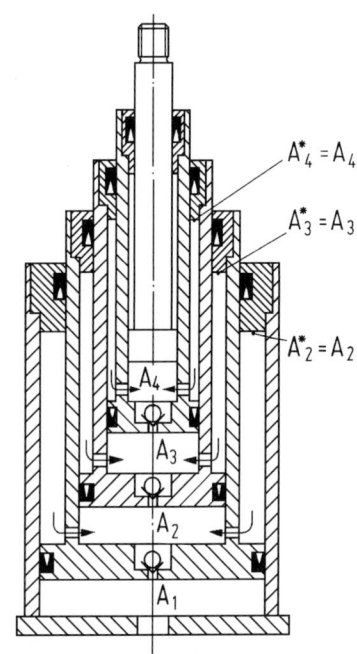

Beginn des Abkippens ist ferner eine langsame Hubbewegung mit großer Kraft günstig zum Anheben der zunächst waagerecht liegenden vollen Wagenplattform. Die erforderliche Kraft darf mit zunehmendem Kippwinkel abnehmen.

**Gleichlauf-Teleskopzylinder** vermeiden die Ungleichförmigkeiten, **Bild 4.5**. Die Zylinderräume mit den Flächen $A_2$, $A_3$ und $A_4$ sind jeweils mit den Zylinderringräumen mit den Ringflächen $A_2{}^*$, $A_3{}^*$ und $A_4{}^*$ verbunden. $A_2$ und $A_2{}^*$, $A_3$ und $A_3{}^*$ sowie $A_4$ und $A_4{}^*$ sind flächengleich. Bei Beaufschlagung der Kolbenfläche $A_1$ strömt Öl aus dem Zylinderringraum mit der Fläche $A_2{}^*$ unter den Kolben mit der Fläche $A_2$ und hebt auch ihn an. Gleichzeitig strömt auch das Öl aus den Zylinderringräumen mit den Flächen $A_3{}^*$ und $A_4{}^*$ unter die Kolben $A_3$ und $A_4$. Infolgedessen beginnen sich bei Beaufschlagung der Kolbenfläche $A_1$ alle Kolben ohne Stöße gleichzeitig zu bewegen. Die Rückschlagventile dienen zum Füllen und für den Leckölersatz.

**Bild 4.5:** Gleichlauf-Teleskopzylinder

## 4.2 Doppelt wirkende Zylinder

Doppelt wirkende Zylinder können von beiden Seiten mit Drucköl beaufschlagt werden, so dass sie in beiden Hubrichtungen Kräfte übertragen können. Zylinder mit *zweiseitigen* Kolbenstangen werden auch als *Gleichlaufzylinder*, solche mit einseitigen Kolbenstangen auch als *Differentialzylinder* bezeichnet.

### 4.2.1 Zylinder mit einseitiger Kolbenstange (Differenzialzylinder)

Differenzialzylinder können nach **Bild 4.6** in dreierlei Weise betrieben werden:
– Vorhub durch Beaufschlagung der Kolbenfläche $A_1$ (große Kraft)
– Rückhub durch Beaufschlagung der Kolbenringfläche $A_2$ (mittlere Kraft)
– Vorhub bei gleichzeitiger Beaufschlagung von $A_1$ u. $A_2$ (Eilgang, kleine Kraft).

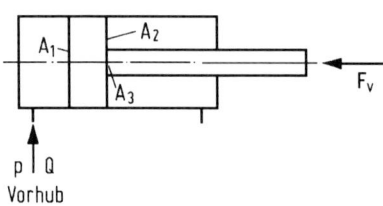

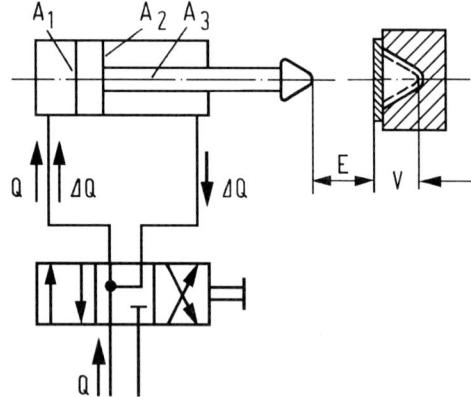

**Bild 4.6** (links): Doppelt wirkender Zylinder mit einseitiger Kolbenstange (Differentialzylinder), Funktionsschema

**Bild 4.7** (rechts): Eilgangschaltung eines Differenzialzylinders

**Vorhub (große Kraft).** Für Bild 4.6 gilt bei Beaufschlagung der Stirnfläche $A_1$ mit dem konstanten Druck $p$ und dem konstantem Volumenstrom $Q$:

verlustlose Arbeitskraft oder Vorhubkraft

$$F_V = p \cdot A_1 \tag{4.1}$$

Verlustlose Kolbengeschwindigkeit

$$v_V = \frac{Q}{A_1} \tag{4.2}$$

Die tatsächliche Kraft ist infolge der Reibungs- und Strömungsverluste etwas geringer, während die Kolbengeschwindigkeit wegen der guten Dichtheit normalerweise auch praktisch sehr genau erreicht wird.

**Rückhub (mittlere Kraft).** Entsprechend der kleineren beaufschlagten Ringfläche $A_2$ wird für gleiche $p$ und $Q$ wie oben die Kraft kleiner und die Geschwindigkeit größer:

Verlustlose Rückhubkraft

$$F_R = p \cdot A_2 \tag{4.3}$$

Verlustlose Rückhubgeschwindigkeit

$$v_R = \frac{Q}{A_2} \tag{4.4}$$

**Vorhub (Eilgang, kleine Kraft).** Diese Funktion wird mit Hilfe der Schaltung von **Bild 4.7** gezeigt. Die mittlere Ventilstellung dient zum raschen Heranführen des Pressstempels an das Werkstück, die linke zum Pressen mit großer Kraft, die rechte für den Rückhub. In der gezeigten Eilgang-Ventilstellung werden beide Seiten des doppelt wirkenden Zylinders gleichzeitig beaufschlagt. Dabei wird der

Kolbenfläche $A_1$ nicht nur der Volumenstrom $Q$, sondern zusätzlich auch der von der Kolbenringfläche $A_2$ verdrängte Volumenstrom $Q$ zugeführt. Dadurch ergibt sich eine höhere Kolbengeschwindigkeit als beim normalen Arbeitshub:

$$v_E = \frac{Q}{A_1 - A_2} = \frac{Q}{A_3} \quad (>v_V) \tag{4.5}$$

Die dabei erzeugbare Vorschubkraft ist kleiner als beim Arbeitshub:

$$F_E = p \cdot (A_1 - A_2) = p \cdot A_3 \quad (<F_V) \tag{4.6}$$

Die Größe der Eilganggeschwindigkeit kann bei gegebenen Werten $Q$ und $p$ also durch die Wahl des Kolbenstangendurchmessers (Fläche $A_3$) beeinflusst werden. Meistens wird $A_3$ kleiner gewählt als $A_2$.

Zu beachten ist, dass die Reibungskräfte bei beidseitiger Beaufschlagung eines doppeltwirkenden Kolbens in der Regel größer sind als bei einseitiger Beaufschlagung (Abschläge bei Gl. 4.6, bei niedrig eingestelltem DBV auch bei Gl. 4.5).

**Bild 4.8** zeigt eine typische praktische Ausführung mit Kolbenstange (1), Kolben (2) und Endlagendämpfung (3), (4), (5) (auch rechts vorhanden, Beschreibung s. Kap. 4.3.1). Statt der Verschraubung des Rohrstücks mit den Köpfen sind auch Verbindungen durch Zuganker verbreitet. Sie erlauben dünnwandige, einfache Rohrstücke (beliebt bei großen Zylindern).

Arbeitszylinder werden in sinnvoll gestuften Baureihen geplant. **Tafel 4.1** zeigt hierzu Auszüge aus DIN ISO 6020 und DIN ISO 3320.

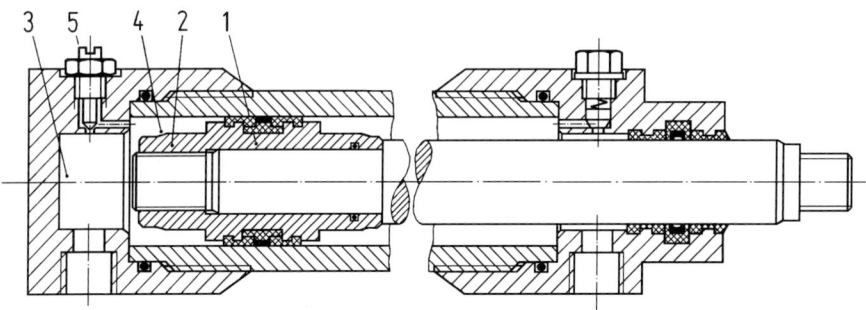

**Bild 4.8:** Doppelt wirkender Zylinder mit einseitiger Kolbenstange und beidseitiger Endlagendämpfung (Differenzialzylinder)

**Tafel 4.1:** Genormte Durchmesser nach DIN ISO 3320. Eingetragene Zuordnungen für Zylinder mit einseitiger Kolbenstange nach DIN ISO 6020-1, „mittlere Reihe, 160 bar", 2010. Abweichendes Beispiel für ein älteres Firmenkonzept siehe vorige Auflage und [4.6].

| Stange | Kolben- bzw. Zylinderinnendurchmesser in mm | | | | | | | | |
|--------|----|----|----|----|----|-----|-----|-----|-----|
| ⌀ mm | 32 | 40 | 50 | 63 | 80 | 100 | 125 | 160 | 200 |
| 22 | X | X | | | | | | | |
| 28 | | X | X | | | | | | |
| 36 | | | X | X | | | | | |
| 45 | | | | X | X | | | | |
| 56 | | | | | X | X | | | |
| 70 | | | | | | X | X | | |
| 90 | | | | | | | X | X | |
| 110 | | | | | | | | X | X |

## 4.2.2 Zylinder mit zweiseitiger Kolbenstange (Gleichlaufzylinder)

Bei Zylindern mit zweiseitiger Kolbenstange und symmetrischem Aufbau entsprechend **Bild 4.9** können bei gleichen Zulaufströmen $Q$ und Arbeitsdrücken $p$ links und rechts die Kräfte und Geschwindigkeiten für Vorhub und Rückhub gleich groß gehalten werden, weil die Ringflächen $A_1$ und $A_2$ gleich groß sind. Derartige Zylinder werden daher z. B. gern als Stellglieder für schnelle Positions- oder Kraftregelungen eingesetzt [4.7] (in Sonderfällen mit fast reibungsfreier hydrostatischer Kolbenstangenlagerung). Ihr Vorteil der Symmetrie wird z. B. bei hydrostatischen Lenkungen von Arbeitsmaschinen genutzt [4.8].

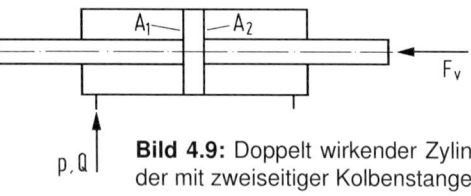

**Bild 4.9:** Doppelt wirkender Zylinder mit zweiseitiger Kolbenstange

## 4.3 Endlagendämpfung und Einbau von Hydrozylindern

### 4.3.1 Endlagendämpfung

Bei einfachen Zylindern und kleineren Kolbengeschwindigkeiten reichen in der Regel Anschlagringe oder steife Federn aus, um die Kolben und die angekoppelten Massen am Hubende abzufangen. Bei Kolbengeschwindigkeiten über etwa 0,1 m/s ist jedoch zur Begrenzung der Verzögerungen (Kräfte) eine Endlagendämpfung sinnvoll, die meistens hydraulisch verwirklicht wird. Sie vermindert die kinetische Energie der bewegten Gesamtmasse dadurch, dass sie das vom Kolben verdrängte Ölvolumen bei Annäherung an die Endlage durch Spalte oder Drosseln zwingt. So ist z. B. die in Bild 4.8 gezeigte Kolbenstange (1) mit dem Dämpfungskolben (2) versehen, der am Ende seines Hubes in die dafür vorgesehene Zylinderbohrung (3) eindringt. Dadurch entsteht zwischen dieser Bohrung und der Ringfläche (4) ein mit zunehmendem Hub enger werdender Ringspalt, der eine grobe Vordämpfung übernimmt. Die weitere Feindämpfung erfolgt in der Feindrossel (5). Mit Wegsensoren (z. B. magnetostriktive Sensoren mit 50-2500 mm Weg) und Wegrückführung zu einer Verstellpumpe ist heute auch eine geregelte drosselfreie Annäherung an die Endstellung möglich.

## 4.3.2 Einbau von Hydrozylindern

Hydrozylinder werden für zahlreiche Befestigungsarten angeboten. Die in **Bild 4.10** wiedergegebenen Einbaubeispiele zeigen die wichtigsten *Regeln*, die beim Einbau beachtet werden müssen:

a) Die Befestigungsschrauben nicht auf Zug beanspruchen
b) Schwenkaugen von Kolben und Zylinder in eine Ebene legen
c) Dehnung des Zylinders durch Wärme oder Druck nicht behindern
d) Sehr große Zylinder möglichst im Schwerpunkt aufhängen
e) Biegemomente bei Krafteinleitung vermeiden.

Biegemomente auf die Kolbenstange erhöhen die Reibung und den Verschleiß. Darüber hinaus ist bei schlanken Zylindern die Knicksicherheit zu prüfen [4.10]. Weitere Hinweise siehe z. B. VDMA Einheitsblatt 24 579 [4.3].

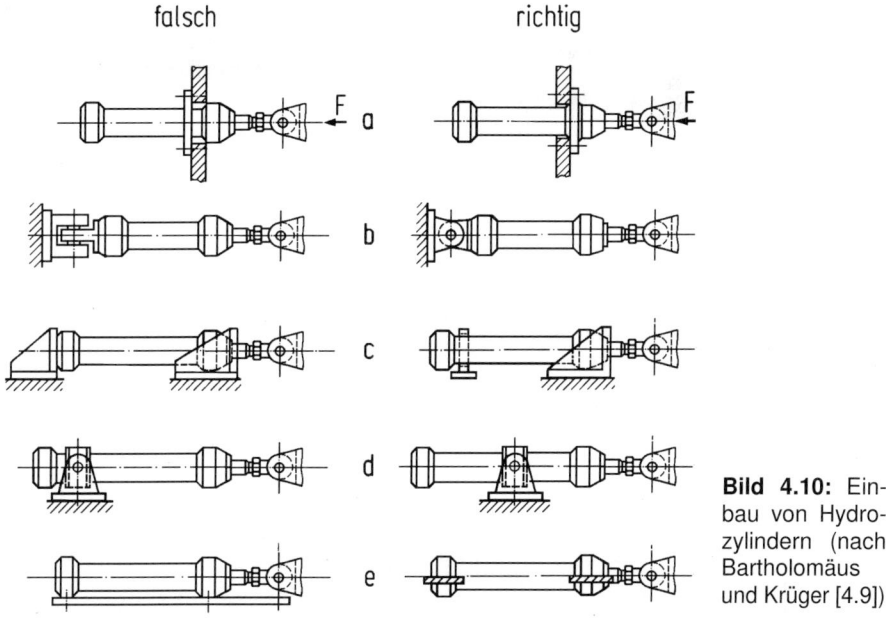

**Bild 4.10:** Einbau von Hydrozylindern (nach Bartholomäus und Krüger [4.9])

## 4.4 Schwenkmotoren

Für im Winkel begrenzte Drehbewegungen mit wechselnder Drehrichtung werden üblicherweise spezielle Schwenkmotoren verwendet. Sie arbeiten mit mechanischer Übersetzung oder mit direkter Beaufschlagung.

### 4.4.1 Schwenkmotoren mit mechanischer Übersetzung

**Hydrozylinder mit Zahnstange und Ritzel.** Der in **Bild 4.11** abgebildete Schwenkmotor besteht aus einem Zylinder mit Kolben, der mit einer Zahnstange versehen ist. Bei Beaufschlagung des Kolbens bewegt dieser über die Zahnstange das Ritzel. Das verlustlos erzeugte Drehmoment ist mit $p$ als Arbeitsdruck, mit $A$ als Kolbenfläche und mit $r$ als Teilkreisradius des Ritzels:

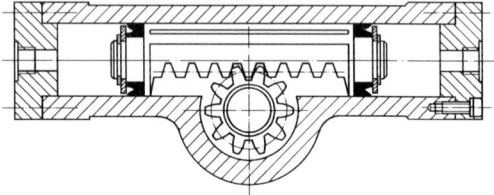

$$M = p \cdot A \cdot r \qquad (4.7)$$

Da der Drehwinkel nur von der Länge der Zahnstange abhängt, können hiermit auch Drehwinkel über 360° realisiert werden.

**Bild 4.11:** Schwenkmotor mit Kolben, Zahnstange und Ritzel (nach Pleiger)

**Schwenkmotor mit Drehkeilwelle.** Der in **Bild 4.12** gezeigte Schwenkmotor mit Drehkeilwelle besteht aus den Gehäuseteilen (1), dem Hubkolben (2) und der Schwenkwelle (3). Mit dem Hubkolben fest verbunden sind die mit Steilgewinden versehenen Zapfen (4) (Rechtsgewinde) und (5) (Linksgewinde). Der Gewindezapfen (4) ist über ein Gegengewinde mit dem Gehäuse (1), der Zapfen (5) über ein Gegengewinde mit der Schwenkwelle (3) in Eingriff. Bei Druckbeaufschlagung der Kolbenfläche, z. B. über Anschluss A, bewegt sich der Kolben nach links und erfährt (vom Wellenende aus gesehen) eine Linksdrehung. Der Drehwinkel des Kolbens wird auf die axial festgelegte Schwenkwelle (3) nicht nur übertragen, sondern durch das linke gegenläufige Gewinde (5) verstärkt, da die Welle axial gefesselt ist. Wenn beide Gewindesteigungen

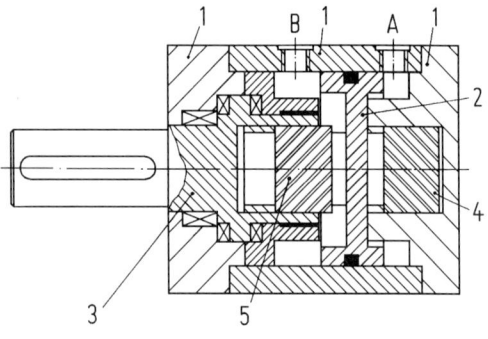

**Bild 4.12:** Schwenkmotor mit Kolben und Drehkeilwelle (nach Hausherr)

gleich groß sind, ergibt sich für die Schwenkwelle (3) ein doppelt so großer Drehwinkel wie für den Kolben. Mit $\alpha$ als Keilwinkel, $\rho$ als Reibungswinkel (Steilgewinde), $r$ als Teilkreisradius und $A$ als Kolbenfläche gilt für das Moment $M$ an der Abtriebswelle in guter Näherung:

$$M = p \cdot A \cdot r \cdot \tan(\alpha - \rho) \tag{4.8}$$

## 4.4.2 Schwenkmotoren mit direkter Beaufschlagung

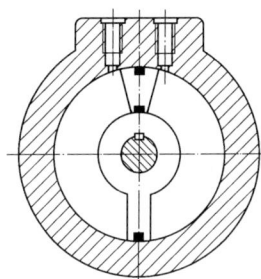

Schwenkmotoren mit direkter Beaufschlagung arbeiten z. B. mit Drehkolben-Zylindern, **Bild 4.13.** Es gibt ein- und mehrflügelige Motoren. Für das verlustlose Drehmoment $M$ gilt mit $A$ als Flügelfläche, $r_m$ als mittlerem effektiven Radius der Flügelfläche und $z$ als Anzahl der Flügel:

$$M = p \cdot A \cdot r_m \cdot z \tag{4.9}$$

**Bild 4.13:** Drehflügel-Schwenkmotor

## Literaturverzeichnis

[4.1]   Feigel, H. J.: Dynamische Kenngrößen eines Differentialzylinders. O+P 31 (1987) H. 2, S. 138-148.

[4.2]   Lang, T.: Mechatronik für mobile Arbeitsmaschinen am Beispiel eines Dreipunktkrafthebers. Diss. TU Braunschweig 2002. Forschungsberichte ILF. Aachen: Shaker-Verlag 2002.

[4.3]   -,-: Fluidtechnik – Hydrozylinder – Parameter für den Einsatz von Hydrozylindern. VDMA Einheitsblatt 24 579. Berlin: Beuth-Verlag 2013.

[4.4]   Flury, U.: Hydraulische Aufzüge. O+P 38 (1994) H. 10, S. 614-616, 619 u. 620.

[4.5]   Schwab, P.: Hydrozylinder. In: Grundlagen und Komponenten der Fluidtechnik. Hydraulik. Der Hydrauliktrainer, Bd. 1, S. 123-144. Lohr: Mannesmann Rexroth AG 1991.

[4.6]   Gilbert, J. T. und G. A. Stinson: A Hydraulic Cylinder Design for Optimal Durability and Manufacture. SAE Technical Paper Series No. 851404 (1985).

[4.7]   Findeisen, D.: Gerätetechnische Verwirklichung von Schwingprüfmaschinen. Zwanglaufantriebe. Fortschritt-Ber. VDI-Z. Reihe 1, Nr. 116. Düsseldorf: VDI-Verlag 1984.

[4.8]   Paul, M. und E. Wilks: Driven Front Axles for Agricultural Tractors. ASAE Lecture Series Tractor Design No. 14. St. Joseph, MI (USA): ASAE 1989.

[4.9]   Bartholomäus, W. und H. Krüger: Hydrostatische Bauelemente. Konstruktion 13 (1961) H. 10, S.373-382.

[4.10]  Schmausser, G. und K. J. Pittner: Zur Berechnung schlanker Arbeitszylinder. O+P 35 (1991) H. 10, S. 767-770, 772, 774 u. 775.

# 5 Geräte zur Energiesteuerung und -regelung (Ventile)

Wie bereits in Kapitel 1.2 mit Bild 1.3 angesprochen, benötigt man zwischen Hydropumpe und Hydroverbrauchern außer den Leitungen und dem Zubehör Elemente zur Steuerung und/oder Regelung der hydrostatisch übertragenen Energie, d. h. die *Ventile*. Ihre Vielfalt wird nach DIN ISO 1219 [1.22] und gängiger Praxis in vier Gruppen eingeteilt, **Bild 5.1**.

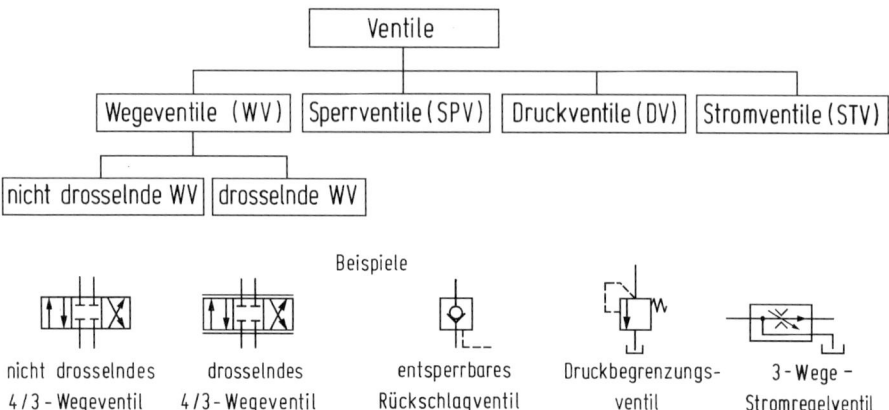

**Bild 5.1:** Systematische Einteilung der Elemente zur Energiesteuerung und -regelung nach Wirkprinzip

Angesichts der zunehmenden Automatisierung gewann neben dem Wirkprinzip der Ventile auch deren Betätigung immer größere Bedeutung mit einem klaren Trend in Richtung elektronischer Ansteuerung, zunächst analog – später zunehmend digital.

Da viele Betätigungsarten (z. B. durch Handkraft, Öldruck, Luftdruck, Magnete, Piezoaktoren) im Prinzip auf alle vier Ventilgruppen anwendbar sind, wird eine klare *Trennung zwischen Betätigung und Ventilbauart* durchgeführt. Die Darstellungen konzentrieren sich aus didaktischen Gründen in Form von vereinfachenden Schemabildern auf das Wesentliche bei gewisser Toleranz gegenüber gültigen Zeichnungsnormen.

Dem Signalfluss entsprechend wird das Kapitel über Betätigungen vorangestellt. Konkrete Anwendungen der Ventile findet man in den Kapiteln 7 und 8.

# 5.1 Betätigungsmittel für Ventile

## 5.1.1 Übersicht

**Bild 5.2** zeigt die wichtigsten Betätigungsmittel (Symbole nach DIN ISO 1219).

**Mechanische Betätigung.** Handhebel, Pedale, Taster usw. (Bild 5.2 links) sind in ihrer Funktion allgemein bekannt. Sie haben den Nachteil, dass Fernsteuerungen aufwendig sind. Darüber hinaus sind die Stellkräfte begrenzt. So werden sie vorwiegend für einfache Steuerungen angewendet.

**Druckbetätigung.** Hydraulische (seltener pneumatische) Druckkräfte ermöglichen gegenüber Handbetätigung nicht nur Fernbedienung, sondern bieten wegen der viel größeren Stellkräfte auch ein schnelles Ansprechen. Man unterscheidet zwischen *direkter* und *indirekter* Druckbetätigung. Im ersten Fall handelt es sich um ein einstufiges Ventil, dessen Stellkolben direkt mit Druck beaufschlagt wird, im zweiten Fall um ein zweistufiges Ventil, dessen erste Stufe (Vorsteuerventil, VSTV) mit einem Hilfsölstrom eine kraftvolle Druckbeaufschlagung des Hauptventil-Steuerelements erzeugt. Große Kräfte in Verbindung mit kleinen Massen ergeben gute Dynamik (schnelle Regelkreise). Bei Hydraulikanlagen mit hohen

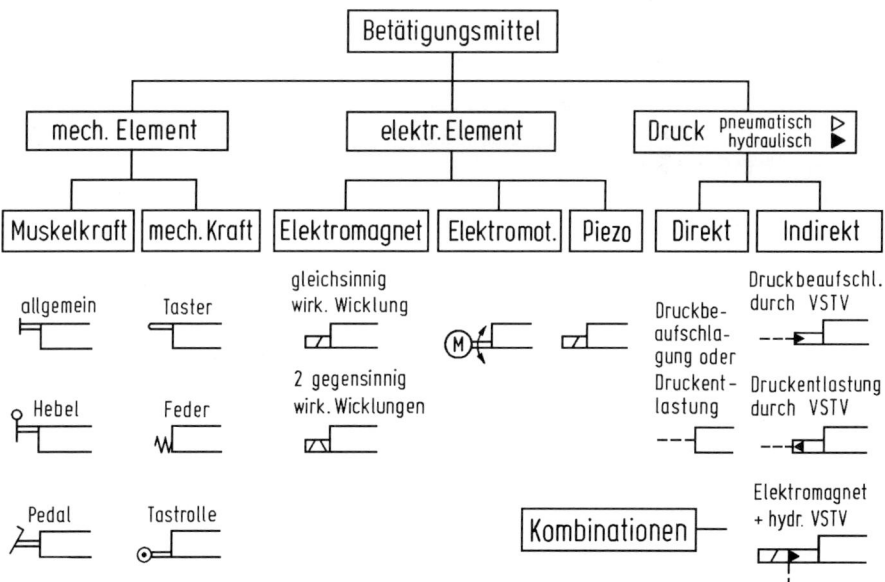

**Bild 5.2:** Betätigungsarten für Ventile und ihre Schaltzeichen. VSTV: Vorsteuerventil

Drücken, großen Volumenströmen und hohen dynamischen Anforderungen empfiehlt es sich, vorgesteuerte Ventile zu verwenden. Sie sind allerdings aufwendiger und erfordern einen permanenten Hilfsvolumenstrom.

**Elektrische Betätigungen.** Hydraulische Energie wird zunehmend elektromechanisch gesteuert bzw. geregelt, z. B. durch Eingabe eines elektrischen Stroms in einen Elektromagneten [5.1, 5.2], dessen Anker einen Ventilschieber verstellt (Bild 5.2, Mitte). Es gibt *schaltende* und *proportional wirkende* elektromechanische Wandler. Schaltend wirken Hubmagnete, die z. B. den Schieber eines nicht drosselnden Wegeventils in fest vorgegebene Schaltstellungen bringen. Zwischenstellungen gibt es nicht (daher spricht man auch von „schwarz-weiß-Schaltung"). Andererseits gibt es *proportional wirkende* Magnete, bei denen man die eingegebene elektrische Größe (oft Strom) entweder in einen proportionalen Weg oder in eine proportionale Kraft umwandelt. Zur Wegsteuerung von Schiebern werden auch kleine Elektromotoren, insbesondere *Schrittmotoren*, angewendet. Genauer und schneller als Proportionalmagnete arbeiten *Tauchspulen*, *Torque-Motoren* und *Piezo-Aktoren*. Eingegebene elektrische Signale werden hier in kleine proportionale Wege gewandelt, die ihrerseits über kleine Strömungswiderstände oder Vorsteuerventile Hilfsölströme steuern.

### 5.1.2 Schaltende elektromechanische Wandler

**Gleichstrommagnete** (häufig für 2/2-Wegeventile) sind wegen ihres unkomplizierten Betriebsverhaltens und ihrer Eignung für den Fahrzeugbau (12 und 24 V) besonders verbreitet.

Sobald in **Bild 5.3** die Spule (1) durch einen Strom erregt wird, werden die im Luftspalt (2) gegenüberliegenden Stirnflächen des Ankers (3) und des Polkerns (4) polarisiert. Die dadurch entstehende Anziehungskraft bewegt den Anker nach links gegen die Federkraft *F* bis zur Anlage an den Polkern (4). Über die Führungsstange (5) wird der Ven-

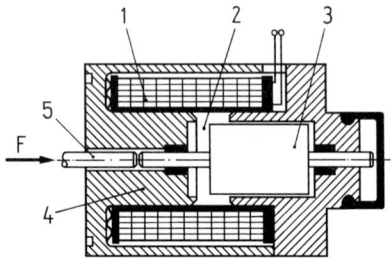

**Bild 5.3:** Gleichstrom-Hubmagnet (nach Bosch)

tilschieber betätigt. Der rechts aus dem Anker herausragende Stift dient zur Notbetätigung von Hand. Wird der elektrische Strom abgeschaltet, drückt z. B. eine Feder den Ventilschieber in seine Ausgangslage zurück. Die Stellkraft eines einfachen Gleichstrommagneten ist über dem Ankerhub nicht konstant, **Bild 5.4**. Der Ankerhub wird vom linken Anschlag ausgehend (Bild 5.3) gezählt. Der letzte steile Anstieg beruht auf dem Eintauchen des Magnetkerns in seine Aussparung

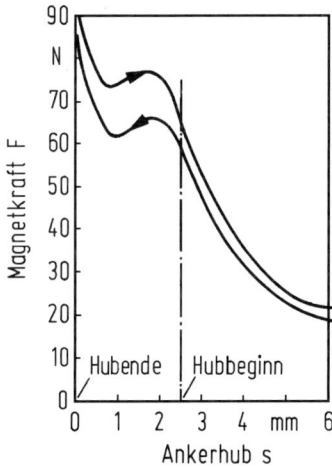

**Bild 5.4:** Magnetkraft-Hub-Kennlinie für einen Gleichstrommagneten (Bosch NG 6)

am Polkern (stark verringerter magnetischer Widerstand, Form beeinflusst Kraftverlauf).

**Wechselstrommagnete** (oft 220V, 50 Hz) gleichen in ihrer Wirkungsweise den Gleichstrommagneten, schalten jedoch schneller, weil ihr Strom nach dem Anlegen der Spannung viel schneller ansteigt (bzw. nach dem Abschalten rascher abfällt) als beim einfachen Gleichspannungsmagneten. Dafür ist der Wechselstrommagnet nicht geräuschlos und im Betrieb nicht so unkompliziert.

Beide Bauformen gibt es als „trockene" und „nasse" Ausführung. Nasse Magnete brauchen auf der Fluidseite nicht abgedichtet zu werden und weisen eine gewisse Dämpfung auf Elektromagnete haben eine weitaus geringere Kraftdichte als druckbeaufschlagte Stellkolben. Sie können daher nur mäßige Arbeitswiderstände überwinden. Bei Direktbetätigung eines Ventilschiebers sind dieses z. B. Reibungs-, Strömungs- und Massenkräfte. Die Strömungskräfte treten wegen des geringen Kraftniveaus relativ stark hervor und sollten daher durch konstruktive Maßnahmen klein gehalten werden (s. Kap. 2.3.7), um den Magnetaufwand zu begrenzen. Zur Betätigung von Vorsteuerventilen für schaltende Ventile ist die geringe Kraftdichte weniger bedeutsam.

## 5.1.3 Proportional wirkende elektromechanische Wandler

### 5.1.3.1 Geschichtliche Entwicklung
Schaltende Ventile sind ungeeignet für stufenlos wirkende Steuerungen und Regelungen. Da diese im Maschinen- und Fahrzeugbau immer wichtiger wurden, gewannen proportional wirkende Ventile an Bedeutung. Sie bilden in elektrohydraulischen Systemen die Bindeglieder zwischen dem elektrischen Signalnetz und dem hydraulischen Leistungsteil. So kann man die Ausgangsgrößen *Kräfte, Drehmomente, Drehzahlen oder Geschwindigkeiten* stufenlos steuern oder regeln. Das geschieht mit speziellen Wege-, Strom- oder Druckventilen, deren Ausgangssignal (Fluidstrom oder -druck) dem Eingangssignal (z. B. elektrischer Strom) proportional ist [5.3, 5.4]. Diese Entwicklung ging von den so genannten *Servo-Wegeventilen* [5.5] aus, die ursprünglich für die Luft- und Raumfahrt entwickelt worden waren. Sie arbeiten drosselnd, sind grundsätzlich vorgesteuert

(Hilfsölstrom), haben sehr hohe Verstärkungen zwischen Eingangs- und Ausgangsleistung und sind für sehr hohe dynamische Anforderungen geeignet (siehe z. B. Einsatz für Hydropulsmaschinen). Leider sind sie teuer, benötigen eine sehr gute Filterung und verursachen hohe Energieverluste.

Der Wunsch, einfachere und billigere proportional wirkende Ventile zu verwenden, die auch für raue Einsatzbedingungen geeignet sind, führte zunächst zur Entwicklung von entfeinerten „Industrie-Servoventilen" [5.4]. Sie arbeiten wie die Ur-Servoventile in der ersten Stufe mit *Torque-Motoren* als elektromechanische Wandler, seltener mit *Tauchspulen* (beides s. u.). Das Bestreben nach weiterer Vereinfachung mit Zugeständnissen an Dynamik und Verstärkung führte zur Entwicklung der *Proportionalventile*. Diese werden von einem *Gleichstrommagneten* direkt so angesteuert, dass dessen Kraft oder Weg proportional zum eingegebenen elektrischen Signal ist. So wird über das Ventil ein diesem Signal (meist dem elektrischen Strom) proportionaler Volumenstrom oder Druck erzeugt.

Wegen der o. g. geringen Kraftdichte von Magneten wurden in letzter Zeit auch schon *Piezo-Aktoren* entwickelt.

Die übliche Unterteilung proportional wirkender Ventile in Servoventile und Proportionalventile ist historisch so gewachsen. Die zugehörigen elektromechanischen Wandler werden im Folgenden behandelt.

### 5.1.3.2 Torque-Motoren

Torque-Motoren (0,02–4 W [5.6]) gibt es in verschiedenen Ausführungen, insbensodere hinsichtlich der Erzeugung des Magnetfeldes und der Aufhängung ihres Ankers [5.3]. Bei dem Konzept nach **Bild 5.5 a** ist der Anker (1) auf einer Biegefeder (2) so gelagert, dass er eine schwache, (reibungsfreie) Drehbewegung zwischen den Polen eines Permanentmagneten (3) ausführen kann. Werden die Spulen des Ankers von entgegengesetzten, aber gleich großen Strömen durchflossen, so heben sich

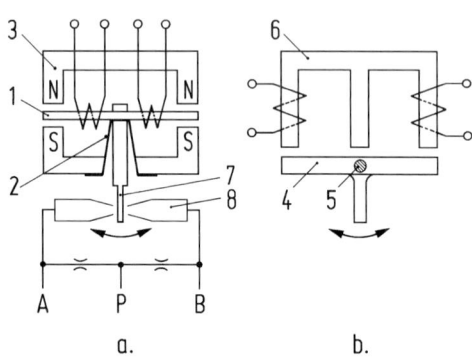

**Bild 5.5:** Torque-Motoren

die Magnetfelder der Spulen in der gezeichneten Neutralstellung des Ankers auf. Erst wenn eine Differenz zwischen den beiden Spulenströmen herrscht, verdreht sich der Anker gegen die Kraft der Biegefeder. Bei der Ausführung nach **Bild 5.5 b** ist der Anker (4) an einer Drehfeder (5) befestigt und seine Drehung wird durch zwei gegeneinander wirkende Elektromagnete (6) auch reibungsfrei bewirkt. Torque-Motoren betätigen in der Regel die erste Stufe eines Servoventils über einen Düsen-Prallplatten-Verstärker, Bild 5.5 a. Zwei Düsen (8) werden dabei von einem Hilfsölstrom (P) über konstante Drosseln mit Öl beschickt. Bei der gezeichneten Mittelstellung der am Anker befestigten Prallplatte (7) herrscht gleich großer Druck bei A und B, d. h. die Druckdifferenz zwischen beiden ist null. Wird der Anker durch Verändern des Stroms in einer Spule, z. B. entgegen dem Uhrzeigersinn, gedreht, so wird der Abstand der Prallplatte zur rechten Düse verringert und der zur linken Düse vergrößert. Dadurch wird der Strömungswiderstand zwischen Prallplatte und Düse auf der rechten Seite größer, links gleichzeitig kleiner. Im linken Ast strömt mehr Öl als rechts, was zu einem vergrößerten Druckabfall am linken festen Widerstand und zu einem kleineren am rechten führt. So entsteht zwischen A und B nach dem Prinzip der Wheatstone'schen Halbbrücke eine Druckdifferenz zur Ansteuerung der nächsten Ventilstufe.

### 5.1.3.3 Tauchspulen

Genutzt wird das von Lautsprechern her bekannte elektrodynamische Prinzip: bewegliche Spule im permanenten Magnetfeld (0,2–5 W [5.6]). **Bild 5.6** zeigt zwei mögliche Ausführungen. Im Fall a befindet sich im Gehäuse (1) ein Permanentmagnet (2) mit innerem Polschuh (3). Im Spalt zwischen dem inneren Polschuh (3) und dem äußeren Polschuh (4) hängt an einer Membran (5) die Tauchspule (6). Gibt man das Eingangssignal in die Tauchspule, so wird diese entsprechend der Richtung des eingegebenen Stroms bewegt. An der Membran (5) ist eine Prallplatte (7) befestigt, die zusammen mit der gezeichneten Düse einen verstellbaren hydraulischen Widerstand bildet. Dieser kann in einer geeigneten Schaltung zur Erzeugung eines Steuerdrucks genutzt werden. Wird der Abstand zwischen Düse und Prallplatte verkleinert, so vergrößert sich der Druck des Hilfsölstroms bei P; das Vorsteuerventil öffnet proportional zum Druck und die Ausgangsgröße

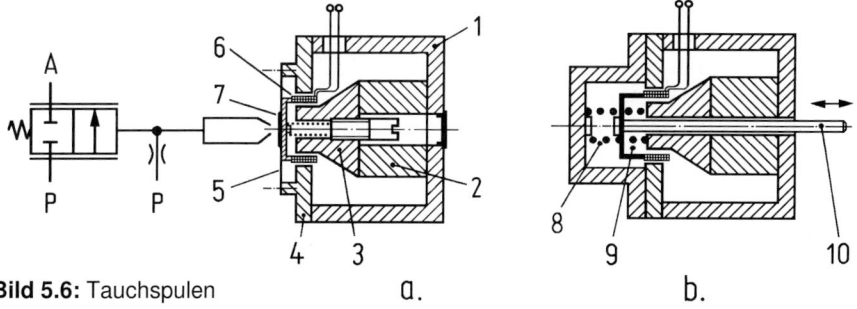

**Bild 5.6:** Tauchspulen　　　　a.　　　　　　　b.

„Ölförderstrom bei A" kann z. B. zur Betätigung eines Hauptsteuerkolbens verwendet werden. Statt an einer Membran kann die Tauchspule auch an Federn (8) und (9) aufgehängt und mit einer Führungsstange (10) zur Betätigung eines kleinen Ventilschiebers ausgerüstet sein (Bild 5.6 b).

### 5.1.3.4 Proportionalmagnete

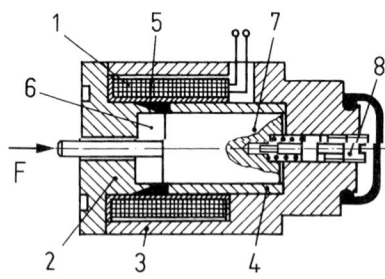

Proportionalmagnete (5-40 W [5.6]) sind in der Lage, die Ausgangsgröße „Kraft" etwa proportional zu dem ihnen eingegebenen Spulenstrom zu liefern. Mit Hilfe einer Feder ist auch eine Proportionalität zwischen elektrischem Strom und Stellweg möglich. Die meisten Konzepte wirken in einer Richtung, **Bild 5.7** – nur vereinzelt bidirektional (www.Magnet-Schulz.com).

**Bild 5.7:** Proportionalmagnet (nach Bosch, geändert)

Wenn die Spule (1) bestromt wird, entsteht im Polkern (2), im Gehäuse (3) und im Führungsrohr (4) ein Magnetfeld. Weil Polkern (2) und Führungsrohr (4) durch den nicht magnetischen Ring (5, schwarz) getrennt sind, kann das Magnetfeld vom Führungsrohr (4) nur über den Radialspalt zum Anker (7) und über den Luftspalt (6) zum Polkern (2) übertreten, so dass der Anker mit entsprechender Kraft angezogen wird. Die Magnetkraft-Hub-Kennlinie kann über die Ausbildung des Steuerkonus am Polkern, ihr Nullpunkt über die Justierschraube (8) verändert werden. Die Anwendung des Prinzips kann auf drei charakteristische Arten erfolgen:

– *Kraft*gesteuerte Proportionalmagnete
– *Weg*gesteuerte Proportionalmagnete
– *Lage*geregelte Proportionalmagnete.

**Kraftgesteuerte Proportionalmagnete.**
Nach **Bild 5.8** wird der Magnet durch einen Verstärker mit einem geregelten elektrischen Strom versorgt, dessen Sollwert man z. B. über das Potentiometer oder aus einem Daten-BUS vorgibt. Die Kraft ist etwa proportional zur Stromstärke, die man heute auch durch einen unterbrochenen (gepulsten) Strom moduliert. Diese „*Pulsweitenmodulation (PWM)*" kann auch die Schieberreibung verringern [5.6].

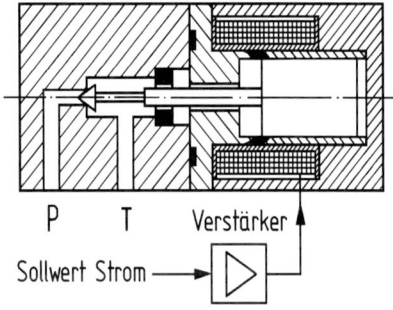

**Bild 5.8:** Kraftgesteuerter Proportionalmagnet

Die erzeugte Kraft wird nicht zurückgeführt (deswegen „gesteuerte Kraft"), bei guter Proportionalität zwischen elektrischem Strom und Ankerkraft arbeitet ein solches System aber relativ genau – insbesondere bei kleinen Wegen, wie sie bei Bild 5.8 vorliegen: Die auf das Sitzventil wirkende Magnetkraft kann über den elektrischen Strom verändert werden, ohne dass der Anker einen Hub ausführt. Der Anker wirkt auf das Ventil als „elektromagnetische unendlich lange Feder". Das System ist z. B. als ferngesteuertes Druckbegrenzungsventil geeignet.

**Weggesteuerte Proportionalmagnete** entstehen auf der Basis kraftgesteuerter Systeme. Hinzugefügt wird eine Feder, die der Magnetanker beaufschlagt. Bei linearer Federkennung wird dessen Kraft in einen proportionalen Weg gewandelt. Die Proportionalkette wird sehr kostengünstig verlängert – jedoch verringern zusätzliche Störgrößen die Genauigkeit. Lineare Federn in Verbindung mit bewegten Massen (z. B. Steuerschieber) führen ferner zu schwingungsfähigen Systemen mit entsprechend begrenzter Dynamik [5.7].

**Lagegeregelte Proportionalmagnete.** Um die Nachteile der einfachen oben geschilderten Wegsteuerung zu vermeiden, wurden Systeme entsprechend **Bild 5.9** entwickelt, bei denen die elektrische Eingangsgröße im geschlossenen Regelkreis in Weg umgewandelt wird, um – wie hier gezeigt – den Schieber eines Wegeventils mit sehr hoher Genauigkeit zu positionieren. Eingangsgröße ist der Sollwert der Schieberposition in Form eines elektrischen Signals. Der Regler erzeugt daraus einen proportionalen elektrischen Strom, der innerhalb gewisser Hubgrenzen etwa proportional in Ankerkraft umgesetzt wird, **Bild 5.10** [5.8]. Der Wegeventilkolben wird gegen die Kraft seiner Feder durch den Anker nach links bewegt.

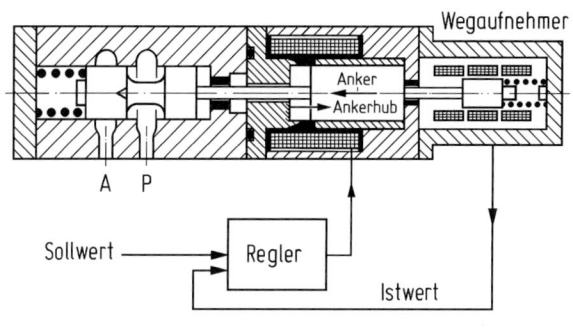

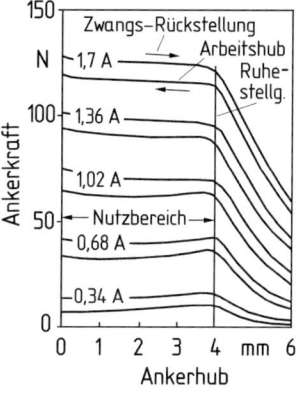

**Bild 5.9** (links): Lagegeregelter Proportionalmagnet

**Bild 5.10** (rechts): Magnetkraft-Hub-Kennlinien eines Proportionalmagneten für 24 V Nennspannung, 1,7 A Nennstrom. Magnetgewicht 1,57 kg. Zu beachten ist die übliche „Rückwärts"-Zählrichtung des Ankerhubes (Kurven gezeichnet nach Angaben in [5.8])

Um Fehler der Proportionalkette auszugleichen, wird die erreichte Istposition durch einen Wegsensor gemessen und im Regler mit dem Sollwert verglichen. Bei Abweichungen wird die Position über eine Stromänderung korrigiert. Zur Positionsmessung dienen heute meistens induktive Aufnehmer aus drei getrennten Spulen nach dem Prinzip des Differenzialtransformators (s. Kap. 6.7). Proportionalmagnete werden meistens mit 12 oder 24V Nennspannung betrieben. Gegenüber einfachen Gleichspannungsmagneten (Bild 5.4) wird die linke obere Kraftspitze über die konstruktive Ausbildung des nichtmagnetischen Rings „abgeschnitten", um die Proportionalität im Arbeitsbereich (hier 4 mm) zu erreichen. Dieses geht etwas auf Kosten der Kraftdichte.
Die oberen Kurven in Bild 5.10 stehen für eine erzwungene Rückstellbewegung gegen die volle Magnetkraft. Hysterese durch elektrische Effekte und 2x Reibung.

### 5.1.3.5 Piezo-Aktoren

Piezo-Aktoren wurden in den letzten Jahren für anspruchsvolle Anwendungen entwickelt, so z. B. für die Betätigung von Einspritzventilen für Dieselmotoren und vereinzelt auch zur Ansteuerung von Hydraulikventilen [5.2, 5.9-5.11]. Unter dem Piezo-Effekt versteht man an sich die Entstehung einer elektrischen Ladung bei Belastung eines Piezo-Kristalls. Entsprechende Druck- und Kraftaufnehmer zeichnen sich durch extrem hohe Steifigkeit mit dadurch sehr guten dynamischen Eigenschaften aus. Bei Piezo-Aktoren dreht man diese Wirkungsweise um: Es wird unter relativ hoher Spannung [5.6] eine Ladungsmenge an den Piezokristall geführt. Diese erzeugt eine Kraft, die sehr groß sein kann, aber leider mit einem so kleinen Weg gekoppelt ist, dass dieser selbst für kleine Vorsteuerstufen nicht ausreicht. Um den Weg zu vergrößern, werden Piezo-Elemente zu einem Stapel in Reihe geschaltet, **Bild 5.11**. Da dieses

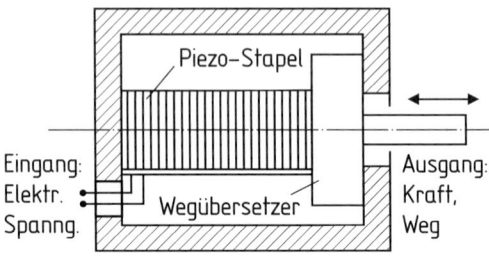

**Bild 5.11:** Piezo-Aktor (schematisch)

aber immer noch nicht ausreicht, benutzt man z. B. zusätzliche mechanische oder hydrostatische Wegübersetzer (auch „Wegverstärker" WVS), deren Ausgangsgrößen „Kraft" und „Weg" auf ein kleines Vorsteuerventil wirken können. In [5.2] wird hierzu die Entwicklung einer mechanischen Verstärkung durch das „Bimetallprinzip" (Hoerbiger) besprochen.
Piezo-Aktoren haben bezüglich Kraftentwicklung und Dynamik ein interessantes Potenzial. Ihre Anwendung steht eher noch am Anfang.

## 5.2 Wegeventile

Nach Bild 5.1 kann man die Wegeventile nach ihrer Funktion in *nicht drosselnde* und *drosselnde* Bauarten einteilen. Während die Erstgenannten nur Start, Stopp und Richtung des Volumenstroms steuern können, kann mit den Letztgenannten auch der Volumenstrom stufenlos (wenngleich drosselnd) verändert werden.

### 5.2.1 Konstruktive Gestaltung des mechanischen Kernbereiches

**Grundbauarten.** Hinsichtlich ihres konstruktiven Aufbaus unterscheidet man *Schieberventile* und *Sitzventile*, wobei die Ersteren weiter in *Längsschieber-* und *Drehschieberventile* unterteilt werden.

**Längsschieberventile.** Die Anordnung von **Bild 5.12** zeigt als Beispiel ein 3/3-Wegeventil zur Beaufschlagung und Steuerung eines Arbeitszylinders. Der Längsschieber ist in der mittleren Ruhestellung geschlossen. Der Pumpenölstrom muss daher über das Druckbegrenzungsventil abfließen. Das ist wegen der hohen Energieverluste nur kurzzeitig zu tolerieren – ein druckloser Pumpenumlauf wäre besser. Der Arbeitszylinder ist durch das eingeschlossene Ölvolumen blockiert. Er selbst ist praktisch völlig dicht, nicht aber der Schieber in der Bohrung (Spaltverluste, s. Kap. 2.3.6). Leckölfreie Schieberventile arbeiten mit eingebauten Dichtungselementen [5.12], sind aber teuer. Stellt man den Handhebel auf „Heben" (H), bewegt sich der Ventilschieber (1) nach links. Dadurch wird der Pumpenanschluss mit dem Zylinder verbunden, dessen Kolben fährt aus. Bei der Stellung „Senken" (S) wird der Ventilschieber nach rechts geschoben, der Hubzylinder kann jetzt allein durch eine äußere Kraft (z. B. Hublast) zum Einfahren gebracht werden.

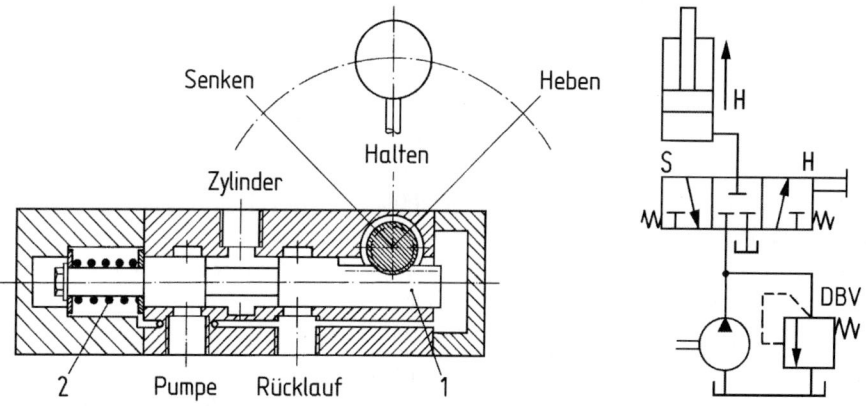

**Bild 5.12:** 3/3-Wege-Längsschieberventil mit Handbetätigung und Federzentrierung

Das verdrängte Ölvolumen fließt über das Wegeventil in den Ölbehälter zurück. Sobald man den Handhebel loslässt, bewegt sich der Schieber automatisch durch die Kraft der Druckfeder (2) in die Mittelstellung. Bemerkenswert ist, dass durch die beiden Scheiben eine einzige Druckfeder genügt (wird häufig angewendet).

**Drehschieberventile.** Mit dem in **Bild 5.13** gezeigten Konzept kann man den Pumpenölstrom wahlweise mit den Anschlüssen A und B des doppelt wirkenden Zylinders verbinden; das dabei aus dem Zylinder jeweils herausgedrückte Volumen fließt über Bohrungen im Drehschieber in den Tank zurück. Drehschieberwegeventile sind wegen des sehr schwierigen statischen Ausgleichs von Druckfeldern für hohe Drücke weniger geeignet, während sie als Niederdruck-Vorsteuerventile (z. B. für Lastschaltgetriebe) interessant sein können. Dabei kann eine geschlossene Neutralstellung sinnvoll sein, wenn die Pumpe noch andere Verbraucher versorgt. Ansonsten wäre auch hier ein druckloser Umlauf besser.

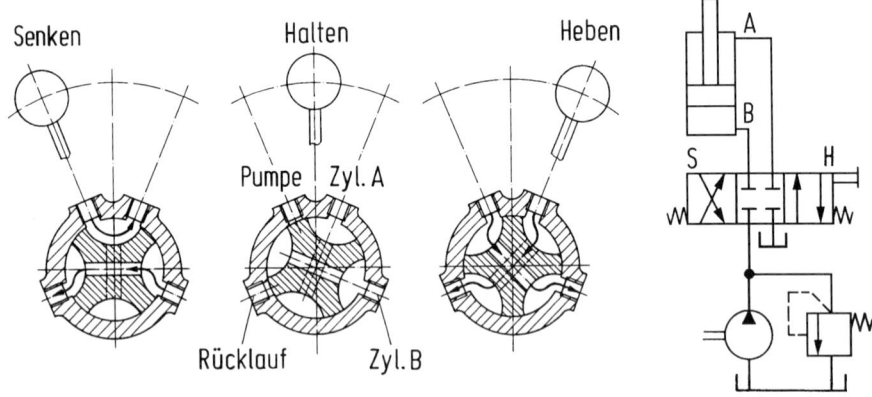

**Bild 5.13:** 4/3-Wege-Drehschieberventil mit Handbetätigung und Federzentrierung

**Kombinationen zwischen Dreh- und Längsschieberprinzip.** Diese erlauben komplexe Steuerungen mit nur einem Hebel, **Bild 5.14**. Die Funktion wird im Schaltplan zweckmäßig in zwei Schaltsymbole aufgelöst. Der untere Teil bestimmt die drei Funktionen „Heben", „Pumpe drucklos / Zylindervolumen blockiert" und „Senken", während der obere die drei Funktionen „Bewegen linker Zylinder", „Bewegen beider Zylinder" und „Bewegen rechter Zylinder" ermöglicht. Die Schaltkulisse veranschaulicht die insgesamt neun Hebelpositionen.

**Sitzventile.** Ihr Hauptvorteil besteht darin, dicht schließen zu können (z. B. bei einer Hebebühne). Ferner sind sie wenig schmutzanfällig und verschleißunempfindlich, dafür spezifisch teurer als Schieberventile, nicht so gut vorsteuerbar,

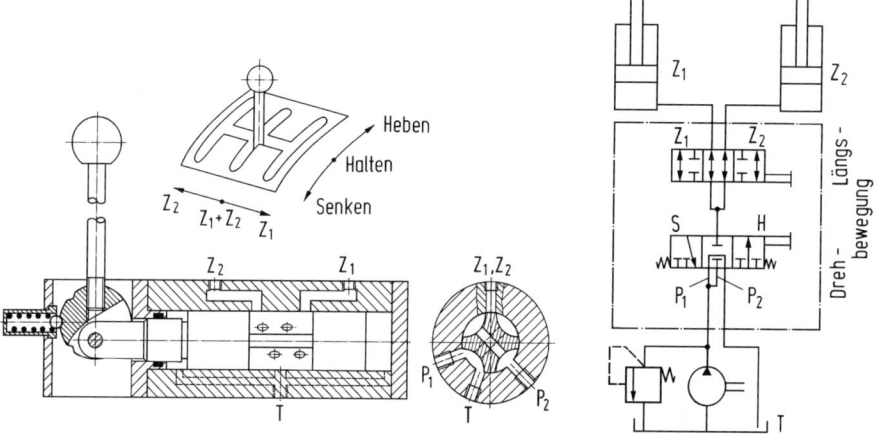

**Bild 5.14:** Kombiniertes Dreh-Längsschieberventil mit Einhandbetätigung für neun Funktionsstellungen

eher schwingungsanfällig (Ventilkörper – Feder) und sie erfordern größere Betätigungskräfte. Insgesamt setzt man sie eher für kleine Förderströme ein.

**Bild 5.15** zeigt ein Sitzventil, bei dem der Volumenstrom durch Kugeln (alternativ Kegel) abgesperrt wird, die durch Federn bzw. zusätzlich durch Öldruck in ihre Sitze gedrückt werden. Für „Heben" wird das Rückschlagventil (1) durch Exzenter und Stößel gegen die Federkraft geöffnet. Beim „Senken" des Zylinderkolbens kann das Öl nur über das dann geöffnete Rückschlagventil (2) in den Behälter zurückfließen, weil das Rückschlagventil (3) durch Federkraft und Öldruck geschlossen gehalten wird.

**Kombinationen zwischen Schieber- und Sitzventilen.** Üblich ist die Integration von Sitzventilen in Längsschieberventile (z. B. für „Halten" bei einem Frontlader).
Der Schieber betätigt hier über eine Rampe einen Stößel zum Öffnen eines Sitzventils.

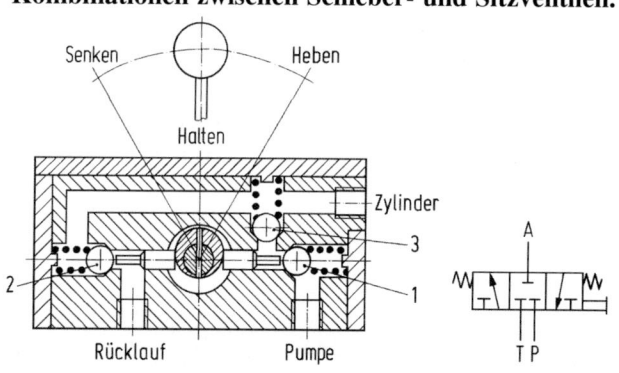

**Bild 5.15:** 3/3-Wege-Sitzventil mit Stößelbetätigung durch Exzenter

**Offene Neutralstellungen bei Wegeventilen.** Verwendet man einfache Kreisläufe mit *Konstantpumpen* (Bilder 5.12 - 5.14), so bietet sich nach **Bild 5.16** meistens die *Umlaufstellung* oder „offene Neutralstellung" (engl. „open center") an: Der nicht genutzte Förderstrom wird drucklos in den Tank zurückgeleitet. Soll zusätzlich auch der Verbraucher druckentlastet werden, etwa beim Gleiten einer Ladeschaufel auf welligem Erdboden, benutzt man die *Schwimmstellung*. Bei geschichteten Ventilen wendet man die *Durchflussstellung* an (viele Varianten).

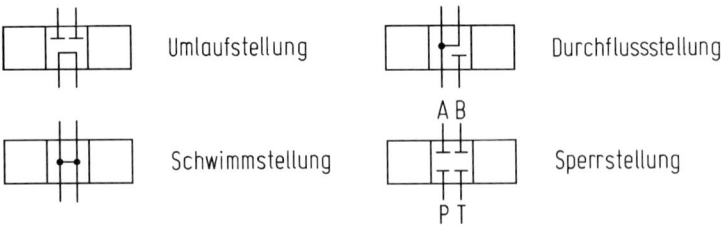

**Bild 5.16:** Häufige Neutralstellungen von Wegeventilen

**Geschlossene Neutralstellung bei Wegeventilen.** Diese ist typisch für *Konstantdrucksysteme*, wie sie etwa für größere Flugzeugbordnetze üblich sind, und für *Load Sensing-Systeme*, wie sie bei mobilen Arbeitsmaschinen oft vorkommen. Erforderlich ist hier die *Sperrstellung* bzw. „geschlossene Neutralstellung" (engl. „closed center"). Diese ist einerseits funktionell notwendig, andererseits energetisch dann unkritisch, wenn der Volumenstromerzeuger eine Verstellpumpe ist, die automatisch auf Nullförderung geht, wenn das Wegeventil oder ggf. mehrere parallele Wegeventile geschlossen sind.

**Schieberspiel und Betätigungskräfte.** Das relative *Schieberspiel*, Gl. (2.65), liegt für übliche Wegeventile mit dichtenden Stegen (positive Überdeckung) bei etwa 0,2 - 0,5‰ und ist damit viel kleiner als z. B. bei Gleitlagern. Der Grund für diese Präzision: Der Lecköltrom steigt mit der dritten Potenz der Spaltweite, Gl. (2.55). Die *Betätigungskräfte* bestimmen die Kosten eines Magneten. Statische Längskräfte infolge von Druckfeldern können in der Regel gut ausgeglichen werden. Schwieriger ist die Beherrschung der Reibung und der axialen Strömungskräfte (s. Kap. 2.3.7). Es lohnt sich, im Interesse kleiner, kostengünstiger Magnete die Strömung zu simulieren bzw. Versuche anzustellen. Durch geschickte Gestaltung lassen sich geringe Strömungs-Längskräfte realisieren. Die Schieberreibung kann stark ansteigen, wenn das Druckfeld in der Gleitfläche bei Exzentrizitäten vom gewünschten rotationssymmetrischen Verlauf abweicht und Querkräfte erzeugt. Feine Eindrehungen am Umfang wirken ausgleichend. Bei Magnetbetätigung kann auch eine bewusst erzeugte Schwingung (Dither-Signal [5.6]) die Reibung senken. In Sonderfällen kann man den Schieber konisch gestalten oder mit Kerben versehen.

Dadurch wird er durch die von der Exzentrizität abhängigen Druckprofile der Leckölstrecke zentriert [5.13 - 5.15]. Notfalls kann man den Schieber auch durch Ausnutzung von Strömungskräften zur Rotation bringen [5.16].

**Überdeckung bei Schieberventilen.** Betrachtet wird das Verhältnis der Kolbenstegbreite zur Breite der Zylinderausdrehung, **Bild 5.17.**

Die *positive Überdeckung* dient bei Wegeventilen einer möglichst guten Abdichtung zwischen Kammern unterschiedlicher Drücke. Um die Feinsteuereigenschaften zu verbessern, benutzt man häufig kleine Axialkerben an den Schieberstegen, die kleine Ölströme ermöglichen, bevor der Querschnitt am vollen Umfang öffnet. Eine *Nullüberdeckung* mit linearer Kennlinie kann für drosselnde Ventile in schnellen Regelkreisen günstig sein, sie wird daher häufig in Servoventilen verwendet. Die *negative Überdeckung* hat für stark drosselnde Wegeventile hochdynamischer Stellglieder Bedeutung: Mit einem einzigen Schiebersteg werden zwei hydraulische Widerstände gleichzeitig gegensinnig verändert. Diesen Effekt kann man ähnlich wie beim Torquemotor in einer Wheatstone'schen Halbbrücke zur Erzeugung eines kräftigen Drucksignals ausnutzen, **Bild 5.18.** Günstig ist ein konstanter Versorgungsölstrom. Eingangsgröße ist dabei der Schieberweg, Aus-

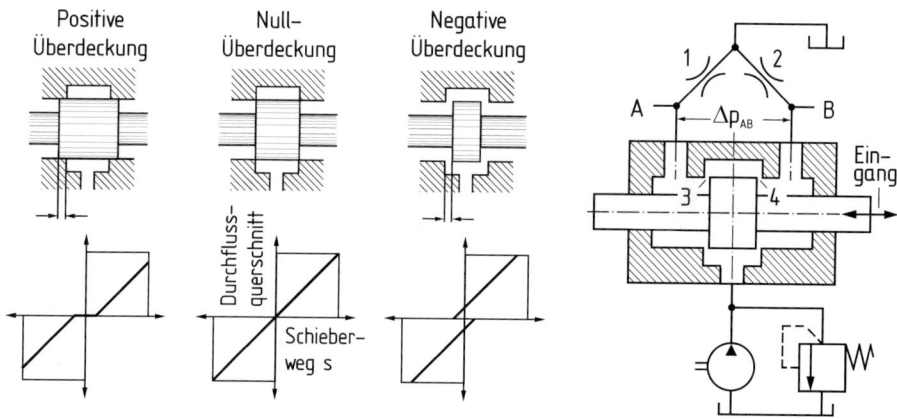

**Bild 5.17** (links): Überdeckung bei Schieberventilen
**Bild 5.18** (rechts): Anwendung der negativen Überdeckung für eine Brückenschaltung mit den Festwiderständen (1) und (2) und den gegensinnig verstellbaren Widerständen (3) und (4). Signalausgang bei A-B. Vergleiche mit Bild 5.5 und 5.26

gangsgröße die Druckdifferenz zwischen A und B, die in der Schieber-Mittellage null ist. Die Anordnung kann als hochdynamische Vorsteuerstufe dienen. Bei Anordnung von zwei Stegen ist mit einem einzigen Schieber eine hydraulische Vollbrücke möglich [5.17, 5.18], Bild 5.23 (Ölstrom sollte auch dabei konstant sein).

## 5.2.2 Nicht drosselnde Wegeventile einschließlich Ansteuerung

Nicht drosselnde Wegeventile erlauben nur feste Schaltstellungen (Gegensatz: drosselnde Wegeventile mit beliebigen Zwischenstellungen). Die Betätigung kann mechanisch, elektrisch oder durch Öldruck erfolgen. Eine Vorsteuerung erlaubt das Schalten großer hydrostatischer Leistungen mit kleinen Steuerleistungen.

### 5.2.2.1 Direkt betätigte nicht drosselnde Wegeventile
**Bild 5.19** zeigt ein nicht drosselndes Wegeventil mit Doppelmagnet-Betätigung und Federzentrierung. Damit sind Fernschaltungen und Automatisierungen möglich. Eine Druckfeder hält den Ventilkolben in Mittelstellung, dabei fließt der

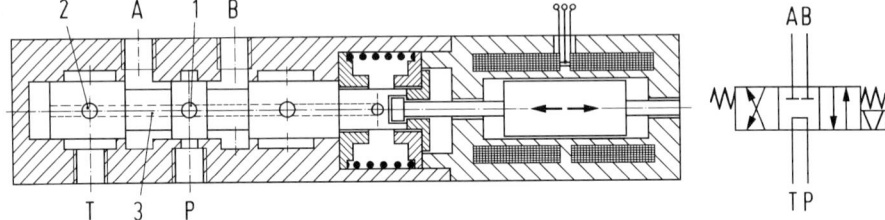

**Bild 5.19:** Direkt betätigtes, durch gegensinnig wirkende Hubmagnete geschaltetes nicht drosselndes 4/3-Wegeventil mit Federrückstellung

Pumpenölstrom von P nach T über die Bohrungen (1), (2) und (3) „drucklos", d. h. verlustarm in den Ölbehälter zurück. Bei Erregung zieht der linke Magnet den Schieber nach links (Ölstrom P→B und A→T), der rechte nach rechts (Ölstrom P →A und B→3→T). In beiden Stellungen ist die Bohrung (1) abgedeckt.

### 5.2.2.2 Über Vorsteuerventil betätigte nicht drosselnde Wegeventile
Das erste Beispiel in **Bild 5.20** zeigt ein einfaches 3/3-Wegeventil, das durch ein externes, handbetätigtes 4/3-Vorsteuerventil über Öldruck fernbetätigt wird.
In Ruhestellung wird der Kolben des Hauptventils auch hier durch zwei Federn zentriert. Wird der Schieber des Vorsteuerventils nach links geschoben, so schiebt der rechts am Hauptsteuerkolben entstehende Öldruck den Schieber des Hauptventils nach links (Ölstrom P→A). Das von der linken Schieberseite verdrängte Öl kann über das Vorsteuerventil in den Ölbehälter zurückfließen.
Das in **Bild 5.21** abgebildete vorgesteuerte und elektromagnetisch geschaltete 4/3-Wegeventil arbeitet wie folgt: Der Vorsteuerschieber (1) wird durch Stoßmagnete (2) und (3) geschaltet. In Ruhestellung des Vorsteuerschiebers werden beide Seiten des Hauptsteuerschiebers (4) durch Pumpenöldruck und Druckfedern gleich hoch belastet. Wird der Vorsteuerschieber (1) nach links geschaltet, so wird die

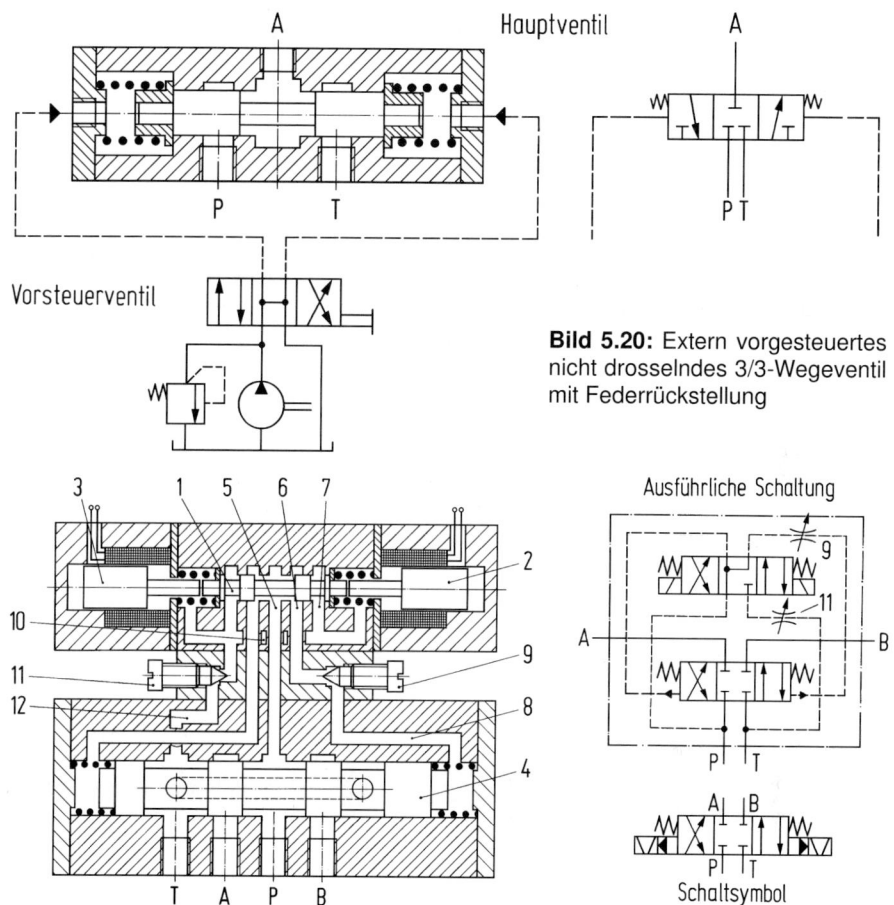

**Bild 5.20:** Extern vorgesteuertes nicht drosselndes 3/3-Wegeventil mit Federrückstellung

**Bild 5.21:** Nicht drosselndes Wegeventil mit magnetisch geschaltetem, internen Vorsteuerventil

Verbindung von Kanal (5, Pumpe) zu Kanal (6) abgesperrt, während gleichzeitig (6) und (7) verbunden werden und die rechte Seite des Hauptsteuerkolbens (4) entlastet wird (Abfluss über 8, 9, 6, 7, 10, 11 und 12 in den Tank T). Die linke Hauptschieberseite bleibt unter Pumpendruck, der Hauptschieber bewegt sich nach rechts bis zum Anschlag und verbindet P mit B und A mit T. Die Drosseln (9) und (11) dämpfen die Bewegung des Hauptsteuerschiebers.

**Bild 5.22** zeigt ein über zwei Vorsteuerventile (1) und (2) geschaltetes 4/3-Wegeventil. Jedes Vorsteuerventil wird durch einen Magneten geschaltet. Zwischen den

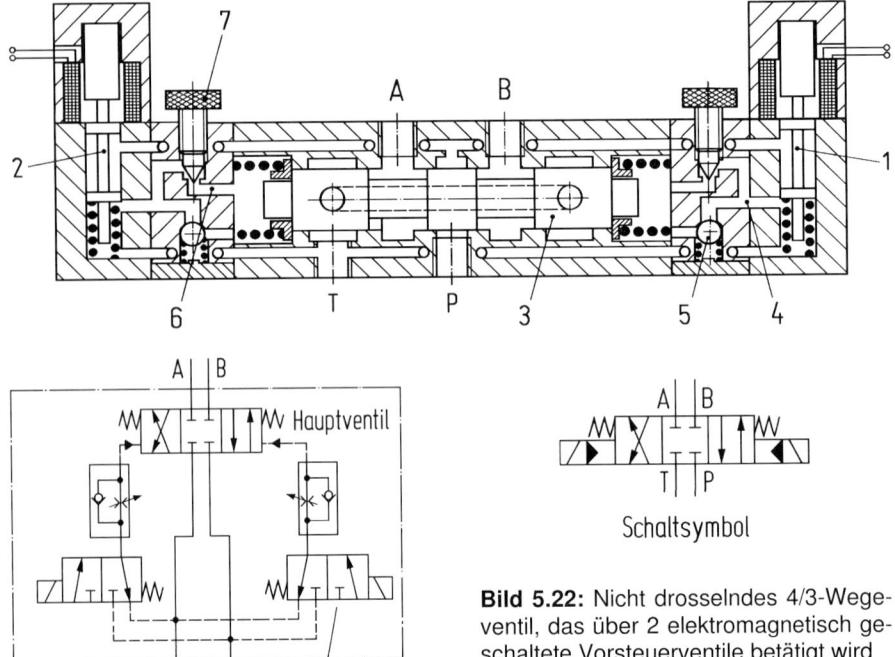

**Bild 5.22:** Nicht drosselndes 4/3-Wegeventil, das über 2 elektromagnetisch geschaltete Vorsteuerventile betätigt wird

beiden Stegen liegt in der Neutralstellung der Pumpendruck an (ausgeglichen, keine Axialkräfte). Druckfedern halten den Hauptsteuerschieber (3) in Mittelstellung. Wird das Vorsteuerventil (1) betätigt und der Schieber nach unten gestoßen, so strömt Drucköl von P über Querkanal, Bohrung (4) und Rückschlagventil (5) auf die rechte Seite des Hauptsteuerschiebers und verschiebt ihn nach links: P wird mit B und A mit T verbunden. Das Öl aus dem linken Druckraum strömt über Bohrung (6) und einstellbare Drossel (7) (Schieberdämpfung) in den Tank.

## 5.2.3 Drosselnde Wegeventile

Drosselnde Wegeventile (auch „stetig verstellbare Wegeventile") erlauben außer den festen Schaltstellungen auch beliebige Zwischenpositionen bzw. Öffnungsquerschnitte des Schiebers. Sie beeinflussen dadurch stufenlos den Zusammenhang zwischen Durchflussstrom und Druckabfall und werden daher für vielfältige Steuerungen und Regelungen angewendet (einfaches Beispiel s. Bild 5.18). Vorteilhaft ist ihr Beitrag zu dynamisch guten Regelkreisen – von Nachteil sind die Drosselverluste.

### 5.2.3.1 Mechanisch betätigte drosselnde Wegeventile

Für kleine Kräfte genügen direkt gesteuerte Wegeventile, bei größeren bevorzugt man vorgesteuerte Konzepte, die ggf. auch eine Fernsteuerung erlauben.

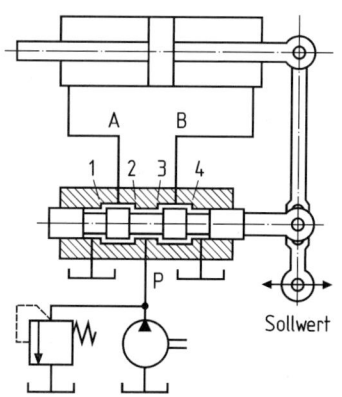

**Bild 5.23** zeigt eine klassische Anordnung: die hoch dynamische Positionssteuerung eines doppelt wirkenden hydraulisch eingespannten Arbeitszylinders. Die Nutzung von zwei Steuerstegen für vier Steuerkanten ergibt bei negativer Überdeckung die gemeinsam verstellbaren Widerstände (1) bis (4) [5.17, 5.18]. Bewegt man den Schieber z. B. nach links, erhöhen sich die Widerstände (1) und (3), während sich gleichzeitig (2) und (4) verkleinern. Das ermöglicht eine hydraulische Vollbrücke (Ausgang A-B). Die „richtig" verstellten Widerstände 1 bis 4 ergeben höchstmögliche Sigbalverstärkung – günstig auch für Vorsteuerstufen. Bemerkenswert ist hier auch die sehr einfache mechanische Rückführung der Zylinderposition auf den Ventilschieber. Wird der Sollwert nach links verändert, bewegt sich der Arbeitszylinder nach rechts und hebt die Schieberauslenkung (bei festgehaltenem Sollwert) auf [5.18]. Die Schieberposition hängt nur geringfügig von den angreifenden Kräften ab. Die gezeigte Anordnung wird z. B. für die Regelung von Kettenwandlern benutzt [5.19].

**Bild 5.23:** Drosselndes 5/3-Wegeventil als hydraulische Vollbrücke für direkte hydraulische Ansteuerung eines eingespannten Hydraulikzylinders. Elegante Positionsrückführung (nach J. Thoma [5.18])

**Bild 5.24** zeigt ein handbetätigtes, vorgesteuertes 3/3-Wegeventil mit zwei Möglichkeiten der externen Vorsteuerung. Beide erzeugen bei Betätigung der Handhebel Druckdifferenzen zwischen X und Y, die auf die Schieberstirnflächen des Hauptventils wirken und über die Federn Schieberwege bzw. Öffnungsquerschnitte erzeugen. Links erreicht man dieses durch zwei gegensinnig mit dem Hebel (6) betätigte Druckregelventile (2) und (3). Die geregelten Ablaufdrücke werden durch die Drosseln (4) und (5) gestützt. Die zweite rechte Vorsteuerung arbeitet mit einem drosselnden 4/3-Wegeventil. Wird der Vorsteuerschieber bei (7) nach rechts geschoben, so strömt Öl von links nach rechts durch die Drossel (8) und danach über den drosselnden Vorsteuerschieber in den Tank zurück. Die Druckdifferenz zwischen X und Y entspricht dem Druckabfall an der Drossel (8), der wiederum vom Ölstrom und damit von der Position des Vorsteuerschiebers abhängt (überschüssiger Ölstrom läuft über das Druckbegrenzungsventil drosselnd ab). Der Hauptsteuerschieber wird auf diese Weise nach rechts bewegt.

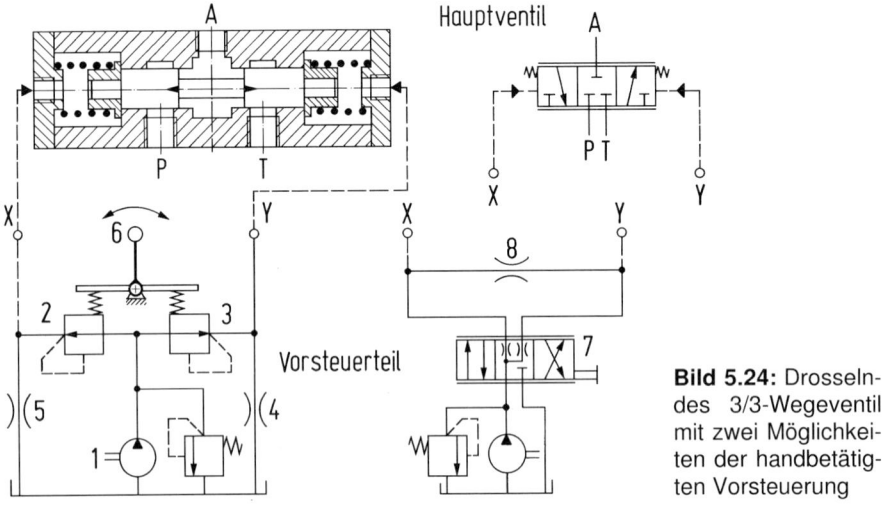

**Bild 5.24:** Drosselndes 3/3-Wegeventil mit zwei Möglichkeiten der handbetätigten Vorsteuerung

### 5.2.3.2 Elektromechanisch betätigte Proportional-Wegeventile

Hierzu gehören die schon in Abschnitt 5.1.3 erwähnten *Servoventile, Industrie-Servoventile* und *Proportional-Wegeventile.*

**Bild 5.25** verdeutlicht vereinfacht zwei typische Anwendungen. Beim Einsatz von Proportionalventilen kommen häufig interne Regelkreise zur Verbesserung der Proportionalkette zur Anwendung (z. B. Regelung des elektrischen Magnetstroms oder der Schieberposition), während man bei Servoventilen häufig den Gesamtprozess regelt (z. B. bei der Bauteilprüfung mit Hilfe von Hydropulsmaschinen).

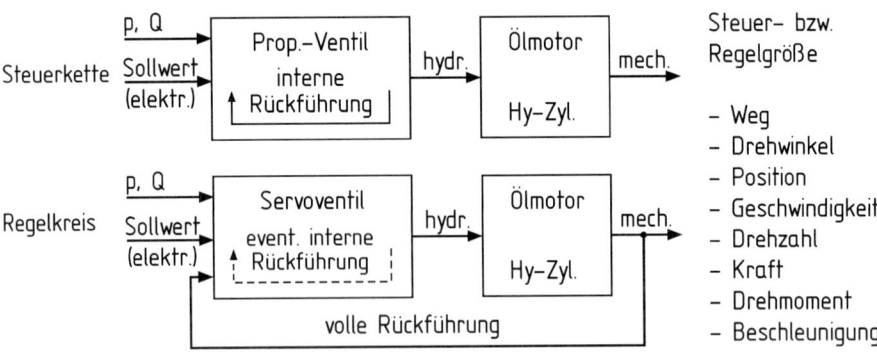

**Bild 5.25:** Typische Einsätze von Proportional- und Servoventilen

**Rückführungen bei Regelkreisen.** Darunter versteht man die in Bild 5.25 angedeutete *Messung des Istwerts* und dessen *Rückführung an den Regler*, der ihn mit dem *Sollwert* vergleicht und ggf. korrigierend eingreift (siehe auch Kap. 7). Folgende Rückführungen sind bei proportional wirkenden Wegeventilen und deren Einsatz von Bedeutung:

– *Rückführung des elektr. Stromes (Sensor):* Stromregelung bei Hubmagneten
– *Rückführung der elektr. Ladung (Sensoren):* Ladungsregelung b. Piezoaktoren
– *Barometrische Positionsrückführung (Feder):* Regelung der Schieberposition
– *Mechanische Positionsrückführung (Kinematik):* Regelung d. Schieberposition
– *Elektronische Positionsrückführung (Sensor):* Regelung der Schieberposition
– *Rückführung vom Verbraucher (Sensoren):* Regelung aller mechan. Größen

Die kostengünstige barometrische Rückführung ist auch bei Steuerketten wichtig.

**Servoventile.** „Servo" deutet an, dass ein kleines Eingangssignal ein großes Ausgangssignal bewirkt. Tatsächlich erreichen Servoventile sehr große Leistungsverstärkungen von etwa $10^4$ bis $10^7$. Durch die Beaufschlagung des Hauptsteuerschiebers mit hohen Drücken haben sie die beste Dynamik aller stetigen Wegeventile. Servoventile werden zwei- oder (seltener) dreistufig ausgeführt. **Bild 5.26** zeigt eine typische zweistufige Bauform. Die erste *Vorsteuerstufe* erzeugt mit einem Torquemotor (1, Bild 5.5) nach dem Grundprinzip der hydraulischen Halbbrücke (Bild 5.18) durch Auslenkung der Prallplatte (2) den Stelldruck für die *Hauptsteuerstufe*. Dafür wird ein kleiner Teilölstrom vom druckbeladenen Zuführ-Ölstrom (P) abgezweigt und gelangt über Feinstfilter (3) zu den sehr kleinen festen Widerständen (4).

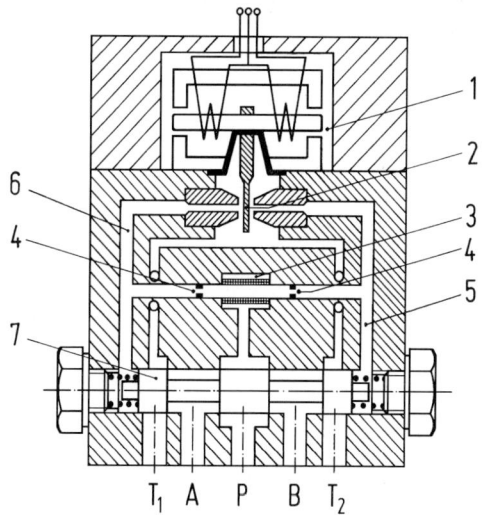

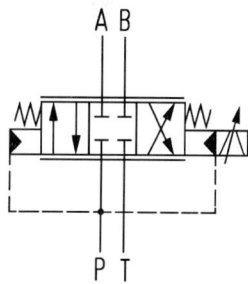

**Bild 5.26:** Zweistufiges Servoventil mit Düsen-Prallplatten-Verstärker und barometrischer Rückführung (Federn), interne Hilfsölversorgung

Ebenso wäre eine externe Versorgung möglich (besser, aber aufwendiger). Die erzeugte Brücken-Druckdifferenz zwischen (5) und (6) wirkt auf die Stirnflächen des Hauptschiebers (7). Die barometrische Rückführung (Federn) sichert die gewünschte Proportionalität zwischen Druckdifferenz und Schieberauslenkung. Die Leistungsverstärkung beträgt in der ersten Stufe z. B. 100, in der Hauptstufe z. B. 1000, d. h. insgesamt $10^5$. So könnte man z. B. mit 200 mW Eingangsleistung 20 kW hydrostatische Ausgangsleistung steuern.

**Bild 5.27** zeigt ein elektro-hydraulisches Servoventil mit Folgekolben-Rückführsystem. Hierbei ist der Düsen-Prallplatten-Verstärker mit dem Hauptsteuerkolben kombiniert. Der Pumpenölstrom wird über die Längsbohrung im Hauptsteuerkolben (1) und die Drosseln (2) in die an seinen Enden angebrachten Düsen und gleichzeitig in die Druckräume (3) geführt, so dass der Hauptsteuerkolben in Ruhestellung in der gezeichneten Lage verbleibt.

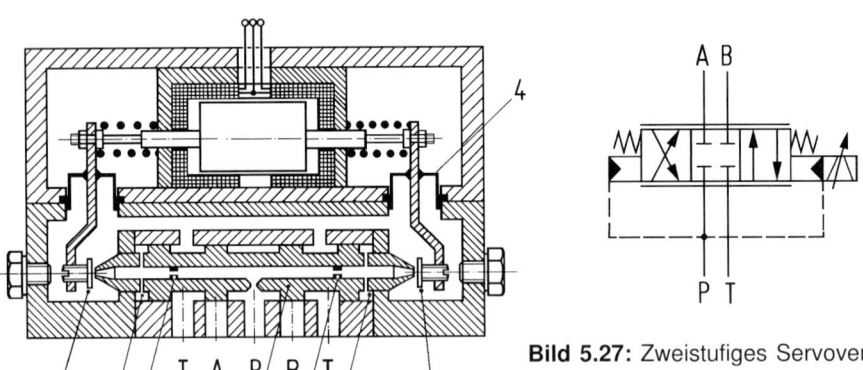

**Bild 5.27:** Zweistufiges Servoventil mit Düsen-Prallplatten-Verstärker und Folgekolben-Rückführsystem

Wird der Anker durch Signaleingabe nach rechts geschoben, so werden die an Biegefedern (4) schwenkbar aufgehängten Prallplatten (5) nach links bewegt. Dadurch wird der Abstand zwischen Prallplatte und Düse rechts kleiner und links größer, so dass sich der Widerstand rechts entsprechend vergrößert und gleichzeitig links verkleinert. Die beiden Widerstandsänderungen werden (ähnlich wie in Bild 5.18) in Verbindung mit den beiden Festwiderständen (2) in einer Halbbrücke genutzt. Die entstehende Druckdifferenz verstellt den Hauptsteuerkolben über die Ringflächen (3) nach links; der Ölstrom wird von P nach A freigegeben, B wird mit T verbunden. Der Steuerdruck verschiebt den Hauptsteuerschieber so lange, bis an beiden Prallplatten gleiche Spaltweiten erreicht sind und die Druckdifferenz verschwindet. Der Hauptsteuerkolben folgt der Bewegung der beiden Prallplatten.

**Proportional-Wegeventile.** Proportionalventile haben geringere Druckverluste und sind wesentlich billiger und robuster bei Zugeständnissen an Genauigkeit, Dynamik und Eingangsleistungen (10 bis 100 W). Ein einfaches, einstufiges Proportionalventil mit interner Magnetstromregelung wurde bereits in Bild 5.10 gezeigt. Schnelle und leistungsstarke Proportional-Wegeventile werden zweistufig ausgeführt, siehe **Bild 5.28**. Dieses hat einen Hauptsteuerkolben (1) und einen Vorsteuerkolben (2), der durch die beiden Proportionalmagnete (3) und (4) betätigt wird. Bei Ansteuerung des rechten Magneten (3) verschiebt dieser den Vorsteuerkolben (2) nach links. Das Steueröl gelangt dadurch von P über die Gehäusebohrung (5), die Steuerkerbe (6) und die Gehäusebohrung (7) in den Federraum (8) und verschiebt den Hauptsteuerkolben (1) nach rechts. Dessen Stellung wird im Wegaufnehmer (9) erfasst und im Regler (10) mit dem Sollwert verglichen. Ist der Sollwert erreicht, so wird der Magnet weniger bestromt, der Vorsteuerschieber 2

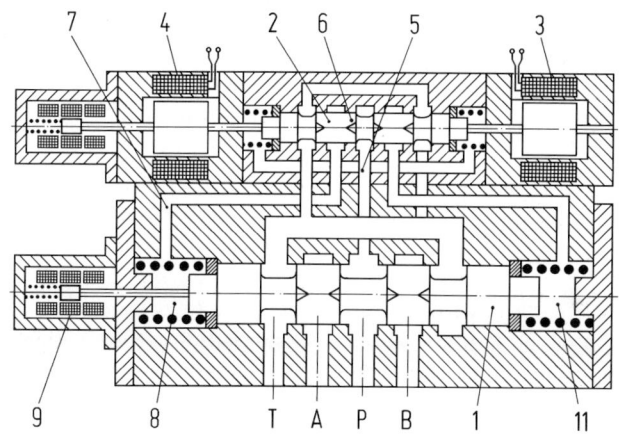

wird durch Federn zurück gestellt. Die Federräume (8) und (11) sind dann durch den Vorsteuerschieber (2) abgesperrt, und der Hauptsteuerschieber (1) bleibt in seiner Lage.
Bei Lageabweichungen wird nachgeregelt.
Auch die Stellung des Vorsteuerschiebers hat eine Lageregelung.

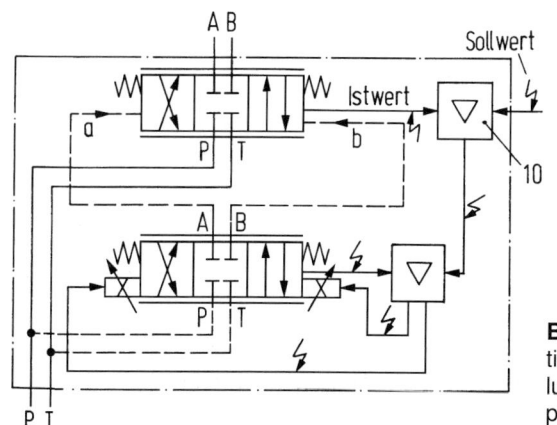

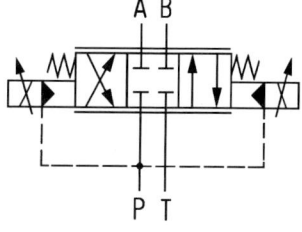

**Bild 5.28:** 2-stufiges 4/3-Proportional-Wegeventil mit Lageregelungen (links ausführlicher Schaltplan, rechts Schaltsymbol einfach)

## 5.2.4 Betriebsverhalten von Wegeventilen

### 5.2.4.1 Druckabfall in Wegeventilen

Der Druckabfall oder Druckverlust eines Wegeventils ist die Druckdifferenz $\Delta p$ zwischen Ventilein- und -ausgang. Er setzt sich im allgemeinsten Fall aus lami-

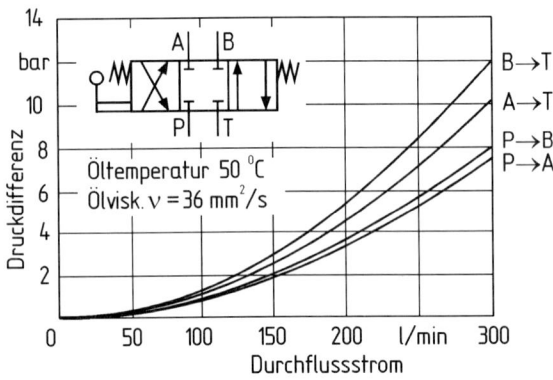

naren und turbulenten Anteilen zusammen [5.20, 5.21]. Für scharfkantige Steueröffnungen an Längsschiebern kann man für Reynolds-Zahlen über etwa 1000 mit Gl. (2.51) arbeiten und $\alpha$ mit etwa 0,7 einsetzen [5.21] (s. auch Kap. 2.3.5). Da Turbulenz vorherrscht, ergeben sich für $\Delta p$ über $Q$ für das Gesamtventil oft Parabeln mit Exponenten um 1,9 bis 2,0.

**Bild 5.29:** Druckabfall-Durchfluss-Kennlinien eines nicht drosselnden 4/3-Längsschieber-Wegeventils für volle Öffnung (Bosch-Rexroth, Nenngröße 16).

**Bild 5.29** zeigt als Beispiel typische Messwerte für die 4 möglichen Pfade eines 4/3-Wegeventils. Die Abschätzung $\Delta p \sim Q^2$ trifft für alle 4 Kurven relativ genau zu. Für einen Dauerbetrieb mit nicht drosselnden Wegeventilen sollte man den rechten Teil des Kennfeldes möglichst meiden. Die Viskosität ist zu Bild 5.29 angegeben, hat aber bei ausgebildeter Turbulenz nur geringen Einfluss auf die Kennlinien. Diese werden z. B. nach ISO 4411 ermittelt.

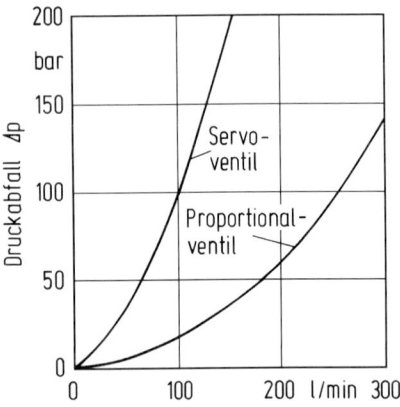

**Bild 5.30:** Durchfluss-Kennlinien eines Servo- und eines Proportionalventils. Gleicher Nenndurchfluss bei voller Öffnung (nach Backé [5.22])

Während schaltende und proportionale Wegeventile für volumetrische Steuerungen möglichst geringe Drosselverluste haben sollen, benötigt man beim Einsatz von Proportional-Wegeventilen in bestimmten Widerstandsschaltungen (z. B. Brückenschaltungen) relativ hohe Strömungswiderstände, **Bild 5.30** [5.22].

## 5.2.4.2 Statisches und dynamisches Verhalten von proportional wirkenden Wegeventilen

Das beschriebene statische und dynamische Verhalten proportional wirkender Wegeventile gilt grundsätzlich auch für entsprechende Druck- und Stromventile.

**Statisches Verhalten.** Das statische Verhalten eines Servo- oder Proportionalventils beschreibt den Zusammenhang zwischen Eingangsgröße und Ausgangsgröße nach dem Einschwingen in den stationären Zustand. Es wird durch einige wichtige Begriffe und Kennlinien dargestellt [5.23].

Die *Volumenstromverstärkung* gibt den normierten Zusammenhang an zwischen Ausgangssignal (Ölvolumenstrom $Q$) und Eingangssignal (elektr. Strom $I$).

Die *Hysterese* ist die gesamte prozentuale Bandbreite des Eingangsstroms, innerhalb derer das Ausgangssignal unverändert bleibt.

**Bild 5.31** zeigt dazu ein Beispiel für konstanten Druckabfall (z. B. bei einem Load-Sensing-Ventil). Die mittlere Durchflussverstärkung ist infolge der Nullüberdeckung sehr genau linear (vergleiche mit Bild 5.17), die Hysterese $H$ bei Nullstellung am größten. Die gute Linearität beruht auf guter Proportionalität zwischen Öffnungsquerschnitt und Volumenstrom.

Bei sehr großen Volumenströmen gibt es Einbrüche, wenn der vorgegebene konstante Druckabfall trotz Vollöffnung überschritten wird (siehe „Gehäusesättigung" [5.23]).

Die *Ansprechempfindlichkeit* gibt denjenigen Anteil des elektrischen Eingangsstroms an, der aufgebracht werden muss, um nach einem Stillstand (z. B. des Hauptsteuerkolbens) eine Änderung des Ausgangsvolumenstroms zu erhalten, wenn das Signal in der gleichen Richtung verändert wird, in der es ursprünglich gegeben wurde.

Die *Umkehrspanne* gibt den Anteil des elektrischen Eingangsstroms an, der aufgebracht werden muss, um nach einem Stillstand eine Änderung des Ausgangsvolumenstroms zu erhalten, wenn das Signal in derjenigen Richtung verändert wird, die der ursprünglich eingestellten Richtung entgegengesetzt ist.

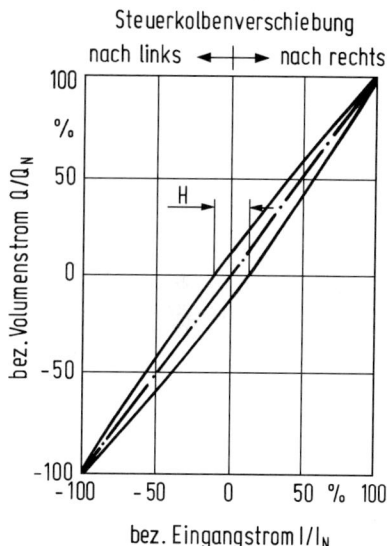

**Bild 5.31:** Durchfluss-Eingangsstrom-Kennlinie eines proportional wirkenden Wegeventils mit Nullüberdeckung bei konstantem Druckabfall. Steuerkanten ohne Kerben.

$Q_N$ ....... Nenndurchfluss-Strom
$I_N$ ....... elektrischer Nennstrom
$H$ ...... Hysterese des Stroms

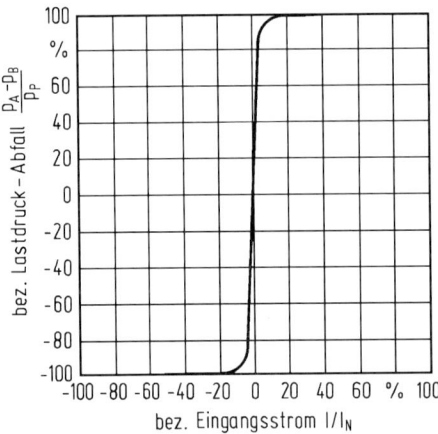

**Bild 5.32:** Druck-Eingangsstrom-Kennlinie für geschloss. Verbraucheranschluss (Herion)

$I_N$ ......... Elektrischer Nennstrom
$p_A$-$p_B$ ..... Druckdifferenz zwischen den Ventilausgängen
$p_P$ ........ Ventil-Versorgungsdruck

Die *Druckverstärkung* gibt den prozentualen Anstieg des Lastdruckes in Abhängigkeit vom steigenden Eingangssteuerstrom *I* bei blockiertem Verbraucheranschluss an, **Bild 5.32**.
Die Steigung des geraden Teils der Kennlinie ist die „Druckverstärkung" in bar/mA. Sie soll möglichst groß sein, um für das Anfahren von Servoventilen einen möglichst kleinen Eingangsstrom aufwenden zu müssen.
Der *Null-Volumenstrom* tritt in der neutralen Ventilposition infolge von Leckströmen oder negativer Überdeckung auf (Bild 5.17). Er ist wegen der Energieverluste unerwünscht, wird jedoch vor allem bei Servoventilen wegen regelungstechnischer Vorteile in Kauf genommen.

*Volumenstrom-Lastdruck-Kennlinien* geben die Zusammenarbeit eines proportional wirkenden Ventils mit einem Verbraucher wieder, **Bild 5.33**.
Dieses Diagramm ist vor allem beim Anschluss an eine sog. *Konstantdruckversorgung* (mit dem Druck $p_P$) bedeutsam.
Aufgetragen ist der bezogene Ölstrom durch das Ventil unter Last („bezogener Lastdurchfluss") über dem bezogenen Lastdruckabfall für vier bezogene elektrische Eingangsströme. Die Ventildaten sind durch den elektrischen Nennstrom $I_N$

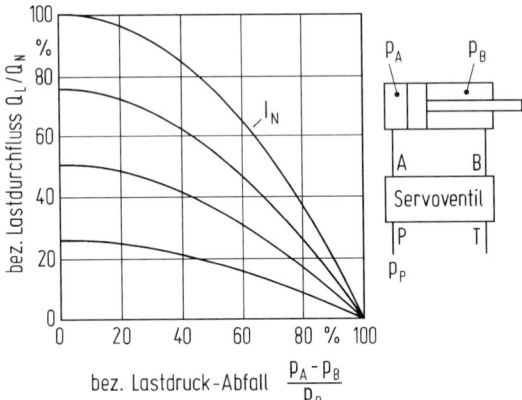

**Bild 5.33:** Durchfluss-Lastdruck-Kennlinien eines Servoventils (Herion). $Q_N$ Nenndurchfluss, $I_N$ elektrischer Nennstrom

(Eingang), den Nennvolumenstrom $Q_N$ (Ausgang) und die Konstruktion vorgegeben.

Man erkennt, dass der Volumenstrom umso mehr abfällt, je größer der Lastdruckabfall im Verhältnis zum Versorgungsdruck wird. Diese Erscheinung ist zu erwarten und mit Gl. (2.51) erklärbar. Der Lastdruckabfall wirkt als Störgröße. Um eine bessere Regelung des Verbrauchers zu erreichen, müsste dessen Istwert (z. B. Zylinder-Position) zurückgeführt werden (s. Bild 5.23).

**Dynamisches Verhalten.** Das dynamische Verhalten oder Zeitverhalten von Servo- oder Proportionalventilen ist entscheidend für die Beurteilung der Qualität der Ventile. Die Bewertung erfolgt durch Beobachtung des Ausgangswertes (Größe und Zeitverhalten) bei definierten dynamischen Eingangssignalen.

Zur Erstellung des *Bode-Diagramms* arbeitet man mit vorgegebenen sinusförmigen Eingangssignalen und wertet nach dem jeweiligen Einschwingen des Ventils die Ausgangsgröße nach Betrag und Phasennacheilung aus. Als Bezugsbasis dient der statische Zustand, dessen Eingangs- und Ausgangsamplitude werden als Nennwerte auf 100 % gesetzt. Wird die Eingangsfrequenz bei gleich gehaltener Amplitude erhöht, so erreicht jedes Ventil eine Grenze, ab der die Amplitude des Ausgangssignals abfällt, **Bild 5.34.** Aufgetragen ist das Verhältnis der normierten Ausgangs- zur normierten konstanten Eingangsamplitude („Amplitudengang"). Die in dB angegebenen Verhältnisse werden mit Gl. (3.32) aus gemessenen Prozentwerten berechnet. Ein Amplitudenverhältnis von 71/100 entspricht z. B. 3 dB – ein solcher Abfall wird nach [5.23] häufig als Grenze für den Einsatz in Regelkreisen benutzt.

In Bild 5.34 wird diese Grenze für 75 % Nenneingangsstrom bei etwa 190 Hz erreicht – es handelt sich damit um ein schnelles Ventil. Geht man mit dem Eingangssignal auf den vollen Nennwert, erniedrigt sich die Grenzfrequenz.

Die zweite Kurve betrifft die Phasennacheilung bzw. den „Phasengang".

Da mit steigender Frequenz die Zykluszeit einer Sinusschwingung (360°) absolut kürzer wird, steigt die Nacheilung in Winkel ge-

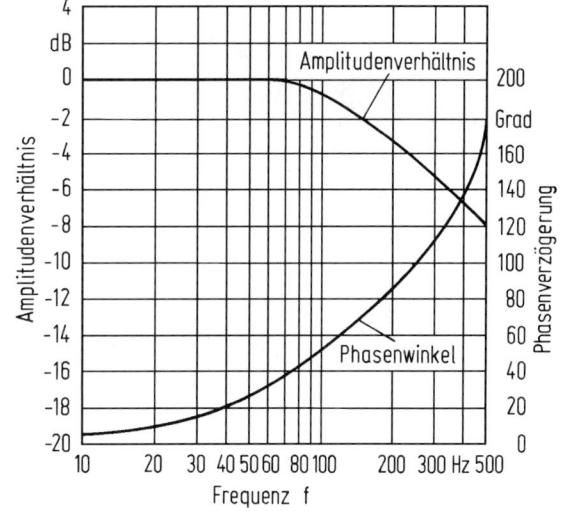

**Bild 5.34:** Bode-Diagramm für ein 2stufiges Servoventil (Herion) für 75 % Nenn-Eingangsstrom-Amplitude

messen allein schon durch diesen Effekt stark
an. Weitere Einflüsse (meistens Massenträgheiten) kommen hinzu. Beide Kennlinien sind
durch konstruktive Maßnahmen beeinflussbar.
Grundsätzlich günstig sind kleine zu bewe-
gende Massen (Schieber) und große an diesen
Massen angreifende Stellkräfte. Kräfte aus
hydrostatischen Drücken sind dabei solchen
aus Magneten weit überlegen.

Hohe *Grenzfrequenzen* bedeuten gute Dynamik und diese benötigt man bei „schnellen
Regelkreisen". Um das Zeitverhalten zu erfassen, wird an Stelle des Frequenzgangs auch
eine Sprungfunktion mit Sprungantwort benutzt, **Bild 5.35**.

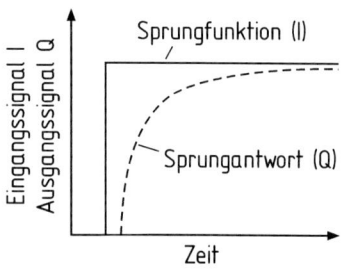

**Bild 5.35:** Sprungfunktion und
Sprungantwort

## 5.3 Sperrventile

Sperrventile sperren den Volumenstrom in
einer Richtung, lassen ihn in der entgegengesetzten Richtung durch. Damit entsprechen sie
der Diode bei elektrischen Netzen. Es gibt

– *einfache Rückschlagventile*
– *entsperrbare Rückschlagventile*
– *Drosselrückschlagventile*.

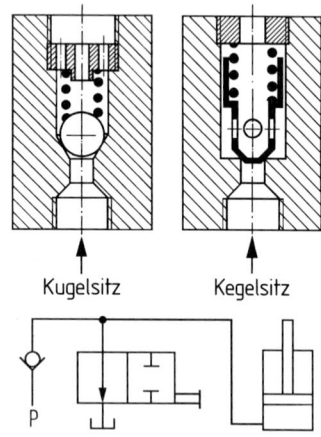

### 5.3.1 Einfache Rückschlagventile

**Bild 5.36** zeigt zwei federbelastete, einfache
Rückschlagventile. Die linke Lösung mit Kugel
ist kostengünstig. Das Beispiel „Steuerung
eines Arbeitszylinders" kommt dank des Rückschlagventils mit einem sehr einfachen Ventil
aus, z. B. mit einem (dichten) Kugelhahn.
Entsprechend der Federvorspannung beginnt
die $\Delta p$-Kennlinie über Q nach **Bild 5.37** bei
einem Druckabfall etwas über null. Der Anstieg über $Q$ ist wegen Turbulenz progressiv. Er
sollte möglichst nicht über 1 bar betragen.

**Bild 5.36:** Einfache Rückschlagventile mit Anwendungsbeispiel

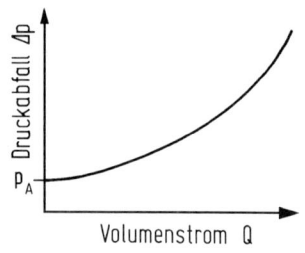

**Bild 5.37:** Kennlinie eines Rückschlagventils

## 5.3.2 Entsperrbare Rückschlagventile

Bei dieser in **Bild 5.38** gezeigten Bauart (auch „Sperrblock") kann die Sperrwirkung durch eine hydrostatische Ansteuerung aufgehoben werden. Der Sperrkörper (1) wird durch den Arbeitskolben (2, Steuerdruck $p_S$) mit einem Stößel (3) angehoben. Ein solches Ventil wird z. B. verwendet, wenn bei Ruhestellung eines nicht ganz dichten Schieber-Wegeventils das Absinken eines unter Last stehenden Kolbens verhindert werden soll. Die Kombination eines Schieberventils mit einem Sperrblock ist oft kostengünstiger und flexibler als ein Wege-Sitzventil.

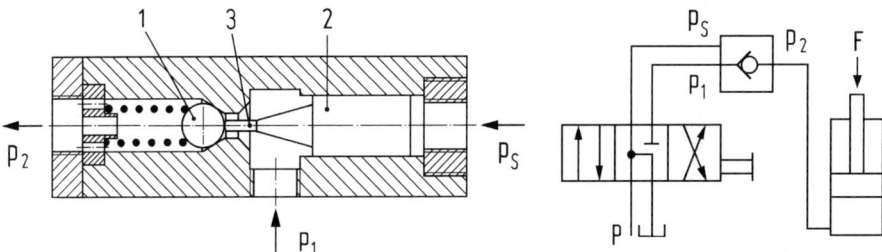

**Bild 5.38:** Entsperrbares Rückschlagventil mit Anwendungsbeispiel

## 5.3.3 Drosselrückschlagventile

Drosselrückschlagventile bestehen aus einem einfachen Rückschlagventil und einer parallel geschalteten, meist verstellbaren Drossel, **Bild 5.39**. Der Ölstrom hat von $p_1$ nach $p_2$ freien Durchfluss, beim Rücklauf wird er jedoch über die Verstelldrossel (1) geführt – z. B. für eine einstellbare Kolbenrücklaufgeschwindigkeit.

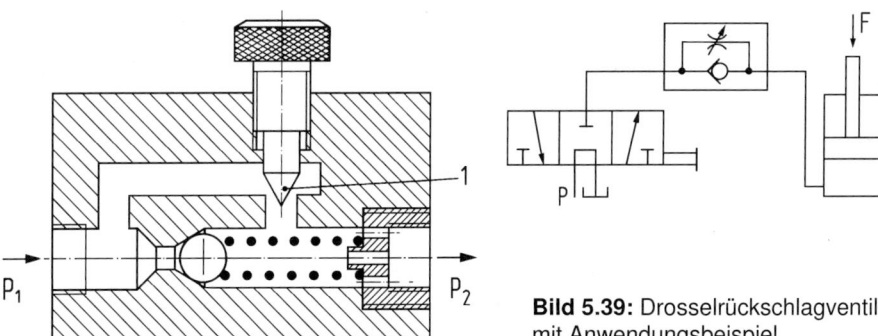

**Bild 5.39:** Drosselrückschlagventil mit Anwendungsbeispiel

## 5.4 Druckventile

Im Folgenden werden die wichtigsten Bauformen behandelt. Die Bezeichnungen entsprechen DIN-ISO 1219 (ältere Bezeichnungen in Klammern).

- *Druckbegrenzungsventile* (Überdruckventile, Sicherheitsventile)
- *Druckverhältnisventile* (Druckstufenventile)
- *Folgeventile* (Zuschaltventile)
- *Druckregel- oder Druckreduzierventile* (Druckminderventile)
- *Differenzdruckregelventile* (Druckgefälleventile)
- *Kombinierte Druckventile.*

### 5.4.1 Druckbegrenzungsventile

Druckbegrenzungsventile (Übliche Abkürzung: DBV) dienen vor allem dazu, Anlagen vor Überlastung zu schützen. Daneben werden sie auch zur Einstellung konstanter (meist kleiner) Steuerdrücke oder saugseitiger Vordrücke (z. B. bei hydrostatischen Getrieben) benutzt. Beim Ansprechen wird die hydrostatische Energie voll in Verlustwärme umgewandelt.

Man unterscheidet *direktgesteuerte* und *vorgesteuerte* Druckbegrenzungsventile.

**Direktgesteuerte Druckbegrenzungsventile.** Das in **Bild 5.40 links** abgebildete DBV arbeitet mit einem Längsschieber. Sobald die hydrostatische Kraft aus $p_1$-$p_0$ an den Stirnflächen größer ist als die Federkraft, bewegt sich der Kolben nach oben und gibt den Durchfluss frei. Bei dem in **Bild 5.40 rechts** gezeigten DBV mit Kegelsitz hebt die Druckdifferenz den Sitzkegel (5) über Zuläufe (2) gegen die Federkraft (1) ab. Der Dämpfungskolben (3, 4) wirkt Schwingungen entgegen.

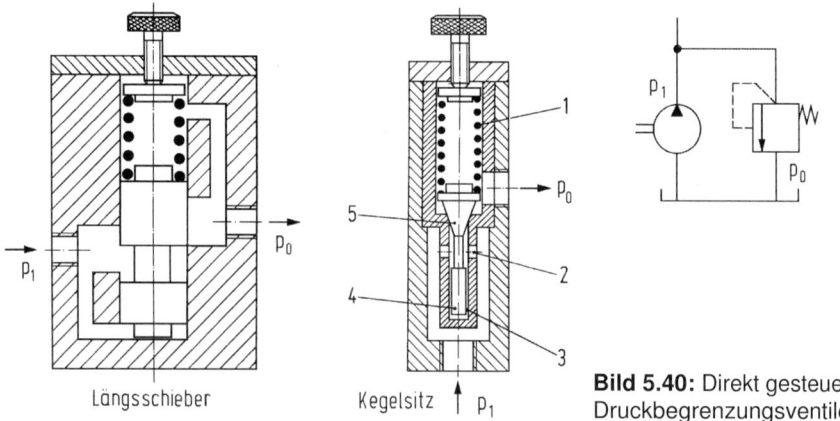

**Bild 5.40:** Direkt gesteuerte Druckbegrenzungsventile

Das Öl strömt bei $p_0$ in den Tank ab. Beide Bauarten neigen zum Schwingen, z. B. angeregt durch Förderstrom- und Druckpulsation [5.24-5.27]. Dadurch können laute Geräusche entstehen. Für die Eigenfrequenz $f$ der Mechanik gilt bei Vernachlässigung des Dämpfungseinflusses:

$$f = \frac{\omega}{2\pi} = \frac{1}{2\pi} \cdot \sqrt{\frac{c}{m}} \tag{5.1}$$

oder (einfacher zu merken) als Winkelgeschwindigkeit $\omega$:

$$\omega = \sqrt{\frac{c}{m}} \tag{5.2}$$

mit $m$ als bewegte Masse und $c$ als Federrate. Man wirkt den Schwingungen durch Dämpfungskräfte an der beweglichen Masse entgegen – links in Bild 5.40 durch die Scherreibung des Schiebers, rechts durch die Scherreibung des Dämpfungskolbens 4. Überwiegen die Dämpfungskräfte gegenüber den Massenkräften, kann die Eigenfrequenz nach [5.28] berechnet werden.

**Vorgesteuerte Druckbegrenzungsventile.** Bei größeren Drücken, vor allem aber bei größeren Volumenströmen (über 150 bis 200 1/min) ergeben sich für direkt gesteuerte Druckbegrenzungsventile große Hübe, Federkräfte und Abmaße. Daher verwendet man hier häufig vorgesteuerte DBV. Sie haben in der Regel auch eine flachere Druckabfall-Durchfluss-Kennlinie (s. Kap. 5.4.9), sind weniger schwingungsanfällig und können hydrostatisch ferngesteuert werden. Sie sind teurer als direkt gesteuerte DBV. **Bild 5.41** zeigt ein verbreitetes Konstruktionsprinzip. Der Eingangsdruck $p_1$ wirkt über die Drosselbohrung (1) auf den Sitzkegel (2) des Vorsteuerventils und öffnet dieses, sobald die über die Feder (3) eingestellte Druckdifferenz $p_1$-$p_0$ überschritten wird (Abfluss bei 4). Dieser Ölstrom bewirkt einen Druckabfall an der Drossel (1), wo-

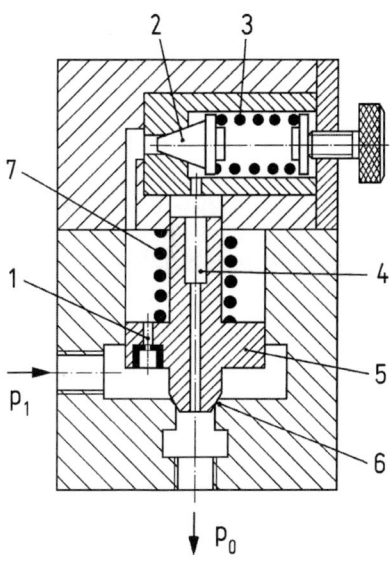

**Bild 5.41:** Vorgesteuertes Druckbegrenzungsventil

durch der Druck auf der Oberseite des Hauptkolbens gegenüber $p_1$ entsprechend absinkt, was bei Überwindung der (relativ weichen) Feder (7) zum Anheben des Ventilkörpers (5) und zum Durchfluss bei (6) führt.

## 5.4.2 Druckverhältnisventile

Druckverhältnisventile (früher als Druckstufenventile bezeichnet) haben die Aufgabe, den Eingangsdruck $p_1$ proportional zu einem aufgegebenen Steuerdruck zu halten, **Bild 5.42**. Der Steuerdruck $p_S$ wirkt auf die obere Fläche des Steuerkolbens gegen den auf die untere Fläche wirkenden Eingangsdruck $p_1$. Die Größe der beiden Flächen bestimmt das Proportionalitätsverhältnis, das sich über die Drosselung im Ablauf einstellt. Das Anwendungsbeispiel zeigt die Steuerung eines Pumpenausgangs-

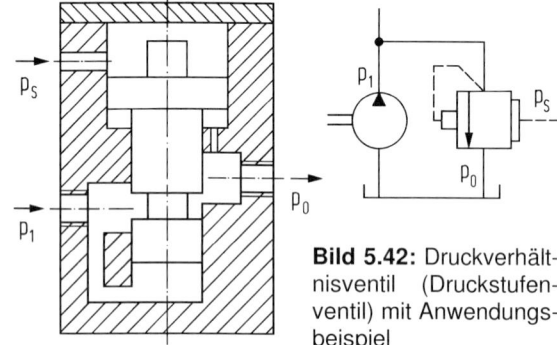

**Bild 5.42:** Druckverhältnisventil (Druckstufenventil) mit Anwendungsbeispiel

druckes. Auch dieser kann selbst der Steuerdruck sein.

## 5.4.3 Folgeventile

Die Aufgabe der Folgeventile (früher: Zuschaltventile) ist es, einen Verbraucher erst dann hinzuzuschalten, wenn der Eingangsdruck $p_1$ einen Wert erreicht hat, der gleich oder größer ist als ein über die Feder einstellbarer Sollwert, **Bild 5.43**.
Dieses Ventil ähnelt einem DBV, jedoch führt nicht eine Druckdifferenz, sondern nur der Eingangsdruck zum Öffnen. Der Gegendruck hat bewusst keinen Einfluss – so kann man kleine Druckab-

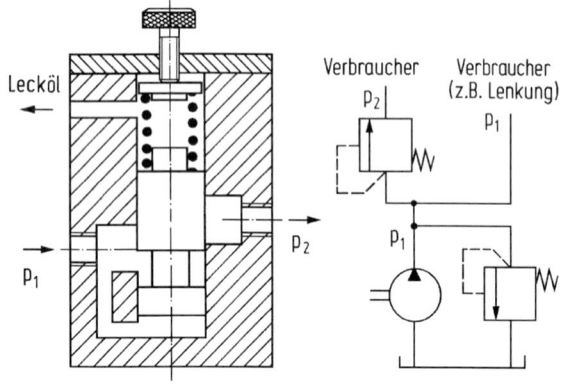

**Bild 5.43:** Folgeventil (Zuschaltventil) mit Anwendungsbeispiel

fälle und damit geringe Verluste erreichen.

Das Anwendungsbeispiel zeigt die Versorgung einer Lenkung ($p_1$) mit Priorität vor einem zweiten Verbraucher ($p_2$). Dieser wird erst dann zugeschaltet, wenn der Nenndruck der Lenkung erreicht ist (Vorrang aus Sicherheitsgründen).

## 5.4.4 Druckregel- oder Druckreduzierventile

Das Druckregelventil (auch Druckminderventil) hält den Ausgangsdruck $p_2$ unabhängig vom Eingangsdruck $p_1$ konstant. Aus physikalischen Gründen ist $p_2 < p_1$. Wie in **Bild 5.44** gezeigt, wirkt der Ausgangsdruck $p_2$ auf die untere Kolbenfläche gegen den eingestellten Federdruck. Steigt $p_2$ an, so wird die Durchflussöffnung gegen den Federdruck verkleinert und $p_2$ sinkt wieder auf den eingestellten Wert.

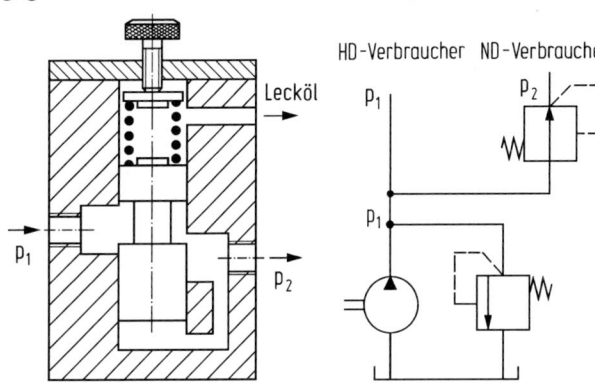

**Bild 5.44:** Druckregel- oder Druckreduzierventil (Druckminderventil) mit Anwendungsbeispiel

## 5.4.5 Differenzdruckregelventile

Das Differenzdruckregelventil (früher: Druckgefälleventil) hält die Druckdifferenz zwischen Eingangsdruck $p_1$ und Ausgangsdruck $p_2$ konstant. Es ist dem Druckbegrenzungsventil ähnlich, jedoch immer auch für Gegendrücke geeignet.

Nach **Bild 5.45** wirkt bei diesem Ventil $p_1$ auf die untere und $p_2$ auf die obere Seite des Kolbens. Die resultierende Kraft aus der Druckdifferenz steht mit der Federkraft im Gleichgewicht. Sinkt die Druckdifferenz, schiebt die Feder den Kolben

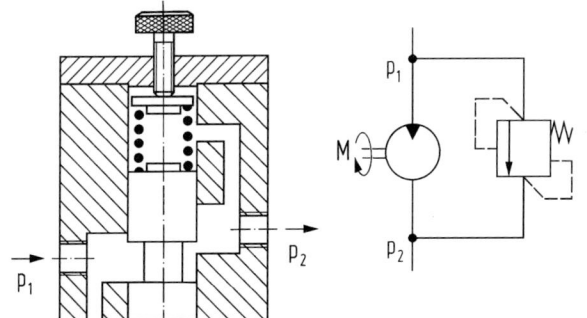

nach unten und verkleinert die Durchflussöffnung, so dass sich $p_1 - p_2$ wieder vergrößert.

Beim Anwendungsbeispiel wird das Abtriebsmoment $M$ eines Ölmotors über die Druckdifferenz nach Gl. (2.22) konstant gehalten.

**Bild 5.45:** Differenzdruckregelventil (Druckgefälleventil, Druckwaage) mit Anwendungsbeispiel

## 5.4.6 Kombinierte Druckventile

**Schließventile.** Die Aufgabe eines Schließventils (auch „Abschaltventil") besteht darin, eine normalerweise offene Durchflussstellung zu schließen, wenn der Ausgangsdruck $p_2$ einen eingestellten Maximalwert überschreitet.

Bei der in **Bild 5.46** gezeigten Ausführung handelt es sich um die Kombination eines Druckregelventils mit einem Rückschlagventil. Normalerweise hält der Stößel (1) das Rückschlagventil (2) offen. Wenn $p_2$ den eingestellten Grenzwert überschreitet, wird die obere Feder so weit zusammengedrückt, dass das Rückschlagventil schließt.

Das SV wird zum Schutz von Geräten, hier eines Manometers, eingesetzt.

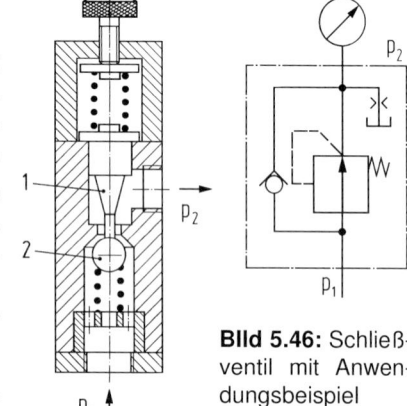

**Bild 5.46:** Schließventil mit Anwendungsbeispiel

**Leerlaufventile.** Das Leerlaufventil soll den Pumpenölstrom vom Verbraucher abkoppeln und auf drucklosen Umlauf (Leerlauf) schalten, sobald ein eingestellter Verbraucherdruck $p_2$ erreicht ist. **Bild 5.47** zeigt dazu die Kombination eines Rückschlagventils (1) mit einem Druckbegrenzungsventil. Wenn der Verbraucherdruck $p_2$ den mit der Feder eingestellten Abschaltdruck erreicht, öffnet der Steuerkolben (2) das Kegelsitzventil (3), der Ölstrom wird entlastet und das Rückschlagventil (1) schließt. Um gute Abschaltphasen mit geringer Androsselung zu erreichen, muss das DBV eine Hysterese aufweisen. Die Anwendung zeigt die zyklische Aufladung eines Konstantdrucksystems.

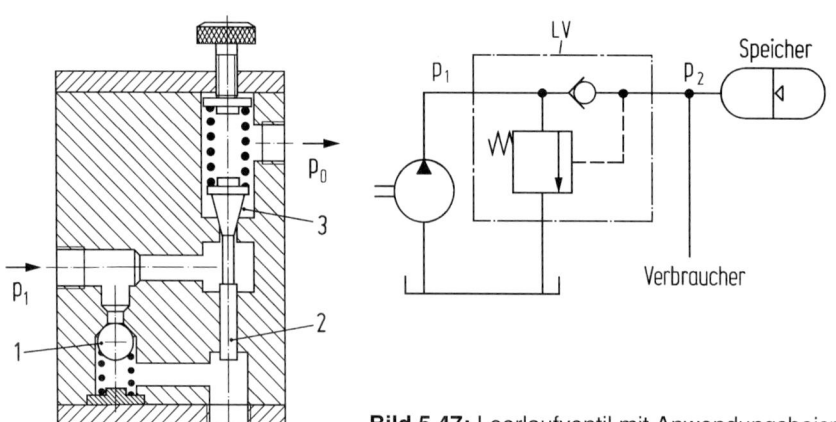

**Bild 5.47:** Leerlaufventil mit Anwendungsbeispiel

**Zweistufenventile.** Das in **Bild 5.48** gezeigte Zweistufenventil dient dazu, die Förderströme von zwei Eingängen ($Q_1$, $Q_2$) in Abhängigkeit von einem Ausgangsdruck $p_3$ nach folgender Bedingung zu steuern:

solange $p_3 < p_{DBV\,1}$ : $Q_3 = Q_1 + Q_2$

sobald $p_3 > p_{DBV\,1}$ : $Q_3 = Q_2$ , $p_3 = p_2$, $p_1 = 0$

Damit wird erreicht, dass bei niedrigem Druck (ND) beide Ölströme (Pumpen) belastet werden, während bei Hochdruck (HD) nur der Eingang 2 (Pumpe 2) arbeitet und Eingang (1) drucklos fördert. Die Pumpen werden gut ausgenutzt, Drosselverluste verringert und die Gesamtleistung ändert sich weniger als bei Verwendung einer Pumpe. Im Einzelnen arbeitet das Ventil wie folgt: Solange der Verbraucherdruck $p_3$ kleiner ist als der Einstellwert des ND-DBV 1, fördern HD- und ND-Pumpe gemeinsam über die Rückschlagventile (2) und (3) zum Verbraucher. Steigt der Verbraucherdruck $p_3$ an, so steigt auch $p_2$, wirkt über die Drosselbohrung (4) auf den Kolben (5) und öffnet den Durchgang zum Rücklauf ($p_0$), so dass der ND-Förderstrom drucklos zum Behälter zurückfließen kann. Das Rückschlagventil (2) schließt dann, das HD-DBV (7) sichert die HD-Pumpe ab. Bei Ausfall der HD-Pumpe fördert die ND-Pumpe auch über das Rückschlagventil (6) und über Drossel (4) auf die linke Seite des ND-DBV; damit ist auch die ND-Pumpe abgesichert.

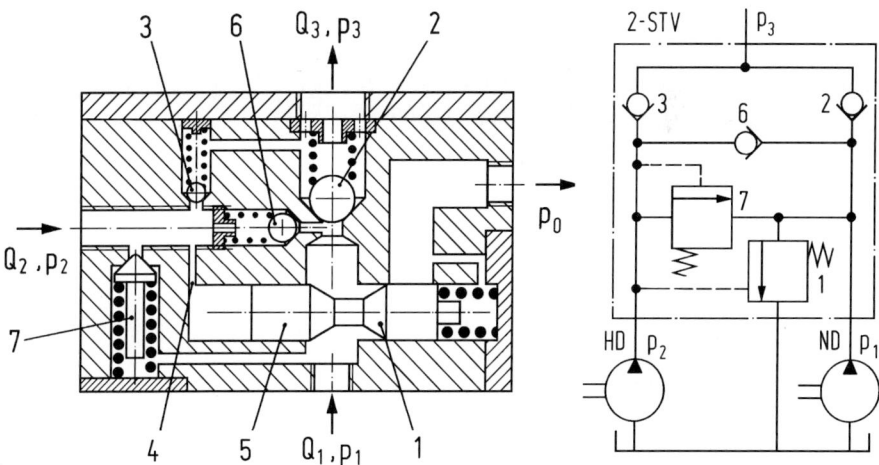

**Bild 5.48:** Zweistufenventil mit Anwendung auf zwei Pumpen. Bei niedrigem Öldruck werden beide Pumpen belastet, bei hohem Druck nur Pumpe 2 - Pumpe 1 drucklos. Pumpe 2 kleiner angenommen als Pumpe 1 (siehe Größe der Kanäle)

## 5.4.7 Proportional-Druckventile

Druckventile, wie Druckbegrenzungsventile und Druckregelventile, können auch mit proportional wirkenden elektromagnetischen Wandlern ausgerüstet werden, die mit Direktsteuerung oder mit Vorsteuerung arbeiten. Sie werden als Proportional-Druckventile bezeichnet und mit *kraftgesteuerten* oder mit *lagegeregelten* Proportionalmagneten ausgerüstet. Zur Kraftsteuerung war mit Bild 5.8 schon ein gängiges Beispiel besprochen worden. **Bild 5.49** zeigt eine nicht so häufige lageregelte Betätigung. Der Lageregelkreis mit dem induktiven Positionssensor sorgt über den Magnet (1) für eine kontrollierte Zusammendrückung der Feder (2). Daraus resultiert ein gesteuerter Öffnungsdruck (3).

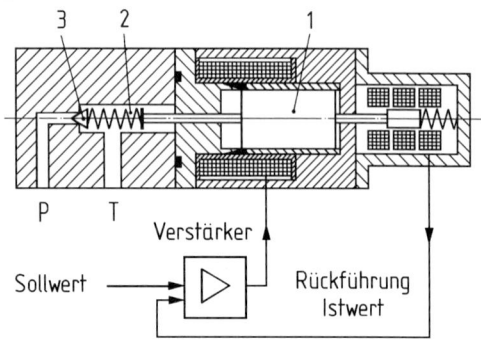

Die angewandte Elektrik und Elektronik ersetzt an sich nur die Einstellschraube für die Federvorspannung, ermöglicht aber eine elektrische Fernsteuerung mit variablen Sollwerten und ist erst damit für moderne Programm- und Prozesssteuerungen geeignet.

**Bild 5.49:** Druckbegrenzungsventil mit lagegeregeltem Proportionalmagnet

## 5.4.8 Betriebsverhalten von Druckventilen

Zu unterscheiden ist zwischen *statischem* und *dynamischen* Betriebsverhalten.

**Statisches Verhalten.** Gefordert wird:
– *möglichst flache Kennlinie*
– *geringe Differenz zwischen Öffnungsdruck und Schließdruck*
– *Dichtheit im Ruhezustand.*

Das statische Verhalten wird durch die in **Bild 5.50** schematisiert dargestellten Kennlinien beschrieben. Das DBV öffnet, sobald der Öffnungsdruck $p_0$ erreicht ist, der Volumenstrom $Q$ beginnt zu fließen. Steigt der Druck wei-

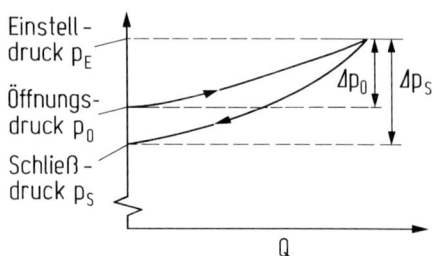

**Bild 5.50:** Statische Kennlinie eines direktgesteuerten Druckbegrenzungsventils

ter, steigt auch der Volumenstrom und der Ventilkörper drückt die Feder stärker zusammen. Deren Kennlinie und die Strömungsverluste prägen den Anstieg bis $p_E$, der bei Vorsteuerung kleiner ist als bei Direktsteuerung.

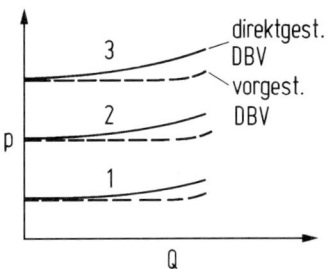

**Bild 5.51:** Öffnungsdruck *p* über Volumenstrom *Q* ausgeführter Druckbegrenzungsventile, nach Bosch. 1, 2, und 3 sind einge-stellte Druckstufen

Beim Schließen des DBV fällt der Druck unter $p_0$ auf den Schließdruck $p_S$ ab. Dieser ist vor allem infolge mechanischer Reibung (z. B. an der Feder) kleiner als $p_0$.
Dieser Effekt wirkt normalerweise störend. Er kann aber auch nützlich sein, Bild 5.47.
Für praktisch ausgeführte DBV ergeben sich Kennlinienfelder ähnlich denen von **Bild 5.51**. Man erkennt den flacheren Druckverlauf von vorgesteuerten Druckbegrenzungsventilen ge-genüber direktgesteuerten. Rechter Anstieg vor allem durch Strömungsverluste.

**Dynamisches Verhalten.** Gefordert werden
– möglichst kurze *Ansprechzeiten*
– möglichst *schwingungsarmes* Arbeiten.

Das dynamische Verhalten eines DBV ist nicht allein von der Bauart des Ventils, sondern auch von den Eigenschaften des Hydrauliksystems abhängig. Die Bedäm-pfung des DBV (Kap. 5.4.1) reduziert dessen Schwingungen, verringert aber auch die Ansprechzeit. Diese ist ohne Berücksichtigung der Dämpfung umgekehrt pro-portional zur Eigenfrequenz. Nach Gl. (5.1) sind hinsichtlich des dynamischen Verhaltens kleine Massen und eine hohe Federsteifigkeit günstig, denn sie ergeben geringe Ansprechzeiten. Andererseits hat aber eine hohe Federsteifigkeit ein weniger gutes statisches Verhalten zur Folge, weil sich die beim Öffnen relativ steil ansteigende Federkraft ungünstig in der Kennlinie abbildet. Das dynamische Verhalten wird durch die in **Bild 5.52** gezeigte Übertragungsfunktion wiederge-geben; der Schaltplan zeigt die dafür benutzte Versuchseinrichtung.

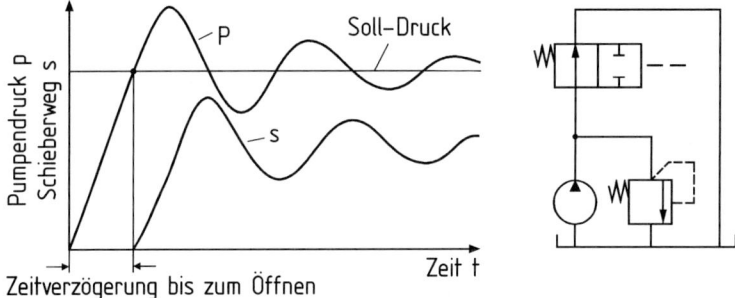

**Bild 5.52:** Dynamisches Verhalten (Übergangsfunktion) eines direktgesteuerten Druck-begrenzungsventils (DBV) mit Versuchsanordnung (nach Brodowski [5.24])

Für die Beurteilung von Proportio-
nal-Druckventilen ist die Druck-
Eingangsstrom - Kennlinie von Bedeutung, **Bild 5.53**, die durch eine
geringe Hysterese gekennzeichnet
ist. Nach Zehner [5.29] lassen sich
die statischen und dynamischen
Kennlinien vorgesteuerter Druckventile nochmals verbessern, wenn
man die Ist-Drücke elektronisch
misst und in einem geschlossenen
Regelkreis zurückführt.

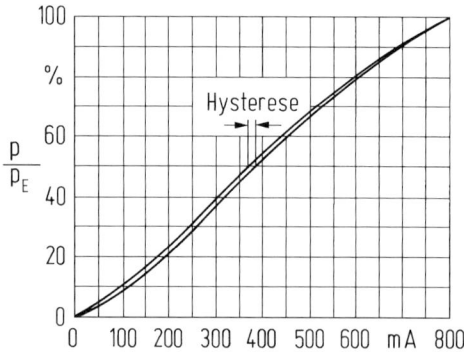

**Bild 5.53**: Beispiel für die Druck-Eingangsstrom-Kennlinie eines Proportional-Druckbe-
grenzungsventils (Herion)

## 5.5 Stromventile

Soll ein Verbraucher unter Verwendung einer Konstantpumpe mit einer bestimmten vorgegebenen Drehzahl bzw. Geschwindigkeit betrieben werden, so kann man
den zugeführten Volumenstrom mit Hilfe von Stromventilen steuern oder regeln.
Das ergibt meistens kostengünstigere Gesamtlösungen als bei Verwendung einer
Verstellpumpe. Nachteilig sind die hohen Energieverluste, insbesondere wenn der
nicht benötigte, unter Lastdruck stehende Restölvolumenstrom in den Tank abge-
führt werden muss. Stromventile können unterteilt werden in:
- *Drosselventile* (konstant oder verstellbar)
- *Stromregelventile* (mit 2 oder 3 Anschlüssen)
- *Stromteilerventile* (mit verschiedenen Teilungsverhältnissen).

### 5.5.1 Drosselventile

**Konstantdrosseln.** Elementare Ausführungsformen für Konstantdrosseln arbeiten
mit langen feinen Kanälen, Bohrungen oder Blenden, **Bild 5.54**. Die lange Drosselbohrung (links) ergibt bei kleinen *Re*-Zahlen laminare Strömung – Gl. (2.35) und
(2.41). Dagegen herrscht bei Drosselblenden in der Regel Turbulenz, Gl. (2.51).
Vorteilhaft ist hier der sehr geringe Viskositätseinfluss. Ein scharfkantiges Bohr-
loch wirkt wie eine Blende – etwa bis „Lochlänge gleich Durchmesser".

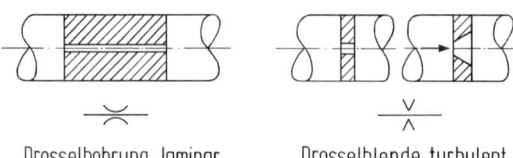

Drosselbohrung, laminar          Drosselblende, turbulent

**Bild 5.54:** Laminare
und turbulente Kon-
stantdrosseln

Für überschlägige Berechnungen vereinfacht sich Gl. (2.50) mit $\alpha = 0,707$ zu

$$\Delta p \approx \rho(Q/A)^2 \tag{5.3}$$

**Drosselventile.** Verstellbare Drosseln werden in verschiedenen Ausführungen angeboten. **Bild 5.55** zeigt drei Bauarten und deren Anwendung für eine hydrostatische Bremse, die z. B. für die Lastprüfung oder Wirkungsgradbestimmung von Getrieben verwendet wird (Schaltplan vereinfacht, ausführlicher siehe Kap. 9).

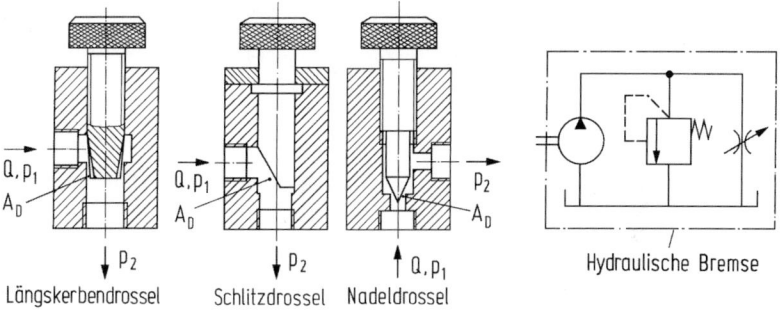

**Bild 5.55:** Verstellbare Drosselventile mit Anwendungsbeispiel Leistungsbremse

## 5.5.2 Stromregelventile

**2-Wege-Stromregelventile.** 2-Wege-Stromregelventile sollen unabhängig von Druck und Viskosität einen konstanten Volumenstrom durchlassen.
Diese Aufgabe wird mit Hilfe einer Messblende (1) gelöst. **Bild 5.56.** Deren Druckabfall $p_1 - p_2$ verstellt den Durchflussquerschnitt der Verstelldrossel (2) so, bis

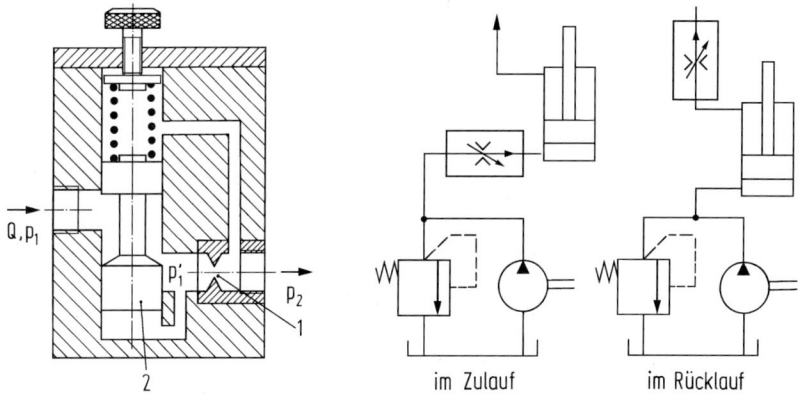

**Bild 5.56:** 2-Wege-Stromregelventil mit Anwendungsbeispielen (stark vereinfacht)

Gleichgewicht am Schieber herrscht. Die Druckkraft von unten ($p_1'$) ist dann gleich groß wie die Druckkraft von oben ($p_2$) plus der Federkraft (Prinzip der Druckwaage). Sinkt $Q$, so wird $p_1'$ - $p_2$ kleiner, die Feder drückt den Schieber nach unten, der Querschnitt wird größer, $Q$ steigt an. Die einstellbare Federkraft bestimmt den Sollwert. Schaltet man dieses Stromregelventil unmittelbar hinter eine Konstantpumpe, so kann diese zu Bruch gehen, wenn ihr Ölstrom größer ist als der Ventil-Durchlass. Deswegen ist unbedingt ein Druckbegrenzungsventil nötig, siehe Bild 5.56 rechts. Grundsätzlich kann die Messblende am Ventileingang oder -ausgang (wie hier dargestellt) eingebaut sein. Der am Schieber entstehende Druckabfall $p_1$ - $p_1'$ tritt entsprechend vor oder hinter der Blende auf. Nach [5.30] sollte die Messblende an dem Ventilanschluss mit den größeren Druckschwankungen liegen. Daher wird im Zufluss zu Verbrauchern meist ein 2-W-STRV mit in Strömungsrichtung nachgeordneter Messblende verwendet, während die umgekehrte Anordnung eher für Positionen im Rückfluss typisch ist.

**3-Wege-Stromregelventile.** Das 3-Wege-Stromregelventil arbeitet ähnlich wie das 2-Wege-Stromregelventil mit einer Messblende (1), **Bild 5.57**. Der entscheidende Unterschied besteht darin, dass der Überschussstrom (Reststrom) bei (2) über einen internen Bypass abgezweigt wird und am Anschluss (3) austritt.

Das Anwendungsbeispiel zeigt die Regelung der Arbeitsgeschwindigkeit eines Hydrozylinders (Ausfahren langsamer als Einfahren).

Der Reststrom $Q_0$ fließt hier in den Tank. Der Leistungsverlust $P_V = Q_0 \, (p_1 - p_0)$ kann durch eine „Reststromnutzung" verringert werden ($p_0$ anheben, s. Kap. 8).

Das 3-Wege-Stromregelventil kann wegen des variablen Eingangsölstroms grundsätzlich nur im Zulauf des Verbrauchers eingesetzt werden.

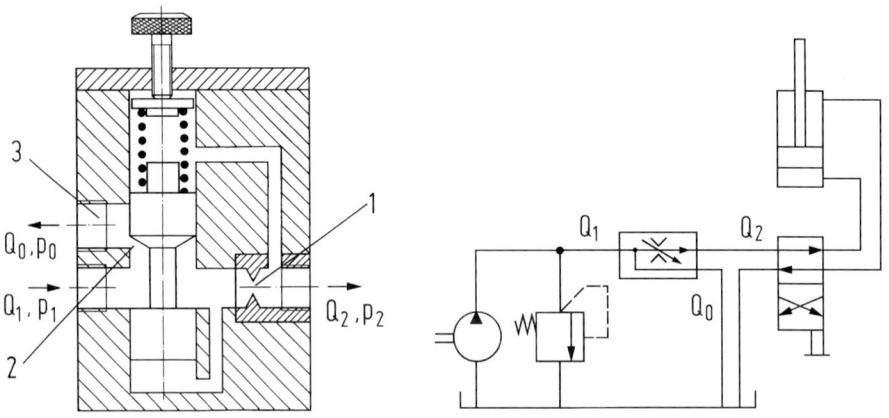

**Bild 5.57:** 3-Wege-Stromregelventil mit Anwendungsbeispiel

## 5.5.3 Stromteilventile

Stromteilventile haben die Aufgabe, unabhängig vom Druck einen Eingangsförderstrom in zwei Teilförderströme aufzuteilen, die in einem vorbestimmten Verhältnis zueinander stehen. Der Eingangsölstrom $Q$ teilt sich nach **Bild 5.58** über die Blenden (1) und (2) auf. Der „schwimmende" Schieber (3) der Druckwaage

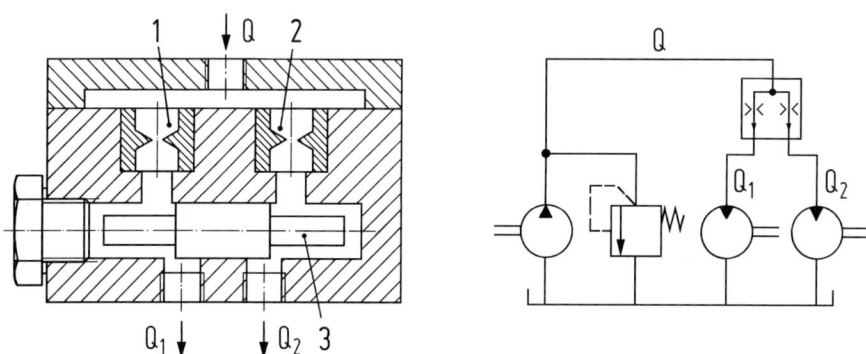

**Bild 5.58:** Stromteilventil mit Anwendungsbeispiel

stellt die Querschnitte an den unteren Steuerkanten so ein, dass an beiden Stirnflächen gleicher Druck herrscht. Sinkt z. B. $Q_1$ im Verhältnis zu $Q_2$ etwas ab, wird der Druckabfall an der Blende (1) kleiner als an (2). Der Schieber (3) bewegt sich nach rechts, so dass $Q_1$ wieder anwächst. Gleiche Drücke links und rechts am Schieber bedeuten genau gleiche Druckabfälle an den beiden Drosseln. Modelliert man damit das Verhältnis der Teilförderströme nach Gl. (2.51), kürzt sich alles heraus bis auf die Blenden-Querschnittsflächen. Deren Verhältnis bestimmt daher das Verhältnis der Teilströme $Q_1$ und $Q_2$. Der Schieber kann über die Drosselung an seinen Steuerkanten auch unterschiedliche Lastdrücke bewältigen. Das Beispiel zeigt den Antrieb von zwei Ölmotoren, deren Drehzahlverhältnis auf den Wert „konstant" gesteuert wird.

## 5.5.4 Proportional-Stromventile

Mit Hilfe von Proportionalmagneten (mit barometrischer Rückführung – siehe Kap. 5.1.3.4 – oder Lageregelung) können Stromventile mit verstellbaren Messblenden verwirklicht werden. **Bild 5.59** zeigt dazu ein 2-Wege-Stromregelventil, bei dem der Drosselschieber (1) durch einen kraftgesteuerten Proportionalmagneten (2) gegen eine Feder verstellt wird. Der Druckabfall $p_1 - p_2´$ wirkt auf die nachgeordnete Druckwaage 3. Deren innerer hülsenartiger Schieber wird von links sowohl

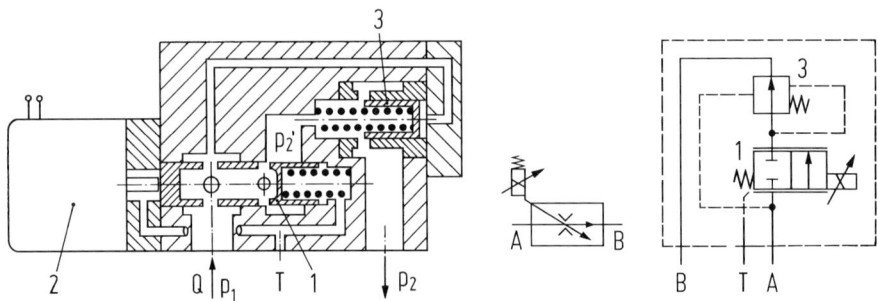

**Bild 5.59:** 2-Wege-Proportional-Stromregelventil (nach Hoerbiger)

mit $p_2'$ plus Federkraft und von rechts durch $p_1$ beaufschlagt. Steigt $Q$ an, so sinkt $p_2'$ und $p_1$ verschiebt den Schieber der Druckwaage (3) nach links, so dass $Q$ wieder abfällt und umgekehrt.

Eine andere Erklärung ist wie folgt möglich: Die Druckwaage (3) hält den Druckabfall $p_1 - p_2'$ am Schieber (1) konstant. Damit bestimmt die Schieberposition über den Öffnungsquerschnitt den Durchflussstrom nach der Blendengleichung (2.51) – ähnlich wie beim Load-Sensing-Prinzip unabhängig vom Lastdruck.

## 5.5.5 Betriebsverhalten von Stromventilen

Grundsätzlich ist auch bei Stromventilen zwischen *statischem* und *dynamischem* Betriebsverhalten zu unterscheiden [5.31].

**Betriebsverhalten konstanter und verstellbarer Drosseln.** Wie in Kap. 2.3.5 bezüglich Strömungsmechanik dargelegt und in Bild 5.54 bezüglich Geometrie veranschaulicht, gibt es bezüglich der Kennlinien $Q(\Delta p)$ zwei typische Fälle:

– *Laminare* Strömung: $\Delta p \sim Q$, exakt lineare Funktion wie z. B. bei Gl. (2.39)
– *Turbulente* Strömung: $\Delta p \sim Q^2$, etwa quadratische Funktion wie bei Gl. (2.51).

„Etwa quadratisch" wegen der leichten Abhängigkeit des Beiwerts $\alpha$ von der Reynolds-Zahl. Der Vorteil der exakten Linearität $\Delta p \sim Q$ der *laminaren* Drosseln wird leider durch den Einfluss der Temperatur auf die Viskosität getrübt. Im Gegensatz dazu sind die Kennlinien $\Delta p(Q)$ für *turbulente* Drosseln von der Viskosität weitgehend unabhängig (günstig). *Verstellbare* Drosseln (Drosselventile) arbeiten meistens mit Turbulenz, siehe **Bild 5.60 links**.

**Betriebsverhalten von 2- und 3-Wege-Stromregelventilen.** Die *statische* Kennlinie $Q(\Delta p)$ verläuft im Gegensatz zu den Kennlinien von Drosselventilen aufgabengemäß in einem weiten Bereich horizontal, **Bild 5.60 rechts** (schematisch für ein einfaches Ventil) und **Bild 5.61** (aus Messungen nach [5.32]).

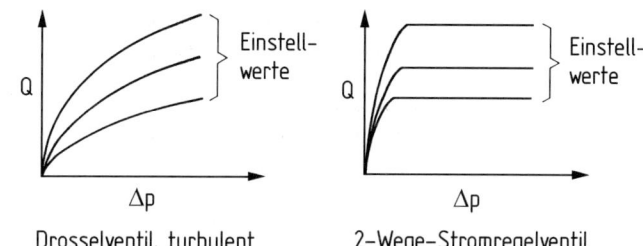

**Bild 5.60:** Typische statische Kennfelder für Drossel- und Stromregelventile

Drosselventil, turbulent          2-Wege-Stromregelventil

Eine Kennfeldlücke tritt bei hohen Volumenströmen und kleinen Druckabfällen auf, kleinere Abweichungen von der $Q$-Konstanz sind in Bild 5.61 bei hohen Ölströmen sichtbar. Noch bessere Kennfelder lassen sich durch aufwendigere Ventilkonzepte mit Volumenstromsensor und Kraftrückführung erreichen [5.32]. Dieses ist u a. bei Gleichlaufsteuerungen wichtig.

Beim *dynamischen* Verhalten ist vor allem der Zeitverzug der Schieberbewegung bei rascher Änderung des Zulaufstromes von Bedeutung. Er kann durch Aufgabe einer Sprungfunktion und Beobachtung der Sprungantwort erfasst werden (Bild 5.35). Das hat nicht nur für rasche Änderungen des Zulaufstromes beim laufenden Betrieb Bedeutung, sondern ebenso bei Lastdrucksprüngen [5.32] oder auch beim schnellen Einschalten des Ölstromes. Entsprechend Bild 5.56 und 5.57 ist der Schieber für diesen Zustand (d. h. ohne Blendendruckabfall) in Ruhestellung voll für den Ausgangsvolumenstrom geöffnet. Wird der Volumenstrom von null aus nun rasch erhöht, entsteht wegen der Zeitverzögerung kurzzeitig ein zu hoher Vo-

**Bild 5.61:** Statisches Kennfeld für ein vorgesteuertes 2-Wege – Stromregelventil, NG 25 mit barometrischer Ansteuerung der Druckwaage (Feder). Öltemperatur 50 °C Ölviskosität 32 mm²/s E1 bis E7 Einstellpositionen.

(nach [5.32])

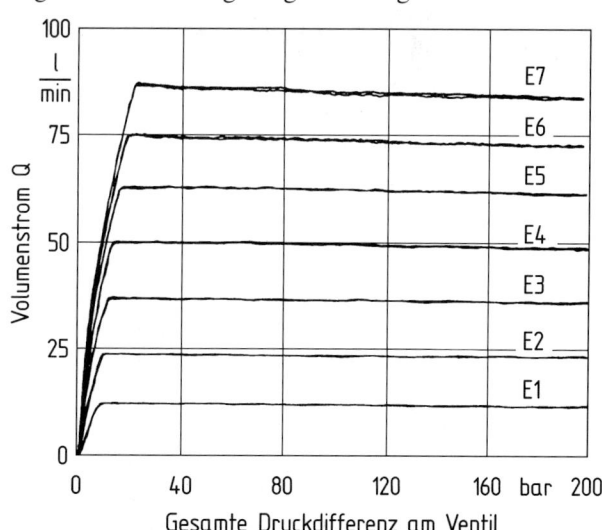

lumenstrom zum Verbraucher (Anfahrsprung). Dieser kann durch gezielte Begrenzung des Schieberwegs auf die Bandbreite der Regelgröße vermindert werden.
Will man das Ansprechverhalten grundlegend verbessern, kommen auch hier
Ventilkonzepte mit Volumenstromsensor und Kraftrückführung [5.32] in Frage.
Neben den Grundfunktionen interessiert auch die Geräuschabstrahlung [5.33].

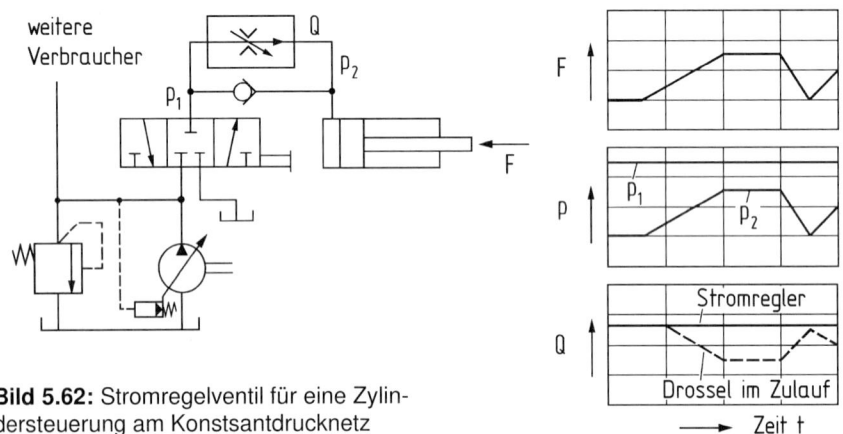

**Bild 5.62:** Stromregelventil für eine Zylindersteuerung am Konstsantdrucknetz

**Schaltungstechnische Gesichtspunkte. Bild 5.62** zeigt die Steuerung einer Zylinderbewegung am Konstantdrucknetz. Diese kann durch eine *Verstell-Drossel*
oder einen *Stromregler* (dargestellt) erfolgen. Beim Drosselventil hat man neben
den Drosselverlusten ($p_2-p_1$) noch den Nachteil der Lastabhängigkeit des Arbeitsprozesses, siehe unterstes Diagramm rechts, beim Stromregler nicht.
Denkbar (aber teuer) ist allerdings eine Vertelldrossel mit Rückführung des Zylinderweges. Systeme mit Verstellpumpen sind oft nur wirtschaftlich, wenn weitere
Verbraucher angeschlossen sind (z. B. bei größeren Flugzeugen). Will man die
Verluste infolge $Q \cdot (p_2 - p_1)$ auch noch vermeiden, ist dieses nur durch eine
volumetrische *Sekundärregelung* möglich, siehe Kap. 7.6.
Bei *3-Wege-Stromregelventilen* wird der überschüssige Ölstrom abgezweigt und
oft in den Tank geführt. Dann sind nicht nur die Drosselverluste des Arbeitsstromes zu berücksichtigen, sondern darüber hinaus auch die Energieverluste durch
den Abzweigstrom – und zwar hier mit der vollen Druckdifferenz.
Eine solche Situation besteht bei vielen einfachen hydrostatischen Hilfskraftlenkungen, die durch eine Konstantpumpe versorgt werden. Die Lenkung benötigt
einen etwa konstanten Ölstrom, die Pumpe liefert aber einen etwa drehzahlproportionalen Ölstrom. Daher schließt man die Lenkhydraulik über ein 3-Wege-Stromregelventil an. Wird nun mit höheren Motordrehzahlen gefahren, so verlässt der

größte Teil des Pumpenvolumenstromes am Auslass des Stromregelventils unter voller Drosselung ungenutzt die Arbeitsleitung. Neue, bessere Systeme arbeiten daher oft mit einer Verstellpumpe oder einer stufenlos angetriebenen Konstantpumpe [5.34]. Weitere schaltungstechnische Möglichkeiten werden in [5.35] beschrieben. Bei Traktoren wurde auch das Prinzip der Reststromnutzung bekannt [5.36], bei dem man den Überschuss-Volumenstrom für andere Aufgaben nutzt.

## 5.6 2-Wege-Einbauventile

2-Wege-Einbauventile sind modular aufgebaute Komponenten, mit denen man flexibel komplexe Schaltungen erstellen kann [5.37-5.40].
Zylindrische „Patronen" („cartridges") werden in genormte Bohrungen mit zwei Arbeitsanschlüssen gesteckt, **Bild 5.63**. Das Grundelement des 2-Wege-Einbauventils besteht aus einer Hülse, die ein- oder zweiteilig sein kann, außen zur Stufenbohrung hin über O-Ringe abgedichtet ist und innen den Ventilkörper führt.
Typische Anwendungen betreffen große Volumenströme (NW 16 bis 100), Ansteuerung grundsätzlich hydrostatisch ($p_{St}$). Alle 4 Gruppen von Ventilbauarten (Bild 5.1) sind darstellbar.

Motive für ihre Anwendung:
– *Verkettung über Gehäusekanäle*:
  Keine Verschraubungen, geringe Verluste
– *Baukastenprinzip*:
  Viele Funktionen mit einfachen Komponenten
– *Hydrostatische Ansteuerung:*
  Elegante Fernschaltungen
– *Sehr große Volumenströme:*
  Vermeidung großer Spezialventile
– *Genormte Maße:*
  Unterstützung des Baukastenprinzips.

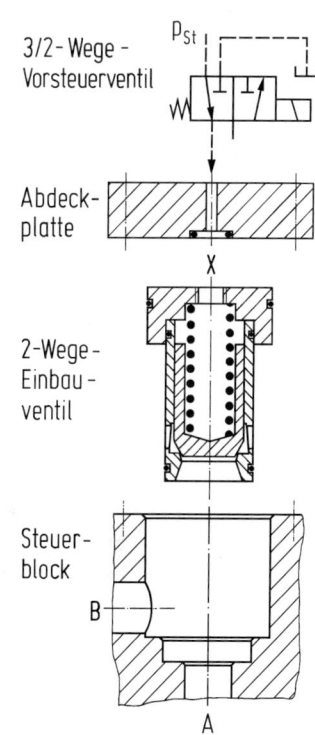

**Bild 5.63:** Beispiel für ein 2-Wege-Einbauventil mit (genormter) Steuerblockaufnahme, Abdeckplatte und Vorsteuerventil

Maße für Einbauventile waren lange in DIN 24342 (mit Beiblatt 1) genormt, 1989 kam ISO 7368 heraus, daraus entstand 1994 die Norm DIN ISO 7368 [5.41], zu der es ein wichtiges Beiblatt gibt [5.42]. Neben Einbauventilen gibt es auch *Einschraubventile*, die in ISO 7789 für 2, 3 und 4 Anschlüsse genormt sind, aber nach [5.40] zunächst keine so große Verbreitung fanden.

Der obere Abschlussdeckel enthält den Steuerölanschluss X, der beispielhaft über das 3/2-Wege-Vorsteuerventil beaufschlagt wird. Die gestufte Aufnahmebohrung ist in DIN ISO 7368 für folgende Nenndurchmesser (= Durchmesser bei A und B) genormt: 16, 25, 32, 40, 50, 63, 80, 100 mm. Weiterhin sind in DIN ISO 7368 die Anschlussmaße für die Abschlussdeckel festgelegt. Bild 5.63 repräsentiert insgesamt ein ferngesteuertes 2/2-Wegeventil, das bei aufgebrachtem Steuerdruck dicht ist und bei Steuerdruckentlastung öffnet.

2-Wege-Einbauventile werden für verschiedene Grundfunktionen als Sitz- und Schieberventile hergestellt, siehe Beispiele in **Bild 5.64**. Das Sitzventil a besteht aus dem fest montierten Ventilkörper (Hülse 1), dem beweglichen Ventilkörper (2), dem Ventilring (3), der Druckfeder(4) und den beiden O-Ringen (5). Das Ventil kann sowohl von A nach B als auch von B nach A durchströmt werden. In beiden Fällen kann es durch den Steuerdruck am Anschluss X zugehalten werden. Sitzventil a hat je nach Ausführung im Anschluss A einen Öffnungsdruck von 0,2 bis 4 bar. Für die genauen Funktionen sind die Verhältnisse der Wirkflächen bei A, B (Ringfläche) und X sowie die Federkraft bedeutsam. Die in Bild 5.64 gezeigte Bauform b hat zwischen A und X ein Flächenverhältnis von 1:1 und kann durch den Einbau der Drossel als Hauptstufe für ein vorgesteuertes DBV dienen. Die Ausführungen c und d zeigen zwei Schieber-Einbauventile, von denen das eine (c) in der Ruhestellung geöffnet, das andere (d) in Ruhestellung geschlossen ist. Mit diesen Ventilen kann man die Einzelfunktionen komplexer Ventile auflösen und unter Verwendung mehrerer Einbauventile und relativ kleiner Vorsteuerventile die Funktion von Wege-, Sperr-, Druck- und Stromventilen verwirklichen.

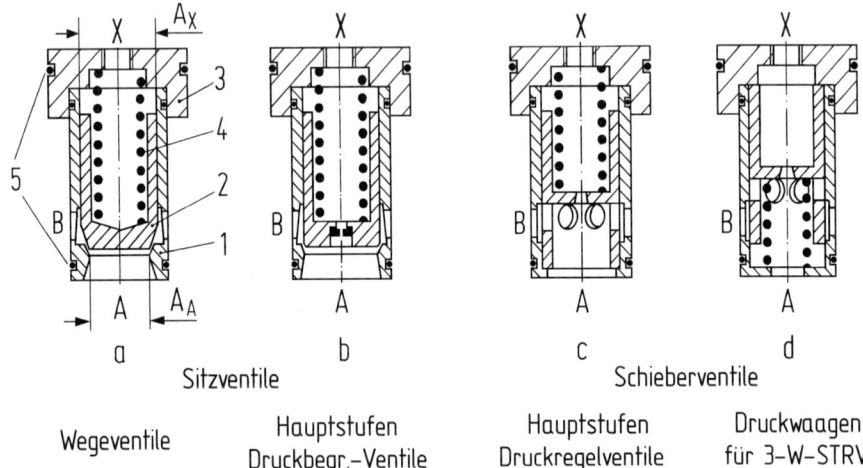

**Bild 5.64:** Bauformen für 2-Wege-Einbauventile (nach Bosch)

Die folgenden Schaltpläne benutzen Symbole nach DIN ISO 1219-1 bzw. [5.42].

**Anwendung auf Wegeventile.**

Die Funktion eines einfachen Wegeventils war bereits mit Bild 5.63 für externen Steuerdruck (lastunabhängig) vorgestellt worden. Der Steuerdruck kann (einfacher) auch vom Systemdruck abgezweigt werden, siehe **Bild 5.65**. Er ist dann aber lastabhängig. **Bild 5.66** beschreibt den Einsatz von 2-W-EBV für die Steuerung eines Differentialzylinders [5.37, 5.39]. Die miteinander verknüpften Einbauventile können als ferngesteuerte 2/2-Wegeventile (durch Steuerdruck geschlossen) oder bei stufenlos veränderten Steuerdrücken als ferngesteuerte Widerstände zur Beeinflussung von Volumenströmen aufgefasst wer

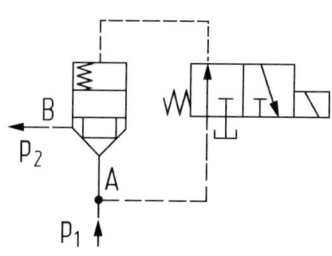

**Bild 5.65:** 2-Wege-Einbauventil mit 3/2-Wege-Vorsteuerventil und lastabhängigem Steuerdruck

den. Da dieses der allgemeinere Fall ist, wurden die Einbauventile hier mit R (Widerstand) bezeichnet. Die Anschlüsse A und B des Arbeitszylinders werden durch die folgenden vier 2-W-EBV kontrolliert:

Zulauf A: $R_{e1}$   Zulauf B: $R_{e2}$   Ablauf A: $R_{a1}$   Ablauf B: $R_{a2}$.

Soll der Differenzialzylinder nach rechts bewegt werden, so muss das 4/3-Wege-Vorsteuerventil durch den Schaltmagneten nach links geschoben werden. Dadurch werden die Federräume der 2-W-EBV $R_{e1}$ und $R_{a2}$ entlastet. Das Einlassventil $R_{e1}$

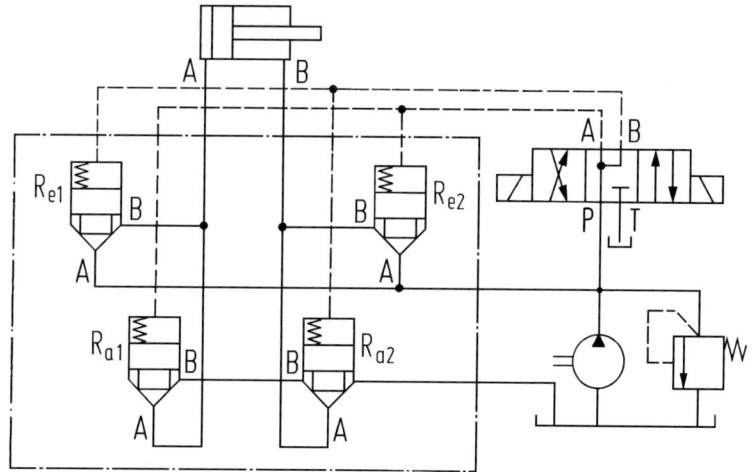

**Bild 5.66:** Steuerung eines Differenzialzylinders mit 2-Wege-Einbauventilen (Bosch)

schaltet auf Durchfluss, so dass die große Fläche des Zylinders mit Druck beaufschlagt wird. Das Auslassventil $R_{a2}$ schaltet ebenfalls auf Durchfluss, so dass das Öl aus dem rechten Ringraum des Zylinders abfließen kann. Der Zylinder beginnt sich so nach rechts zu bewegen. Besonders günstige Betriebsverhältnisse ergeben sich, wenn man jedes der vier EBV durch ein eigenes Vorsteuerventil ansteuert [5.43].

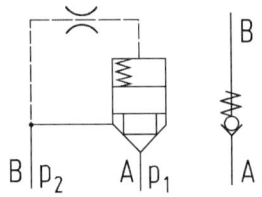

**Bild 5.67:** 2-Wege-Einbauventil als Rückschlagventil

**Sperrventil.** Die Anordnung von **Bild 5.67** zeigt ein 2-W-EBV als Rückschlagventil. Der Durchfluss wird von A nach B freigegeben, wenn die Druckkraft $p_1$ - $p_2$ am Anschluss A größer ist als die Federkraft.

**Vorgesteuertes Druckbegrenzungsventil.** Das vorgesteuerte DBV in **Bild 5.68** besteht aus einem als 2-Wege-Einbauventil ausgebildeten Hauptventil und einem kleinen DBV als Vorsteuerventil. Die Kolbenrückseite des Hauptventils mit der Fläche $A_F$ ist über eine Drosselbohrung mit dem Druckanschluss verbunden. Bei geschlossenem Vorsteuerventil fließt kein Ölstrom durch die Drossel, daher sind die Drücke und Kräfte auf die Flächen $A_A$ und $A_F$ gleich, die Feder hält den Ventilsitz ge-

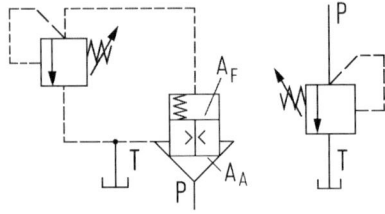

**Bild 5.68:** Vorgesteuertes Druckbegrenzungsventil, bestehend aus 2-Wege-Einbauventil und Vorsteuerventil.

schlossen. Steigt der Zulaufdruck bei $p$ über den an der Feder des DBV eingestellten Wert an, so öffnet dieses und der Druck über der Kolbenfläche $A_F$ sinkt infolge des Druckabfalls an der nun durchströmten Drossel. Der Hauptkolben wird gegen die Feder verschoben und gibt den Durchfluss zum Tank frei.

**Stromventil.** Das in **Bild 5.69** dargestellte 3-Wege-Stromregel-ventil besteht aus zwei 2-Wege-Einbauventilen, von denen Nr. 1 als Messdrossel und Nr. 2 als Druckwaage arbeitet. Die Druckwaage hält den Druckabfall an der Messdrossel konstant, so dass deren Öffnungsquerschnitt nach der Blendengleichung (2.51) den Volumenstrom festlegt.

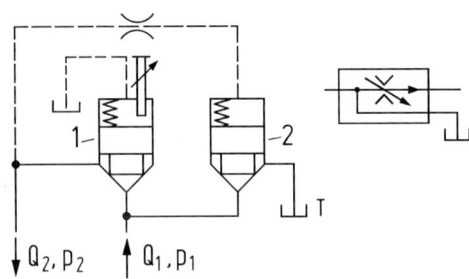

**Bild 5.69:** 3-Wege-Stromregelventil aus zwei 2-Wege-Einbauventilen

Die schwache Feder von (1) gibt bei relativ geringen Drücken nach, so dass der Schieber bei Beaufschlagung am Einstellstift anliegt. Über dessen Position kann der Öffnungsquerschnitt und damit der Durchfluss-Strom eingestellt werden.

**Kombinationen.** Als Beispiel zeigt **Bild 5.70** eine Kombination aus vorgesteuertem Druckbegrenzungsventil und Wegeventil, um die Funktionen „Druckbegrenzung" und „druckloser Umlauf" ferngesteuert darzustellen.

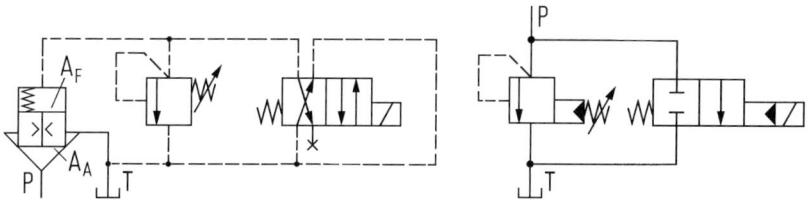

**Bild 5.70:** Kombination eines 2-Wege-Einbauventils mit einem Wege- und einem Druckbegrenzungsventil. Rechts (wie ab Bild 5.67) vereinfachte Darstellung

Das 2-Wege-Einbauventil arbeitet einerseits entsprechend Bild 5.68 als vorgesteuertes DBV – dazu ist das Wegeventil geschlossen (gezeigte Stellung). Wird das Wegeventil geschaltet, so wird die Steuerölleitung über der Kolbenfläche $A_F$ mit dem Tank verbunden und dadurch drucklos gemacht. Der Kolben bewegt sich gegen die Federkraft und gibt den Durchfluss zum Tank frei. Lohnende weitere Beispiele für Funktionen und Schaltungen findet man in [5.43].

## 5.7 Ventilanschlüsse und Verknüpfungsarten

Ventile können auf die unterschiedlichste Art miteinander und mit den Geräten der Hydraulikanlage verbunden werden, zahlreiche Schnittstellen sind heute genormt.

Einzelventile werden in der Mobilhydraulik häufig über Rohre und Schläuche angeschlossen, **Bild 5.71 links**, eleganter über Anschlussplatten, **Bild 5.71 rechts**.

**Anschlussplatten.** Diese ermöglichen ein bequemes Auswechseln

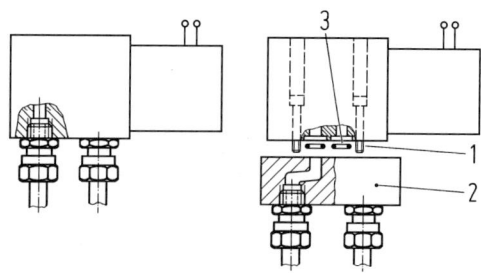

**Bild 5.71:** Rohr- und Plattenanschluss von Hydraulikventilen

der Ventile, ohne dass Rohre voneinander getrennt werden müssen. Das Ventil wird mit Hilfe von Schrauben 1 mit der Anschlussplatte 2 verbunden. Die relativ feine Tolerierung der Gewindebohrungen erlaubt eine Zuordnung, bei der die Ventilkanäle genau genug auf die Öffnungen der Platte treffen. Die Abdichtung erfolgt über O-Ringe (3), die in Ausdrehungen am Ventil eingelegt werden. Die Bohrungen der Platte sind als „Lochbilder" genormt. Es ergibt sich folgende Übersicht:

- DIN 24340 Teil 2: Lochbilder u. Anschlussplatten f. 4- u. 5-Wegeventile
- ISO 4401: „Mounting surfaces" für 4-Wegeventile (ähnlich DIN 24340)
- ISO 5781: „Mounting surfaces" für Druckventile (ohne DBV)
- ISO 6263: „Mounting surfaces" für Stromventile
- ISO 6264: „Mounting surfaces" für Druckbegrenzungsventile
- ISO 10 372: Anschlussplatten für 4- und 5-Wege-Servoventile.

**Bild 5.72** zeigt beispielhaft Lochbilder für 4-Wegeventile nach DIN 24340. Insgesamt bietet diese Norm Lochbilder und Anschlussplatten für 4-Wegeventile in den Nenngrößen 4, 6, 8, 10, 16, 25 und 32 an (Form A) – weitere für 5-Wege-Ventile (Form B). Der Charakter der Lochbilder ist bei NG 4, 6, 8 und 10 unterschiedlich, bei NG 16, 25 und 32 sehr ähnlich.

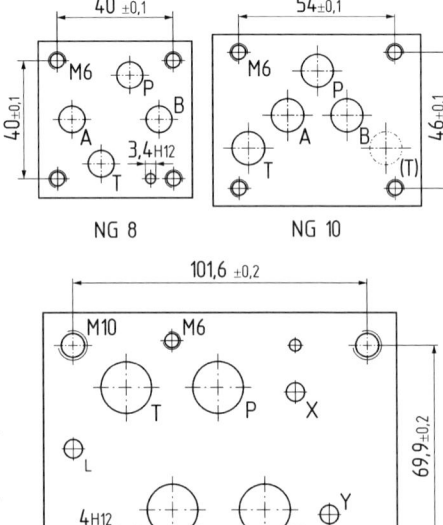

**Bild 5.72:** Lochbilder (maßstabsgerecht) für die Montage von 4-Wegeventilen. Beispiele aus DIN 24340

**Verknüpfung mehrerer Ventile.** Will man mehrere Ventile zu einer kompakten, rohrarmen Steuereinheit vereinigen, so ergeben sich folgende Möglichkeiten:

- *Steuerblöcke*
- *Ventilblöcke*
- *Höhenverkettung*
- *Längsverkettung*.

Blöcke haben gemeinsame Kanäle für Versorgungsdruck (P) und Tank (T).

*Steuerblöcke.* Es handelt sich um quaderförmige Stahlblöcke (oft für hohe Förderströme in der stationären Hydraulik), deren Außenflächen mit Ventilen bestückt werden.

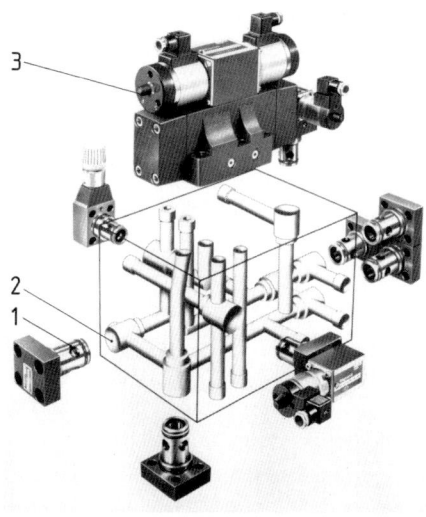

**Bild 5.73** zeigt ein Beispiel, bei dem acht 2-Wege-Einbauventile (1) in genormte Bohrungen (2) eingeschoben werden, die man durch Deckel verschließt.

Einige von ihnen werden durch das Vorsteuerventil (3) angesteuert. Der Block enthält alle nötigen Verbindungen als Bohrungen. Nur Zu- und Ablauf und eventuelle externe Steuerleitungen werden durch Rohrverschraubungen angeschlossen. Steuerblöcke benötigen einen gewissen Planungsaufwand, sie stellen aber eine sehr kompakte Lösung auch für komplexe Steueraufgaben dar, und sie bieten erhebliche Vorteile für den Montage- und Reparaturaufwand.

**Bild 5.73:** Steuerblock für die Aufnahme von acht 2-Wege-Einbauventilen und einem Vorsteuerventil (Bosch)

*Ventilblöcke.* Vor allem in der Mobilhydraulik werden häufig mehrere Verbraucher von einer einzigen Pumpe versorgt [5.44] und von der Kabine aus geschaltet. Daher ist es hier seit längerem üblich, mit Ventilblöcken zu arbeiten, **Bild 5.74**.

Die im Baukastensystem entwickelten Wegeventile werden plattenförmig mit je 2 Anschlussflächen ausgebildet.

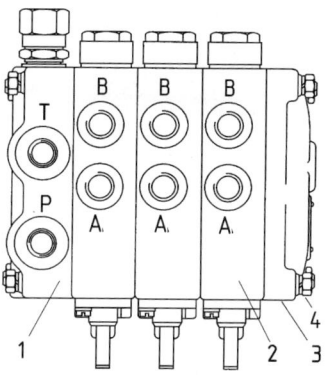

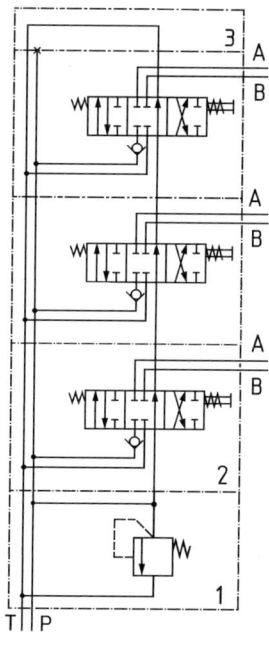

Mehrere Wegeventile (2) werden zu einem Block mit Anschlussplatte (1) und Endplatte (3) verschraubt, siehe Zuganker (4).

**Bild 5.74:** Wegeventilblock, für ein Open-center-System. Aufbau und ein möglicher Schaltplan des Baukastens (Bosch-Rexroth [5.44])

In einem Baukastensystem wurden Ventilvarianten für vielfältige Grundschaltungen entwickelt, z. B. für offene oder geschlossene Systeme, Parallel- oder Reihenschaltung, mit oder ohne Integration von Sperrventilen u. a. [5.44].

Der hier gezeigte Schaltplan gilt für eine einfache Arbeitshydraulik einer mobilen Arbeitsmaschine mit Versorgung durch eine Konstantpumpe (meistens Zahnradpumpe). Jedes Wegeventil ist mit der Druck- (P) und der Rücklaufleitung (T) verbunden (Parallelschaltung). Werden zwei Ventile zugleich betätigt, schließt der höhere Lastdruck das zugeordnete Rückschlagventil, zuerst wird daher der Verbraucher mit dem geringeren Lastdruck versorgt (Gegensatz: Reihen- oder Sperrschaltung, selten [5.44]). Bei Neutralstellung aller Ventile fördert die Pumpe im „drucklosen Umlauf". Da sich allerdings die Durchflusswiderstände aller Ventile addieren, liegen Praxiswerte betriebswarm häufig im Bereich von 10 bis 20 bar. Rechnet man die Zu- und Ableitungen der Pumpe dazu, ergeben sich eher 20 bis 30 bar Umlaufdruck. Günstig können hier „Kurzschluss-Schaltungen" sein.

*Höhen- und Längsverkettung.* Unter Längsverkettung versteht man den horizontalen blockartigen Zusammenbau von plattenförmigen Ventilen, Zwischenelementen und Endplatten. Bei der Höhenverkettung [5.45] baut man ähnliche Elemente turmartig auf. Beide Verkettungsarten können auch kombiniert werden.

**Bild 5.75** zeigt das Foto einer Höhenverkettung. Über der Grundplatte (1) sind die Ventile (2) bis (5) aufgebaut – ganz oben das ferngeschaltete Wegeventil. Die Grundplatte (1) hat die Anschlüsse P, A, B, T. Die gezeigte Kombination ist Teil eines größeren Ventilsystems aus mehreren längsverketten Türmen. Die für Verkettungen angebotenen Bauelemente ermöglichen den Aufbau komplexer Steuerungen zu verrohrungsfreien, sehr kompakten Blöcken. Das Baukastenprinzip ermöglicht auch eine schnelle Veränderung bzw. Anpassung von Funktionen und einen einfachen Austausch defekter Bauteile.

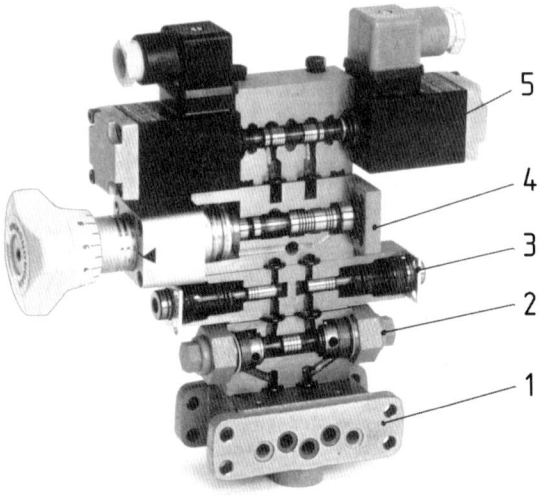

**Bild 5.75:** Höhenverkettung von Ventilen, aufgebaut auf einer Anschlussplatte für Längsverkettung (nach Rexroth)

# Literaturverzeichnis

[5.1]   Kallenbach, E. et al: Elektromagnete: Grundlagen, Berechnung, Entwurf und Anwendung. 3. Aufl. Wiesbaden: Vieweg+Teubner 2008.

[5.2]   Richl, H.: Trends bei der Entwicklung von Hydraulik-Ventilmagneten. Teil I und II. O+P 35 (1991) H. 8, S. 613-619 und H. 10, S. 776-778, 780 u. 782.

[5.3]   Backé, W.: Elektrohydraulik. Industrie-Anzeiger 99 (1977) H. 43, S. 764-767

[5.4]   Backé, W.: Entwicklungstendenzen in der Ölhydraulik. O+P 19 (1975) H. 4, S. 237-249.

[5.5]   Murrenhoff, H.: Servohydraulik. Umdruck zur Vorlesung an der RWTH Aachen, 4. Auflage. Aachen: Shaker Verlag 2012.

[5.6]   Kötter, W.: Proportionale elektrohydraulische Ansteuerung von Mobilwegeventilen. O+P 33 (1989) H. 11, S. 862-867.

[5.7]   Lu, Y.H.: Statisches und dynamisches Verhalten von Proportionalmagneten. O+P 26 (1981) H. 5, S. 403-407.

[5.8]   -.: Unterlagen der Firma Magnet-Schultz, Memmingen, für 24 V Gleichspannungs-Proportionalmagnet Größe 063. Stand 2012. siehe auch www.Magnet-Schultz.com.

[5.9]   Herakovic, N.: FEM-Analyse und Simulation – der Weg zur Entwicklung hochdynami--scher Piezoaktuatoren für Stetigventile. O+P 40 (1996) H. 7, S. 476-480.

[5.10]  Kasper, R., J. Schröder und A. Wagner: Schnellschaltendes Hydraulikventil mit piezoelektrischem Stellantrieb. O+P 41 (1997) H. 9, S. 694-698.

[5.11]  Linden, D.: Hydraulisches Piezoservoventil NG 10. O+P 43 (1999) H. 7, S. 538-543.

[5.12]  Geis, H. und J. Oppolzer: Wegeventile. In: Der Hydraulik Trainer, Bd. 1 (2. Aufl.), S. 189-211. Lohr a. Main: Mannesmann Rexroth AG 1991.

[5.13]  Thoma, H.: Hydraulic motor and pump. USA Patent 2 155 455 vom 25.4.1939.

[5.14]  Thoma, H.: Entlastungsvorrichtung für die Kolben hydraulischer Getriebe. Schweiz. Patent 378631 vom 15.6.1964.

[5.15]  Raimondi, A. A. und J. Boyd: Fluid centering of pistons. Trans. Amer. Soc. Mech. Engrs. (ASME) Series E, J. of appl. Mech. 31 (1964) H. 3, S. 390-396.

[5.16]  Ebinger, G.: Ventilkolben und damit ausgestattetes Ventil. Offenlegungsschrift DE 199 51 417 A 1. Anm. 26.10.1999 (LuK)

[5.17]  Backé, W.: Systematik der hydraulischen Widerstandsschaltungen in Ventilen und Regelkreisen. Mainz: Krauskopf-Verlag 1974.

[5.18]  Thoma, J.: Ölhydraulik. München: Carl Hanser Verlag 1970.

[5.19]  Sauer, G.: Grundlagen und Betriebsverhalten eines Zugketten-Umschlingungsgetriebes. Fortschritt-Ber. VDI Reihe 12, Nr. 293. Düsseldorf: VDI-Verlag 1996.

[5.20]  Weule, H. H.: Eine Durchflußgleichung für den laminar-turbulenten Strömungsbereich. O+P 18 (1974) H. 1, S. 57-67.

[5.21]  Beitler, G.: Durchflußwiderstände von Wegeventilen. O+P 25 (1981) H. 11, S. 840-843.

[5.22]  Backé, W.: Konstruktive und schaltungstechnische Maßnahmen zur Energieeinsparung. O+P 26 (1982) H. 10, S. 695-707

[5.23]  Kretz, D.: Einstieg in die Servoventil-Technik. In: Proportional- und Servoventiltechnik. Der Hydraulik Trainer Bd. 2. Lohr: Mannesmann Rexroth AG 1999.

[5.24]  Brodowski, W.: Beitrag zur Klärung des stationären und dynamischen Verhaltens direkt-wirkender Druckbegrenzungsventile. Diss. RWTH Aachen 1973.

[5.25]  Scheffel, G.: Einfluß des hydraulischen Schwingungsdämpfers auf das dynamische Verhalten eines Druckbegrenzungsventils. O+P 22 (1978) H. 10, S. 583-586.

[5.26]  Wobben, D.: Statisches und dynamisches Verhalten vorgesteuerter Druckbegrenzungsventile unter besonderer Berücksichtigung der Strömungskräfte. Diss. RWTH Aachen 1978.

[5.27]  Kühnel, M.: Zur Berechnung und Gestaltung direkt- und vorgesteuerter Druckbegrenzungsventile. Diss. TH Dresden 1983.

[5.28]  Murrenhoff, H.: Grundlagen der Fluidtechnik. Teil 1: Hydraulik. Umdruck zur Vorlesung. 6. korrigierte Auflage. Aachen: Skaker Verlag 2011.

[5.29]  Zehner, F.: Vorgesteuerte Druckventile mit direkter hydraulisch-mechanischer und elektrischer Druckmessung. Diss. RWTH Aachen, 1987.

[5.30]  Findeisen, D.: Ölhydraulik. 5. Auflage. Berlin, Heidelberg: Springer-Verlag 2005.

[5.31]  Ströhl, H.: Vergleichende Betrachtungen über das stationäre und dynamische Verhalten von hydraulischen Druck- und Stromregelventilen. Diss. TU Dresden 1974.

[5.32]  Lu, J. H. und R. M. Trudzinski: Betriebsverhalten vorgesteuerter 2-Wege-Stromregelventile unterschiedlicher Bauform. O+P 25 (1981) H. 9, S. 703, 704, 707, 708. (siehe auch Diss. Trudzinski RWTH Aachen 1980)

[5.33]  Schmid, G.: Geräuschverhalten von Strom- und Druckventilen. Diss. Univ. Stuttgart 1979.

[5.34]  Koberger, M.: Hydrostatische Ölversorgungssysteme für stufenlose Kettenwandlergetriebe. Fortschritt-Ber. VDI Reihe 12, H. 413. Düsseldorf: VDI-Verlag 2000.

[5.35]  Ströhl, H.: Erhöhung der Energieökonomie bei Hydraulikantrieben mit Stromregelventilen durch geeignete Kreislaufgestaltung. Habilitation TH Magdeburg 1980.

[5.36]  Garbers, H. und H.-H. Harms: Überlegungen zu zukünftigen Hydrauliksystemen in Akkerschleppern. Grundlagen der Landtechnik 30 (1980) H. 6, S. 199-205.

[5.37]  Feldmann, D. G.: Systematik des Aufbaus von Steuerungen mit 2-Wege-Einbauventilen. O+P 22 (1978) H. 6, S. 337-341.

[5.38]  Overgahr, H., gen. Willebrand: Hydraulische Steuerungen mit 2-Wege-Einbauventilen. Systematik, Entwurf und Untersuchung des Systemverhaltens. Diss. RWTH Aachen 1980.

[5.39]  Scheffel, G.: Steuerungen mit 2-Wege-Einbauventilen. O+P 25 (1981) H. 8, S. 607-610.

[5.40]  Backé, W. und W. Bork (Leitung): O+P Gesprächsrunde: Anwendung von Einbau- und Einschraubventilen in der Hydraulik. O+P 45 (2001) H. 8, S. 534-550.

[5.41]  -.-: Fluidtechnik. 2-Wege-Einbauventile. Einbaumaße. DIN ISO 7368 (Febr. 1994). Berlin: Beuth Verlag 1994.

[5.42]  -.-: Fluidtechnik. 2-Wege-Einbauventile. Einbaumaße. Symbole und Anwendungshinweise. Beiblatt 1 zu DIN ISO 7368. Normentwurf (Juni 1991). Berlin: Beuth Verlag 1991.

[5.43]  Schmitt, A. und A. Lang: Technik der 2-Wege-Einbauventile. Der Hydraulik Trainer Bd. 4. Lohr: Mannesmann Rexroth AG 1989.

[5.44]  Noack, S.: Hydraulik in mobilen Arbeitsmaschinen. 2. Aufl., herausgegeben von der Bosch Rexroth AG, Lohr. Ditzingen: OMEGON Fachliteratur 2001.

[5.45]  Jacobs, M.: Kompakte Bauweise von hydraulischen Steuerungen in Höhenverkettung. O+P 27 (1983) H. 8, S. 558-560.

# 6 Elemente

## 6.1 Verbindungselemente

**Arten, Anforderungen.** Sofern man die hydraulischen Komponenten nicht durch direkte Verkettung verbindet, benutzt man *Rohrleitungen* und *Schläuche* zur Signal- und Energieübertragung. Beide benötigen spezielle *Hydraulikarmaturen*, die zu den Rohr- bzw. Schlauchmaßen passen müssen. Alle Verbindungselemente müssen den vorgesehenen Betriebsdrücken zuverlässig standhalten können, dicht bleiben und leicht montierbar bzw. demontierbar sein (Druckverluste siehe Kap. 3.3.3 und 3.3.4).

**Mittlere Strömungsgeschwindigkeiten.** Für Hydraulikrohrleitungen, Schläuche und Armaturen kann man als Kompromiss zwischen Konstruktionsaufwand (Investition) und Energieeffizienz (Betriebskosten) etwa die folgenden Faustwerte zugrunde legen:

*Druckleitungen*: ............100 bis 150 bar: 4,5 m/s; 150 bis 200 bar: 5,0 m/s
200 bis 300 bar: 5,5 m/s und über 300 bar: 6,0 m/s

*Rücklaufleitungen:* ................................................................ 2,0 bis 3,0 m/s

*Saugleitungen* (je nach Pumpe und Rohrlänge): .................. 0,5 bis 1,5 m/s

Für einen vorgegebenen Volumenstrom $Q$ und eine mittlere Geschwindigkeit $v$ erhält man den erforderlichen Innendurchmesser $d$ nach der Größengleichung

$$d\,[mm] = 4{,}607 \cdot \sqrt{Q\,[l/\min]/\,v\,[m/s]} \qquad (6.1)$$

## 6.1.1 Rohr- und Schlauchleitungen

Grundlagen der hydraulischen Leitungstechnik werden umfassend im Handbuch eines bedeutenden Herstellers behandelt [6.1]. Daraus wurde vor allem der Stand der Technik für die Festigkeitsberechnung der Rohrleitungen recherchiert. In [6.1] wird auf die Dokumentation der Sicherheit großer Wert gelegt. Diese kann bei Schäden und Unfällen bezüglich Haftung große Bedeutung haben.

**Nahtlos gezogene Rohre, technische Lieferbedingungen.** Nach [6.1] sind für die Ölhydraulik die beiden folgenden Europa-Normen von Bedeutung: DIN EN 10 216 [6.2] und DIN EN 10305 [6.3]. Standardwerkstoff ist nach wie vor der relativ weiche Stahl 1.0255 (früher St. 37.4) mit 340 N/mm$^2$ Mindestzugfestigkeit und 225 N/mm$^2$ Mindest-Dauerschwellfestigkeit.

**Gerade Rohrleitungen, Festigkeitsberechnung.** Viele Ansätze gehen von der „Kesselformel" aus, bei der man aber nur die Umfangsspannung berechnet, siehe

**Bild 6.1.** Die tatsächlich höhere Spannung berücksichtigt man durch Einsetzen des äußeren Durchmessers D für das Druckfeld (DIN 2413 [6.4] „ruhend"):

$$\sigma = \frac{p \cdot D}{D-d} \qquad (6.2)$$

DIN EN 13480-3 [6.5] betrifft allgemeine Industrie-Rohrleitungen. Für *D/d < 1,7* gilt:

$$\sigma = \frac{p \cdot D}{D-d} - \frac{p}{2} \qquad (6.3)$$

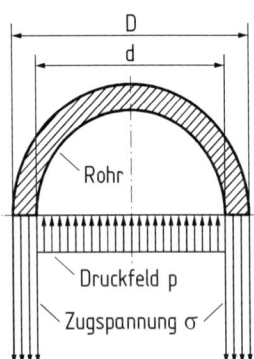

Während man in Deutschland überwiegend nach der DIN 2413 rechnet, ist international eher DIN ISO 10763 [6.6] üblich. Als Nenndruck wird ¼ des *Berstdruckes* $p_B$ empfohlen – der Ansatz lautet:

$$p_B = \sigma_B \cdot \ln(D/d) \qquad (6.4)$$

Mit der *Werkstoff-Zugfestigkeit* $R_m$ in N/mm$^2$ gilt für den zulässigen *Nenndruck* p in bar für stark dynamische Druckverläufe die Größengleichung:

**Bild 6.1:** Grundansatz zur „Kessselformel"

$$p = 10 \cdot ¼ \cdot R_m \cdot \ln(D/d) \qquad (6.4a)$$

Durch den Faktor ¼ ist die Sicherheit für weniger dynamische Drücke vergleichsweise hoch. Die Norm erlaubt daher im Interesse der Wirtschaftlichkeit Absprachen, um ggf. die 4-fache Gewaltbruchsicherheit etwas zu reduzieren. Für geringe Dynamik erscheint ein Faktor von $^1/3$ in Gl. (6.4a) plausibel.

**Tafel 6.1** zeigt berechnete zulässige Nenndrücke für Stahl 1.0255 (ST 37.4) und drei praktisch bedeutsame Fälle – Zahlenwerte übernommen aus [6.1]:

    – DIN 2413, Fall I *ruhend*: „DIN stat"
    – DIN 2413, Fall III *schwellend*: „DIN dyn"
    – DIN ISO 10763, für *starke Dynamik* nach Gl. (6.4a): „ISO dyn".

Die Werte gelten für Temperaturen von -40 bis 120 °C. Bei den ersten beiden Gruppen sollten die Rohre ein Abnahmezeugnis nach DIN EN 10204 und bei der dritten nach ISO 3304 aufweisen. Für schwellende Rohrdrücke gibt es ferner eine interessante Berechnung nach DIN 2445-2 [6.7].

Neben dem erwähnten Handbuch [6.1] sind auch die Unterlagen anderer führender Lieferanten nahtloser Stahlrohre zu empfehlen.

**Rohrkrümmer und Schweißteile, Festigkeitsberechnung.** Rohrbiegen und Rohr schweißen bedeutet meistens eine leichte Schwächung der Druckfestigkeit. Grundlagen siehe [6.1] sowie DIN EN 13480-3 [6.5].

**Tafel 6.1:** Zuläss. Nenndrücke [bar] nach DIN 2413 stat. und dyn. sowie DIN ISO 10763. Nahtlose gerade Präzisionsstahlrohre DIN EN 10 216 [6.2] und DIN EN 10305 [6.3] für Stahl 1.0255 (ST 37.4). Mindestzugfestigkeit 340 N/mm$^2$, Mindest-Dauerschwellfestigkeit 225 N/mm$^2$. Temperaturbereich -40 bis +120 °C. Zahlenwerte aus [6.1]

| Wanddicke: | 1 | | | 1,5 | | | 2 | | | 2,5 | | | 3 | | | 4 | | | 5 mm | | |
|---|---|---|---|---|---|---|---|---|---|---|---|---|---|---|---|---|---|---|---|---|---|
| | DIN stat | DIN dyn | ISO dyn | DIN stat | DIN dyn | ISO dyn | DIN stat | DIN dyn | ISO dyn | DIN stat | DIN dyn | ISO dyn | DIN stat | DIN dyn | ISO dyn | DIN stat | DIN dyn | ISO dyn | DIN stat | DIN dyn | ISO dyn |
| 6 | 416 | 352 | 365 | 663 | 524 | 624 | 924 | 683 | 989 | | | | | | | | | | | | |
| 8 | 320 | 278 | 259 | 516 | 424 | 423 | 693 | 543 | 624 | | | | | | | | | | | | |
| 10 | 263 | 232 | 201 | 407 | 345 | 321 | 554 | 451 | 460 | 711 | 555 | 624 | | | | | | | | | |
| 12 | 219 | 196 | 164 | 344 | 297 | 259 | 469 | 391 | 365 | 592 | 477 | 485 | | | | | | | | | |
| 15 | 175 | 159 | 129 | 279 | 246 | 201 | 380 | 324 | 279 | 480 | 398 | 365 | 578 | 467 | 460 | | | | | | |
| 16 | 164 | 149 | 120 | 262 | 231 | 187 | 346 | 298 | 259 | | | | 542 | 442 | 423 | | | | | | |
| 18 | 146 | 133 | 106 | 233 | 207 | 164 | 320 | 278 | 226 | 395 | 335 | 293 | 482 | 400 | 365 | | | | | | |
| 20 | | | | 209 | 188 | 146 | 288 | 252 | 201 | 355 | 305 | 259 | 433 | 364 | 321 | | | | | | |
| 22 | 119 | 109 | 86 | 190 | 172 | 132 | 262 | 231 | 181 | 333 | 288 | 232 | 394 | 335 | 287 | | | | | | |
| 25 | 105 | 97 | 75 | 167 | 152 | 115 | 230 | 205 | 157 | 293 | 256 | 201 | 347 | 299 | 247 | 472 | 393 | 347 | 597 | 480 | 460 |
| 28 | | | | 149 | 136 | 102 | 205 | 184 | 139 | 261 | 231 | 177 | 309 | 270 | 217 | 421 | 355 | 303 | 533 | 436 | 398 |
| 30 | | | | | | | 192 | 173 | 129 | 244 | 217 | 164 | 289 | 253 | 201 | 393 | 334 | 279 | 498 | 411 | 365 |
| 35 | | | | 131 | 120 | 89 | 152 | 138 | 109 | 196 | 177 | 139 | 241 | 214 | 169 | 331 | 286 | 234 | 420 | 355 | 303 |
| 38 | | | | | | | | | | 181 | 163 | 127 | 222 | 198 | 155 | 305 | 266 | 213 | 387 | 330 | 275 |
| 42 | | | | | | | 119 | 109 | 90 | | | | 193 | 174 | 139 | 268 | 236 | 190 | 343 | 296 | 245 |

(Zeile links: Rohr-Aussendurchmesser – mm)

**Schlauchleitungen** werden in zwei typischen Fällen angewendet:

– bei *Relativbewegungen* zwischen hydrostatischen Teilsystemen (z. B. Bagger)
– bei *häufigem An- und Abkoppeln* hydrostatischer Teilsysteme (z. B. Traktor).

Die Druckfestigkeit entsteht durch hochfeste Bewehrungen, die im synthetischen Gummi eingebettet sind – für niedrige Drücke Textilfasern (DIN EN 854), für hohe Drücke Stahlgeflechteinlagen (DIN EN 853, DIN EN 857) und Drahtspiraleinlagen (DIN EN 856). DIN 20066 [6.8] gibt eine Übersicht über Betriebsdrücke, Rohr-Zuordnungen, Armaturen, Einbauregeln und weitere Normen. Die zulässigen Drücke fallen bei allen Bauarten stark mit dem Durchmesser ab. Höchste Werte erreichen die Bauarten 4SH, R13 und R15 mit Drahtspirale (DIN EN 856). Hohe Steifigkeit unterstützt die Dynamik, geringe die Dämpfung. Schläuche nehmen mehr Dehnvolumen auf als Rohrleitungen, siehe **Bild 6.2**. Für die praktisch sehr bedeutsame Druckimpulsprüfung (Zyklen) gelten die Normen DIN EN ISO 6802, 6803, 8032 und 19879.

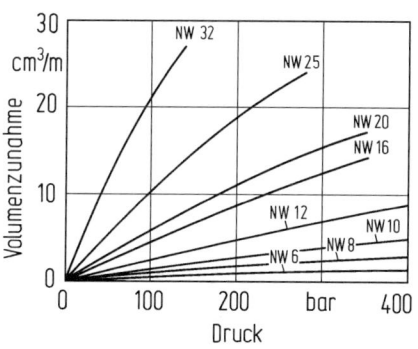

**Bild 6.2:** Volumenzunahme von Hydraulikschläuchen (Ermeto), NW = Nennweite

*Oberregel für korrekte Montage*: Bei allen Betriebsbedingungen bzw. Bewegungen und Positionen sollten im Schlauch möglichst keine zusätzlichen Spannungen (Biegung, Torsion, Zug) auftreten, **Bild 6.3**. Aus Sicherheitsgründen empfehlen die Berufsgenossenschaften teilweise einen Ersatz der Schläuche nach längerem Gebrauch (z. B. alle 6 Jahre). DIN 20066 enthält weitere Beispiele. Da die Einbindung der Armatur eine potenzielle Schwachstelle ist, prüft man Schläuche mit kompletten Armaturen. Zur Reduzierung des Restrisikos enthält [6.9] sicherheitstechnische Empfehlungen (s. auch DIN EN 982). Weitere praxisnahe Tipps findet man z. B. in [6.10].

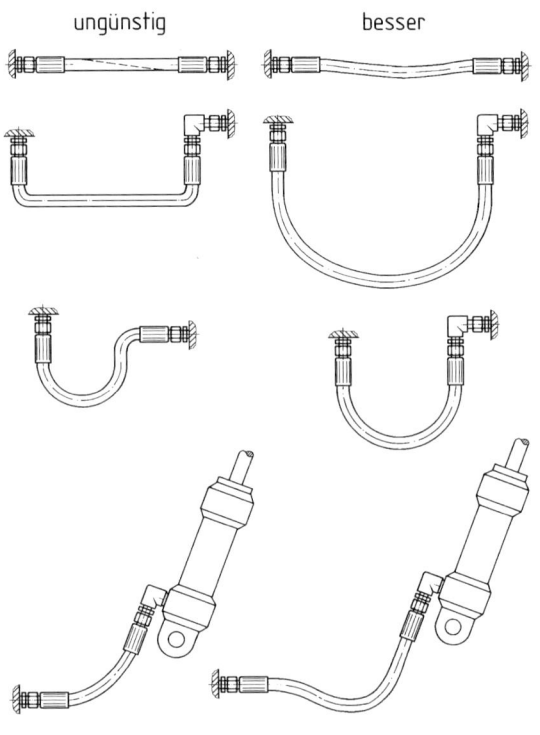

ungünstig          besser

**Bild 6.3:** Einbaubeispiele für Hydraulikschläuche

## 6.1.2 Rohr- und Schlauchverbindungen

**Rohrverbindungen (auch „Rohrarmaturen")**. Sie werden für drei Druckstufen LL (sehr leicht), L (leicht) und S (schwer) angeboten [6.11], oft lösbare Konzepte mit Überwurfmuttern, bei großen Rohren eher Flanschverbindungen. Anfangs herrschte die einfache *Schneidringverschraubung* (mit einer Schneidkante) vor (frühere Normen DIN 3861, 3859 und 2353). Heute ist die Vielfalt groß – siehe ISO 8434 (5 Teile) [6.12]. Auslegung meist auf 4-fache Sicherheit gegen Platzen.

**Bild 6.4** zeigt ein modernes Schneidring-Prinzip: Das Rohr wird zuerst rechtwinklig abgedreht. Am Stutzen (1) werden mit der Überwurfmutter (2) die scharfen Kanten des gehärteten Schneidrings (3) durch Anziehen in das weiche Rohr (4) gedrückt. Der Werkstoffaufwurf führt zu einer guten statischen Abdichtung, mehrfaches Lösen und Wiederanziehen ist möglich. Alle Schneidringverschraubungen erfordern eine sorgfältige Kontrolle des Anziehmomentes (oder -winkels). Dynamische Biegebelastungen auf das Rohr können wegen der geringen Abstützbasis und

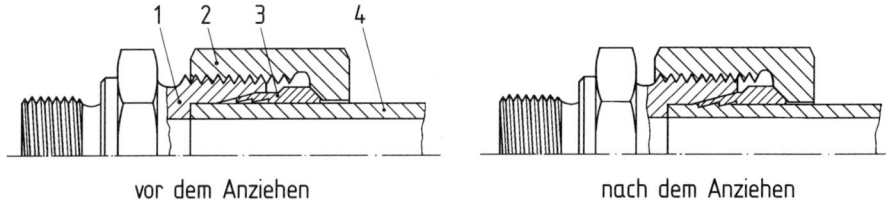

vor dem Anziehen                    nach dem Anziehen

**Bild 6.4:** Schneidringverschraubung mit zwei Schneidkanten (Ermeto [6.7])

des Zustandes „an der Fließgrenze" zu Undichtigkeiten führen (Prüfverfahren [6.13]). Die in Bild 6.4 gezeigte Version [6.11-6.13] ist dynamisch besser als die frühere. Sowohl die Montagefreundlichkeit als auch die Schwingungsfestigkeit konnte man bei weiteren Lösungen durch *Trennung der Rohrhalte- und Dichtfunktion* nochmals verbessern. Als erstes Beispiel dafür kann die WALFORM-Verschraubung WD von Walterscheid [6.11] gelten, **Bild 6.5 links**. Stutzen und Überwurfmutter sind gängige Normteile, das Rohr wird mit einer (aufwendigen) Vorrichtung kalt verformt und mit eingelegter Weichdichtung montiert. Die Kosten sollen nach [6.11] nur 9 % höher sein als für Zweikanten-Schneidringsyteme.

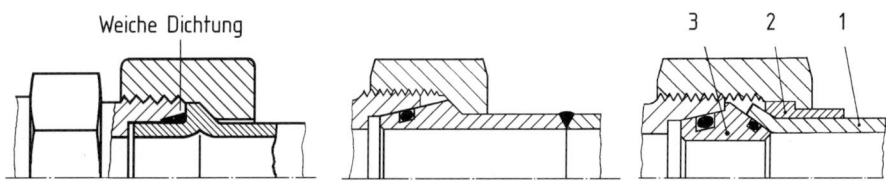

Weiche Dichtung                                        3    2    1

**Bild 6.5:** WALFORM-Verschraubung mit Weichdichtung (Walterscheid, links), Schweißnippelverschraubung (mittig), Bördel-Verschraubung mit O-Ring (Walterscheid, rechts)

Als gute weitere Lösungen für die Trennung von „Dichten" und „Rohr halten" gelten die Schweißnippelverschraubung (Mitte) und die Bördelverschraubung (rechts). Beide arbeiten mit O-Ringen, sind allerdings 40 % teurer als das Konzept nach Bild 6.4 [6.11]. Zusätzlich fallen Schweißkosten an. Das Rohr wird gebördelt (Pos. 1 in Bild 6.5 rechts, Vorrichtung) und wird dann zwischen Druckring (2) und

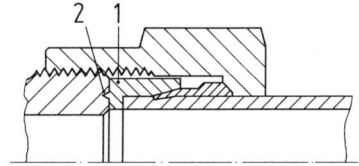

**Bild 6.6:** Schneidring-Stoßverschraubung (Ermeto)

Zwischenring (3) eingeklemmt. Die „Schneidring-Stoßverschraubung" nach **Bild 6.6** arbeitet mit einem zusätzlichen Druckring (1), dessen gehärtete Dichtkante (2) in die Gegenfläche eindringt. Das Rohr kann dadurch ohne axiale Verschiebung aus- und ein-gebaut werden.

**Schlauchverbindungen.** Geschraubte
Verbindungen wurden weitgehend durch
gepresste abgelöst, **Bild 6.7**. Der meist
geschälte Schlauch wird auf eine fein
gerillte Tülle geschoben und durch eine
radial aufgepresste, innen profilierte Hülse unlösbar befestigt (Pressvorrichtung).

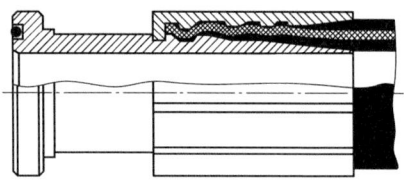

Steckbare Schlauchleitungen arbeiten
mit Schnellverschluss-Kupplungen mit

**Bild 6.7**: Schlauchverbindung, gepresst,
unlösbar. Flanschbund nach SAE J 518

eingebauten Rückschlagventilen, **Bild 6.8**. Beim Zusammenstecken drücken sich
die Kegel über die Stirnflächen (1) und (2) gegenseitig gegen Federkraft auf, die
Durchflussquerschnitte werden freigeben. Abgedichtet wird über einen O-Ring.
Zum Entkuppeln verschiebt man die Muffe gegen Federkraft, so dass die Sperr-
kugeln beim Ziehen in die Nut verdrängt werden. Legt man die Hülse fest und
macht die Steckdose axial flexibel, hat man eine *automatische Abreißfunktion.*

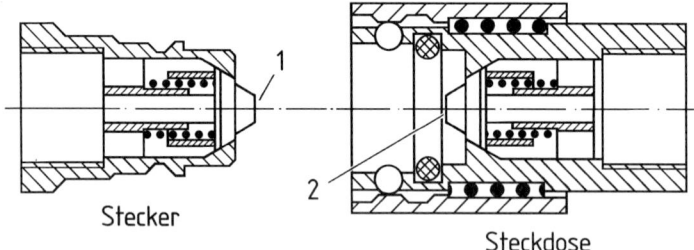

Stecker

Steckdose

**Bild 6.8**: Schnellverschluss-Kupplung

# 6.2 Dichtungen

**Einteilung, Anforderungen.** Bei den *Berührungsdichtungen* (Gegensatz: berüh-
rungslose D.) unterscheidet man in *statische* (ruhende) und *dynamische* (bewegte)
Dichtungen mit folgenden *Anforderungen:*

– möglichst gute *Dichtwirkung* (LecköIverluste, Umweltbelastung)
– möglichst geringe *Reibungskräfte* bei dynamischen Dichtungen (Energieverluste,
  Störung von Steuerketten und Regelkreisen, Restkräfte im Leerlauf)
– gute mechanische *Dauerhaltbarkeit* (Produktlebensdauer)
– gute *Verträglichkeit mit gängigen Druckflüssigkeiten* (Funktionssicherheit)
– geringer *Platzbedarf* und *Einbauaufwand* (Wirtschaftlichkeit)
– geringe *Herstellkosten* (Wirtschaftlichkeit)
– *thermische Beständigkeit* (Lebensdauer, Betriebssicherheit).

## 6.2.1 Statische Dichtungen

Statische Dichtungen sind ruhende Dichtungen ohne Gleiten. Die wichtigste Bauart ist der O-Ring [6.14], der raumsparend und kostengünstig einzusetzen ist. O-Ringe und ihr Einbau (Maße) sind weltweit in ISO 3601 genormt. DIN 3771 wurde zurück gezogen. Angegeben werden Innen- und Schnurdurchmesser.

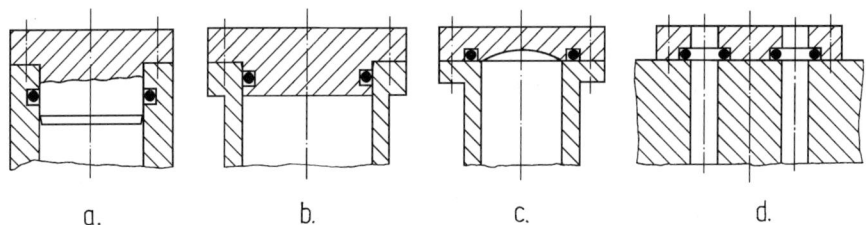

a.   b.   c.   d.

**Bild 6.9:** Einbaubeispiele für den O-Ring als statische Dichtung

O-Ringe weisen eine geringe Oberflächenrauigkeit auf. Die fein tolerierten Ringdicken gibt es in eng gestuften Abmessungen (auch korrespondierend zu Zollmaßen). Nach [6.15] werden z. B. für 20 mm Innendurchmesser die Ringdicken 1,00 - 1,30 - 2,00 - 2,50 - 3,00 - 3,50 - 4,00 - 4,50 - 5,00 - 6,00 mm angeboten – jeweils in mehreren Werkstoffen, deren Härte mit dem Druck steigen sollte. Das Maß der Aufnahme soll bei c und d eine kleine definierte O-Ring-Druckvorspannung erzeugen, damit er bei Montage nicht heraus fällt. Die Nuttiefen sollen um etwa 20% kleiner sein als die Ringdicke. Maßgebend sind die Herstellerangaben. Bei a und b sind Anfasungen (15°) wichtig, um den O-Ring bei Montage nicht zu beschädigen. Beispiele für b findet man in Bild 5.63 und 5.73. Lösung d ist kostengünstig und z. B. bei Ventilverkettungen oder Plattenanschlüssen verbreitet (Bilder 5.63, 5.71, 5.72 und 5.75). Damit der O-Ring bei d nicht heraus fällt, macht man den Durchmesser der Ausdrehung z. B. 2 - 3% kleiner als den Nenn-Außendurchmesser des O-Rings. Die Gegenfläche ist möglichst so zu bearbeiten, dass Feindrehriefen oder Schleifspuren nicht quer, sondern parallel zur O-Ring-Dichtlinie verlaufen. Die Spaltweite auf der dem Druck abgewandten Seite muss sehr klein sein, damit der O-Ring nicht „extrudiert" wird. Faustwert für Härte 90 Shore A (rel. hart) und 400 bar: 0,03 - 0,04 mm [6.16]. Ggf. verwendet man Stützringe (z. B. aus PTFE, möglich bis ca. 0,3 mm Spaltweite für 400 bar [6.15]).

## 6.2.2 Dynamische Dichtungen

**Anforderungen.** Bei kleineren Drücken und kleinen Bewegungsgeschwindigkeiten und eher niedriger Bewegungshäufigkeit (z. B. Hobby-Wagenheber) kann der O-Ring als dynamische Dichtung verwendet werden. Es sind besonders kleine

Gleitflächen-Rauigkeiten erforderlich – nach [6.15] $R_{max} < 2$ μm. Das Nuttiefen-Untermaß wird geringer gewählt. Höhere Anforderungen an die Dichtstelle verlangen aufwendigere Lösungen [6.16]. Kolben- und Stangendichtungen betrachtet man zweckmäßig als *Dichtsystem* mit folgenden Teilfunktionen:
– *Dichten* (Druckgefälle Öl/Öl oder Öl/Luft)
– *Führen* (Kolben-Zylinder, Stange-Zylinderkopf)
– *Abstreifen* (Schmutz bei Kolbenstangen).
**Bauarten.** Bei der Mantelringdichtung in **Bild 6.10** wird ein O-Ring als Federelement zum Vorspannen des eigentlichen Dichtelements eingesetzt. Die Führung wird ohne zusätzliche Elemente durch den Kolben übernommen. Das ist auch bei der in Bild 6.10 mittig gezeigten Nutringdichtung der Fall. Nutringe haben eine

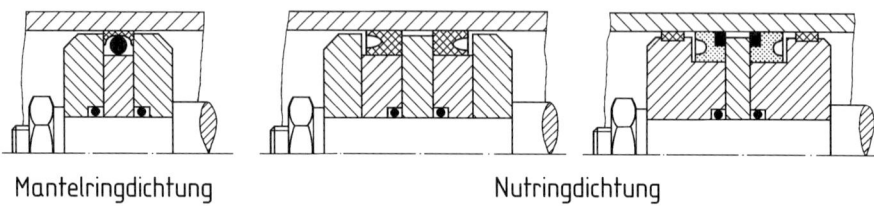

Mantelringdichtung                    Nutringdichtung

**Bild 6.10:** Dynamische Dichtungen für Kolben

besonders gute Dichtwirkung dadurch, dass die Dichtlippen druckabhängig an die Gleitfläche angepresst werden. Durch die geringe Vorspannung ist die Reibung unbelastet sehr klein [6.17] (kleine Rückstellkräfte). Für hohe Drücke wird die Extrusionsgefahr z. B. durch einen anvulkanierten Stützring vermieden [6.16], Bild 6.10 rechts. Hier wurden ferner zur Führung spezielle Gleitringe eingebaut.
Die in **Bild 6.11** dargestellte Dachmanschettendichtung wird typisch für Kolbenstangen oder Plungerzylinder für sehr harte Einsatzbedingungen verwendet. Die Dachmanschetten werden axial vorgespannt. Zusätzliche Elemente sorgen für Führen und Abstreifen. Der Manschettensatz hat wegen der großen Anzahl von Dichtkanten eine gute Dichtwirkung und lässt sich leicht nachstellen oder austauschen. Nachteilig ist die große Reibung – insbesondere bei kleinen Drücken.
**Werkstoffe.** Als typischen Werkstoff verwendet man für Nutringe und Abstreifer Nitrilkautschuk (Kurzzeichen NBR) und Polyurethane, insbesondere Polyether-Urethan-Kautschuk (AU) [6.18]. Bio-Öle stellen z. T. spezielle Anforderungen [6.16, 6.19].
Für einfache Führungselemente genügt Polyamid (PA), für hohe Ansprüche (hohe Temperaturen, wenig Reibung) ist Polytetrafluorethylen (PTFE, „Teflon") besser.

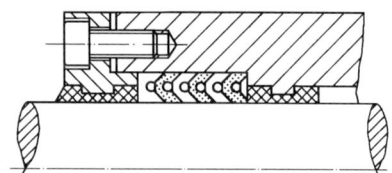

**Bild 6.11:** Dichtsystem mit Dachmanschettensatz

## 6.2.3 Betriebsverhalten von Dichtungen

**Reibungsverhalten.** Statische und dynamische elastische Dichtungen sind im Ruhezustand gewöhnlich völlig dicht. Bei dynamischen Dichtungen entsteht durch die Bewegung ein hydrodynamischer Ölfilm mit (sehr kleinem) Leckölstrom. Der Ölfilm ist erwünscht, weil er die Flächen trennt (Kap. 2.4). Die zu erwartende Ölfilmdicke liegt bei Hochdruckdichtungen in der Größenordnung von nur 0,1 μm Deswegen muss die Gegenfläche der Dichtung sehr glatt sein, in [6.20] wird z. B. für Zylinderrohre innen eine Rautiefe $R_0 \leq 0{,}05$-$0{,}3$ μm verlangt. Ob sich ein trennender Ölfilm bildet, lässt sich durch Messung der Reibungskraft feststellen, siehe **Bild 6.12** [6.17]. Das Auftreten von *Stribeck*-Kurven beweist das Aufschwimmen der Dichtung ab einer gewissen Gleitgeschwindigkeit (Kap. 2.4 und weitere Messergebnisse in [6.21]). Die Öltemperatur wurde in Bild 6.12 konstant gehalten, die örtliche Viskosität im Spalt war vermutlich trotzdem über der Gleitgeschwindigkeit leicht absinkend, was die rechten Stribeck-Äste „herabbiegt".

Nutringdichtungen können durch Einlaufen und Druckprofiländerungen besonders geringe Reibungskräfte erreichen [6.21]. Der *Stick-Slip-Effekt* tritt beim Anfahren und bei kleinen Gleitgeschwindigkeiten auf. Er entsteht dadurch, dass die Haftreibung zwischen Kolben und Zylinder größer ist als die sich unmittelbar anschließende Gleitreibung. Der Kolben muss zunächst mit dem für die Überwindung der Haftreibung notwendigen höheren Druck beaufschlagt werden. Dadurch wird er nach dem „Losbrechen" durch die Federwirkung der Ölsäule kurzzeitig beschleunigt. Damit sinkt der Druck ab, der Kolben bleibt stehen, so dass die Haftreibungskraft erneut überwunden werden muss usw.

Bei doppelt wirkenden Zylindern mit eingespannten Kolben (Eilgangschaltung, Bild 4.7) kann die Reibung merklich größer sein.

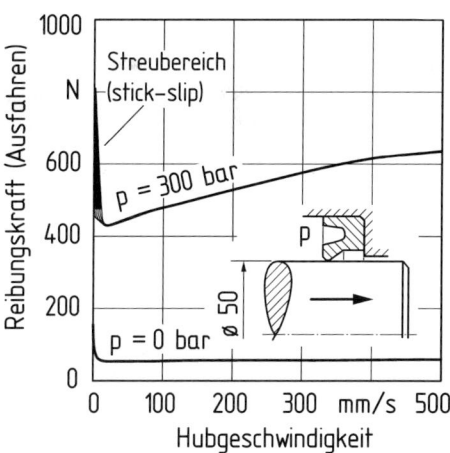

**Schleppdruck.** Wenn Öl in einen längeren engen Spalt in Bewegungsrichtung mitgeschleppt wird, müssen Entlastungskanäle gegen Schleppdrücke vorgesehen werden.

Nach EP 1 762 757 B1 (Freudenberg) kann ein luftgefüllter Schlauchring das Schleppölvolumen gut puffern.

**Bild 6.12:** Sehr günstige gemessene Reibungskräfte an einer Polyurethan-Nutringdichtung für ausfahrende Kolbenstange. Öl HLP 46 bei 30 °C. Dichtring neu. Nach [6.17]

# 6.3 Ölbehälter

## 6.3.1 Anforderungen

Ölbehälter haben folgende Aufgaben zu erfüllen:
- *Druckflüssigkeit aufnehmen*
- Vorrat halten für *Wärmespeicherung*
- Vorrat halten für *Schräglagen* (z. B. 20° bei Traktoren)
- ggf. Vorrat halten für *entnehmbares Ölvolumen* (große Zylinder)
- *Wärme* aus dem Öl abführen an die Umgebung
- *Schmutz, Wasser (Bio-Öle!)* und *Luftblasen* abscheiden
- *Öl beruhigen* (für möglichst laminares Wiederansaugen)
- teilweise: *Pumpenaggregat und Ventile usw. aufnehmen* unter Öl.

Für eine erste Abschätzung des erforderlichen Behältervolumens geht man von der in 1 Minute geförderten Ölmenge aus und multipliziert diese mit folgenden Faktoren, die gleichzeitig die Tank-Verweilzeiten in Minuten darstellen:
- Mobilhydraulik: 0,5 bis 1,5 (PKW und Flugzeuge z. T. unter 0,5)
- Stationäre Anlagen 2 bis 5 (steigend mit Einschaltdauer und Verlustgrad)

Zusätzlich sollte man 15% des Ölvolumens als Luftraum vorsehen [6.22]. Hinsichtlich der konstruktiven Gestaltung unterscheidet man *offene* und *geschlossene* Behälter. „Offen" heißt: mit Umgebungsdruck über Grobfilter belüftet.

Geschlossene Behälter ermöglichen die Anwendung von Vordrücken, wie z. B. im Flugzeugbau üblich. Die Forderung nach geringen Wasseranteilen hat generell stark an Bedeutung gewonnen, siehe unten.

## 6.3.2 Offene Ölbehälter

Grundsätzlich sollte der Behälter nicht zu knapp dimensioniert werden, damit für die Wärmeabfuhr und für das Abscheiden von Schmutz, Wasser und Luft genügend Verweilzeit zur Verfügung steht. Wichtig für die Kühlung sind vor allem die Seitenwandflächen. Daher ist es günstiger, in die Höhe und nicht etwa in die Breite zu bauen. Das Beispiel in **Bild 6.13** zeigt im Schnittbild die Saugleitung (1) mit einem groben Saugfilter sowie die Rücklaufleitung (2), die Be-/Entlüftung (3) (mit Grobfilter) und den Öl-Einfüllstutzen (4) (mit Grobfilter). Das Ende des zur Wand hin abgeschrägten Rücklaufrohres (2) sollte mindestens 200 mm unter dem minimalen Ölspiegel liegen. Zwischen Ölein- und -auslass befindet sich das Beruhigungsblech (5), das einen langen u-förmigen Weg des Fluids bei kleiner Strömungsgeschwindigkeit erzwingt und so die Abscheidung von Schmutz, Wasser und Luft unterstützt. Zulässige Wassergehalte sollten wegen Hydrolysegefahr (Bioöle) und Wälzlagerschädigung ≤ 100ppm betragen. Harte Grenze: 0,1 %.

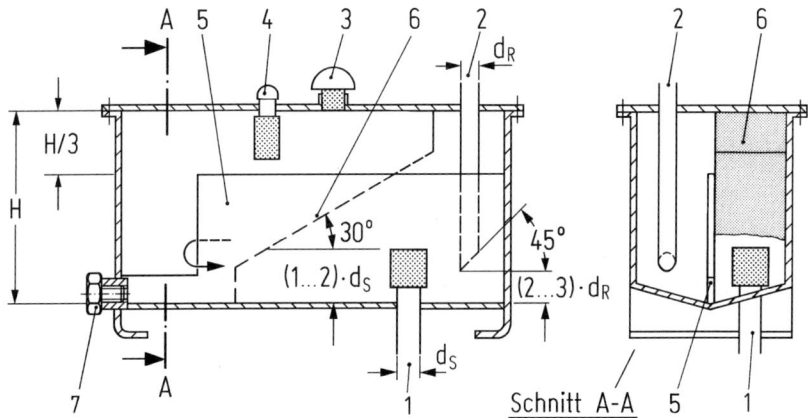

**Bild 6.13:** Beispiel für die Anordnung der Elemente eines Ölbehälters

Zur Abscheidung der Luftbläschen dient ein Luftleitsieb (6) mit ca. 0,3 mm Maschenweite und ca. 30° Neigung [6.22]. Dessen Strömungswiderstand erzeugt leider gewisse Höhenunterschiede. Ein Ölablassstutzen (7) ist vorzusehen. Die Durchmesser von Saug- und Rücklaufleitung ergeben sich aus Abschnitt 6.1. Große Ölbehälter haben einen aufgeschweißten Deckel und ein Mannloch.

## 6.3.3 Geschlossene Ölbehälter

Bei geschlossenen Ölbehältern ist das Öl völlig von der Außenluft abgegrenzt, so dass kein Schmutz oder Wasser und auch kaum Luft aus der Umgebung vom Öl aufgenommen werden. Dieses erreicht man z. B. über ein Gaspolster, das über eine elastische Blase auf das Öl wirkt, **Bild 6.14.**
Durch Füllen mit Luft oder Stickstoff kann ein Vordruck erzeugt werden, der Wärmedehnungen des Öls ausgleicht, Luftausscheidungen unterdrückt und höhere Druckverluste in der Saugleitung und der Pumpensaugseite zulässt. Hohe Vordrücke ermöglichen hohe Pumpendrehzahlen und höhere Strömungsgeschwindigkeiten im Saugrohr als nach Kap. 6.1 für Umgebungsdruck empfohlen. Dieses bedeutet hohe Leistungsdichte. Die Behälter müssen auf die Druckbelastung ausgelegt sein.
Ein besonders gutes Beispiel dafür ist der Flugzeugbau. Hier wendet man das Prinzip allerdings etwas anders an. Üblich sind zylindrische Ölbehälter, die mit einem

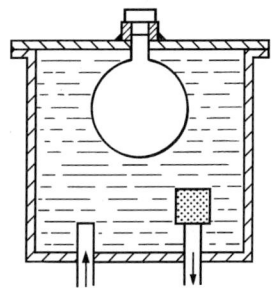

**Bild 6.14:** Geschlossener zylindrischer Ölbehälter mit leichter Vorspannung durch flexible Gasblase (Füllventil)

Stufenkolben arbeiten, **Bild 6.15** [6.23].
Der kleinere Kolben wird auf seiner
Ringfläche durch Anschluss (1) mit Arbeitsdruck beaufschlagt und er belastet
über die Ringfläche des großen Kolbens
sowie seine eigene Gesamtfläche die Niederdruckseite, siehe Anschluss (2) und

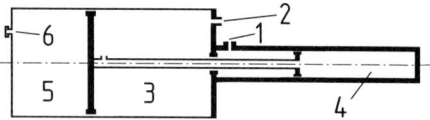

**Bild 6.15:** Ölbehälter für Flugzeuge mit
Vorspannung durch Arbeitsdruck [6.23]

Räume (3) und (4). Eine Gasfüllung in der Kammer (5) wird über den Füllstutzen
(6) eingebracht und ermöglicht eine Grundvorspannung und einen Arbeitsspielraum,
z. B. für ausgefahrene Zylinder. Grundlagen zur *Wärmeabfuhr* s. Abschnitt 8.3.

## 6.4 Filter

### 6.4.1 Verschmutzungsbewertung, Filterfeinheit, Anforderungen

70 bis 80 % aller Ausfälle gehen nach Angaben von Bosch Rexroth (2014) auf Öl-
Verunreinigungen zurück. Eine Übersicht über Filtrationstechniken gibt [6.24].
**Art und Bedeutung der Kontamination.** Feststoff-Schmutzteilchen sind nach
[6.25] die bedeutendste Ursache für Fehlfunktionen in Hydraulikanlagen. Nach
Backé [6.26] stieg der Verschleiß von Verdrängermaschinen bei kontrolliert er-
höhter Feststoff-Verschmutzung vor allem bei Flügelzellen- und Außenzahnradmaschinen stark an, weniger bei Schrägachsen- und Innenzahnradmaschinen.
Schmutzteilchen können durch Rückstände aus dem Fertigungsprozess, wie Guss-
sand, Späne, Schleifstaub, Schweißrückstände, durch Staub- oder Rostteilchen und
durch Verschleiß oder Abrasion in die Anlage gelangen, wo sie durch Verschleiß
weitere Teilchen erzeugen und selbst z. T. kleiner „gemahlen" werden. Ebenso
können sie auch zur Verstopfung von Drosselbohrungen, zum Verklemmen von
Ventilkolben und zum Abschleifen von Material (Abrasion, Erosion, z. B. bei Ventilen und Steuerböden) führen. Fluidverschmutzung reduziert ferner die Ermü-
dungslebensdauer von Wälzlagern (hoher Kostenanteil bei Schrägachsen-Axial-
kolbenmaschinen, Kap. 3.1.1). Das Spülen einer Anlage nach Montage kann daher
sehr sinnvoll sein [6.27].
**Messung der Kontamination.** Die Feststoffverschmutzung kann mit käuflichen
Zählgeräten nach Größe und Häufigkeit automatisch bestimmt werden. Eine
klassische Grundlage der Auswertemethodik ist das Verschmutzungsdiagramm
nach E. C. Fitch [6.28], **Bild 6.16** (nach [6.29]). Aufgetragen ist die Summenhäu-
figkeit der Anzahl Teilchen je $cm^3$ (log) über der Teilchengröße in µm (log log).
Eingetragene Summenhäufigkeiten ergeben in diesem Netz grob betrachtet Geraden, siehe die beiden fetten Linien für Filterzu- und -ablauf.

Ablesebeispiel für Linie „Filterzulauf" bei 10 μm: Etwa $1{,}5 \cdot 10^4$ Teilchen $\geq 10$ μm sind in jedem cm$^3$ vorhanden. Die vertikale Differenz der fetten Kurven kennzeichnet die Filterwirkung. Zur Beurteilung der Schmutztoleranz einer Komponente kann deren Toleranzprofil in das gleiche Diagramm eingetragen werden, wie es hier für eine Pumpe für 1000 h Lebensdauer geschah. In der Realität muss für die fetten Linien zusätzlich das Zeitverhalten der Verschmutzung berücksichtigt werden. Wenn Bild 6.16 z. B. ein Beharrungszustand wäre, müsste der Filter unbedingt an der Pumpensaugseite angeordnet sein (Schaltplan). Die dünnen Kurven (in mg/dm$^3$) kennzeichnen den Gesamtschmutz für typische Schmutzmischungen. Um ein Gefühl für Filterfeinheiten

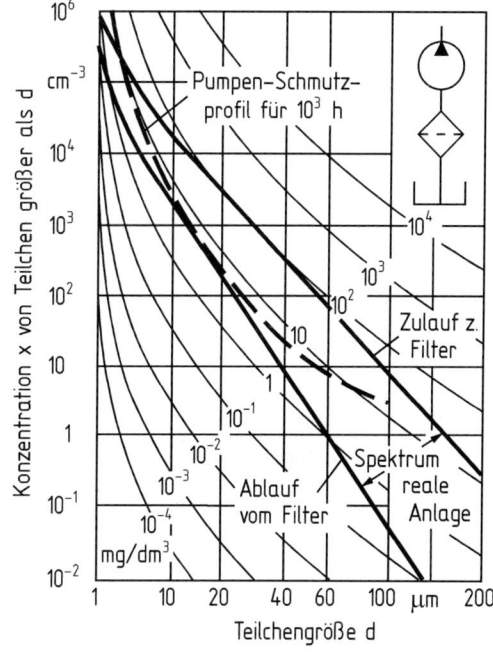

**Bild 6.16:** Verschmutzungsprofile eines Hydrauliköls u. Toleranzprofil einer Pumpe [6.29]

zu bekommen, folgen *reale Schmierfilmhöhen* von im Betrieb belasteten Stellen hydrostatischer Komponenten für Schwimmreibung:

Kolbenmaschinen:      – Kolben/Zylinder 0,3 bis 40 μm (0,3 μm geschätztes Minimum für Schrägscheiben-Axialkolbenmasch.)

                         – Steuerboden 0,5 bis 5 μm (Dichtsteg)

Zahnradmaschinen:   – Kopfspalt 0,5 bis 5 μm (spaltkompensiert)

                         – Seitenspalt 1 bis 5 μm (spaltkompensiert)

Flügelzellenmaschinen:  – Kopfspalt 0,5 bis 2 μm

                         – Seitenspalt (nicht kompensiert) 5 bis 15 μm

Wegeventile:           – Kolben/Zylinder 2 bis 25 μm

Kleine Steuerwiderstände  – Durchmesser 200 bis 500 μm

Dynamische Dichtungen   – 0,05 bis 0,5 μm

**Filterfeinheit und ß-Wert.** Die geometrische Filterfeinheit kann bei gleich großen Durchlassöffnungen am Filterelement (Oberflächenfilter, s. u.) einfach durch die *Maschenweite*, bei ungleich großen Durchlässen (Tiefenfilter, s. u.) aufwändig durch die *statistische Verteilung der Porengrößen* erfasst werden. Entsprechende

Daten sind für die Filterwirkung von Oberflächenfiltern („Siebe") ein guter Anhalt, während sie für die Wirkung von Tiefenfiltern („Faserhaufwerke") nicht so brauchbar sind. Als praxisnah hat sich die direkte Messung der Filterwirkung mit dem genormten *Multipass-Test* (ISO 4572 und ISO 16889) herausgestellt. Man misst die Verschmutzung vor und nach dem Filter (Teilchengrößen und -anzahl). Der *β-Wert* kennzeichnet die Abscheidung für Teilchen > x wie folgt:

$$\beta_x = \frac{\text{Partikelzahl} \geq x \, (\mu m) \text{ vor d. Filter}}{\text{Partikelzahl} \geq x \, (\mu m) \text{ nach d. Filter}}$$

Beispiel: $\beta_{10} = 75$ bedeutet 75 mal weniger Teilchen $\geq 10$ µm im Filterablauf als im Zulauf. Je größer die betrachtete Grenz-Partikelgröße, desto größer sind gewöhnlich auch die *β*-Werte [6.24] – ein Trend, der auch aus Bild 6.16 erkennbar wird. Man arbeitet mit einer künstlich verschmutzten Testflüssigkeit. Diejenige Partikelgröße, bei der der *β*-Wert im Test $\geq$ 75 ist, darf als absolute Filterfeinheit angegeben werden [6.24].

**Reinheitscodierung nach ISO.** In der früheren ISO 4406 (1987) hatte man Reinheitscodes mit Hilfe von zwei Kennzahlen gebildet: Die erste Zahl entsprach der *Reinheitsklasse* von Teilchen $\geq$ 5 µm und die zweite von Teilchen $\geq$ 15 µm. Eine Kennzahl 11/8 stand z. B. für ein extrem sauberes Öl (Luft- und Raumfahrt), 16/13 für eine gute Sauberkeit (Mobilhydraulik). Die neue ISO 4406 (1999) [6.30] hat drei Stufen $\geq$ 4, $\geq$ 6 und $\geq$ 14 µm (c), wobei die Stufen $\geq$ 6 und $\geq$ 14 µm wegen modifizierter Messmethodik (c) etwa den alten Stufen $\geq$ 5 bzw. $\geq$ 15 µm entsprechen [6.24]. Die alten Beispiele 11/8 und 16/13 sind daher etwa gleichwertig zu „neu" 14/11/8 und 19/16/13. Zwei typische Praxisforderungen: Mobilhydraulik 19/17/13, Elektrohydraulik 17/15/11 (Bosch-Rexroth). Die *Reinheitsklasse* 17 bedeutet z. B., dass in 100 ml 64.000 bis 130.000 Teilchen vorhanden sind (Zählgeräte).

**Anforderungen an Filter.** Im Vordergrund stehen die *Abscheideleistung*, die *Schmutz-Aufnahmekapazität*, der *Druckverlust* (neu bis voll verschmutzt), die *Robustheit* gegenüber dynamischen Differenzdruckschwankungen und die *Reinigungsmöglichkeit* bzw. der *einfache Austausch* von Patronen.

## 6.4.2 Filterelemente

Die meisten Filterelemente werden in Form von austauschbaren Filtereinsätzen hergestellt. Man unterscheidet zwischen *Oberflächenfiltern* und *Tiefenfiltern.*

**Oberflächenfilter.** Es handelt sich um Filtereinsätze mit konstanten Poren-, Maschen- oder Spaltweiten und Abscheidung „an der Oberfläche".
Beispiele: *Spaltfilter* (Filterfeinheit 25 bis 500 µm) mit einer größeren Zahl von Blechscheiben, die lamellenartig mit Distanzstücken übereinander geschichtet sind.

Die Schmutzteilchen setzen sich an der Außenfläche ab und lassen sich ohne Betriebsunterbrechung oder Ausbau mit einem drehbaren Spalträumer abstreifen. *Siebfilter* (Filterfeinheit 5 bis 100 µm) bestehen meist aus einem Drahtgeflechtgewebe. Um größere Oberflächen zu erreichen, werden diese – wie auch die später aufgeführten Zellulosewerkstoffe – stern- oder scheibenförmig gefaltet. Die Filterelemente sind teuer, können jedoch nach Herausnahme gereinigt werden.

**Tiefenfilter.** Diese in der Hydraulik besonders verbreiteten Filtereinsätze haben eine Struktur wie ein „Faserhaufwerk", d. h. es gibt keine einheitlichen Maschenweiten oder Poren. Tiefenfiltereinsätze bestehen als Wegwerfelemente meist aus zusammengepressten Faserstoffen auf Zellulose-, Kunststoff-, Glas- oder Metallbasis (auch in mehreren Schichten). Filter aus Sintermetall sind im Prinzip auch Tiefenfilter, haben jedoch durch zusammengepresste Kügelchen etwa gleicher Größe eine weitaus geringere Porengrößen-Bandbreite als Faserstoff-Einsätze. Bei mittleren Filtereinheiten von 1 bis 50 µm sind sie auch besonders robust. Man verwendet sie für sehr kleine Volumenströme – z. B. für den Hilfsölstrom von Düse-Prallplatte-Systemen in Servoventilen (Bild 5.26).

**Magnetfilter.** Stahlabrieb kann durch Permanentmagnete erfasst werden, die man im Ölbehälter an Stellen geringer Strömungsgeschwindigkeit einbaut.

### 6.4.3 Filteranordnung, Filterbauarten, Betriebsverhalten

Der Einbauort von Filtern hat großen Einfluss auf ihre Wirkung.

**Anordnungen.** Einige Standardanordnungen zeigt **Bild 6.17**.

*Saugfilter.* Zum Schutz der Pumpe vor groben Verunreinigungen setzt man grobe Filter (um 50 bis 100 µm) mit Drahtgeflecht-Sieben ein („Schutzfilter"). Soll der Filter als „Arbeitsfilter" (auch „Systemfilter") zur Einhaltung einer Öl-Reinheitsklasse beitragen, sind viel engere Maschenweiten notwendig. Ein Einbau auf der Saugseite führt dabei wegen des begrenzten Unterdrucks zu großen Filterflächen.

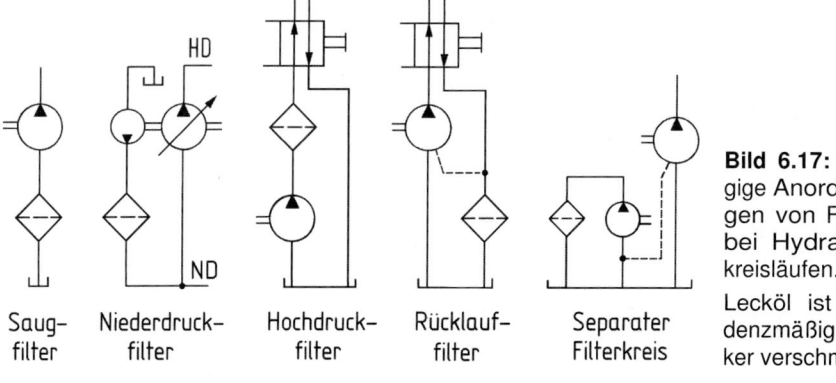

| Saug-filter | Niederdruck-filter | Hochdruck-filter | Rücklauf-filter | Separater Filterkreis |

**Bild 6.17:** Gängige Anordnungen von Filtern bei Hydraulikkreisläufen.

Lecköl ist tendenzmäßig stärker verschmutzt

*Niederdruck-Filter.* Sie werden, wie in Bild 6.17 gezeigt, z. B. hinter Niederdruck-pumpen eingesetzt, die ihren Förderstrom einem Rücklaufstrom derart zuspeisen, dass die Hochdruckpumpe mit einem saugseitigen Vordruck (von z. B. 5 bis 30 bar) arbeitet, den man teilweise auch für Steuerfunktionen nutzt (dann 15 bis 25 bar). Dieses Prinzip wird z. B. in geschlossenen Hydraulikkreisläufen hydrostati-scher Getriebe eingesetzt. Da nur ein Teilförderstrom gefiltert wird, können Ab-riebteilchen mehrmals die Anlage durchlaufen, bevor sie abgeschieden werden.

*Hochdruck-Filter.* Sie erfassen auch den in der Pumpe entstehenden Abrieb und werden daher bei sehr empfindlichen Folgegeräten, wie z. B. Servoventilen, einge-setzt. Feine Hochdruck-Siebfilter sind sehr gut und sehr teuer.

*Rücklauffilter.* Die verbreiteten Rücklauffilter werden im ablaufenden meist druck-losen Hauptstrom oder (weniger wirksam) im Rücklauf-Nebenstrom eingesetzt. Die Schmutzteilchen werden leider erst abgeschieden, nachdem sie alle Geräte einer Anlage durchlaufen haben. Diesen Nachteil kann man z. B. durch Spülfiltern abschwächen. Empfohlen wird ferner (nach Backé) eine *Vollfilterung von Leka-geströmen*, weil diese meistens stärker verschmutzt sind als der Hauptstrom.

*Filter in getrenntem Kreislauf.* Dieses System wird vielfach für größere Anlagen und zum Spülen verwendet. Man benötigt eine eigene Pumpe und erfasst nur einen Teilölstrom. Auch hier ist die Zuspeisung von Lecköl sehr sinnvoll.

**Bauarten kompletter Filter.** Die **Bilder 6.18** und **6.19** zeigen je ein *Niederdruck* und ein *Hochdruck-Filter*. In beiden Fällen werden die Schmutzteilchen des Zu-laufs außen abgeschieden. Bei dem abgebildeten Niederdruckfilter wird die An-schraubpatrone komplett mit Blechgehäuse ausgetauscht. Andere Bauarten (für höhere Drücke) arbeiten mit Gussgehäusen und inneren Austauschpatronen. Hochdruckfilter sind bezüglich Gehäuse und Differenzdruckfestigkeit nochmals erheblich aufwendiger und teurer. Beide Filtergehäuse haben Druckventile, die bei zu großem Druckabfall einen Bypass öffnen, z. T auch mit Verschmutzungsanzei-ge. Da die Filterung beim Ansprechen reduziert ist (Teilstrom), wird der Druckab-

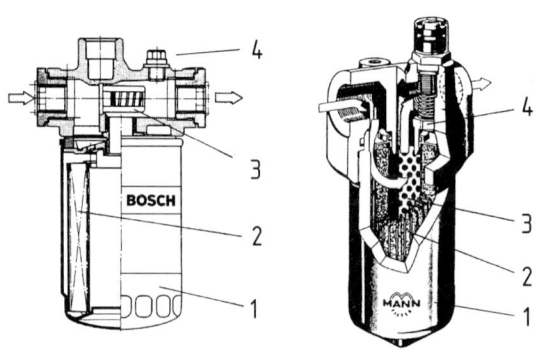

**Bild 6.18** (links):
Niederdruckfilter (Bosch).
1 Anschraubpatrone
2 Vlies zwi. Lochblechen
3 Umgehungsventil
4 Kopfteil

**Bild 6.19** (rechts): Hochdruck-filter 350 bar (Mann & Hummel).
1 druckfestes Gehäuse
2 Vlieseinsatz
3 stützendes Lochblech
4 Umgehungsventil und
  Verschmutzungsanzeige

fall moderner Filter zunehmend über elektrische Fernanzeigen überwacht - ein „Filteraustausch bei Bedarf" spart Betriebskosten.
**Betriebsverhalten von Filtern.** Für das Verständnis besonders wichtig sind die beiden in **Bild 6.20** skizzierten Betriebsdiagramme, an denen man typische Unterschiede zwischen *Oberflächenfilter* (1) und *Tiefenfilter* (2) erkennen kann. Das Oberflächenfilter hat anfangs einen kleineren Druckverlust (links), dieser steigt dann aber wegen der nur zweidimensionalen Schmutz-Aufnahmekapazität steil an (Tiefenfilter dreidimensional). Dafür hat das Oberflächenfilter eine wesentlich stei-lere und damit bessere Abscheidekennlinie (rechts). Es sind auch Kombinationen möglich. Weitere Hinweise findet man in [6.31].

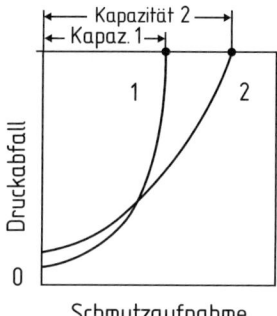
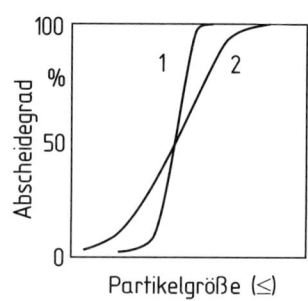

**Bild 6.20:** Druckverlust und Abscheidegrad von Filtern.
1 Oberflächenfilter („Sieb")
2 Tiefenfilter („Faserhaufwerk")

# 6.5 Hydrospeicher

## 6.5.1 Aufgaben und Anforderungen

**Aufgabe.** Hydrospeicher sollen ein bestimmtes Ölvolumen aus der Hydraulikanlage unter Druck aufnehmen und bei Inkaufnahme einer leichten Druckabsenkung der Anlage wieder zuführen [6.32]. Damit arbeiten sie ähnlich wie eine elektrische Kapazität. Im Detail kann ihr Einsatz folgende Motive haben:
 – Bereitstellung eines Ölvolumenstroms für *kurzzeitigen Spitzenbedarf* (dadurch u. U. Verwendung einer kleineren Pumpe möglich)
 – Ausgleich von *Leckölverlusten* und von *Volumenänderungen* infolge von Temperatur- oder Druckschwankungen (z. B. bei vorgespannten Behältern)
 – Einsatz als *passive Feder* in abgeschlossenen Systemen (Hydropneumatische Fahrzeugfederungen, Steinsicherungen bei Pflügen usw.)
 – Bereitstellung von *Energie für Notfälle* (z. B. Redundanz bei Flugzeughydraulik)
 – *Dämpfung* von Förderstrom- und Druckschwankungen (siehe Abschnitt 3.8.3.)
 – *Energieaufnahme* bei Rekuperation (Fahrzeuge bremsen, Lasten senken).

**Anforderungen.** Gewünscht werden eine hohe *Dynamik der Förderströme*, hohe *Speicher-Energiedichten*, hohe *Zuverlässigkeit* und die Erfüllung der europäischen *Druckgeräterichtlinie* 97/23/EG. Bei der Verwendung von Speichern in Hydraulikanlagen müssen auch andere Elemente besonders sicher sein. Bei Rohr- oder Schlauchbrüchen treten ggf. Ölstrahlen mit sehr hoher Energiebeladung aus. Gängige Sicherheitsvorschriften sind zu beachten.

## 6.5.2 Speicherbauarten und Faustwerte

**Arbeitsprinzip am Beispiel.** Vor der Behandlung der Bauarten sei das Arbeitsprinzip an dem besonders verbreiteten Membranspeicher demonstriert, **Bild 6.21**.

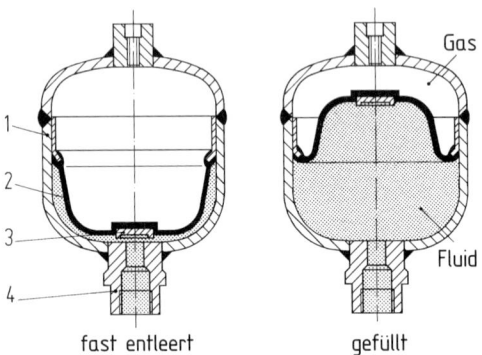

Der geschweißte Druckbehälter (1) ist mit einer gewölbten elastischen Membran (2) ausgerüstet (z. B. aus Perbunan), die unten einen Ventilteller (3) trägt. Der verschließt bei völliger Entleerung des Speichers (links fast erreicht) die Bohrung des Druckmittelanschlusses (4) und schützt die Membran gegen diese Bohrung. Der obere Raum ist mit Stickstoff gefüllt, der im Interesse einer möglichst großen speicherbaren Energiemenge vorgespannt wird

**Bild 6.21:** Geschweißter Membranspeicher (HYDAC) in zwei Betriebszuständen

(Ventil). Steigt der Druck in der Hydraulikanlage, wird das Gas verdichtet, der Speicher wird gefüllt (Bild 6.21 rechts).

**Bauarten und Faustwerte.** Man unterscheidet *Blasenspeicher, Membranspeicher* und *Kolbenspeicher*, **Bild 6.22**. Stickstoffgas wird auf den Druck $p_0$ vorgespannt und wirkt bei allen drei Bauarten über ein trennendes druckübertragendes Element (Blase, Membran, Kolben) auf die Fluid-Seite. Die bei Kolbenspeichern sehr vereinzelt üblichen Tellerfederpakete erreichen bei Hochdruck nach [6.33] nur mäßige Speicher-Energiedichten, nur etwa 10 %, bezogen auf Stickstoffspeicher. Ein weiterer Vorteil von Stickstoff besteht darin, dass der gasseitige Anschluss in Sonderfällen nicht nur zum Laden, sondern auch permanent an eine Stickstoff-Druckflasche angeschlossen werden kann [6.32]. Dadurch lässt sich die Druckdifferenz zwischen „leer" und „geladen" verringern oder die gespeicherte Ernergie erhöhen. Das *charakteristische Druckverhältnis* ist bei der Speicheranwendung das Verhältnis des maximalen Arbeitsdruckes in der Anlage $p_2$ zum Gas-Vorspanndruck $p_0$. Für größere Volumina scheiden *Membranspeicher* aus.

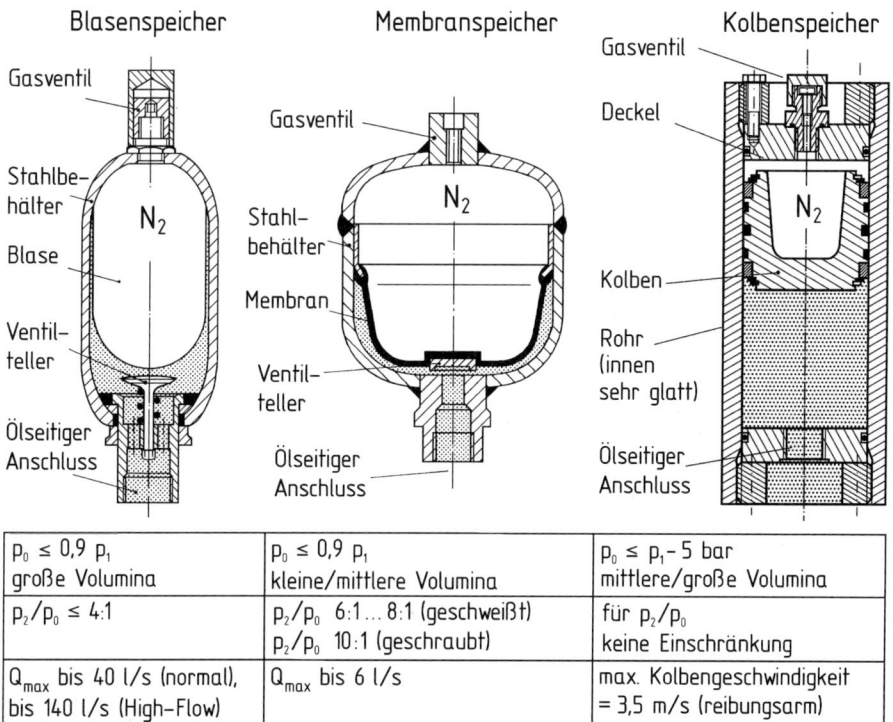

**Bild 6.22:** Speicher-Bauarten und Faustwerte. $p_0$ Gas-Vorspanndruck, $p_1$ kleinster Betriebsdruck, $p_2$ größter Betriebsdruck bei geladenem Speicher

Beim *Blasenspeicher* ist ein Tellerventil montiert, das bei völliger Entladung des Speichers durch die vorgespannte Speicherblase gegen Federdruck schließt.

Der *Membranspeicher* (Mitte) verkraftet größere Druckverhältnisse, weil mit der Membran (im Gegensatz zur Blase) sehr kleine Gasvolumina möglich sind. Die geschweißte Bauart ist wegen der niedrigen Herstellkosten sehr verbreitet.

Bei *Kolbenspeichern* (rechts) werden Gas und Flüssigkeit durch einen frei im Zylinder beweglichen „fliegenden Kolben" voneinander getrennt. Das Druckverhältnis ist hier nicht durch die Verformung von Blase oder Membran eingeschränkt, so dass ggf. auch Werte über 10:1 möglich sind. Da der Kolben gegen den oberen Anschlag gefahren werden kann, ist der Kolbenspeicher die geeignetste Bauart für angeschlossene Gasflaschen (s. o.). Sein Hubvolumen ist dann gleich seinem Speichervolumen. Seine Dynamik steht dagegen etwas hinter den beiden anderen Bauarten zurück – durch die Kolbenmasse und die Reibung der Kolbendichtung.

Die Störgröße „Zylinderaufweitung durch Druck" lässt sich durch einen Kunstgriff ausschalten, der in der Flugzeughydraulik angewendet wird [6.23], **Bild 6.23**.

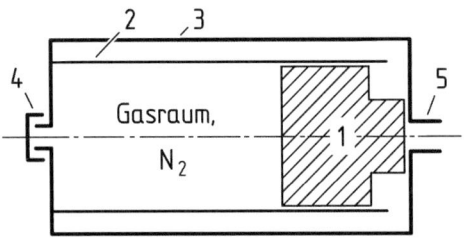

Das Arbeitsprinzip ist identisch mit dem von Bild 6.22, jedoch gleitet der Kolben (1) in einem dünnwandigen Zylinder (2), der völlig druckentlastet ist, weil er auch außen von Drucköl beaufschlagt wird. Den Druck nimmt der äußere Zylinder (3) auf, der große Dehnungen aufweisen darf, so dass man konsequent leicht bauen kann (z. B. mit CFK-Rohr und Zugankern). Gasventil (4) und Verschraubung (5) bilden die Anschlüsse.

**Bild 6.23:** Kolbenspeicher mit druckentlastetem Zylinder für Flugzeug-Hydrauliksysteme. (frei skizziert in Anlehnung an Hinweise in [6.23] und [6.32])

## 6.5.3 Berechnung von Speichern

In **Bild 6.24** sind am Beispiel des Membranspeichers die drei Arbeitszustände eines Speichers mit den gebräuchlichen Bezeichnungen dargestellt. Das gesamte *verfügbare Ölvolumen* entspricht der Gasvolumenänderung $\Delta V$ von b nach c, das heißt der Differenz zwischen dem Gasvolumen $V_1$ $(p_1)$ und $V_2$ $(p_2)$:

$$\Delta V = V_1 - V_2 \qquad (6.5)$$

Das Betriebsverhalten zwischen diesen Punkten wird durch die Zustandsänderungen des Stickstoffgases ($p$-$V$-Diagramm) bestimmt. Unter der vereinfachenden Voraussetzung, dass Stickstoff ein ideales Gas und Öl inkompressibel sein möge, können die Zustandsänderungen durch die folgende bekannte Gleichung beschrieben werden:

$$p \cdot V^n = \text{const.} \qquad (6.6)$$

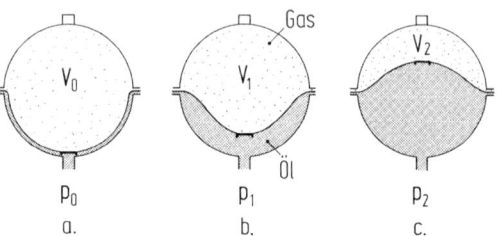

Darin kann der Polytropenexponent $n$ zwischen 1 und 1,4 betragen. Bei hohen Drücken auch darüber. Die Extremfälle bedeuten:

**Bild 6.24:** Arbeitszustände eines Membranspeichers: a. entleert, b. minimale Ölfüllung, c. maximale Ölfüllung

$n = 1,0$ : *isotherme Zustandsänderung*. Die Auf- bzw. Entladung geschieht unendlich langsam. Der volle Temperaturausgleich zwischen Gas und Umgebung erzeugt Verluste. Daher führte man z. B. bei Kolbenspeichern Pufferfüllungen ein (Gasseite).

$n = \kappa = 1{,}4$: *ideale adiabate Zustandsänderung.* Die Auf- bzw. Entladung läuft in unendlich kurzer Zeit ab, es ist keinerlei Temperaturausgleich möglich. Reale Werte für $\kappa$ sind etwas von der Temperatur, stärker vom Druck abhängig. Bei hohen Drücken liegen sie z. B. auch deutlich über 1,4.

Es gilt für $\Delta V$:

*isotherm:*
$$\Delta V_{\text{isoth.}} = V_0 \cdot \left( \frac{p_0}{p_1} - \frac{p_0}{p_2} \right) \tag{6.7}$$

*adiabat:*
$$\Delta V_{\text{ad.}} = V_0 \cdot \left[ \left( \frac{p_0}{p_1} \right)^{\frac{1}{\kappa}} - \left( \frac{p_0}{p_2} \right)^{\frac{1}{\kappa}} \right] \tag{6.8}$$

Es sind absolute Drücke einzusetzen. Die Gleichungen (6.7) und (6.8) wurden in **Bild 6.25** zu Kennlinien verarbeitet. Aufgrund von Erfahrungen bevorzugt man die adiabate Zustandsänderung. Freie Software siehe „ASP light" von HYDAC.

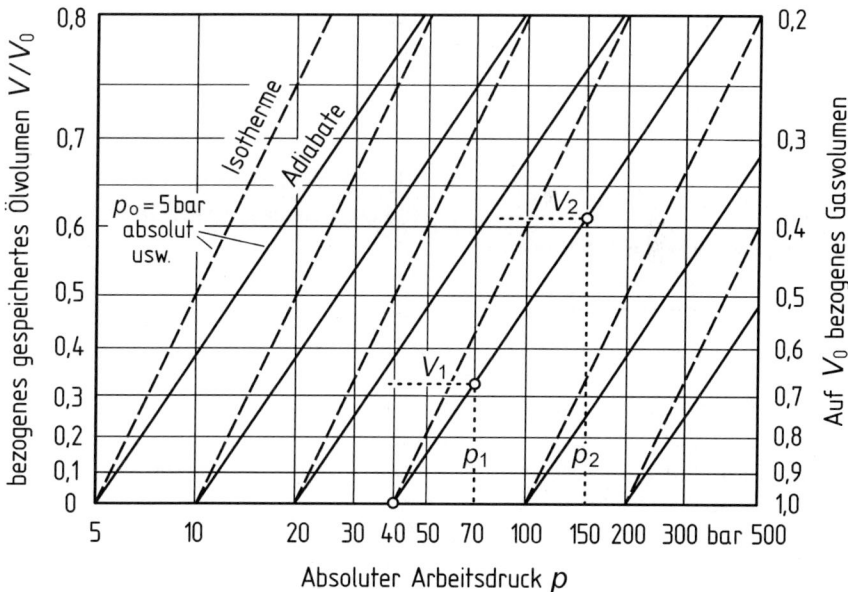

**Bild 6.25:** Speicherkennlinien für vorgegebene Gas-Ladedrücke $p_0$, $\kappa$ (adiabat) = 1,4. Beispiel 1 → 2: Ein mit 40 bar (absolut) gasseitig vorgespannter Speicher nimmt bei schnellem Druckanstieg (adiabat) von 70 auf 150 bar (absolut) $61 - 33 = 28\%$ seines Fluid-Nennvolumens $V_0$ auf (Nennvolumen $V_0$ siehe Bild 6.24).

Bei rein adiabater Kompression erhöht sich die absolute Temperatur des Gases von $T_1$ auf $T_2$ wie folgt:

$$T_2 = T_1 \left( \frac{p_2}{p_1} \right)^{\frac{\kappa-1}{\kappa}} = T_1 \left( \frac{V_1}{V_2} \right)^{\kappa-1} \tag{6.9}$$

Für das Beispiel (Bild 6.25): Die Temperaturerhöhung beträgt 78,6 K, also viel!

## 6.5.4 Sicherheitsbestimmungen

Hydraulikspeicher mit gasförmigen Druckräumen unterliegen den Unfallver-hütungsvorschriften für Druckbehälter. Maßgeblich ist in Europa die EG-Richtli-nie 97/23/EG (29.5.1997, ab 1.6.2002 bindend). Dort werden „Druckgeräte" in vier Kategorien I bis IV eingeteilt: Die folgenden drei Kriterien gehen dabei ein: *Betriebsdruck, Volumen* und *Art des Fluids*. Der Hersteller von Druckgeräten ist zu einem „Konformitätsbewertungsverfahren" verpflichtet. Näheres siehe z. B. bei http://www.hydrobar.de/cms/195/1/1/cat/InformationzuDruckspeicher.html.

# 6.6 Wärmetauscher

Wärmetauscher sorgen dafür, dass die für eine Hydraulikanlage vorgesehene *Betriebstemperatur* und *Betriebsviskosität des Fluids* eingehalten wird. Gängige Temperaturen liegen stationär bei 40 bis 60 °C, bei mobilen Systemen eher bei 60 bis 80 °C [6.34, 6.35]. Wäremetauscher kühlen meistens, dienen in kalten Regio-nen aber auch zum anfänglichen Aufheizen. Je höher die zulässige Temperatur gewählt wird, desto kleiner kann der Kühler sein. Die Ölwahl stimmt man bezüglich Viskosität so auf die Auslegungstemperatur ab, dass man optimale Funktionen und Wirkungsgrade erreicht. Höhere Temperaturen als 80 °C verlan-gen konstruktive Sondermaßnahmen wie z. B. besondere Dichtungswerkstoffe oder kürzere Ölwechselintervalle (besonders bei pflanzenölbasierten Fluiden [6.34]).

## 6.6.1 Heizer (Vorwärmer)

Der Einsatz von Heizgeräten wird erforderlich, wenn die Starttemperaturen so niedrig sind (z. B. bei Winterbetrieb in kalten Ländern), dass die Pumpen infolge zu hoher Viskosität nicht mehr selbst ansaugen können. Ebenso kann Vorwärmen bei hochgenauen Werkzeugmaschinen sinnvoll sein. Nach dem Anwärmen der Anlage wird das Heizgerät meistens abgeschaltet, weil die Energieverluste für eine ausreichende Betriebstemperatur sorgen. Als Wärmequellen kommen Heißluft, Warmwasser, Dampf und elektrische Energie in Frage. Am häufigsten werden elektrische Heizkörper, ähnlich den bekannten Haushaltstauchsiedern, eingesetzt, jedoch mit geringerer flächenbezogener Heizleistung. Diese darf bei Mineralöl wegen des mäßigen Wärmeübergangs etwa 20 kW/m$^2$ nicht überschreiten (gegenüber 70 bis 90 kW/m$^2$ bei Wasser). Andernfalls ist durch örtliche Ölüberhitzung beschleunigte Ölalterung zu erwarten.

## 6.6.2 Kühler

**Wärmeanfall und Wärmeabfuhr in hydraulischen Anlagen.** Der Wärmeanfall entspricht den Energieverlusten der Anlage. Reichen zur Abfuhr der Ölbehälter die Rohrleitungen und die übrigen Anlagenkomponenten nicht aus, so ist ein Kühler erforderlich. Zum Grundverständnis sei ein wichtiges *Modellgesetz* erwähnt:

Die Leistung einer Anlage steigt etwa mit der 3. Potenz des Vergrößerungsmaßstabes – damit näherungsweise auch die Verluste. Die für die Wärmeabfuhr maßgebliche Oberfläche aller Elemente steigt dagegen nur quadratisch. Dieses bedeutet, dass kleine Anlagen oft ohne Kühler auskommen, große aber eher nicht. Wenn man stark kühlen muss, belastet das die Wirtschaftlichkeit auf *vierfache* Weise:

– große Kühler sind *teuer* (Investitionskosten)
– hohe Verluste bedingen eine *große Pumpe* (Investitionskosten)
– hohe Verluste erfordern *mehr Eingangsenergie* (Betriebskosten)
– hohe Verluste bedingen *mehr Kühlmittel* (Betriebskosten).

In manchen Fällen nutzt man allerdings die anfallende Wärmeenergie, so z. B. bei Hydrauliksystemen von Großflugzeugen zur Vorwärmung des Kraftstoffs für die Triebwerke.

Diese Gesichtspunkte zeigen, dass es sich lohnt, den Anlagenwirkungsgrad gezielt zu optimieren und ggf. eine nützliche Wärmeverwendung anzustreben. Der Verlustgrad (Verluste/Eingangsleistung) beträgt für Nennleistung

– 100% für Anlagen, die keine Ausgangsleistung haben (z. B. Hydropulsmaschinen zur dynamischen Belastung von Werkstoffproben oder Bauteilen)
– etwa 30 bis 50% für Anlagen mit Drosselsteuerungen
– etwa 20% für energetisch sehr gut ausgelegte Anlagen mit rein volumetrischen (statt drosselnden) Steuerungen (z. B. hydrostatische Fahrantriebe).

Für den Kühler ist nur ein Teil dieser Werte anzusetzen. Für Baumaschinen mit rein hydrostatischen Antrieben und überwiegenden Droselsteuerungen gilt z. B. der Faustwert: Kühlernennleistung ≈ 30% der Motornennleistung.

**Kühler-Bauarten.** Man teilt die Konzepte ein in:

– Öl-Luft-Kühler
– Öl-Wasser-Kühler.

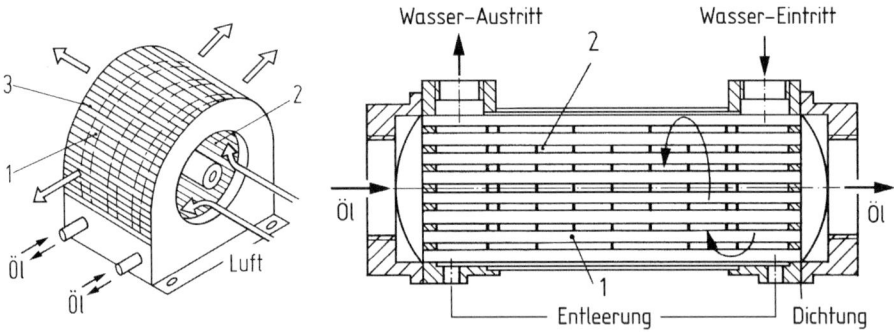

**Bild 6.26:** Öl-Luft-Kühler (Behr)          **Bild 6.27:** Öl-Wasser-Kühler (Funke)

Beim *Öl-Luft-Kühler* nach **Bild 6.26** fließt das Öl durch berippte Rohre (1), die durch einen Radialventilator (2) von innen nach außen mit Kühlluft beaufschlagt werden, die an den Luftleitblechen (3) austritt. Es gibt auch Öl-Luft-Kühler, die im Aufbau den Wasserkühlern von Verbrennungsmotoren ähneln und wie dort von einem Axialgebläse belüftet werden. Öl-Luft-Kühler werden vor allem in der Mobil-Hydraulik eingesetzt und dort, wo kaltes Wasser nicht zur Verfügung steht. Der Einbau erfolgt meist in der Rücklaufleitung (niedrige Drücke, hohe Temperaturen). Öl-Luft-Kühler sind erheblich teurer als Öl-Wasser-Kühler [6.35].

*Öl-Wasser-Kühler* setzt man demgegenüber vorwiegend bei stationären Anlagen ein. **Bild 6.27** zeigt eine typische Ausführung. Das Öl strömt darin von links nach rechts durch ein Rohrbündel (1), das von Wasser umspült wird, und gibt dabei Wärme an das Wasser ab. Querschotten (2) sorgen für einen verlängerten Weg des Wassers – günstig für den Wärmeübergang. Das Wasser läuft auf der kühleren Ölaustrittsseite zu und auf der wärmeren Öleintrittsseite ab (Gegenstromkühlung).

Öl-Wasser-Kühler haben hohe Kühlleistungen bei geringen Durchflusswiderständen. Auch sie werden meist in den Ölrücklauf eingebaut. Beide Kühlerarten müssen auf die maximalen Rücklaufdrücke ausgelegt werden.

## 6.7 Schalt- und Messgeräte, Sensoren

Aus der Vielzahl der Schalter, Messgeräte und Sensoren können hier nur einige stellvertretend beschrieben werden. Einen Gesamtüberblick über technische Messtechnik findet man in [6.36] und über Messen in der Fluidtechnik in [6.37].

**Druckschalter.** Die Aufgabe der hydraulisch betätigten elektrischen Druckschalter besteht darin, entweder einen elektrischen Stromkreis ein- und auszuschalten oder auch – in Verbindung mit akustischen oder optischen Signalgebern – den

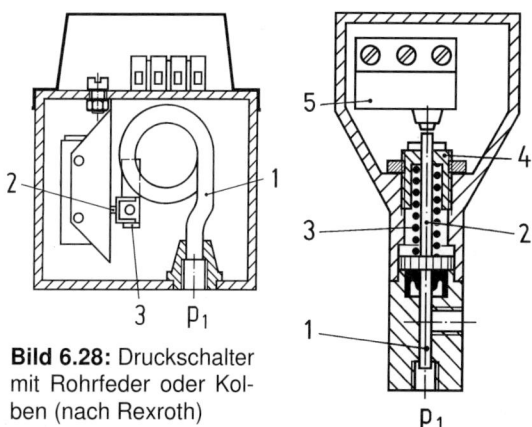

**Bild 6.28:** Druckschalter mit Rohrfeder oder Kolben (nach Rexroth)

Druck in einer Anlage zu über-wachen.
Beim *Rohrfeder-Druckschalter* nach **Bild 6.28 links** wird die Rohrfeder (1) (Bourdon-Feder) innen mit Öldruck beauf-schlagt. Durch die Material-dehnung vergrößert sich ihr Krümmungsradius, so dass der Schalter (2) über den mit dem Rohr verbundenen Hebel (3) be-tätigt wird. Der rechts abge-bildete *Kolben-Druckschalter* arbeitet mit einem Kolben (1), einem Stößel (2) und einer Druckfeder (3), die über eine Stellschraube (4) einstell-bar ist. Der Öldruck betätigt gegen die vorgespannte Druckfeder den Schalter (5).

**Rohrfeder-Manometer.** Dieses bekannteste Druckmessgerät arbeitet auch mit einer Bourdon-Feder, **Bild 6.29 links**. Es misst den Druck mechanisch und zeigt ihn gleichzeitig an, sinnvoll vor allem für visuelle Drucküberwachungen in Hydrau-likanlagen. Es wird in mehreren Genauigkeitsklassen angeboten. Seine Neigung zu Resonanzen mit Gefahr der Zerstörung kann man durch eine feine Laminar-drossel im Anschluss (z. B. Gewindestück in genauer Bohrung) beseitigen.

**Drucksensoren.** Diese gibt es in sehr vielfältiger Form für alle praktisch wichti-gen Drücke auf der Basis verschiedenster physikalischer Effekte, beispielsweise mit aufgedampften *Dehnungsmessstreifen* [6.38] an einem druckbeaufschlagten Verformungselement aus hochfestem Stahl (große Dehnungen möglich, günstig).

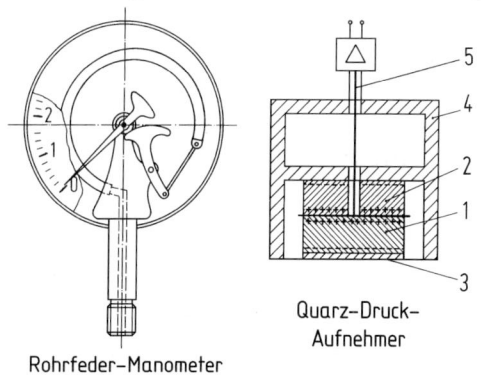

**Bild 6.29:** Druckmessgerät und Drucksensor

Druckdifferenzen sollte man nicht mit zwei separaten Aufnehmern, sondern genauer mit speziellen Dif-ferenzdrucksensoren messen. Für hochdynamische Messungen (z. B. für Druckpulsationen) eignen sich *Quarz-Druckaufnehmer* [6.36] am besten, **Bild 6.29 rechts**. Sie beste-hen im Prinzip aus zwei Quarz-blöcken (1) und (2) aus Piezomaterial, die so aufeinander angeordnet sind, dass bei Druck an ihrer Berüh-rungsfläche gleiche Polaritäten entstehen. Die anderen beiden Flächen sind über das elektrisch leitende Gehäuse miteinander verbunden, die untere Fläche ist mit einer Abschlussmembran (3) abgedeckt. Den einen Pol bildet das Gehäuse (4), den anderen ein mit der Berührungsfläche der Quarze verbundener Draht (5). Ein auf die Membran und damit auf die Quarze ausgeübter Druck erzeugt eine sehr kleine proportionale elektrische Ladung (Ladungsverstärker nötig). Sie fließt leider auch bei bester Isolation langsam ab (Drift des Signals gegen null). Hohe Genauigkeiten erreicht man daher bei kurzen Zeiten zwischen Nullpunktabgleich und Messung sowie bei der Messung von Druckamplituden. Da Quarz-Druckaufnehmer extrem steif sind, haben sie eine sehr hohe Eigenfrequenz und können hochfrequente Drucksignale besser messen als jedes andere bekannte Prinzip.

**Steckbare Anschlüsse für Druckmessungen.** Dafür gibt es käufliche Messschläuche (z. B. 5 mm Außendurchmesser) mit Steckern, **Bild 6.30**. In der Rohrleitung wird ein T-Stück vorgesehen, an das man die „Steckdose" anschrauben kann. Sie enthält ein Rückschlagventil, eine Radialdichtung und die Aufnahme für den sichernden Steckbügel. Durch die kleinen Abmessungen ist ein Kuppeln unter Druck möglich.

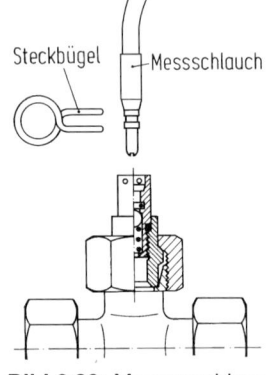

Neuere Lösungen arbeiten auch mit einem feinen Anstechen des Druckrohres (http://servclip.de).

**Volumenstromsensoren.** Neben der Blendenmessung (Kap. 2.3.5) haben sich Messturbinen und Ovalradzähler bewährt, **Bild 6.31**. Die *Messturbine* wird vom Volumenstrom in Rotation versetzt. Ihre Drehzahl, die z. B. außerhalb des Messkörpers induktiv gemessen werden kann, ist ein Maß für den Volumenstrom. Da die Messturbine keine Leistung abgibt, ist die Proportionalität relativ gut.

**Bild 6.30:** Messanschluss

Der *Ovalradzähler* arbeitet dagegen als Verdrängermaschine als „unbelasteter Ölmotor", d. h. praktisch ohne Leckölstrom. Aus der induktiv gemessenen Drehzahl der verzahnten Ovalräder ergibt sich der Volumenstrom.

*Zahnrad-Messmotoren* arbeiten ebenfalls nach dem Verdrängerprinzip. Für dynamische Messungen haben sich auch *Hitzdraht-Anemometer* bewährt.

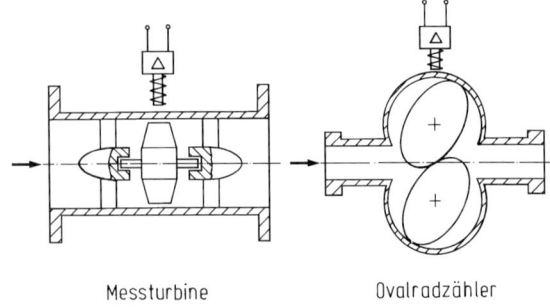

Messturbine                Ovalradzähler

**Bild 6.31:** 2 Bauarten von Volumenstromsensoren

**Temperatursensoren.** Neben den klassischen, druckgeschützten Einbauthermometern werden elektrische Temperatursensoren in der gesamten Hydraulik eingesetzt. Verbreitet sind sog. *NTC-Widerstände* (**N**egative **T**emperature **C**oefficient). Sie sind stark nichtlinear, man erhält jedoch bei logarithmischer Skalierung des ohmschen Widerstands über der linearen Temperatur fast Geraden.

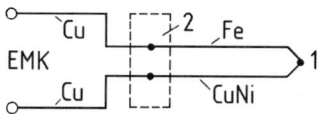

**Bild 6.32:** Grundschaltung für Thermo-Elemente mit Lötstellen (nach [6.37])

Sehr gut linear sind *Thermo-Elemente*: Zwei Drähte unterschiedlicher Metalle (oder Legierungen) werden durch die Messort-Lötstelle (1) verbunden, **Bild 6.32.** Die beiden Anschluss-Lötstellen werden bei Pos. (2) auf einer konstanten Vergleichstemperatur gehalten (Temperaturregler oder 0 °C - Eiswasser). Gut leitende Verbindungen führen zur Anschlussstelle. Bewährt hat sich die Kombination Eisen-Konstantan (Fe/CuNi), der Faustwert für Temperaturen gegen Eiswasser beträgt 0,053 mV/K, weitere Informationen dazu siehe DIN EN 60584-1 [6.39]. Die Messung von Temperaturdifferenzen ist hier besonders einfach. Erreichbare Genauigkeiten be-

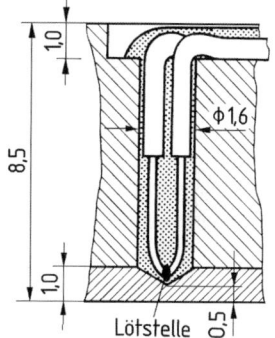

**Bild 6.33:** Thermo-Element zur Temperaturmessung an einer geschmierten Gleitfläche [6.40]

tragen bei Eichung etwa +/- 0,5 K. Käufliche Temperaturaufnehmer sind wegen der Schutzhülsen träge und benötigen viel Platz. Diese Nachteile kann man durch direkten Kontakt der Drähte am Meßort abschwächen. Für die physikalische Analyse geschmierter Gleitstellen hat sich eine Anordnung nach **Bild 6.33** bewährt (örtl. Temperatur für die Viskosität sehr bedeutsam, s. Kap. 2.4).

**Induktive Wegsensoren.** Bei der *Differenzialdrossel* (Wechselspannung) bilden zwei koaxial nebeneinander liegende, baugleiche Spulen zwei induktive Widerstände 1 und 2, die durch einen zentralen Eisenstab (Wegsignal) gegensinnig verändert werden. Diese Änderung wertet man mit Hilfe einer Brückenschaltung aus. Beim *Differenzialtransformator* wird Spule 1 gespeist (Wechselspannung). Die Art der Reihenschaltung der baugleichen Spulen 2 und 3 bewirkt bei Auslenkung des Eisenkerns eine wegproportionale Spannung. Die rechte Bauart ist heute sehr verbreitet.

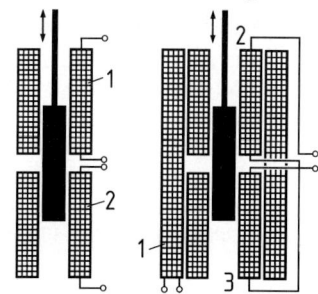

**Bild 6.34:** Induktive Wegsensoren, links nach dem Prinzip der Differenzialdrossel (zwei induktive Widerstände), rechts als Differenzialtransformator.

# Literaturverzeichnis

[6.1]   Wetteborn, H.: Hydraulische Leitungstechnik. Ein Praxishandbuch. Bremen: HANSA-
        FLEX Hydraulik GmbH 2008.

[6.2]   -.-: Nahtlose Stahlrohre für Druckbeanspruchungen. DIN EN 10216-1 bis 5.

[6.3]   -.-: Präzisionsstahlrohre, Technische Lieferbedingungen - Teil 4: Nahtlose kaltgezogene
        Rohre für Hydraulik- und Pneumatik-Druckleitungen; DIN EN 10305-4 (Okt. 2003).
        Normentwurf liegt vor von Juni 2010.

[6.4]   -.-: Nahtlose Stahlrohre für öl- und wasserhydraulische Anlagen – Berechnungsgrundla-
        ge für Rohre und Rohrbögen bei schwellender Beanspruchung. DIN 2413. (Nov. 2005,
        darin sehr zahlreiche Lit.-Hinweise). Normentwurf liegt vor von Juni 2010.

[6.5]   -.-: Metallische industrielle Rohrleitungen. Teil 3: Konstruktion und Berechnung.
        DIN EN 13480-3 (Aug. 2002).

[6.6]   -.-: Hydraulic fluid power – Plain-end, seamless and welded precision steel tubes –
        Dimensions and nominal working pressures. ISO 10763 (1994). Siehe auch DIN ISO
        10763 (2004).

[6.7]   -.-: Nahtlose Stahlrohre für schwellende Beanspruchungen. Teil 2: Präzisionsstahlrohre
        für hydraulische Anlagen, 100 bis 500 bar. DIN 2445-2 (Sept. 2000) und Beiblatt.

[6.8]   -.-: Fluidtechnik. Schlauchleitungen. Maße, Anforderungen. DIN 20066 (Okt. 2002).

[6.9]   Gorgs, K. J. und W. Kleinbreuer: Hydraulik-Schlauchleitungen – Sicherung der Umge-
        bung bei Versagen und Verwendungsdauer. O+P 41 (1997) H. 11/12, S. 814-817.

[6.10]  -.-: Hydraulikschlauchleitungen: Produktspezifikationen, Normen, Technik.
        Interview mit R. Becker (Parker Hannifin). POWER WORLD 7 (2011) H. 1, S.24-27.

[6.11]  Schinke, B.: Rohrverbindungssysteme Hydraulik. Übersicht – Vergleich – Innovationen.
        O+P 45 (2001) H. 3, S. 156, 159, 160 und 162.

[6.12]  -.-: Metallic tube connections for fluid power and general use. ISO 8434-1 bis -5 (insbes.
        Teil 1). Siehe auch DIN EN ISO 8434-1 (Febr. 2008) sowie DIN 2353 (Nov. 2010).

[6.13]  Konrad, M. und T. Funk: Produktprüfungen für schneidende Rohrverbindungen. O+P 29
        (1985) H. 10, S. 729, 730, 732, 734, 736, 738, 740 (darin 27 weitere Lit.).

[6.14]  Richter, B.: Der O-Ring als Dichtelement. VDI-Z. 129 (1987) H. 7, S. 148-151.

[6.15]  -.-: O-Ringe und statische Dichtungen. Teil 1 und 2. Firmenschrift der Freudenberg
        Dichtungs- und Schwingungstechnik KG. 6. Auflage. Weinheim: 1999.

[6.16]  Goerres, M. und R. Jansen: Dichtungen in der Fluidtechnik. In: O+P Konstruktions
        Jahrbuch 27 (2002/2003), S. 38-50. Mainz: Vereinigte Fachverlage 2002 (erscheint jähr-
        lich aktualisiert mit wechselnden Schwerpunkten).

[6.17]  Tao, J., H.-J. Timmermann und J. Plog: Untersuchungen über das Reibungsverhalten von
        Polyurethan-Nutringen. O+P 35 (1991) H. 8, S. 620-625 (siehe auch Diss. J. Tao RWTH
        Aachen 1991).

[6.18]  -.-: Allgemeine Technische Daten und Werkstoffe. Firmenschrift der Freudenberg
        Dichtungs- und Schwingungstechnik KG. 6. Auflage. Weinheim, 1999.

[6.19]  Streit, G.: Dichtungselastomere für den Einsatz in umweltverträglichen Medien. O+P 45
        (2001) H. 3, S. 168-170, 174,177-179 (darin 33 weitere Lit.).

[6.20] -.-: Merkel Hydraulik (dyn. Dichtungen). Teil 1 bis 4. Firmenschrift der Freudenberg Dichtungs- und Schwingungstechnik KG. 6. Auflage. Weinheim, 1999.

[6.21] Gessat, J.: Reibungsverhalten von Hydraulikdichtungen und Führungselementen. O+P 41 (1997) H. 10, S. 743-746.

[6.22] Stuhrmann, K.: Gestalten von Ölbehältern. O+P 21 (1977) H. 4, S. 284-286.

[6.23] Kahrs, M.: Moderne Geräte für hydraulische Energieversorgungssysteme von Flugzeugen. O+P 24 (1980) H. 5, S. 367-369.

[6.24] Meindorf, T. und D. van Berber: Filtration in hydraulischen Systemen (darin 27 weitere Lit.). Wie [6.16], S. 22-37.

[6.25] Mager, M.: Analytische Betrachtung der Feststoffverschmutzung in hydraulischen Systemen. O+P 42 (1998) H. 5, S. 325-331.

[6.26] Backé, W.: Verschleißempfindlichkeit von hydraulischen Verdrängereinheiten durch Feststoffverschmutzung. O+P 33 (1989) H. 6, S. 510-514 u. 517-521 (mit Hinweisen auf Diss. Wimmer 1987 u. Diss. Lawrence 1989 – beide RWTH Aachen).

[6.27] Aretz, H.: Richtiges Spülen senkt die Kosten. fluid 14 (1980) H. 6, S.30-35.

[6.28] Fitch, E. C.: An Encyclopedia of Fluid Contamination Control for Hydraulic Systems. 2. Auflage. Stillwater/OK (USA): FES Inc. 1981.

[6.29] Böinghoff, O.: Ursachen und Folgen der Verschmutzung von Hydraulikflüssigkeiten. Grundlagen der Landtechnik 24 (1974) H. 2, S.46-50.

[6.30] -.-: Hydraulic fluid power - Fluids – Method for coding level of contamination by solid particles. ISO 4406 (1999).

[6.31] Dahmann, P.: Untersuchungen zur Wirksamkeit von Filtern in hydraulischen Anlagen. Diss. RWTH Aachen 1992.

[6.32] Boldt, T. und F. Vollmer: Auswahl und Betrieb von Hydrospeichern. Wie [6.16], S. 51, 52, 54, 56-60.

[6.33] Hahmann, W.: Der Energieinhalt von Federspeichern und Gasspeichern im Vergleich. O+P 44 (2000) H. 7, S. 435-438.

[6.34] Römer, A.: Hydrauliköle auf pflanzlicher Basis für Traktoren. Diss. TU Braunschweig 2000. Forsch.-Berichte ILF. Aachen: Shaker Verlag 2000.

[6.35] Hantke, P. und M. Deeken: Die Wärmebilanz einer Hydraulikanlage. Wie [6.16], S.61, 62, 64, u. 66-69.

[6.36] Schrüfer, E.: Elektrische Messtechnik. 9. Auflage. München: C. Hanser-Verlag 2007.

[6.37] Bork, W. (Hrsg.): Messen in der Fluidtechnik. Aufsatzreihe in O+P, beginnend mit O+P 53 (2009), H. 10, S. 449-453.

[6.38] Hoffmann, K.: Eine Einführung in die Technik des Messens mit Dehnungsmeßstreifen. Darmstadt: Herausgeber: Hottinger Baldwin Messtechnik GmbH 1987.

[6.39] -.-: Thermopaare. Teil 1: Grundwerte der Thermospannungen. DIN EN 60584-1 (Okt. 1996). Siche auch IEC 584-1 (1995).

[6.40] Renius, K. Th.: Untersuchungen zur Reibung zwischen Kolben und Zylinder bei Schrägscheiben-Axialkolbenmaschinen. Diss. TU Braunschweig 1973. VDI-Forschungsheft Nr. 561. Düsseldorf: VDI-Verlag 1974.

# 7 Steuerung und Regelung hydrostatischer Antriebe

## 7.1 Bedeutung, Begriffe, Vorteile

**Bedeutung.** Steuerungen und vor allem automatisierte Regelungen haben in technischen Systemen aus folgenden Gründen erheblich zugenommen:
- Verbesserung der *Qualität der Arbeitsprozesse*
- Steigerung von *Komfort* und *Sicherheit* für die beteiligten Menschen
- Erhöhung der *Energie-Effizienz*
- Bessere *Schonung der Umwelt*
- Einsparung von *Betriebskosten*

**Mechatronik.** Darunter versteht man die Kombination von Mechanik (incl. Fluidtechnik), Elektrik und Elektronik (analog und digital) [7.1].

**Unterschiede zwischen Steuern und Regeln.** Beide haben das Ziel, *eine Ausgangsgröße in einem System oder Teilsystem möglichst genau auf einen vorgegebenen Wert zu bringen,* der konstant oder zeitlich variabel sein kann. Beim *Regelkreis* wird die Ausgangsgröße mit dem *Sollwert (Führungsgröße)* verglichen und ggf. korrigiert, bei der *Steuerkette* existiert diese *Rückführung* nicht, Bild 5.25, [7.2, 7.3].

**Bild 7.1** zeigt als Beispiel eine energetisch günstige Steuerung oder Regelung der Abtriebsdrehzahl eines Ölmotors über einen BUS (**B**inary **U**nit **S**ystem). Das *Sollwert*-Signal kommt aus der BUS-Leitung, eine z. B. bei Straßenfahrzeugen und mobilen Arbeitsmaschinen moderne Methode. Der Sollwert wird im Falle einer

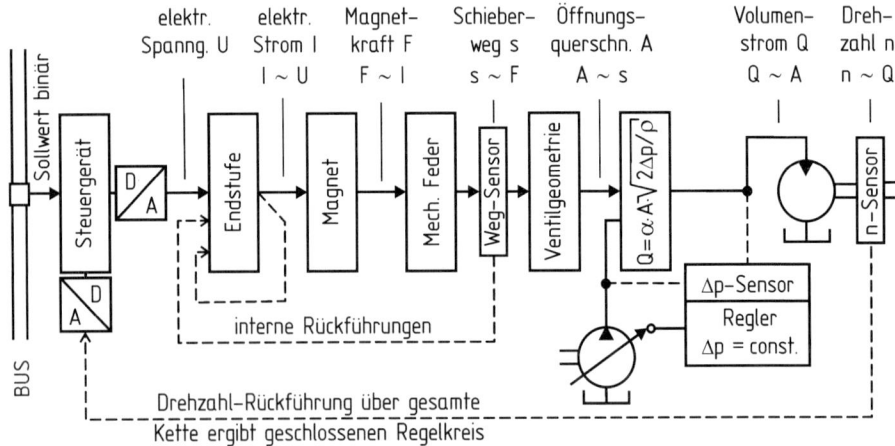

**Bild 7.1**: „Steuerkette" und „Regelkreis" am Beispiel „Load Sensing"

*Steuerkette* (ohne die große Rückführung) über alle Stationen mit Hilfe eines Schieberventils, einer Ölversorgung und eines Ölmotors in eine etwa proportionale Drehzahl gewandelt. In zahlreichen Stufen wird zunächst ein dem Sollwert etwa proportionaler Ventilschieber-Öffnungsquerschnitt $A$ erzeugt. Die Proportionalität $Q \sim A$ ist nach Kap. 5.2.4.1 und Gl. (2.51) nur möglich, wenn der Ventildruckabfall $\Delta p$ konstant gehalten wird. Das geschieht über die Verstellpumpe (LS, *Load Sensing*-Prinzip). Der so gesteuerte Volumenstrom erzeugt nach Gl. (3.22) schließlich die gesteuerte Ölmotor-Drehzahl. Diese ist nun mit kumulierten Fehlern behaftet, weil viele *Störgrößen* (z. B. nicht lineare Magnetkennlinien, Spiele, Toleranzen, Lastdrücke, Temperaturen/Viskositäten, Antriebsdrehzahlen, Leckagen, Reibung, usw.) die Proportionalität verfälschen. Diese Fehler werden bei einer *einfachen Steuerkette* nicht korrigiert.

Mit erhöhtem Aufwand lassen sich allerdings gewisse Fehler vermindern. In einem ersten Schritt z. B. durch interne (*unterlegte*) Regler über eine oder mehrere Stationen (siehe auch Bild 5.25). Beispiele in Bild 7.1: Stromregler, Wegregler und $\Delta p$-Regler. Letzterer schaltet z. B. die Einflüsse wechselnder Last-drücke und Pumpenantriebsdrehzahlen auf die Proportionalität am Wegeventil aus. Auch *Störgrößen-Aufschaltungen* verbessern die Proportionalität (Bild 7.13). Sind die Proportionalitätsfehler immer noch zu groß, kann man zu einem *geschlossenen Regelkreis* übergehen, bei dem das Endergebnis „Drehzahl" über einen zusätzlichen Sensor analog gemessen und über eine analog-digitale Wandlung A/D zum Steuergerät *zurückgeführt* wird, um Korrekturen zu ermöglichen.

Da die Eingangssignale eine sehr geringe Energiebeladung haben, sind von links nach rechts große *Verstärkungsfaktoren* erforderlich. Große Beiträge liefern im vorliegenden Beispiel der elektrische Stromregler und das Wegeventil.

**Vorteile hydraulischer Steuerungen und Regelungen, Simulation.** Trotz beachtlicher Fortschritte der Elektrotechnik (Kap. 1.3) auf dem Gebiet der Regelungen und Steuerungen bleibt die Hydraulik für Teilaufgaben vor allem dann überlegen, wenn ihre folgenden Stärken zum Tragen kommen.

– *große Stellkräfte* bzw. *–momente auf kleinem Raum*
– *kleine Massen* bzw. *Rotationsträgheiten*
– *große analoge Verstärkungsfaktoren*

Große Kraftdichten und kleine Massenwirkungen führen zu hoher Dynamik der Stellglieder und damit zu „schnellen" mechatronischen Systemen. Große Verstärkungsfaktoren proportional wirkender Ventile (Kap. 5.2.3.2) unterstützen diese Eigenschaft. Zur Optimierung der Systeme wendet man zunehmend rechnergestützte Simulationsmethoden an [7.3-7.6], z. B. Matlab-Simulink, AMESim und andere. Auch verknüpfte Simulationen gewinnen an Bedeutung.

**Einordnung der Hydraulik in Gesamtsysteme.** Der früher direkte Informations-austausch zwischen Teilsystemen wird heute zunehmend über BUS-Systeme ab-gewickelt [7.6]. Diese sparen Leitungsaufwand und ermöglichen eine elegante Mehrfachnutzung von Regelkreis-Sensorsignalen für andere Aufgaben wie z. B. *Daten-Dokumentation,* übergeordnetes *Betriebsmanagement*, Erstellung von *Last-kollektiven, Ferndiagnosen* [7.7], *Wartung nach Bedarf* und anderes.

## 7.2 Übertragungsverhalten von Elementen und Systemen

Das Übertragungsverhalten eines Systems charakterisiert dessen dynamische Reak-tion. Beobachtet wird der zeitliche Verlauf der Ausgangsgröße bei schneller zeitli-cher Änderung der Eingangsgröße. Die Gesamtdynamik resultiert aus dem Verhal-ten der Einzelelemente. Bei Regelkreisen ergibt sich die Aufgabe, die *Störgrößen* auszuregeln, insbesondere bei rasch veränderten Sollwerten. Wenn z. B. in Bild 7.1 eine rasche Drehmomenterhöhung am Ölmotor auftritt, wird dessen Drehzahl infolge des höheren Leckstromes einbrechen. Beim Regelkreis erfasst der Dreh-zahlsensor diese Abweichung und ver-anlasst über das Steuergerät eine Kor-rektur. Ähnlich läuft die Reaktion bei Sollwertänderungen ab. Wie schnell und auf welche Weise (z. B. mit oder ohne Überschwingen) dieses geschieht, hängt vom Übertragungsverhalten aller Zwischenglieder (inklusive Regler) ab. Dieses wird u. a. durch Sprungantworten erfasst, **Bild 7.2**. Gezeigt werden vier Standardfälle [7.8]. Die ersten vier sind die wichtigsten *elementaren Glieder*, aus denen sich weitere aufbauen lassen [7.8]. Die Struktur von Bild 7.1 besteht z. B. weitgehend aus proportionalen Gliedern. Typische I-Glieder sind z.B. durch Wegeventile angesteuerte Stell-zylinder. Deren Verstellvolumen ergibt sich aus dem Integral des zeitlichen Vo-lumenstroms.

Formelzeichen der Regelungs- und Steuerungstechnik findet man in der Norm DIN 1304-10 [7.9].

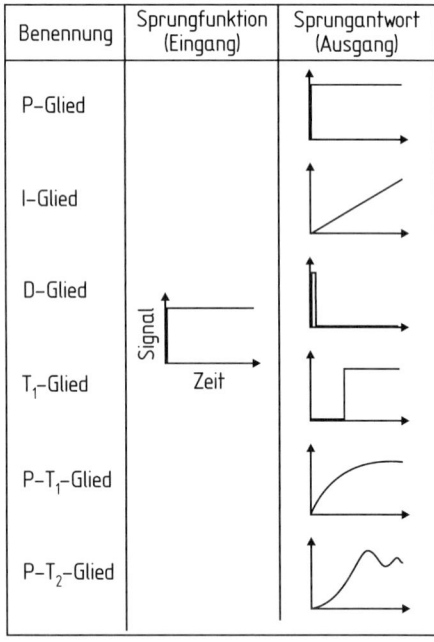

**Bild 7.2:** Übertragungsverhalten von Ele-menten und Systemen bei Steuerketten und Regelkreisen: Standardfälle

# 7.3 Methoden zur Veränderung des Volumenstroms

Die folgenden vier Methoden werden dargestellt:
– *Konstantpumpen mit Drosselsteuerungen*
– *Geschaltete parallele Konstantpumpen*
– *Konstantpumpen mit stufenlos verstellbarem Antrieb*
– *Verstellpumpen*

## 7.3.1 Konstantpumpen mit Drosselsteuerungen

Will man den Volumenstrom einer Konstantpumpe stufenlos verstellen, kann dieses mit Hilfe von drosselnden Wege- oder Stromventilen erfolgen. Diese können auf der *Saugseite* oder der *Druckseite* angeordnet sein. Unmittelbar am Druckstutzen einer Konstantpumpe wäre eine Drossel unzulässig, weil sie die Pumpe wegen unkontrollierter Drücke zerstören könnte, ohne den Volumenstrom wesentlich zu beeinflussen. Auf der Saugseite ist eine Drosselung möglich, aber nicht ideal.

**Druckseitige Drosselsteuerungen.** Alle Lösungen sind einfach und dynamisch meistens gut [7.10], jedoch energetisch ungünstiger als Verdrängersteuerungen. Die beiden Grundschaltpläne von **Bild 7.3** arbeiten mit unterschiedlichen Drosselanordnungen. Links wurde die *Drossel im Hauptstrom* in Verbindung mit einem parallelen Druckbegrenzungsventil angeordnet. Der Volumenstrom $Q_2$ wird beim Zudrehen der Drossel dadurch verringert, dass ein Teil von $Q_1$ über das DBV abfließt. Rechts liegt die *Drossel im Nebenstrom* und reduziert dadurch $Q_2$.
Bei beiden Schaltplänen sind die Abtriebsdrehzahlen für konstante Drosselstellungen vom Abtriebsmoment abhängig. Will man dieses verhindern, ersetzt man die

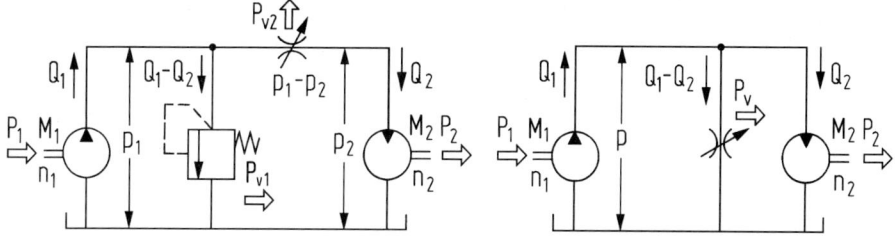

| | Drossel im Hauptstrom | Drossel im Nebenstrom |
|---|---|---|
| Pumpenleistung | $P_1 = p_1 \cdot Q_1$ | $P_1 = p \cdot Q_1$ |
| Motorleistung | $P_2 = p_2 \cdot Q_2$ | $P_2 = p \cdot Q_2$ |
| Verlustleistung | $P_V = p_1 \cdot Q_1 - p_2 \cdot Q_2$ | $P_V = p \cdot (Q_1 - Q_2)$ |

**Bild 7.3:** Konstantpumpen mit druckseitigen Drosselsteuerungen, 2 Fälle (Pumpe und Motor verlustlos angenommen)

Drosseln durch 2-Wege-Stromregelventile. Unter den Schaltplänen sind charakteristische Leistungen vermerkt. Die linke Schaltung ist danach nur zu empfehlen, wenn der Lastdruck $p_2$ wenig unter dem Einstelldruck $p_1$ des DBV liegt und die gewünschten Abtriebsdrehzahlen wenig schwanken (Feinsteuerungen, kleines $Q_1 - Q_2$ möglich). Energetisch günstiger ist die rechte Schaltung. Sollen mehrere Verbraucher mit voneinander unabhängigen Ölströmen angesteuert werden, empfiehlt sich die linke Schaltung, jedoch mit 2-Wege-Stromregelventilen.

**Saugseitige Drosselsteuerungen.** Wird eine Drossel auf der Saugseite der Konstantpumpe vorgesehen, lässt sich der Pumpen-Volumenstrom über eine Teilfüllung der Verdrängerkammern verstellen. Solche Lösungen werden bei mäßigen Drücken angewendet [7.11]. Nachteile sind Geräusche und Kavitationsgefahr. Besonders einfach ist eine saugseitige feste Drossel zur Begrenzung des Volumenstroms bei hohen Antriebsdrehzahlen. Die Füllung wird ab einer gewissen Drehzahl kontinuierlich gerade um so viel kleiner, dass der Volumenstrom etwa konstant bleibt [7.12] – z. B. günstig für die Ölpumpe einer Getriebesteuerung, weil man bei hohen Antriebsdrehzahlen Energie einspart. Nachteile siehe oben.

### 7.3.2 Geschaltete parallele Konstantpumpen

Geschaltete Konstantpumpen ermöglichen eine gestufte Anpassung des Förderstroms, nach [7.13] z. B. druckabhängig. **Bild 7.4** zeigt ein Beispiel mit drei Pumpen. Sie arbeiten bei niedrigem Druck gemeinsam. Überschreitet der Druck 50 bar, öffnet das ND-DBV (1), das Rückschlagventil darüber schließt und die linke ND-Pumpe geht auf drucklosen Umlauf. Nun fördern die MD- und HD-Pumpe gemein-

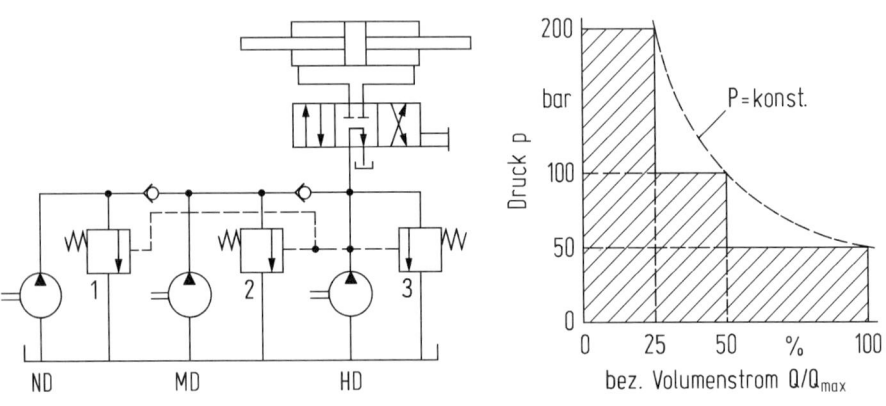

**Bild 7.4:** Veränderung des Volumenstroms druckabhängig durch 3 Konstantpumpen

sam bis zu einem Druck von 100 bar. Bei dessen Überschreitung (DBV 2) wird auch die MD-Pumpe abgekoppelt und es fördert nur noch die HD-Pumpe, z. B. bis zu einem Einstelldruck von 200 bar (DBV 3). Wählt man die Hubvolumina der Pumpen (ND-MD-HD) wie 2:1:1, ergibt sich eine Volumenstromstaffelung von 4:2:1. So kann man das System an eine vorgegebene Leistung $P$ anpassen.

### 7.3.3 Konstantpumpen mit stufenlos verstellbarem Antrieb

Vor allem elektrische Antriebe [7.14] bieten hier interessante Lösungen (Kap. 1.3.3). Meist setzt man Steuerketten ein, **Bild 7.5** – oben ohne und unten mit Drehzahlrückführung. Durch die hervorragenden Wirkungsgrade moderner Leistungselektronik und die auch guten Wirkungsgrade moderner Elektromotoren sind für 42V-

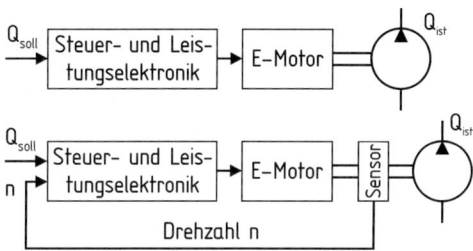

Systeme mit Zahnradpumpen System-Bestwerte um 60 bis 70% möglich, bei höheren Spannungen 65 bis 75% [7.15]. Weiteres Verlustsenkungspotenzial besteht vor allem noch in höheren Spannungen und besseren Elektromotoren. Potenzielle Anwendungen betreffen sowohl Fahrzeughydrauliken [7.16] als auch stationäre Anlagen. Aus Kostengründen setzt man überwiegend Asynchronmotoren ein. Störende Oberwellen aus der Leistungselektronik sind zu prüfen.

**Bild 7.5:** Konstantpumpen mit stufenlos verstellbarem Elektroantrieb

Permanent erregte Synchronmaschinen (PSM) sind noch etwas besser, aber teurer. Schrittmotoren erlauben fein gestufte präzise Stellfunktionen im Regelkreis [7.17]. Das Thema wird in Kapitel 9.7 mit Grundlagen und Beispielen weiter vertieft.

### 7.3.4 Verstellpumpen

Im Hubvolumen verstellbare Hydraulikpumpen eignen sich hervorragend zur Veränderung des Volumenstroms. Da ihre „volumetrische" Verstellung keine systembedingten Drosselverluste erzeugt, sind sie vor allem für höhere Leistungen geeignet und beliebt. Wie in Kap. 3 (Tafel 3.1) dargelegt, sind traditionell die folgenden Bauarten verstellbar erhältlich:

– Axialkolbenmaschinen
– Radialkolbenmaschinen
– Einhubige Flügelzellenmaschinen

Da die Steuerung und Regelung mit Verstellpumpen im Maschinenbau große Bedeutung erlangt hat, folgen hierzu zwei spezielle Kapitel.

# 7.4 Steuerung mit Verstellpumpen

## 7.4.1 Grundlagen

Die Aussagen von **Bild 7.6** knüpfen an Bild 7.1 an. Die Eingangsgröße $s$ (Weg, Druck, Spannung, digitales Signal usw.) bewirkt über die Verstellvorrichtung die proportionale Ausgangsgröße $V_1$ (Hubvolumen). Daraus ergibt sich bei konstanter Drehzahl und verlustloser Betrachtung der porportionale Pumpenvolumenstrom $Q$.

In Wirklichkeit treten *Störgrößen* auf, insbesondere Drehzahlveränderungen $\Delta n$ und ein nicht konstanter volumetrischer Wirkungsgrad $\eta_{Vol}$. Dieser verändert sich auch noch infolge unterschiedlicher Lastdrücke und Ölviskositäten, Gl. (2.54 bis 2.56) siehe auch Bild 3.33. Weitere Störgrößen können sein: Spiele, Elastizitäten, Reibung, Wärmedehnungen usw. Eine Verringerung der Fehler ist durch *Störgrößenaufschaltung* möglich.

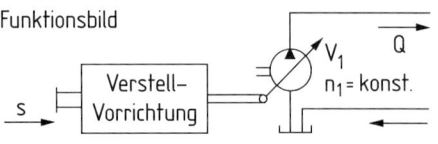

Funktionsbild

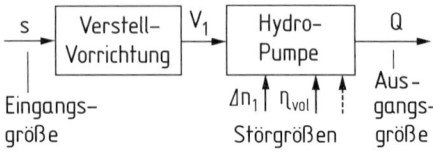

Blockschaltbild

**Bild 7.6:** Steuerung des Förderstroms einer Verstellpumpe

## 7.4.2 Steuerungsarten

**Übersicht.** Nach der Art der Steuer-Energie unterscheidet man in

- *mechanisch*  – *pneumatisch*  – *elektrisch*
- *hydrostatisch*  – *kombiniert*

Bei „hydrostatisch" unterscheidet man nach der Art der Bewegungserzeugung in

- *volumenabhängige Steuerungen*
- *druckabhängige Steuerungen*
- *Mischformen*

**Mechanische und elektrische Steuerungen.** Eine Betätigung durch Handkraft ist selten, häufiger eine elektro-hydraulische Stelleinrichtung. Neben Magneten kommen auch Elektromotoren – insbesondere Schrittmotoren [7.17] – infrage. **Bild 7.7** zeigt eine Lösung mit Untersetzung.

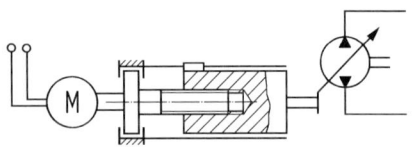

**Bild 7.7:** Steuerung einer Verstellpumpe durch einen Schrittmotor

**Volumenabhängige hydraulische Steuerungen. Bild 7.8** zeigt das Grundprinzip. Der Pumpendruck (Schaltplan links) wirkt über das Wechselventil ständig auf die Ringfläche des Stellkolbens. Mit dem drosselnden 3/3-Wegeventil kann der Pumpendruck auch auf die linke größere Vollfläche geleitet werden, wenn man den Ventilschieber nach rechts bewegt. Der Stellkolben wird dadurch auch nach rechts verfahren und nimmt gleichzeitig das Ventilgehäuse so lange mit, bis kein Öl mehr zufließt. Da das Ventilgehäuse dem Stellkolben nachfolgt, bis die Auslenkung des Schiebers kompensiert ist, spricht man vom *Folgekolbenprinzip*.

Im rechten Ausführungsbeispiel wird der Sollwert bei (4) eingegeben und auf den Ventilschieber (3) übertragen. Der Winkel der Schrägscheibe (1) wird durch den Verstellkolben (2) kontrolliert. Bewegt man den Schieber (3) nach rechts, bis die Radialnut (5) mit der Kolbenbohrung (6) verbunden ist, kann das Öl von Zylinderraum (7) drucklos abfließen, während gleichzeitig Drucköl über die Leitung (8)

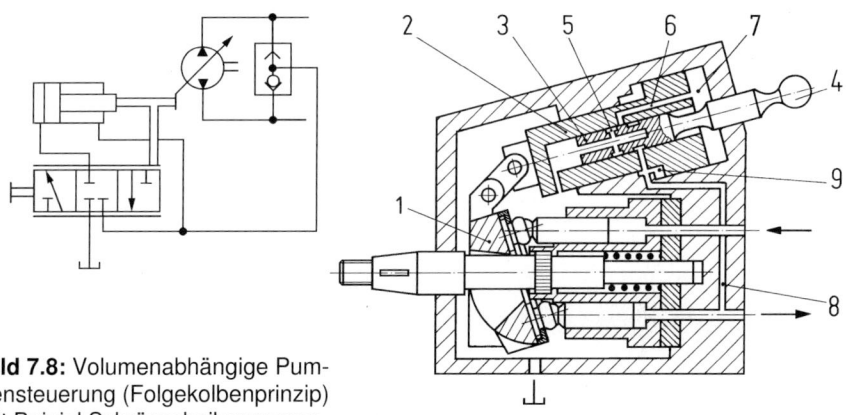

**Bild 7.8:** Volumenabhängige Pumpensteuerung (Folgekolbenprinzip) mit Beipiel Schrägscheibenpumpe

am Ringraum (9) des Zylinders anliegt und diesen nach rechts bewegt. Sobald sein Weg der Auslenkung des Steuerschiebers vollständig gefolgt ist, ist die relative Verschiebung zueinander kompensiert, es herrscht ein neues Gleichgewicht. Handsteuerungen sind heute selten, elektrische Stellglieder verbreitet.

**Druckabhängige hydraulische Steuerungen.** Hier verschieben Druckkräfte den Verstellkolben gegen Federkräfte, bis Gleichgewicht herrscht, **Bild 7.9** .
Dieses Prinzip ist gut für Fernsteuerungen geeignet. Bei Schrägscheiben-Axialkolbenmaschinen hat es den Nach-

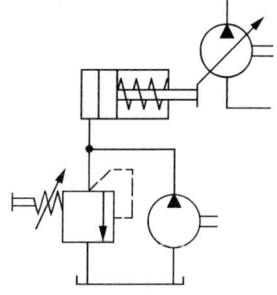

**Bild 7.9:** Druckabhängige Pumpensteuerung

teil, dass die Proportionalität zwischen Öldruck und Ausschwenkung durch nicht voll symmetrische Kräfte der Kolben-Gleitschuh-Elemente auf die Schrägscheibe gestört werden kann.

**Kombinierte Steuerungen.**
Elegante, wenn auch aufwendige Steuereinrichtungen erhält man, wenn man Vorsteuerstufen vorsieht, die wiederum auf verschiedenste Weise angesteuert werden können.
**Bild 7.10** zeigt als Beispiel eine *druckabhängige Vorsteuerung* mit einer *volumenabhängigen* Pumpenverstellung. Der kleine Hilfsölstrom wird über die beiden gekoppelt verstellbaren einfachen Druckbegrenzungsventile (mit bewusst nicht idealen Kennlinien) aufgeteilt, so dass über die nachgeordneten Dros-

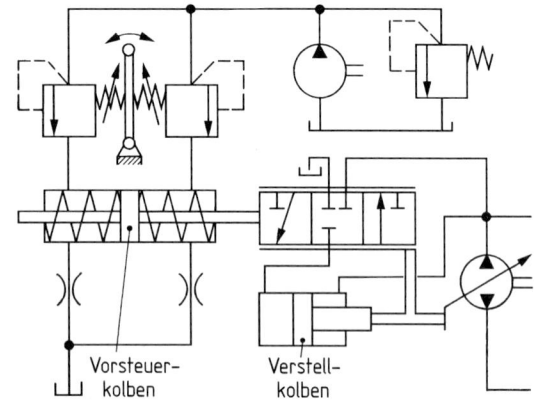

**Bild 7.10:** Kombination aus druckabhängiger Vorsteuerung und volumenabhängiger Pumpensteuerung. Verstellung mit Arbeitsdruck

seln unterschiedliche Steuerdrücke am Vorsteuerkolben entstehen. Das drosselnde Wegeventil und der Verstellkolben arbeiten auch hier nach dem Folgeprinzip. Diese Lösung ist im Gegensatz zu der einfachen Drucksteuerung nach Bild 7.9 unempfindlich gegenüber Reaktionskräften aus dem Verstellmechanismus der Pumpe. Ein Konzept ohne Folgeprinzip zeigt **Bild 7.11.** Der Sollwert der Pumpenverstellung wird einem Verstärker zugeführt, dessen elektrische Ausgänge ein Magnetventil betätigen, das über die Druckbeeinflussung in der linken Stellzylinderkammer die Pumpenverstellung bewirkt. Die Istposition des Stellzylinders wird induktiv gemessen und im Regelverstärker mit dem Sollwert verglichen, um ggf. zu korrigieren. Durch diesen unterlegten Lageregelkreis benötigt man das Folgeprinzip hier nicht. Es ist auch keine permanente Hilfsenergie mit Hilfspumpe vorzusehen. Wird nicht verstellt, fließt kein Öl.

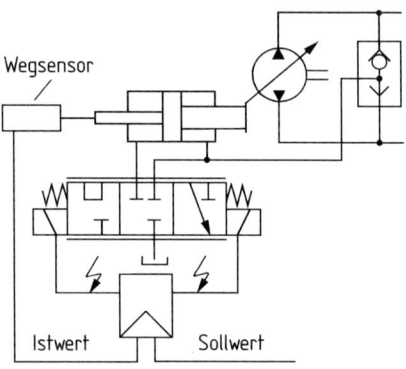

**Bild 7.11:** Elektrohydraulische Pumpenverstellung mit Lageregelkreis unter Benutzung des Arbeitsdrucks

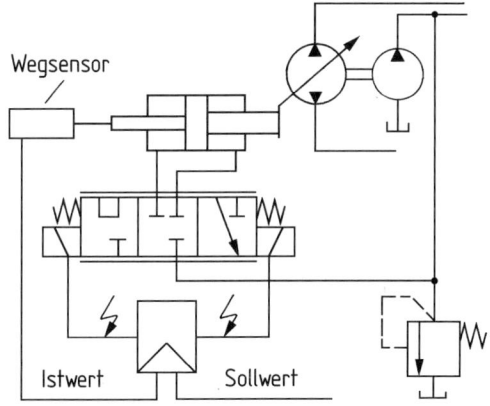

**Bild 7.12:** Elektrohydraulische Pumpenverstellung bei geschlossenen Kreisläufen

Nachteilig ist die Abhängigkeit der Verstelldynamik vom Pumpenarbeitsdruck. In geschlossenen Kreisläufen – insbesondere bei hydrostatischen Getrieben – wird meistens der sog. Speisedruck (z. B. konstant 25 bar) zum Verstellen der Pumpe (und ggf. des Hydromotors) eingesetzt, **Bild 7.12.** Das elektrisch angesteuerte 4/3-Wege-Pumpenverstellventil gibt den Speisedruck bei einer Sollwertänderung auf die linke oder rechte Stellzylinderkammer, bis der neue Istwert (Signal des induktiven Wegaufnehmers) dem neuen Sollwert entspricht. Die Stellzylinder sind bei geschlossenen Kreisläufen oft federzentriert (Stillstand).

**Volumenstromsteuerung mit Störgrößenausgleich.** Zuweilen ist die Erzeugung eines gesteuerten Volumenstroms allein über die Pumpenverstellung zu ungenau, weil Störgrößen die Proportionalitätskette verfälschen, insbesondere schwankende *Antriebsdrehzahlen* (z. B. eines Fahrzeug-Verbrennungsmotors), daneben auch *Drücke* und *Temperaturen* bzw. *Viskositäten*. Der Übergang zu einer Regelung erfordert einen Volumenstromsensor (siehe Kap. 7.5.2.2), der in kostengünstiger Form (Blende) deutliche Zusatzverluste erzeugt. Das Problem tritt z. B. bei Lenkhydrauliken oder Mitteldruck-Getriebesteuerungen auf. Eine interessante Lösung wurde in [7.15] für eine Flügelzellenpumpe vorgelegt, **Bild 7.13.** Der Volumenstrom der Pumpe wird als Polynom in Abhängigkeit von *Drehzahl, Exzentrizität, Druck* und *Temperatur* im Speicher der Elektronik abgelegt. Bei Anforderung eines bestimmten Volumenstroms werden die Störgrößen gemessen, anhand des Polynoms eine Soll-Exzentrizität ermittelt und im Lageregelkreis an der Pumpe realisiert. Das System arbeitet sehr genau, die Wirkungsgrade sind vor allem bei niedrigen Drücken deutlich besser als bei Stromregelungen mit Messblende [7.15].

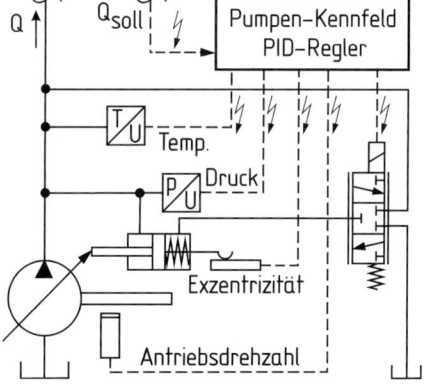

**Bild 7.13:** Volumenstromsteuerung einer Flügelzellenpumpe mit Störgrößenausgleich, nach Koberger [7.15]

**Steuerung der Leistung.** Dieses Prinzip firmiert landläufig auch unter den Begriffen „Leistungsregelung" oder „Leistungsbegrenzung". Gemeint ist in der Hydraulik die automatische Anpassung des Pumpenhubvolumens an den Lastdruck zur Übertragung einer konstanten Leistung. Damit soll z. B. eine gute (und damit produktive) Auslastung des Antriebsmotors erreicht werden. Dieses Ziel hat z. B. für solche Arbeitsmaschinen Bedeutung, bei denen die gesamte Motorleistung in hydrostatische Leistung gewandelt wird – etwa Hydraulikbagger. Geht man von einer konstanten Leistung $P$ aus, entspricht Gl. (1.2) einer Hyperbel $p \cdot Q$ = const. Auf diesem Algorithmus bauen praktische Leistungssteuerungen auf.

Die einfachste Umsetzung besteht nach **Bild 7.14** in einer Koppelung des Arbeitsdruckes mit der Pumpenverstellung über mehrere stufenweise wirksame Federn.

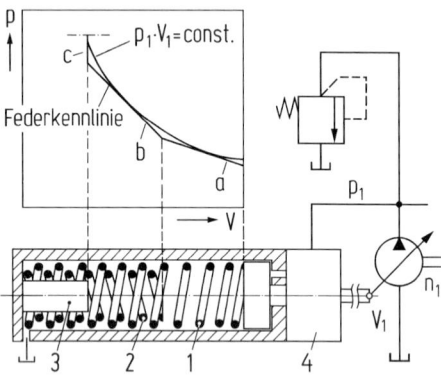

Bei kleinem Lastdruck wird der Stellkolben gegen die erste, weiche Feder (1) nach links verschoben (Kennlinie a). Die Pumpe ist weit ausgeschwenkt. Bei mittleren Drücken erreicht der Stellkolben die Feder (2), deren Kraft sich zu derjenigen von Feder (1) addiert (Parallelschaltung, Kennlinie b), das Hubvolumen $V$ hat sich verringert. Steigt der Arbeitsdruck weiter, wird im Stellzylinder der Anschlag (3) erreicht. Das nun kleine Hubvolumen bleibt auch bei weiterer Drucksteigerung konstant (Kennlinie c, DBV oder Druckabschneidung durch Zurückschwenken der Pumpe). Praktische Ausführungen arbeiten mit Vorsteuerung (4). Die Hyperbel wird relativ gut angenähert.

**Bild 7.14:** Grundprinzip der Leistungssteuerung durch Federn und Anschlag bei konstanter Drehzahl $n_1$. Darstellung angelehnt an [7.18]

Eine kontinuierliche, genauere Hyperbel wird z. B. über einen Druckstift erreicht, der ein federbelastetes Vorsteuerventil über einen Winkelhebel betätigt, dessen wirksamer Hebelarm an die Pumpenverstellung gekoppelt ist [7.19].

In Erdbaumaschinen (insbes. Baggern) wird häufig die Summen-Leistungssteuerung angewendet, bei der mehrere von einem Verbrennungsmotor angetriebene Verstellpumpen mehrere Kreisläufe versorgen [7.19, 7.20]. Es sind verschiedene Steuerungen mit synchron verstellten Pumpen üblich, um selbst bei ungleichen Arbeitsdrücken die Leistungshyperbel anzunähern (siehe Kap. 9.3). Elektronische Leistungssteuerungen mit Positionsrückführung der Pumpe werden z. B. in [7.21] beschrieben.

# 7.5 Regelung mit Verstellpumpen

## 7.5.1 Grundlagen

Das *Regeln* wird in DIN 19226 [7.2] wie folgt beschrieben (s. Bild 7.1):

*Das Regeln, die Regelung ist ein Vorgang, bei dem fortlaufend eine Größe, die Regelgröße (die zu regelnde Größe) erfasst, mit einer anderen Größe, der Führungsgröße, verglichen und im Sinne einer Angleichung an die Führungsgröße beeinflusst wird. Kennzeichen für das Regeln ist der geschlossene Wirkungsablauf, bei dem die Regelgröße im Wirkungsweg des Regelkreises fortlaufend sich selbst beeinflusst.*

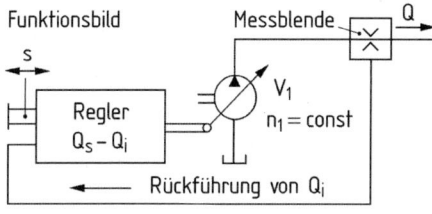

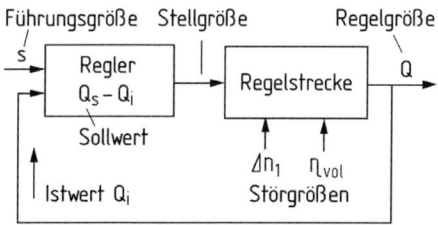

**Bild 7.15:** Regelung des Förderstroms

**Bild 7.15** zeigt eine typische Struktur für eine Förderstrom-*Regelung* analog zur Förderstrom-*Steuerung* in Bild 7.6. Die *Regelgröße* (Istwert Volumenstrom $Q_i$) wird über einen *Sensor* (hier: Messblende) gemessen und zum *Regler* zurück geführt. Bei Abweichungen von der Führungsgröße s (Sollwert) infolge von *Störgrößen* (Drehzahl, Leckströme) wird die *Regelgröße* (Istwert) über die *Stellgröße* (Verstellsignal) korrigiert. Als *Regelstrecke* bezeichnet man denjenigen Bereich des Regelkreises, in dem Störgrößen angreifen können.

## 7.5.2 Regelungsarten

Man unterscheidet im Wesentlichen in folgende vier Arten:
- *Druckregelungen*
- *Volumenstromregelungen*
- *Leistungsregelungen*
- *Kombinierte Regelungen*

### 7.5.2.1 Druckregelungen

**Netzdruckregelungen.** Druckregelungen mit Verstellpumpen benötigt man bei Konstantdrucknetzen bei großen Flugzeugen [7.22, 7.23] und großen Labornetzen. Über längere Zeit gab es eine druckgeregelte Bordhydraulik auch bei einem Traktorhersteller [7.24]. Bei der *direkten* Druckregelung nach **Bild 7.16** beauf-

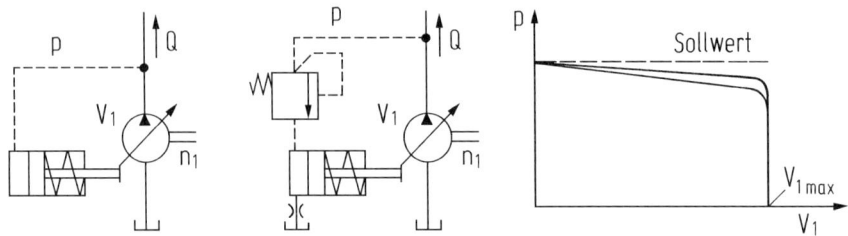

**Bild 7.16:** Druckregelung mit Verstellpumpe, direkt wirkend. $p$ Regelgröße, $V_1$ Stellgröße. Links Einfachlösung, mittig verbesserte Lösung (obere Kennlinie)

schlagt der Systemdruck direkt den Stellzylinder, die Federkraft gibt den Sollwert vor. Die Pumpenverstellung durch Druck entspricht regelungstechnisch weitgehend einem *Proportionalverhalten*. Sinkt der Druck durch Einschalten eines Verbrauchers ab, wird die Pumpe über den Stellzylinder so lange auf größeres Hubvolumen verstellt, bis der Solldruck wieder erreicht ist. Bei der einfachen Lösung mit Druckfeder bildet sich deren Kennlinie ab, Bild 7.16 rechts, unterer Verlauf (bleibende Sollwertabweichung). Durch Hinzufügen eines kleinen Druckbegrenzungsventils – Bild 7.16 mittig – lässt sich die Kennlinie etwas verbessern. Ist der Druck zu niedrig, bleibt das DBV geschlossen, die Stellkolbenfeder drückt das Öl über die kleine Drossel heraus und bewirkt eine Vergrößerung des Hubvolumens, bis das DBV wieder anspricht und der Druckabfall an der Drossel ein neues Gleichgewicht schafft (Bild 7.15 rechts, obere Kennlinie). Will man die Kennlinie nochmals verbessern, wählt man eine indirekte Verstellung mit Integralverhalten, **Bild 7.17**. Die Regelgröße steht nun mit der Feder eines drosselnden 3/3-Wegeventils im Gleichgewicht, und zwar unabhängig von der Verstellkolbenposition. Fällt der Druck z. B. durch eine reduzierte Antriebsdrehzahl ab, wandert der Wegeventilschieber nach links und entlastet die große Stellkolbenfläche, der Arbeitsdruck verschiebt den Stellkolben auf die Ringfläche wirkend nach links, das Hubvolumen wird vergrößert. Diese Druckregelung gilt nach [7.19] als etwas schwingungsanfällig.

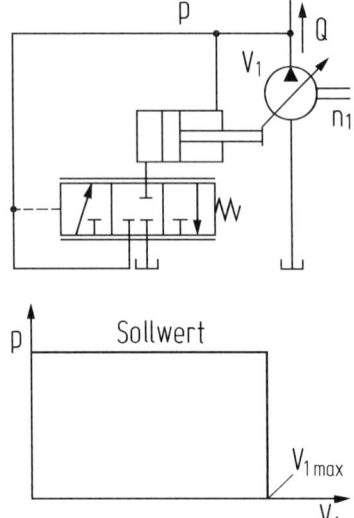

**Bild 7.17:** Druckregelung mit einer Verstellpumpe, Druck indirekt wirkend über 3/3 – Wegeventil und volumetrische Verstellung (Integralverhalten)

Druckgeregelte Pumpen sind mit elektrischen Gleichspannungsgeneratoren vergleichbar, wobei die elektrische Erregung der Verstellung der Pumpe entspricht (siehe Kap. 1.3.2). Es können im Rahmen des maximalen Pumpenvolumenstroms (bei Speicheranwendung auch darüber hinausgehend) beliebig viele Verbraucher ohne gegenseitige Beeinflussung angeschlossen werden. Ebenso ist unter bestimmten Bedingungen (z. B. in Verbindung mit Speichern) die Rückspeisung von Bremsenergie (*Rekuperation*) besonders elegant möglich. Ist kein Verbraucher eingeschaltet, geht die Pumpe auf *Nullhub*. Tatsächlich schwenkt sie etwas aus, um alle Leckströme zu decken.

**Differenzdruckregelung.** Diese Regelung hält den Druckabfall an einem Ventil durch Pumpenverstellung konstant. Wie schon in Bild 7.1 gezeigt wurde, ist das z. B. für die Proportionalität eines Wegeventils von großem Vorteil. Die entsprechende Pumpenverstellung in **Bild 7.18** besteht aus einem Stellzylinder und einem Vorsteuerventil. Dieses hält die Druckdifferenz $p_1 - p_2$ unabhängig von der Drosselstellung, der Pumpendrehzahl und dem Lastdruck konstant. Modelliert man die Drosselströmung nach Gl. (2.51) als Blendenströmung, so erkennt man, dass fast alle Größen konstant sind ($\alpha$ näherungsweise konstant). Nur die Querschnittsfläche $A_D$ ist

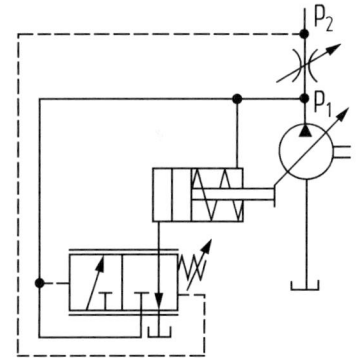

**Bild 7.18:** Differenzdruck-Regelung (Load Sensing)

variabel. Durch den Kunstgriff der $\Delta p$-Regelung kann man daher über das Öffnen oder Schließen der Drossel ($A_D$) oder eines drosselnden Wegeventils den Volumenstrom der Pumpe einstellen. Dieses bedeutende Prinzip heißt auch *Load Sensing*, ein etwas unglücklicher Begriff, da es sich ja nicht im eine Lastdruckregelung handelt. Häufig kombiniert man die Differenzdruckregelung mit einer Maximaldruck-Regelung, um das energetisch ungünstige Abblasen eines Druckbegrenzungsventils durch Zurückschwenken der Pumpe zu vermeiden (s. u. Bild 7.21). *Load Sensing* hat bei einfachen (kostengünstigen) Ausführungen meistens leider den Nachteil relativ träger Sprungantworten (von z. B. mehreren 100ms).

**Maximaldruck-Regelung.** Diese arbeiten im Prinzip ähnlich wie allgemeine Druckregelungen, sprechen jedoch nur bei Erreichen eines eingestellten maximalen Pumpendruckes an. Sie werden, wie schon gesagt, bei Verstellpumpen zum Schutz der Anlage an Stelle von Druckbegrenzungsventilen eingesetzt, um das verlustreiche Abblasen mit Überhitzungsgefahr elegant zu umgehen. Diese *aktive Druckabschneidung* ist z. B. bei hydrostatischen Mobilantrieben heute üblich.

## 7.5.2.2 Volumenstromregelungen

Die Volumenstromregelung ist z. B. interessant, um die Störgröße „veränderte Antriebsddrehzahl" (Verbrennungsmotoren) auszuregeln – etwa bei einer energetisch optimierten Lenkhydraulik in Fahrzeugen aller Art.

**Einfache Stromregelung.** Bei der in **Bild 7.19** skizzierten direkt wirkenden Stromregelung wird der Sollwert am Stromregelventil eingestellt. Fördert die Pumpe zu viel, erzeugt der abgezweigte Ölstrom an der kleinen Drossel hinter dem Stellzylinder einen Druckabfall, der den Stellkolben im Zylinder gegen die Federkraft verschiebt, so dass die Pumpe im

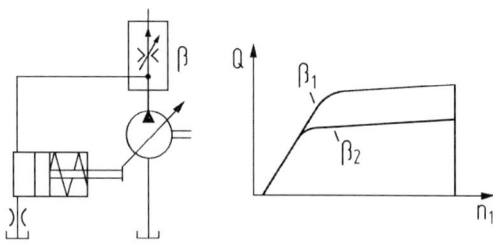

**Bild 7.19**: Einfache, direkte Volumenstromregelung mit überwiegend Proportionalverhalten

Hubvolumen zurück genommen wird. Fördert die Pumpe zu wenig, geht der abgezweigte Ölstrom gegen Null, der Druckabfall an der Drossel hinter dem Zylinder verschwindet und die Feder stellt die Pumpe auf größeres Hubvolumen. Es treten systembedingte Verluste auf.

**Volumenstromregelung mit Vorsteuer-Wegeventil.** Auch dabei dient häufig eine Messblende zur Kontrolle des Istwerts. **Bild 7.20** zeigt eine rein mechanisch integral wirkende Stromregelung einer Schrägscheiben-Axialkolbenpumpe.

Im Regler (1) befindet sich der axial verschiebbare (schwarz dargestellte) Messkolben (2), der an seinem rechten Ende die Messblende (3) trägt.

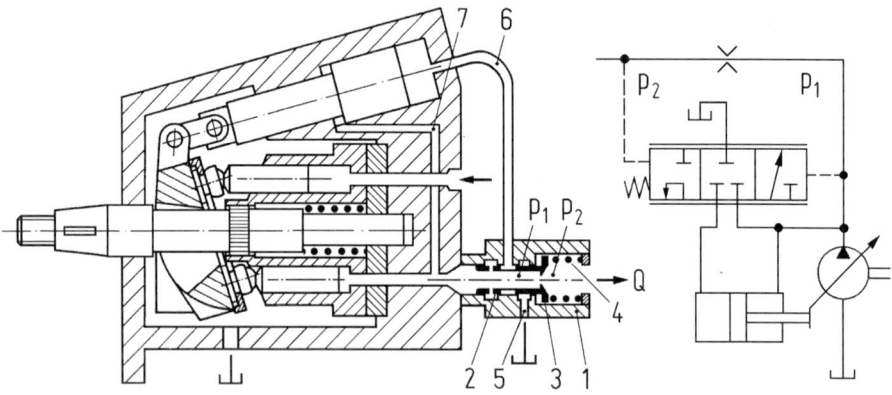

**Bild 7.20**: Volumenstromregelung einer Schrägscheiben-Axialkolbenpumpe mit Vorsteuer-Wegeventil (integrales Verhalten) [7.18]

Die Druckdifferenz $p_1 - p_2$ ist entsprechend Gl. (2.51) ein Maß für den Ölstrom. Die daraus resultierende Kraft steht mit der Feder (4) im Gleichgewicht. Ist der Volumenstrom bzw. Druckabfall zu groß, wird der schwarze Messkolben nach rechts verschoben, die rechte Seite des Pumpen-Stellkolbens wird über Leitung 6 und die Außennut des Messkolbens zum Tank (5) entlastet. Gleichzeitig gelangt der Arbeitsdruck über eine Leitung (7) auf die Stellkolben-Ringfläche, wodurch der Pumpenschwenkwinkel reduziert wird. Bei zu kleiner Druckdifferenz bewegt die Feder umgekehrt den Messkolben nach links, Arbeitsdruck gelangt über die beiden Nuten und eine Leitung (6) auf die rechte Stellkolbenseite. Da die Kraft auf die Vollfläche größer ist als auf die Ringfläche, schwenkt die Pumpe aus. Regelgröße ist genau genommen die Druckdifferenz, nicht der Ölstrom. Durch die Blende ist die Störgröße Viskosität nach Gl. (2.51) aber vernachlässigbar. Die weitere Stör-größe „Reibung" (Schieber, Feder) ist auch nicht bedeutend. Daher spricht man üblicherweise von „Volumenstromregelung". Exakt wäre eine direkte Messung und Rückführung des Volumenstroms (s. Kap. 6.7).

**Maximalvolumenstrom-Regelung.** Diese kann sinnvoll sein, wenn zeitweise sehr hohe Antriebsdrehzahlen an einer Verstellpumpe auftreten.

### 7.5.2.3 Leistungsregelungen
Die meisten in der Praxis vorkommenden „Leistungsregelungen" sind Steuerungen (s. Kap. 7.4.1). Für echte Regelungen muss man zwischen Antriebsmotor und Hydraulik Drehmoment und Drehzahl messen und nach dem Produkt beider regeln. Da dies den Aufwand vergrößert – gleichzeitig aber die Praxis meist keine so genaue Leistungskonstanz fordert – sind echte Leistungsregelungen selten. Steuerungen, die in der Qualität einer Regelung nahe kommen, erreicht man z. B. durch Rückführungen des Schwenkwinkels und der Steuerventil-Position [7.21].

### 7.5.2.4 Kombinierte Regelungen
**Grundsätze.** Eine gleichzeitige Regelung des Druckes und des Volumenstromes durch eine einzige Verstellpumpe ist streng genommen physikalisch nicht möglich:
– *Druckregelung*: *Volumenstrom ergibt sich verbraucherabhängig,*
– *Stromregelung*: *Pumpendruck ergibt sich verbraucherabhängig.*
Will man beides gemeinsam regeln, sind zusätzlich zu den Pumpenventilen weitere Ventile notwendig – im ersten Fall Stromventile, im zweiten Druckventile. Unabhängig hiervon kann man jedoch einer Druck,- Strom- oder Leistungsregelung einen zweiten Regler überlagern, der die Maximalwerte für Druck oder Strom begrenzt. Strombegrenzungen ergeben sich meist automatisch aus der maximalen Pumpenausschwenkung (Anschlag), Druckbegrenzungen nicht. Daher sollen zwei Beispiele für überlagerte Druckbegrenzungsregler besprochen werden.

**Kombination von Differenzdruckregelung und Maximaldruckregelung.** Diese Kombination ist heute bei *Load Sensing*-Kreisläufen sehr verbreitet, insbesondere in der Mobilhydraulik.

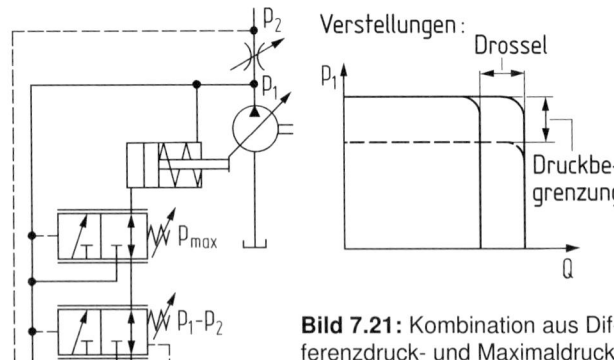

Die Verstellpumpe wird durch zwei 3/2-Wege-Ventile und den Stellzylinder kontrolliert, **Bild 7.21**. Das untere Ventil hält die Druckdifferenz $p_1 - p_2$ unabhängig von der Drosselstellung, der Pumpendrehzahl und dem Arbeitsdruck konstant, das obere sorgt für ein Zurückschwenken der Pumpe, wenn der eingestellte Maximaldruck überschritten wird.

**Bild 7.21:** Kombination aus Differenzdruck- und Maximaldruckregelung

**Kombination aus Leistungsregelung und Maximaldruckregelung.** Wird bei einer Leistungssteuerung oder Leistungsregelung der Volumenstrom sehr klein, besteht nach Gl. (1.2) die Gefahr eines unkontrolliert hohen Druckes. Daher bietet es sich an, eine Maximaldruckregelung zu überlagern.

# 7.6 Steuerung und Regelung mit Verstellmotoren

Drei typische Beispiele sollen herausgegriffen werden.

**Steuerung oder Regelung der Abtriebsdrehzahl am Konstantstromnetz.** Die Konstantpumpe erzeugt in **Bild 7.22** bei konstanter Antriebsdrehzahl (z. B. Elektromotor) einen etwa konstanten Ölstrom, der dem Ölmotor „eingeprägt" zugeführt wird. Verstellt man diesen auf kleineres Hubvolumen, steigt dessen Drehzahl und umgekehrt. Eine Variante dieses Prinzips kommt in vielen stufenlosen hydrostatischen Getrieben vor, soweit sie mit Sekundärverstellung arbeiten (Kap. 8). Während mit der Pumpenverstellung angefahren, reversiert und bis zu einer gewissen Geschwindigkeit beschleunigt wird, dient das Rückschwenken des verstellbaren Hydromotors häufig zur weiteren Steuerung bzw. Steigerung der Geschwindigkeit im oberen Bereich. Misst man die erzeugte Drehzahl, sind bei entsprechender Rückführung auch Regelungen möglich.

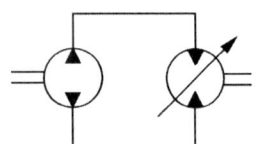

**Bild 7.22:** Steuerung der Abtriebsdrehzahl eines verstellbaren Hydromotors bei eingeprägtem Volumenstrom

**Regelung der Abtriebsdrehzahl am Konstantdrucknetz.** Im Gegensatz zum vorigen Beispiel kann ein verstellbarer Hydromotor an einem Netz mit *eingeprägtem Druck* im Dauerbetrieb kaum gesteuert werden, weil sich ohne Regelung keine stabilen Betriebspunkte einstellen. Der Motor bleibt entweder stehen oder geht durch. Das Grundprinzip ist aber trotzdem sehr interessant, weil nach Gl. (2.22) eine drosselfreie Anpassung des Lastmomentes an den konstanten, vorgegebenen

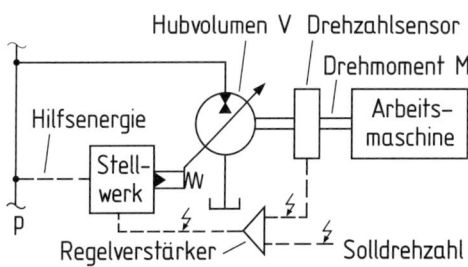

Druck und sogar eine drosselfreie Energierückspeisung möglich ist. **Bild 7.23** demonstriert das typische Regelungsprinzip: Die Arbeitsmaschine setzt dem Hydromotor ein gewisses Last-Drehmoment $M$ entgegen. Dieses erfordert im Idealfall nach Gl. (2.22) für den vorgegebenen Netzdruck $p$ ein bestimmtes Hubvolumen $V$, real mit Verlusten nach Gl. (3.28) etwas mehr. Ist das eingestellte Hubvolumen zu groß, beschleunigt der Ölmotor – ist es

**Bild 7.23:** Regelung der Abtriebsdrehzahl eines verstellbaren Hydromotors bei eingeprägtem Arbeitsdruck bzw Netzdruck, auch als „Sekundärregelung" bezeichnet

zu klein, bleibt er stehen. Die Kontrolle der Drehzahl ist das Schlüsselproblem. Daher verwendet man – wie hier gezeigt – sorgfältig ausgelegte Drehzahlregelungen [7.25–7.32]. Der Drehzahlsensor erfasst den Istwert, der Regelverstärker vergleicht ihn mit dem Sollwert und löst ggf. eine Angleichung über die Verstellung des Hubvolumens $V$ aus. Die Steuerenergie wird dem Drucknetz entnommen. Soll die Arbeitsmaschine abgebremst werden, kann die Bremsenergie auch in das Drucknetz zurückgespeist werden. Gutes Regelverhalten ist vor allem bei dynamischen Sollwertvorgaben nicht ganz einfach zu realisieren. Probleme können z. B. bei kleinen Schwenkwinkeln oder sehr kleinen Drehträgheiten auftreten. Obwohl die Sekundärregelung eine auffällige Analogie zur Regelung von Elektromotoren am Gleichspannungsnetz darstellt, ist sie noch eine relativ junge Methode. In [7.29] werden erste Patente von Pearson und Burret um 1962 sowie die in Deutschland bekannten historischen Anmeldungen von Nikolaus ab 1977 genannt. Ab 1979 wurde das Prinzip bei Rexroth vor allem von Kordak in Zusammenarbeit mit Nikolaus weiterentwickelt [7.30]. Durch Backé angeregt [7.28], entstanden auch an der RWTH Aachen hierzu grundlegende Arbeiten [7.27, 7.31, 7.32].

Konstantdrucknetze sind bei Großflugzeugen üblich. Beim Airbus A 380 wurde erstmalig die Steuerung der Landeklappen statt mit drosselnden Ventilen mit Hilfe der Sekundärregelung verwirklicht, siehe Kap. 9.5. Auch in mobilen Arbeitsmaschinen gibt es vereinzelt Konstantdrucksysteme.

**Regelung des Druckes durch einen Verstellmotor.** Möchte man zur besseren Auslastung eines Hydrauliksystems, z. B. eines Konstantstromsystems, den Arbeitsdruck trotz schwankender Lastmomente konstant halten, ist dieses nach Gl. (2.22) über eine Motorverstellung möglich, **Bild 7.24.** Der Motor wird bei steigendem Lastmoment auf größeres und bei fallendem auf kleineres Hubvolumen verstellt. Bei konstantem Zulauf-Ölstrom wird allerdings seine Drehzahl verändert. In vielen Fällen ist das weniger störend, z. B. beim Heben einer Last, wenn die Hubgeschwindigkeit mit steigender Last abnimmt - aber der antreibende Elektromotor gut ausgenutzt wird.

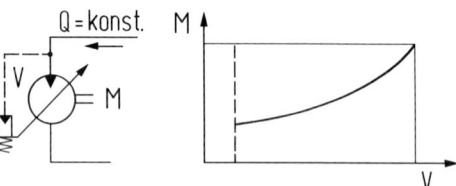

**Bild 7.24:** Druckregelung mit Hilfe eines Verstellmotors

## Literaturverzeichnis

[7.1]  Lang, T.: Mechatronik für mobile Arbeitsmaschinen am Beispiel eines Dreipunktkrafthebers. Diss. TU Braunschweig 2002. Forschungsberichte ILF. Aachen: Skaker-Verlag 2002.

[7.2]  -.-: Leittechnik. Regelungstechnik und Steuerungstechnik, DIN 19226, Teil 1 bis 6 . Wurde 2009 ersetzt durch DIN IEC 60050-351.

[7.3]  Lutz, H. und W. Wendt: Taschenbuch der Regelungstechnik. 7. Aufl. Frankfurt/M.: Verlag Harri Deutsch, 2007.

[7.4]  Helduser, S.: Simulation in der Fluidtechnik. O+P 46 (2002) H. 1, S. 27-36 (darin 24 weitere Lit.-Hinweise).

[7.5]  Westenthanner, U.: Hydrostatische Anpress- und Übersetzungsregelung für stufenlose Kettenwandlergetriebe. Diss. TU München 2000. Fortschritt-Ber. VDI Reihe 12, H.442. Düsseldorf: VDI-Verlag 2000.

[7.6]  Müller, U.: Bussysteme in der Fluidtechnik. O+P 44 (2000) H. 6, S. 360-367.

[7.7]  Feuser, A.: Elektrohydraulische Antriebstechnik in stationären und mobilen Arbeitsmaschinen. O+P 44 (2000) H. 10, S. 612-623.

[7.8]  Föllinger, O.: Regelungstechnik. 8. Auflage. Heidelberg: Hüthig 1994.

[7.9]  -.-: Formelzeichen für die Elektrotechnik. Teil 6: Steuerungs- und Regelungstechnik. IEC 60027-6 (2006). Deutsche Fassung EN 60027-6 (2007).

[7.10] Böinghoff, O. und D. Hoffmann: Merkmale der Geschwindigkeitssteuerung in hydrostatischen Anlagen. O+P 19 (1975) H. 8, S. 605-607.

[7.11] Welschof, B.: Saugdrosselung – eine Phasenanschnittsteuerung in der Hydraulik. O+P 36 (1992) H. 7, S. 463-468 (siehe auch Diss. RWTH Aachen 1992).

[7.12] Overdiek, G.: Volumenstromregelkonzepte für hydraulische Nebenaggregatsantriebe im Kfz. O+P 34 (1990) H. 12, S. 824-826 und 828, 829.

[7.13] Panzer, P. und G. Beitler: Arbeitsbuch der Ölhydraulik. Mainz: Krauskopf-Verlag 1965 (siehe insbes. S. 106/107).

[7.14] Kahrs, M.: Elektromotor-angetriebene Hydroversorgungseinheiten für Anwendungen im Kraftfahrzeug. ATZ 89 (1987) H. 6, S. 325-328.

[7.15] Koberger, M.: Hydrostatische Ölversorgungssysteme für stufenlose Kettenwandlergetriebe. Diss. TU München 1999. Fortschritt-Ber. VDI Reihe 12, Nr. 413. Düsseldorf: VDI-Verlag 2000

[7.16] Kahrs, M.: Hydroversorgungs-Systeme für verschiedene Funktionen im PKW. O+P 34 (1990) H. 12, S. 819-823.

[7.17] Becker, M.: Schrittmotor als Aktuator für elektrisch proportionale Wegeventile. In: VDI-Berichte 1503, S. 409-412. Düsseldorf: VDI-Verlag 1999.

[7.18] Böinghoff, O. und H. J. van der Kolk: Grundlagen und Systematik der Steuerung und Regelung verstellbarer Verdrängermaschinen. O+P 16 (1972) H. 5, S. 193-200.

[7.19] Böinghoff, O.: Steuerungen und Regelungen für verstellbare Verdrängermaschinen. O+P 18 (1974) H. 1, S. 49-56 (darin 44 weitere Lit.).

[7.20] Brückle, F.: Pumpenregelungen an Mehrkreissystemen. O+P 26 (1982) H. 2, S. 85-93.

[7.21] Khalil, M. K. B. et al.: Implementation of single feedback control loop for constant power regulated swash plate axial piston pumps. Intern. J. of Fluid Power 3 (2002) H. 3, S. 27-36.

[7.22] Steib, D.: Hydraulik-/Flugsteuerungssystem des Mehrzweck-Kampfflugzeuges TORNADO. O+P 25 (1981) H. 1, S. 19-24.

[7.23] Besing, W.: Hydraulische Systeme in modernen zivilen Transportflugzeugen. O+P 37 (1993) H. 3, S. 174-179.

[7.24] Matthies, H. J.: Entwicklungslinien auf dem Gebiet der Schlepperhydraulik. Grundlagen der Landtechnik 24 (1974) H. 1, S. 31-40.

[7.25] Kordak, R.: Neuartige Antriebskonzeption mit sekundärgeregelten hydraulischen Maschinen. O+P 25 (1981) H. 5, S. 527-531.

[7.26] Nikolaus, H. Dynamik sekundärgeregelter Hydroeinheiten am eingeprägten Drucknetz. O+P 26 (1982) H. 2, S. 74-76 u. 79-82.

[7.27] Murrenhoff, H.: Regelung von verstellbaren Verdrängereinheiten am Konstant-Drucknetz. Diss. RWTH Aachen 1983.

[7.28] Backé, W.: Elektro-hydraulische Regelung von Verdrängereinheiten. O+P 31 (1987) H. 10, S. 770-782.

[7.29] Kordak, R.: Der sekundärgeregelte hydrostatische Antrieb in mobilen Arbeitsgeräten. O+P 39 (1995) H. 11/12, S. 808-812 und 815, 816.

[7.30] Kordak, R.: Hydrostatische Antriebe mit Sekundärregelung. Der Hydraulik Trainer Bd. 6, 2. Aufl. Lohr a. Main: Mannesmann Rexroth 1996 (1. Aufl. 1989).

[7.31] Haas, H.-J.: Sekundär geregelte hydrostatische Antriebe im Drehzahl- und Drehwinkelregelkreis. Diss RWTH Aachen 1989 (siehe auch O+P 34 (1990) H. 9, S. 594-599).

[7.32] Dluzik, K.: Entwicklung und Untersuchung energiesparender Schaltungskonzepte für Zylinderantriebe am Drucknetz. Diss. RWTH Aachen 1989 (siehe auch O+P 33 (1989) H. 5, S. 444-450).

# 8 Planung, Berechnung und Betrieb hydraulischer Anlagen

Dieser Abschnitt widmet sich grundsätzlichen Fragen der Anwendung der bisher behandelten Grundlagen auf ganze Hydrauliksysteme. Zum Wärmehaushalt werden die physikalischen Grundlagen erst hier eingebracht, da sie jeweils auf ein ganzes System anzuwenden sind. Entsprechend stehen folgende Themenbereiche im Mittelpunkt, die sowohl für das Verständnis vorhandener als auch für die Entwicklung neuer Anlagen für die Praxis von Bedeutung sind:

– *Grundschaltpläne*
– *Planung und Berechnung von Anlagen*
– *Betriebsverhalten von Anlagen bezüglich Wärme und Geräusch*

## 8.1 Grundschaltpläne

### 8.1.1 Elementare Grundfragen der Schaltungstechnik

**Parallelschaltung oder Reihenschaltung. Bild 8.1** zeigt eine *Parallelschaltung* von zwei Ölmotoren (1) und (2) oder zwei Arbeitszylindern (1) und (2), die mit Hilfe des 4/3-Wegeventils in zwei Richtungen bewegt werden können.

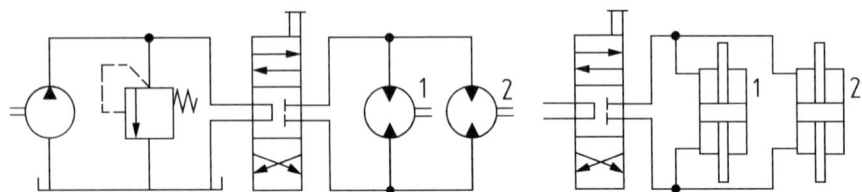

**Bild 8.1:** Parallelschaltung von zwei Verbrauchern, offener Kreislauf

Bei der Parallelschaltung herrscht „*gleicher Druck an beiden Verbrauchern*", während der Volumenstrom sich aufteilen kann. Der Gesamtstrom ergibt sich somit aus der Summe der Einzelströme. Da der Druck bei der vorliegenden einfachen Schaltung allein aus der mechanischen Belastung der Verbraucher resultiert, ist bei zwei Verbrauchern von zwei Lastdrücken auszugehen. Dabei ist nun der jeweils geringere aus physikalischen Gründen maßgebend. Wenn daher die beiden Verbraucher kinematisch unabhängig voneinander sind, wird nur derjenige Verbraucher in Bewegung gesetzt, der den niedrigeren Lastdruck erzeugt, der andere bleibt stehen. Dieses meistens nicht akzeptable Verhalten kann man z. B. durch das Vorschalten von Stromregelventilen oder Stromteilventilen beseitigen.

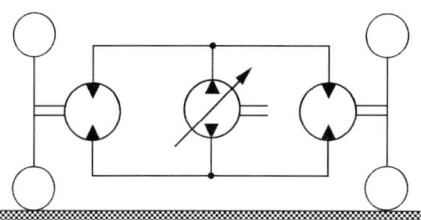

**Bild 8.2:** Parallele Radantriebe. Kinematische Kopplung über Bodenkontakt mit „kostenloser Differenzialwirkung" (Hydraulikkreis vereinfacht)

Das Problem tritt nicht auf, wenn die Verbraucher kinematisch gekoppelt sind wie z. B. bei hydrostatischen Einzelradantrieben, **Bild 8.2.** Der Freiheitsgrad der Volumenstromaufteilung wird hier durch den kraftschlüssigen Bodenkontakt belegt und hat dabei noch den Vorteil eines „kostenlosen Differenzialgetriebes". Verliert allerdings ein Rad den Kontakt, hat auch das andere kein Drehmoment. Man bräuchte wie beim mechanischen Differenzialgetriebe eine Sperre.

Kinematische Kopplungen sind auch bei Arbeitszylindern möglich, z. B. bei Radladern über eine steife, kräftig gelagerte Ladeschwinge.

Bei der *Reihenschaltung* von Verbrauchern ergibt sich ein grundsätzlich anderes physikalisches Verhalten, **Bild 8.3.** Prinzipiell sind hier die Volumenströme in den Verbrauchern (1) und (2) gleich (bzw. bei Berücksichtigung von Leckströmen fast gleich), während sich die Drücke lastabhängig einstellen und addieren. Dadurch kann man bei den Ölmotoren ein von den Belastungen fast unabhängiges und da-

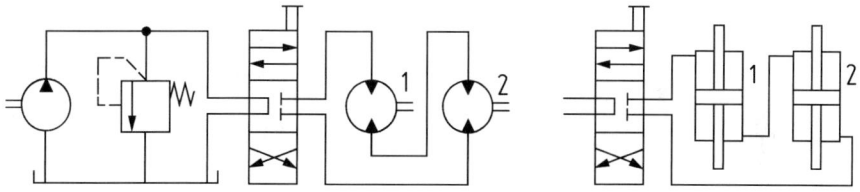

**Bild 8.3:** Reihenschaltung von zwei Verbrauchern, offener Kreislauf

mit fast konstantes Drehzahlverhältnis erzwingen. Bei Arbeitszylindern ist der Synchronisierungseffekt noch besser, weil diese praktisch dicht ausführbar sind. Im vorliegenden Fall mit zwei gleich großen symmetrischen Zylindern hätte man daher eine sehr gut arbeitende hydrostatisch erzwungene Parallelführung.

**Offener oder geschlossener Kreislauf.** Mit den Bildern 8.1 bis 8.3 wurden bereits *offene Kreisläufe* gezeigt, bei denen der Rückstrom in den Tank gelangt und von hier durch die Pumpe neu angesaugt wird. Bei *geschlossenen Kreisläufen* wird das Rücklauföl von den Verbrauchern der Pumpe wieder direkt zugeführt, wobei wegen der *Leckverluste* meist eine Zuspeisung erforderlich ist (Ausnahme: Man hat einen vorgespannten Tank wie z. B. bei Flugzeughydrauliken).

Geschlossene Kreisläufe sind damit aufwändiger, haben aber insgesamt die folgenden Vorteile (nicht immer alle zugleich):

- Durch den erzeugten Vordruck auf der jeweiligen Niederdruckseite entstehen besonders günstige Betriebsbedingungen für die Pumpe infolge von *weniger Luftblasen* und guter *Pumpenfüllung* auch bei hohen Drehzahlen (Grenzdrehzahlen daher höher als beim Selbstansaugen)
- Druck- und Saugseite sind vertauschbar, die Strömungsrichtung umkehrbar, *Bremsen* und *Reversieren* mit dem Antrieb ist möglich
- Das in den Kreislauf mit Vordruck eingespeiste Fluid kann *frisch gefiltert und gekühlt* werden
- Der Speisedruck (z. B. 20 bar) kann für *Stellfunktionen* (wie z. B. Pumpenverstellung oder Schaltfunktionen) mitgenutzt werden.

Mindestens der erste Vorteil sollte immer vorhanden sein wie z. B. bei der Hydraulik großer Flugzeuge: Hoch drehende Pumpen bauen klein! Die Nutzung aller Vorteile geschieht z. B. in modernen Fahrantrieben mobiler Arbeitsmaschinen.

Als erstes Beispiel für die *schaltungstechnischen Unterschiede zwischen offenem und geschlossenem Kreislauf* zeigt **Bild 8.4** ein sehr einfaches hydrostatisches Getriebe. Die Verstellpumpe wird in beiden Fällen nur in einer Richtung ausgeschwenkt. Der Konstantmotor kann in diesem Fall (ohne Wegeventil) nur eine

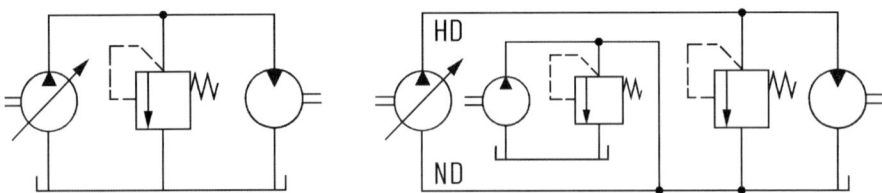

**Bild 8.4:** Offener (links) und geschlossener Kreislauf (r.) für konstante Stromrichtung

Drehrichtung erzeugen. Bremsen ist bei der Version „offener Kreislauf" (links) nicht möglich, weil die Niederdruckseite (Tank) nicht Hochdruckseite werden kann. Bremsen ist aber auch bei dem rechts gezeigten geschlossenen Kreislauf nicht vorgesehen, weil die ND-Speiseleitung nur auf die untere und das HD-DBV nur auf die obere Leitung wirkt. Die kleine Konstantpumpe speist nur die Leckölverluste nach, der Überschuss wird über das ND-DBV gedrosselt abgeführt. Der geschlossene Kreislauf bietet daher hier nur den Vorteil günstigerer Betriebsbedingungen für die Pumpe und ist daher z. B. für einen Fahrantrieb ungeeignet. Der Vorteil für die Pumpe kann allerdings erheblich sein und den Mehraufwand rechtfertigen (z. B. bei einem stationären Antrieb mit großen Temperaturschwankungen oder bei einer Flugzeughydraulik).

In dem weiteren Beispiel nach **Bild 8.5** kann die Stromrichtung verändert werden. Das erfordert beim offenen Kreislauf (links) ein Wegeventil, während man es beim geschlossenen Kreislauf (rechts) durch das „Durchschwenken" der Pumpe erreichen kann. Die kleine Konstantpumpe speist dabei über die Rückschlagventile in die jeweilige Niederdruckleitung und es ist für jede Leitung ein HD-DBV vorhanden. Dieses erlaubt ein Vertauschen von HD und ND im Betrieb, wie es beim Abbremsen des Ölmotors (Pumpe schwenkt rasch zurück) oder beim Antreiben mit durchgeschwenkter Pumpe (Motor läuft rückwärts) auftritt. Die Speisepumpe deckt auch hier nur die Leckströme.

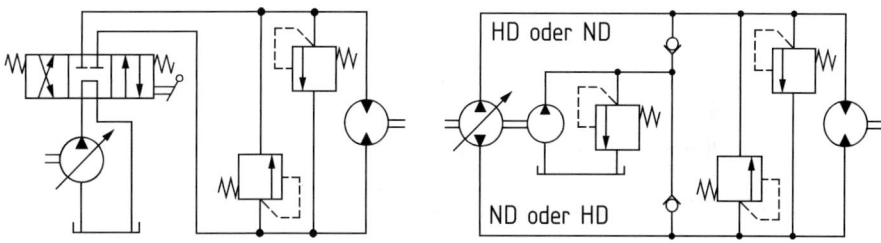

**Bild 8.5:** Offener und geschlossener Kreislauf für zwei Stromrichtungen

Der geschlossene (rechte) Kreislauf ist für Antreiben, Verzögern und Reversieren gut geeignet – etwa für einen sehr einfachen Fahrantrieb kleiner Leistung. Der offene (linke) Kreislauf hat demgegenüber auch hier den Nachteil, dass die Pumpe „selbstsaugend" sein muss (mit den entsprechenden Einschränkungen) und dass ein rascher Wechsel der HD-Leitung auf ND (bzw. umgekehrt) eine automatische Ventilumschaltung erfordern würde – ein eher unangemessener Aufwand.

**Primärverstellung, Sekundärverstellung, kombinierte Verstellung.** Bei den Bildern 8.2, 8.4, 8.5 wurde eine *Primärverstellung* angewendet. Nach **Bild 8.6** gibt es insgesamt vier charakteristische Anordnungen. Verstellt man den Ölmotor, spricht man von *Sekundärverstellung*. Bei stufenlosen hydrostatischen Getrieben mit Ver-

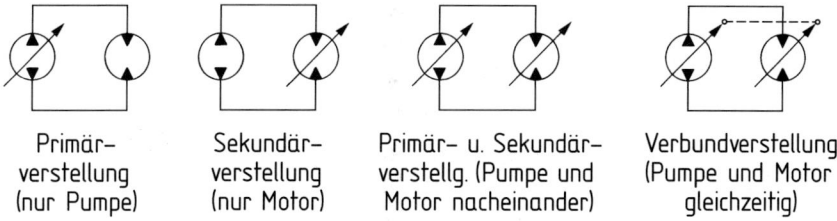

**Bild 8.6:** Primär- und Sekundärverstellung sowie Verbundverstellung

stellpumpe und -motor(en) handelt es sich um *Primär- und Sekundärverstellung.* Sie kann mit steigender Ölmotordrehzahl *nacheinander* oder *kombiniert* erfolgen.

**Arbeitsdruck aus der Verbraucherlast oder unabhängig gesteuert.** In vielen Fällen ergibt sich bei hydrostatischen Antrieben der Druck (bzw. die Druckdifferenz) am Verbraucher „rückwärts" aus dessen Last („Lastdruck") – wie z. B. beim Heben einer Last, beim Fahren einer Arbeitsmaschine, beim Antrieb eines Lüfters, beim Spalten von Holzscheiten, beim Kippen einer Ladepritsche, beim hydrostatischen Lenken usw. In anderen Fällen muss der Druck am Verbraucher gezielt gesteuert oder geregelt werden, wie z. B. bei der Belastung von Proben in Zerreißmaschinen, beim Bremsen mit ABS, an den Ringkolbenflächen der Reibungselemente automatischer Getriebe, bei der Erzeugung der Anpressung in Kettenwandlern, der Einspannung von Werkstücken, der Erzeugung von Stempelkräften usw. Diesen zwei Kategorien entsprechend ergeben sich unterschiedliche Schaltpläne.

## 8.1.2 Grundordnung der Kreislaufsysteme

Nach Harms [8.1] lassen sich Kreislaufsysteme zweckmäßig mit Hilfe der folgenden „eingeprägten" Größen charakterisieren (mit hinzugefügten Beispielen):

– *eingeprägter Volumenstrom* (Hebebühne)
– *eingeprägter Druck* (große Flugzeuge)
– *eingeprägter Differenzdruck* (Traktoren)
– *eingeprägte Leistung* (Hydraulikbagger)
– *eingeprägte Pumpendrehzahl* (E.-Antriebe Lenkhydraulik)

Dabei können *Konstantpumpen* oder *Verstellpumpen* verwendet werden (Kap. 7.3) und die Steuerung/Regelung kann durch Ventile *(Widerstandssteuerung)* und/oder durch Verdrängung *(Verdrängersteuerung)* erfolgen.

*Widerstandssteuerungen* (z. B. mit stetigen Wegeventilen) ergeben niedrige Investitionskosten und sehr gute Dynamik, jedoch systembedingte Verluste.

*Verdrängersteuerungen* (durch Verstellen von Verdrängermaschinen) sind energetisch günstiger, aber in der Anschaffung teurer und zuweilen dynamisch nicht so leistungsfähig.

Üblich sind auch Kombinationen: Man nutzt z. B. die gute Dynamik eines kleinen drosselnden Vorsteuerventils und die großen Kräfte eines hydraulischen Stellzylinders, um die relativ großen Trägheiten bei der Verstellung einer Schrägachsenpumpe zu überwinden (Bild 7.11).

Die drei ersten Kreislaufarten sind besonders bedeutsam [8.2]. Für Traktoren [8.3, 8.4] wurden sie 2005 indirekt in ISO 17567 [8.5] definiert.

**Kreisläufe mit eingeprägtem Volumenstrom und Konstantpumpe.** Anlagen nach diesem Prinzip sind besonders verbreitet, **Bild 8.7.** Zur Betätigung des Arbeits-

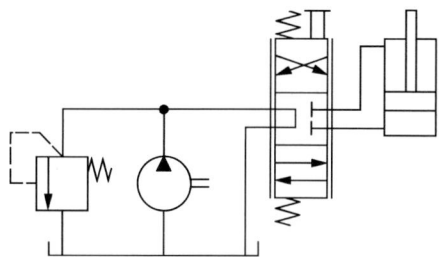

**Bild 8.7:** Einfaches Kreislaufsystem mit eingeprägtem Volumenstrom

zylinders, beispielsweise an einer Ladeplattform, erzeugt die Konstantpumpe einen Volumenstrom, der nicht vom Verbraucher vorgegeben wird, sondern sich aus Antriebsdrehzahl und Hubvolumen ergibt und damit *eingeprägt* ist. Bei konstanter Antriebsdrehzahl (z. B. durch Asynchron - Elektromotor) ist auch der Volumenstrom etwa konstant, weshalb man Systeme dieser Art bisher oft als *Konstantstromsysteme* einstufte. Diese Bezeichnung trifft aber z. B. streng genommen nicht zu, wenn man die Konstantpumpe in einem Fahrzeug durch einen Verbrennungsmotor mit wechselnden Drehzahlen antreibt. Der Volumenstrom kann jedoch auch dabei als „eingeprägt" betrachtet werden, weshalb dieser Begriff besser passt. Will man mit der Schaltung von Bild 8.7 die Arbeitsgeschwindigkeit des Zylinders steuern, ist dieses nur über das drosselnde Wegeventil möglich (Widerstandssteuerung, Überschuss-Strom gelangt gedrosselt in den Tank, siehe auch Bild 7.4). Das DBV dient der Absicherung. Um die Drosselverluste bei dieser Kreislaufart zu vermindern, bietet sich u. U. eine „Reststromnutzung" an [8.6]. In [8.7] werden Anwendungsbeispiele der Landtechnik beschrieben. Große Stückzahlen erreichte ein System in der Traktorenbaureihe „Farmer 300" von Fendt, **Bild 8.8** (vereinfacht). Eine Konstantpumpe versorgt die hydrostatische Lenkung über ein 3-Wege-Stromregelventil. Die Pumpe muss dafür relativ groß bemessen sein, weil sie den vollen Arbeitsstrom aus Sicherheitsgründen bereits im Leerlauf liefern muss. Der bei höheren

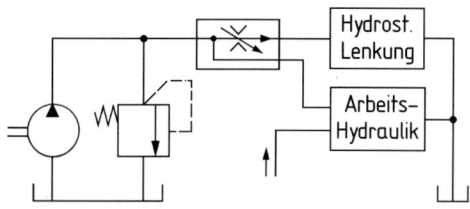

**Bild 8.8:** Prinzip der Reststromnutzung bei eingeprägtem Volumenstrom

Drehzahlen am Stromregler abgezweigte Überschussstrom beträgt bei Traktoren bis zum etwa 3-fachen Lenkungs-Ölstrom. Er wird der Arbeitshydraulik zugespeist. Diese kann dadurch z. B. schneller arbeiten und man spart infolge der geringeren Drosselverluste an dem Stromregelventil Energie.

**Kreisläufe mit eingeprägtem Volumenstrom und Verstellpumpe.** Wie aus dem vorigen Beispiel ersichtlich, benötigen manche Verbraucher für ihre Funktion einen etwa konstanten Volumenstrom. Setzt man in diesen Fällen eine im Volumenstrom geregelte oder gesteuerte Verstellpumpe ein (Bild 7.20), kann man z. B.

Drehzahlschwankungen eines Verbrennungsmotors mittels *Verdrängersteuerung* energiesparend ausgleichen – z. B. eine gute Lösung für große Lenkhydrauliken.
**Kreisläufe mit eingeprägtem Druck und Konstantpumpe.** Erzeugt wird in Analogie zum elektrischen Gleichspannungsnetz ein konstanter Netzdruck (elektrisch: Spannung), der im Prinzip unabhängig vom aufgenommenen Volumenstrom des bzw. der Verbraucher ist, solange der verfügbare Maximalstrom nicht überschritten wird. Darüber hinaus ist im Prinzip auch eine Volumenstrom-Rückspeisung (Rekuperation) möglich, z. B. zur Nutzung der Bremsenergie eines Fahrzeugs [8.8] oder der Verzögerungsenergie eines Verbrauchers mit großen Drehmassen. Der Netzdruck kann mit Konstantpumpe(n) oder Verstellpumpe(n) oder mit Kombinationen erzeugt werden. Beim Einsatz einer *Konstantpumpe* benötigt man einen *Speicher* sowie ein *Leeraufventil* (auch *Speicher-Ladeventil*), **Bild 8.9.**

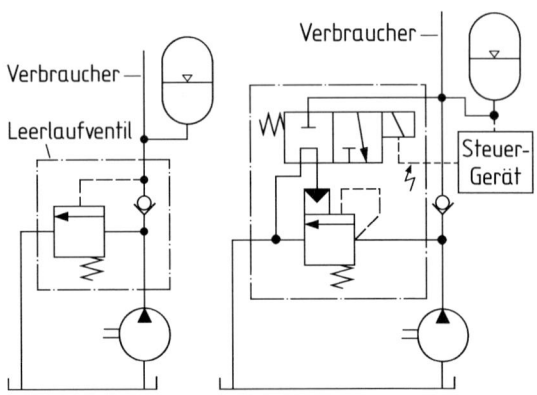

In beiden Schaltplänen wird der Druck nicht kontinuierlich konstant gehalten, sondern bewegt sich zwischen einem unteren und einem oberen Grenzwert (z. B. 190 und 210 bar). Wird z. B. im linken System der obere Druck er-

**Bild 8.9:** Kreisläufe mit eingeprägtem Druck und Konstantpumpe

reicht, schaltet das Leerlaufventil die Pumpe auf drucklosen Umlauf, das Drucknetz ist über das integrierte Rückschlagventil abgekoppelt. Sinkt der Druck durch eingeschaltete Verbraucher und entsprechende Speicherentladung bis auf den unteren Grenzwert, schließt das DBV und die Pumpe lädt den Speicher erneut auf. Im rechten Fall wird der Netzdruck gemessen und einem Steuergerät zugeführt, das das 3/2-Wegeventil ansteuert. In der gezeigten Stellung lädt die Pumpe den Speicher gerade auf. Ist der obere Druck-Grenzwert erreicht, schaltet das Wegeventil, der Systemdruck öffnet das DBV, die Pumpe fördert drucklos und das Drucknetz ist abgekoppelt, bis der Vorgang von neuem beginnt.

Besonderheiten beim Anschluss von Verbrauchern an Konstantdrucknetzen werden bei der nächsten, sehr ähnlichen Kreislaufart besprochen.

**Kreisläufe mit eingeprägtem Druck und Verstellpumpe.** Kreisläufe dieser Art arbeiten im Gegensatz zu den zuvor genannten mit stetiger Druckregelung. Diese wurde bereits mit Bild 7.16 und 7.17 erläutert. Speicher können zur Deckung kurzzeitiger hoher Volumenströme und/oder zur Aufnahme von Rekuperationsenergie eingesetzt werden, **Bild 8.10**. Das 2-Wege-Stromregelventil ist vor allem bei mehreren Verbrauchern sinnvoll, um die Bewegungsgeschwindigkeiten (Zylinder) bzw.

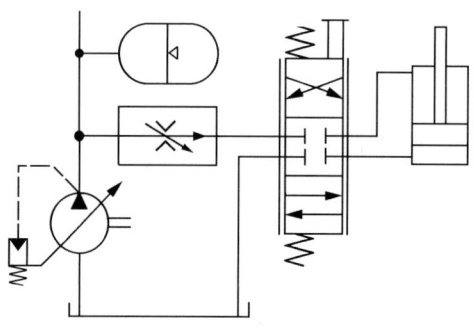

Drehzahlen (Ölmotoren) zu begrenzen und eine voneinander unabhängige Versorgung zu erreichen. In den Stromreglern wird jeweils die Differenz zwischen Lastdruck und Netzdruck durch Drosselung in Wärme umgesetzt. Diesen Systemnachteil kann man durch eine verbraucherseitige Verstellung des Schluckvolumens beseitigen. Die entsprechende Regelung eines Verstellmotors (*Sekundärregelung*) wurde mit Bild 7.23

**Bild 8.10:** Kreislauf mit eingeprägtem Druck und Verstellpumpe

bereits besprochen. Arbeitszylinder sind nicht verstellbar. Die Anpassung kann aber durch Zwischenschalten eines hydrostatischen Transformators gelöst werden. Dieser besteht in **Bild 8.11** aus der Kombination von Verstellmotor und Konstantpumpe, wodurch der konstante Netzdruck drosselfrei auf den variablen Lastdruck transformiert wird. Das System kann ferner bei Absenkung des belasteten Zylinders Energie in das Drucknetz zurückgeben. Um den Aufwand von zwei Verdrängermaschinen zu reduzieren, wurde mit [8.9, 8.10] eine spezielle *Transformator-Verdrängermaschine* vorgeschlagen. Es handelt sich um eine nicht verstellbare Axialkolbenmaschine mit einem verdrehbaren Steuerboden, der drei Steuernieren aufweist: für den Netzdruck, den Tank und den Verbraucher. Wird auf einen niedrigeren Lastdruck transformiert, besteht der Zulauf zu den Transformatorzylindern aus zwei Teilphasen: einem antreibenden Füllen durch den Netzdruck und einem Selbstansaugen aus dem Tank. Der Ausgangsdruck wird daher verkleinert, der Volumenstrom vergrößert.

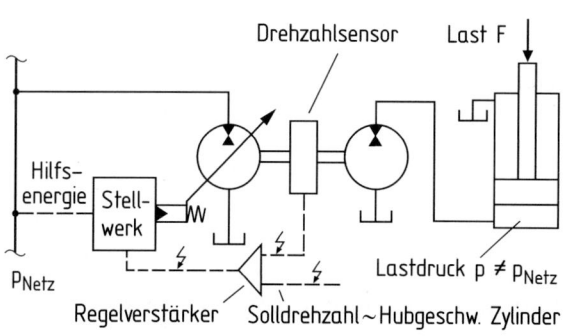

**Bild 8.11:** Drosselfreier Betrieb eines Arbeitszylinders am Konstantdrucknetz (vereinfacht)

**Kreisläufe mit eingeprägtem Differenzdruck und Konstantpumpe.** Der eingeprägte Differenzdruck bezieht sich auf den Druckabfall an den Steuerventilen für den bzw. die Verbraucher. Ist dieser konstant, so erreicht man nach Gl. (2.51) eine Proportionalität zwischen Ventil-Öffnungsquerschnitt und Durchflussstrom (vergl. mit Bild 7.1, 7.19 u. 7.21). Dieses unter *Load Sensing* bekannte Prinzip kann am besten mit Verstellpumpen realisiert werden – aus Kostengründen sind aber auch einfache Lösungen mit Konstantpumpe üblich [8.11], **Bild 8.12.** Die Konstantpumpe fördert über eine Druckwaage zu einem stetig arbeitenden 5/3-Wege-Ventil, dem *Load-Sensing-Ventil, LS-Ventil,* das verbraucherseitig einen speziellen Anschluss aufweist, der den Lastdruck zur linken Seite der Druckwaage leitet. Auf deren rechter Seite greift der Druck an, der vor dem LS-Ventil herrscht. So wirkt der Druckabfall $\Delta p$ des LS-Ventils auf die Druckwaage, die ihn in der linken und rechten Arbeitsstellung des LS-Ventils konstant hält. Der Überschussstrom (Reststrom bzw. bei nicht betätigtem LS-Ventil der ganze Volumenstrom) kann für andere Verbraucher genutzt wer-

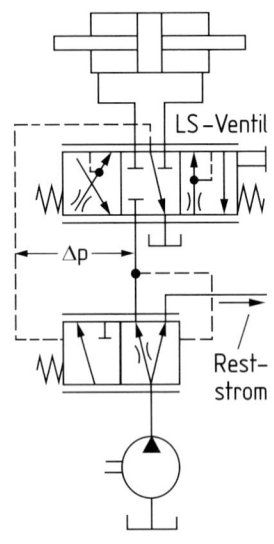

**Bild 8.12:** Kreislauf mit eingeprägtem Differenzdruck und Konstantpumpe (einfaches Load Sensing [8.11])

den. Schaltungen nach Bild 8.12 sind energetisch ähnlich einzustufen wie das in Bild 8.8 gezeigte System mit 3-Wege-Stromregelventil und Reststromnutzung. Das LS-Prinzip bietet jedoch infolge der o. g. Proportionalität besonders gute Steuereigenschaften und wird daher z. B. bei Traktoren für Lenkungen [8.11] sowie für einfache Arbeitshydraulik-Systeme angewendet [8.12].

**Kreisläufe mit eingeprägtem Differenzdruck und Verstellpumpe.** Üblich ist bei der Arbeitshydraulik vieler mobiler Arbeitsmaschinen heute eine Kombination von *Differenzdruckregelung (Load Sensing)* und *Maximaldruckregelung* (auch *Druckabschneidung*) entsprechend **Bild 8.13** (siehe auch Bild 7.18). Verwendet wird hier oft schon ein elektrohydraulisch angesteuertes LS-Ventil. In allen drei Stellungen dieses LS-Ventils wirkt der Differenzdruck $\Delta p$ auf die untere Druckwaage, mit der über den Arbeitsdruck die Pumpenausschwenkung verstellt wird (Stellkolben nach rechts bedeutet Zurückschwenken). Üblich sind $\Delta p$ - Werte um 15 bis 25 (30) bar, steigend mit der LS-Leitungslänge. Sie verursachen systembedingte Drosselverluste. Kleine Werte sind daher energetisch günstig, erschweren aber die Regelung. Große Werte erhöhen die Verluste, erleichtern aber die Regelung.

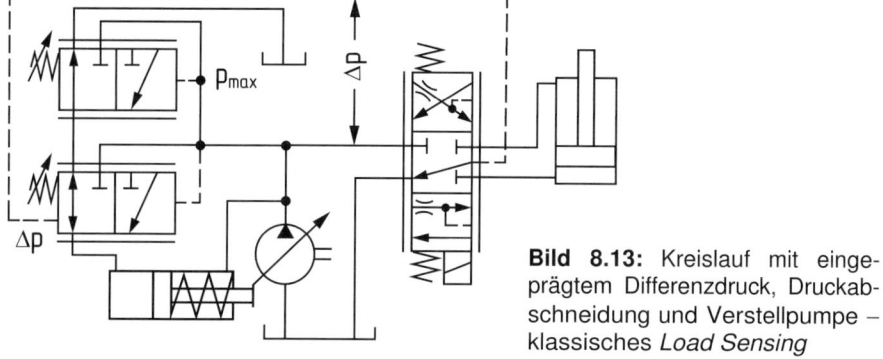

**Bild 8.13:** Kreislauf mit eingeprägtem Differenzdruck, Druckabschneidung und Verstellpumpe –
klassisches *Load Sensing*

Ohne systembedingte Verluste arbeitet bei LS-Systemen dieser Art heute die meistens integrierte Druckabschneidung: Ein zu großer Pumpendruck bewirkt über das $p_{max}$-Ventil ein Zurückschwenken der Pumpe, wie bereits mit Bild 7.21 gezeigt und als energetisch günstige Lösung empfohlen.

Das *Load Sensing* war für Traktoren erstmals 1973 von Allis Chalmers (USA) eingesetzt worden [8.13] und erreichte ab 1987 einen Durchbruch, angeführt durch Traktoren von Case-IH [8.2, 8.4]. Es setzte sich mit wissenschaftlicher Unterstützung [8.2, 8.6, 8.14] auch bei vielen anderen Arbeitsmaschinen durch – insbesondere bei Baumaschinen.

Um den Zielkonflikt zwischen $\Delta p$-Verlusten und Regelqualität zu mildern, arbeitet man an mechatronischen Load-Sensing-Systemen mit Drucksensoren, digitalem Kreislauf-Management und elektrohydraulischen Ventilen [8.15].

**Kreisläufe mit eingeprägter Leistung.** Eine oder mehrere Pumpen werden so gesteuert oder geregelt, dass die insgesamt erzeugte hydrostatische Leistung konstant ist. Damit ist auch die Leistung des Antriebsmotors etwa konstant (gute Ausnutzung der Investition, keine Überlastung). Grundprinzip ist die Bewegung des Betriebspunktes auf einer Hyperbel $\Sigma\,(p \cdot Q) = const.$ Einzelheiten siehe Kap. 7.4.2.

**Kreisläufe mit eingeprägter Pumpendrehzahl.** Darunter versteht man Kreisläufe, bei denen die Pumpendrehzahl durch einen drehzahlvariablen Antriebsmotor gezielt gesteuert oder geregelt wird. Ist dieses ein Elektromotor (Kap. 7.3.3), so hat man als Vorteil die mögliche Verwendung kostengünstiger Konstantpumpen. Eingeprägte Pumpendrehzahlen gibt es auch bei Verstellpumpen bzw. bei Kombinationen mit Konstantpumpen, etwa bei einem Antrieb durch einen Verbrennungsmotor, dessen Drehzahl je nach Leistungsanforderung im verbrauchsgünstigen Bereich gehalten wird (siehe auch *automotive Steuerungen* [8.16]).

## 8.1.3 Systemvergleich für drei Kreislaufsysteme

**Bild 8.14** zeigt die jeweilige *Nutzleistung* und die *Verlustleistung* im *p-Q* − Diagramm (Flächen entsprechen Leistungen) [8.13, 8.2, 8.17].

**Eingeprägter Volumenstrom mit Konstantpumpe.** Die Verlustleistung ergibt sich aus dem Arbeitsdruck und dem auf Tankdruck gedrosselten Überschussstrom (siehe z. B. Bild 7.4 rechts). Die Energiebilanz kann durch *Reststromnutzung* verbessert werden (siehe Bilder 8.8 und 8.12).

**Eingeprägter Druck mit Verstellpumpe.** Die Pumpe passt sich über die Druckregelung indirekt an den Volumenstrombedarf an. Es entsteht daher kein systembedingter Überschussstrom. Liegt der Netzdruck über dem Lastdruck, so muss die Differenz beim Einsatz von Ventilen weggedrosselt werden (Bild 8.10). Die Drosselverluste lassen sich durch *Sekundärregelung* (Bild 7.23) vermeiden.

**Eingeprägte Druckdifferenz** mit Verstellpumpe. Über die $\Delta p$-Regelung und die Öffnung am LS-Ventil erzeugt die Pumpe nur den wirklich benötigten Volumenstrom, d. h. es entsteht kein systembedingter Überschussstrom. Der Volumenstrom wird jedoch um $\Delta p$ gedrosselt, was zu einem systembedingten Energieverlust von $\Delta p \cdot Q$ führt ($\Delta p$ klein halten, s. Kap. 8.1.2).

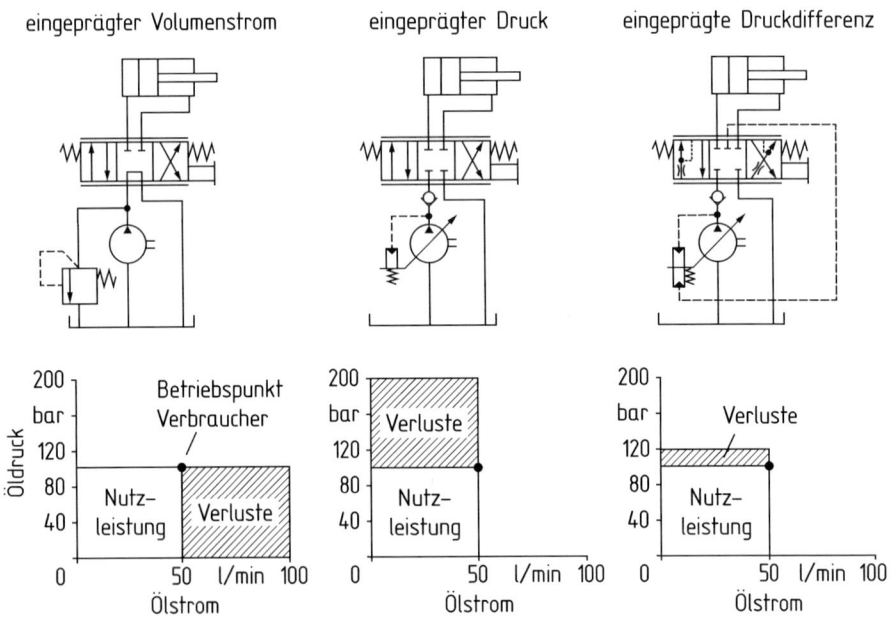

**Bild 8.14:** Energetischer Systemvergleich von drei bedeutenden Kreislaufsystemen

## 8.1.4 Weitere Grundschaltpläne

### 8.1.4.1 Grundschaltpläne für einzelne Verbraucher

Die folgenden weiteren Grundschaltpläne betreffen die Gruppen:
– *Einfache Schaltungen* für einen Verbraucher
– *Prinzip der automatischen Entrastung* von Wegeventilen
– Schaltungen mit *Sperrblöcken* für Arbeitszylinder
– *Eilgangschaltungen* mit *Differenzialzylindern*
– Weitere *Eilgangschaltungen*
– Grundschaltplan für *stufenlose hydrostatische Getriebe*

**Einfache Schaltungen für einen Verbraucher.** Als Beispiel zeigt **Bild 8.15** zwei einfache Steuerungen für einen *einfach wirkenden Arbeitszylinder.* Links kann das

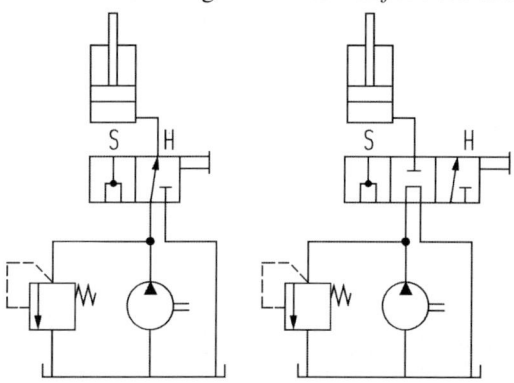

3/2-Wege-Ventil den Zylinder ausfahren (H) und am Anschlag halten (DBV spricht an, Verluste), Zwischenpositionen sind nicht möglich. Der Zylinder kann nur infolge von Lastwirkung einfahren (S), die Pumpe fördert dabei drucklos. Die rechte Schaltung bietet durch das 3/3-Wege-Ventil die zusätzliche Funktion des Festhaltens des Zylinderkolbens in beliebigen Zwischenstellungen.

**Bild 8.15:** Steuerung eines einfach wirkenden Arbeitszylinders, zwei Varianten. H Heben, S Senken

Wenn das Wegeventil ein Schieberventil ist, erzeugt der Lastdruck Leckströme am Ventil, ggf. benutzt man *Sperrblöcke* (s. u.). Bei *doppelt wirkenden Arbeitszylindern* können Lasten in beiden Richtungen angreifen und entsprechende Wege erzeugt werden. Häufig setzt man hier 4/3-Wege-Ventile ein, **Bild 8.16**. Die Mittelstellung arbeitet links mit blockiertem Zylindervolumen und drucklosem Pumpenumlauf (4/3-Wege-Ventil), rechts mit einer zusätzlichen Schwimm-

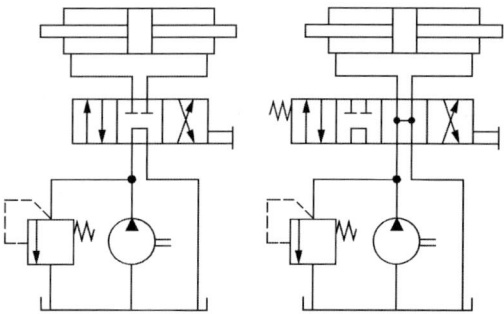

**Bild 8.16:** Steuerung eines doppelt wirkenden Arbeitszylinders, zwei Varianten

stellung (4/4-Wege-Ventil), und Federzentrierung. Die rechte Schaltung erlaubt z. B. bei einem Traktorkraftheber die Funktionen *Heben, Drücken, Schwimmstellung* und *Position halten* (Zylinder blockiert). Das DBV spricht beim Erreichen der Zylinderanschläge an.

**Prinzip der automatischen Entrastung von Wegeventilen.** Will man das zuvor erwähnte Ansprechen des DBV bei Endpositionen von Arbeitszylindern vermeiden, bietet sich bei handbetätigten Wegeventilen das Prinzip der *automatischen Entrastung* an, **Bild 8.17.** Erreicht der Kolben eine der Endstellungen, steigt der Druck an (sanft bei Endlagendämpfung, Bild 4.8). Dieser Druckanstieg wirkt über das Vorsteuerventil auf den Entrastungszylinder, das Wegeventil springt durch die Federzentrierung in die Mittelstellung.

**Schaltungen mit Sperrblöcken für Arbeitszylinder.** Schieberventile sind kostengünstig und in vielfältigen Ausführungen lieferbar – leider aber nicht dicht. Soll ein Arbeitszylinder (der in üblicher Ausführung sehr dicht ist) trotz Schieberventil seine Position über längere Zeit beibehalten (z. B. „Ladeschaufel oben"), kann dieses durch einen *Sperrblock* realisiert werden, siehe **Bild 8.18.** Zwei entsperrbare Rückschlagventile (Kap. 5.3.2) stützen den Lastdruck in beiden Richtungen praktisch dicht ab (Restleckage z. B. 1 cm$^3$/h). In Neutralposition ist das Schieberventil drucklos. Soll der Zylinder gegen eine Last bewegt werden, schaltet das 4/3-Wege -Ventil, der entstehende Pumpendruck öffnet automatisch das Rückschlagventil im Zulauf und über eine Steuerleitung auch das im Ablauf.

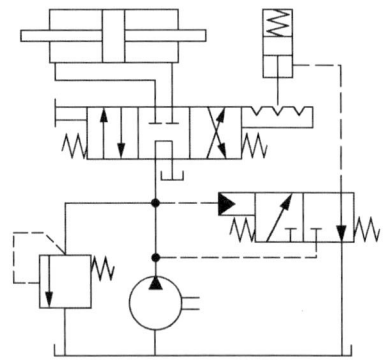

**Bild 8.17:** Prinzip der automatischen Entrastung bei handbetätigten Wegeventilen für die Steuerung von Arbeitszylindern

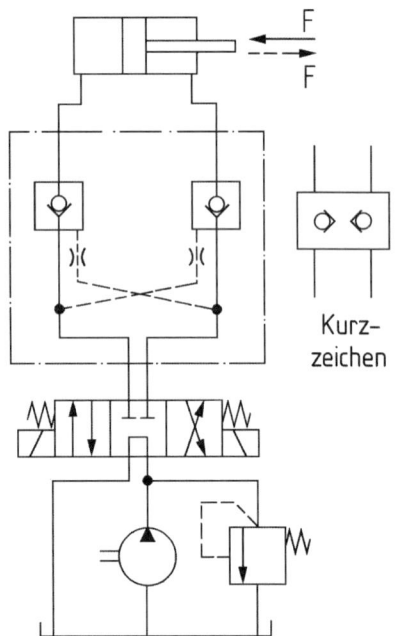

**Bild 8.18:** Vermeidung von Ventil-Leckströmen durch einen Sperrblock

Da die beiden Rückschlagventile zweckmäßig zusammengebaut werden, spricht man von einem Sperrblock. Diese oder ähnliche Anordnungen sind sehr verbreitet.

**Eilgangschaltungen mit Differenzialzylindern.** Dieses Prinzip wurde bereits in Kap. 4.2.1 (einfaches Beispiel, Bild 4.6) behandelt. **Bild 8.19** zeigt links eine

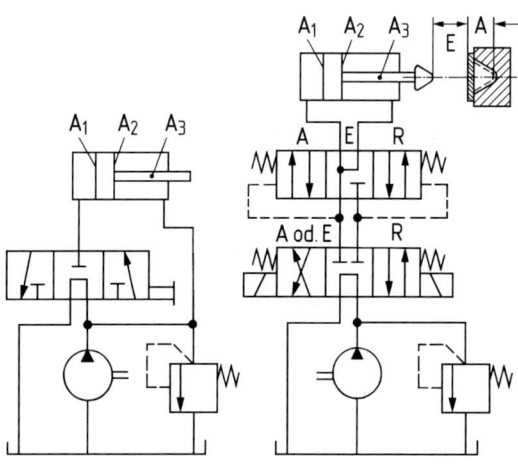

weitere Einfachlösung (Bezeichnungen wie in Bild 4.6). Will man sowohl im Eilgang als auch „normal" ausfahren, kann dazu die rechte Schaltung dienen. Das untere Wegeventil schaltet elektrohydraulisch die Bewegungsrichtung, das obere die Geschwindigkeit beim Ausfahren des Zylinders. Das erfolgt zuerst im Eilgang (Kästchen „A od. E" und „E"). Stößt der Stempel nach dem Eilgangweg E auf Widerstand, steigt der Druck und schaltet das obere Ventil automatisch auf „A". Der langsame Arbeitshub A erfolgt mit großer Kraft. Am Ende schaltet das Wegeventil auf Rückhub R.

**Bild 8.19:** Eilgangschaltungen mit Differenzialzylindern, links „einfach" (ähnlich Bild 4.7), rechts mit automatischem zweiphasigen Zylinderhub

**Weitere Eilgangschaltungen.** Bei Gleichlaufzylindern lässt sich das zuvor gezeigte Prinzip der Eilgangschaltung nicht anwenden. In diesen Fällen kann z. B. ein *Niederdruck- Speicher (ND)* eingesetzt werden, siehe **Bild 8.20.** In der gezeigten Position des elektrisch geschalteten 6/3-Wege-Ventils lädt die Pumpe den Speicher auf, bis das ND-DBV anspricht. Eine Schaltung des Wegeventils nach links bedeutet Eilgang des Zylinderkolbens nach links, weil nun Pumpe und Speicher gemeinsam

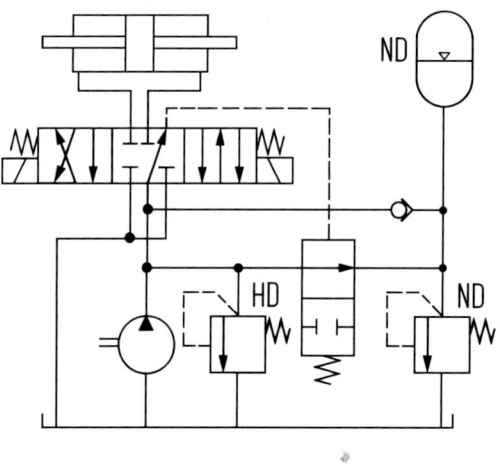

**Bild 8.20:** Eilgangschaltung m. Niederdruckspeicher

einen großen Ölstrom liefern. Dabei wird die Steuerleitung des 2/2-Wege-Ventils mit dem Tank verbunden, es schließt durch Federkraft. Stößt der Arbeitszylinder auf Widerstand, erhöht sich der Pumpendruck, das Rückschlagventil schließt, die Arbeitsphase beginnt. Die dritte Wegeventilstellung dient zum Zurückfahren. *Eilgangschaltungen mit zwei Konstantpumpen* beruhen auf dem Prinzip mehrerer geschalteter Pumpenströme, **Bild 8.21.** (s. auch Kap. 7.3.1, Bild 7.3).

Im linken Beispiel fördern bei ND beide Pumpen. Erhöht sich der Arbeitswiderstand, schaltet das ND-DBV automatisch die ND-Pumpe auf drucklosen Umlauf. Die HD-Pumpe fördert nun weniger mit höherem möglichen Druck. Beim

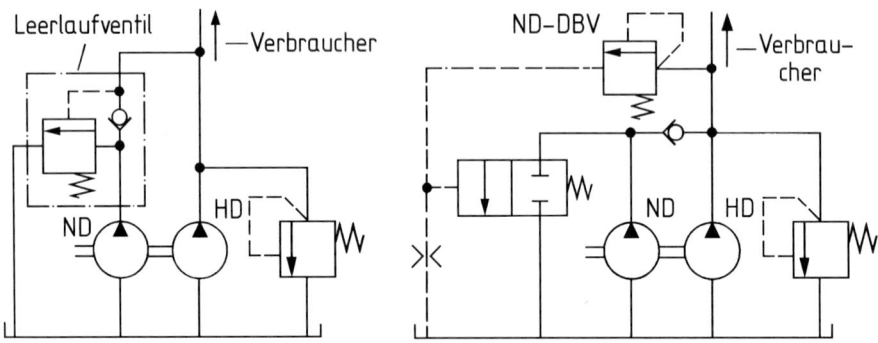

**Bild 8.21:** Eilgangschaltung mit Hilfe von zwei Konstantpumpen – links direkt, rechts mit Vorsteuerventil

rechten Schaltplan wird die ND-Pumpe über ein Vorsteuerventil abgekoppelt. Dieses schaltet auf Entlastung, wenn das ND-DBV öffnet (Drossel-Druckabfall).

**Grundschaltplan für stufenlose hydrostatische Getriebe.** Derartige Getriebe führte man vor allem als Fahrantriebe in der Mobilhydraulik ein. Die Publikationen [8.18-8.26] zeigen die Anfänge dieser Entwicklung. Für ihre Kreisläufe hat sich ein gewisses Grundkonzept herausgebildet (auch bei mehreren Ölmotoren ähnlich), **Bild 8.22.** Eine Verstellpumpe (1) fördert im geschlossenen Kreislauf zu einem konstanten oder verstellbaren Ölmotor (2). So ist ein *stufenloses Anfahren* von null und ebenso ein *Reversieren* des Abtriebs über ein Durchschwenken der Pumpe möglich mit Erreichen der höchsten Abtriebsdrehzahl bei maximalem Pumpenschwenkwinkel. Ist zusätzlich der Motor verstellbar (gut für den Wirkungsgrad), bleibt er meist während der Pumpenverstellung auf maximalem Schwenkwinkel und wird erst zur weiteren Steigerung der Abtriebsdrehzahl bei voller Pumpenausschwenkung im Schluckvolumen zurückgenommen. Die kleine Konstantpumpe (3) mit dem Niederdruck-DBV (4) erzeugt den sog. *Speisestrom.* Das Speiseprinzip ist für die folgenden *fünf Funktionen* notwendig:

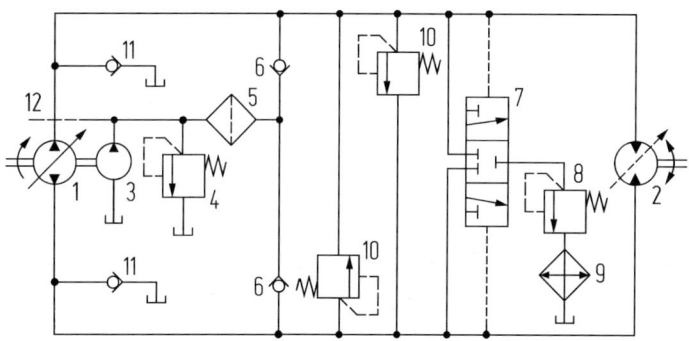

**Bild 8.22:** Grundschaltplan eines stufenlosen hydrostatischen Getriebes

5 Funktionen der Speiseinrichtung:

– *Ersatz der Leckströme:* Einspeisung in ND über (5) und (6)
– *Hydrostatische Hilfsenergie* für Aggregateverstellung (12)
– *Filterung* (5)
– *Kühlung* (9)
– *Saugseitiger Vordruck* (DBV 4 und 8, typisch 15 bis 20 bar)

Das Spülventil (7) schleust den überschüssigen Spülstrom automatisch aus der Niederdruckleitung. Die HD-DBVs (10) dienen der Hochdruckabsicherung. Da bei deren Ansprechen viel Wärme entsteht, besteht nach kurzer Zeit Überhitzungsgefahr. Diese kann durch *aktive Druckabschneidung* verhindert werden (Pumpenrückschwenkung, bevor DBV anspricht, s. Kap. 7.5.2.1). Die Ventile (11) ermöglichen ggf. ein Notansaugen. Konstruktionshinweise siehe Kap. 9.1.1.

### 8.1.4.2 Grundschaltpläne für mehrere Verbraucher
In bisherigen Kapiteln kamen bereits Beispiele hierzu vor, siehe die Bilder 5.74, 8.1, 8.2, 8.3, 8.8 und 8.9. Weitere betreffen die folgenden Gruppen:

– Schaltungen mit *Konstantpumpe(n)*        – *Load-Sensing*-Schaltungen
– *Gleichlaufschaltungen*                   – *Folgeschaltungen*

**Schaltungen mit Konstantpumpe für mehrere Arbeitszylinder.** Das erste Beispiel zeigt in **Bild 8.23** die Steuerung von drei *gleichen Arbeitszylindern mit Reihenschaltung.* Sie können jeder einzeln angesteuert werden. Beim gleichzeitigen Betätigen von zwei oder drei Wegeventilen entstehen keine Drosselverluste, aber jeder Zylinder erhält nur einen anteiligen Druck und alle können sich nur gleich schnell bewegen. Das zweite Beispiel zeigt in **Bild 8.24** die Steuerung von drei gleichen Arbeitszylindern mit *Parallelschaltung.* Auch hier kann jeder einzeln angesteuert werden. Betätigt man zwei oder drei Wegeventile, teilen sich die Volumen-

ströme auf, der Eingangs-
Arbeitsdruck ist an allen
Ventilen gleich. Wegen
meist unterschiedlicher Lastdrücke sind drosselnde
Wegeventile für die An-
passung notwendig, aller-
dings von Hand kaum zu-
mutbar. Besser wäre der
parallele Betrieb mit einer
Load-Sensing-Schaltung
(folgendes Bild 8.25) oder
mit lagegeregelten Arbeitszylindern (Bild 8.28, s. u.).

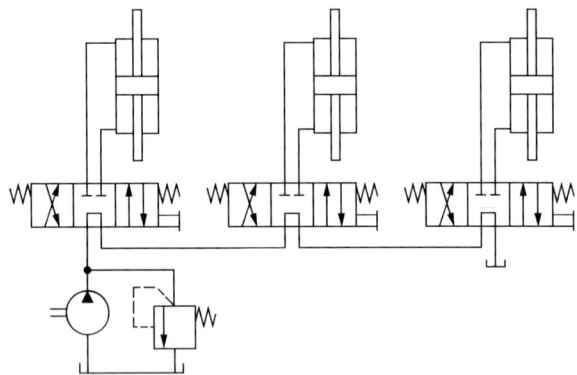

**Bild 8.23:** Reihenschaltung von drei Arbeitszylindern

**Load-Sensing für meh-
rere Verbraucher, Stan-
dardschaltung.** Sollen
mehrere Verbraucher ohne
gegenseitige Beeinflus-
sung einschaltbar sein, ist
bei LS-Systemen ein
Schaltplan nach **Bild 8.25**
üblich. Der linke untere
Teil mit der $\Delta p$ - Regelung
und der Druckabschnei-
dung ist gleich wie in Bild
8.13, ebenso das zweimal
vorhandene 5/3-Wegeven-

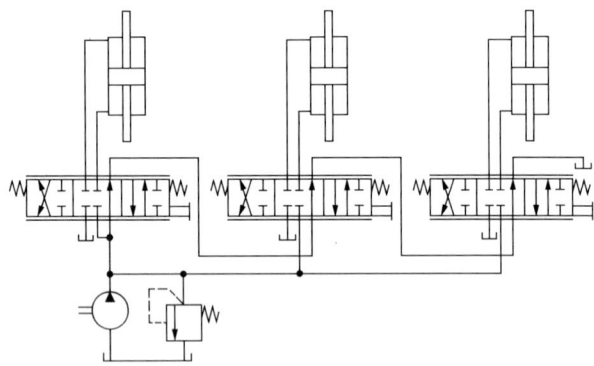

**Bild 8.24:** Parallelschaltung von drei Arbeitszylindern

til. Das zusätzliche Wechselventil meldet der Pumpe den jeweils höchsten
Lastdruck. Die zusätzlichen Druckwaagen vor den Wegeventilen kompensieren
unterschiedliche Lastdrücke. Ist z. B. der rechte Lastdruck der größere und damit
maßgebliche, ist die rechte Druckwaage völlig offen. Soll gleichzeitig der linke
Verbraucher versorgt werden und hat dieser einen geringeren Lastdruck, muss die
Differenz der Lastdrücke durch Drosselung erzeugt werden, da auch hier der
Pumpendruck anliegt. Dieses erreicht man mit der linken Druckwaage, die an
Stelle der abgekoppelten Pumpenregelung (Wechselventil) die $\Delta p$-Regelung für
das linke 5/3-Wege-Ventil durch Drosselung übernimmt. Die besten Wirkungs-
grade ergeben sich daher dann, wenn die Lastdrücke etwa gleich groß sind.
Das Drossel-Rückschlagventil links unten dient der Reduzierung von Schwingungen.

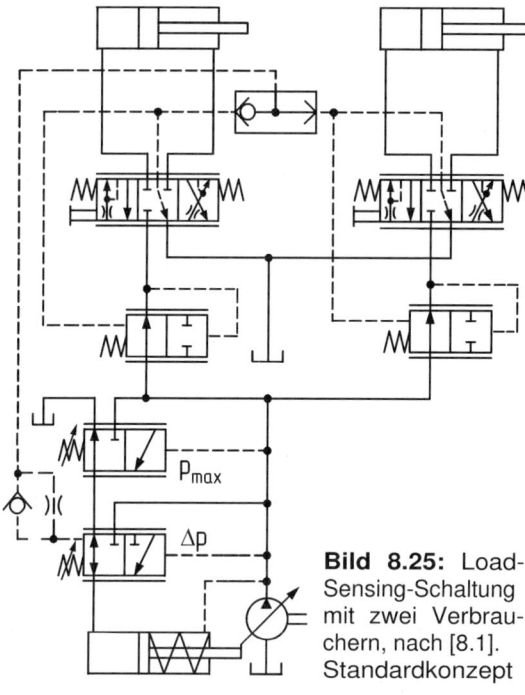

**Load-Sensing für mehrere Verbraucher, LUDV-Schaltung.** LS-Systeme in Standardschaltung verlieren ihre guten Steuereigenschaften, wenn der gesamte durch Ventilquerschnitte nach Gl. (2.51) angeforderte Volumenstrom größer als der maximale Pumpenförderstrom wird. Der Verbraucher mit dem höchsten Lastdruck kann dann stehen bleiben. Um diesen Nachteil abzumildern, wurden LS-Systeme mit Druckwaagen entwickelt, die den Wegeventilen nachgeordnet sind, aber nicht deren Druckabfall direkt regeln, sondern anders arbeiten [8.27]. Wenn die Pumpe überfordert wird, werden alle Verbraucher im Verhältnis der vorgegebenen Sollwerte langsamer (LUDV = **L**astdruck**u**nabhängige **D**urchflussverteilung, Bosch Rexroth).

**Bild 8.25:** Load-Sensing-Schaltung mit zwei Verbrauchern, nach [8.1]. Standardkonzept

**Elektronisches Load-Sensing für mehrere Verbraucher.** Im Idealfall werden die Lastdrücke und der Pumpendruck elektronisch gemessen und die Pumpe durch ein Proportionalventil elektrisch verstellt. Auch die Wegeventile der Verbraucher werden elektrisch angesteuert [8.15]. Eingespart werden die Wechselventile, das Maximaldruckregelventil und die Druckwaagen, weil deren Funktionen durch das elektronische Kreislaufmanagement mit erledigt werden. Als Zwischenlösung (ohne Drucksensoren) kann eine elektrische Steuerung der Verstellpumpe über Positionssignale der Wegeventile gelten. Grundlagen wurden hierzu z. B. in [8.27] vorgelegt.

**Gleichlaufschaltungen für Arbeitszylinder.** Übliche Arbeitszylinder arbeiten praktisch dicht (s. Kap. 6.2.3). Daher kann man für Gleichlauf z. B. mehrere Gleichlaufzylinder (s. Kap. 4.2.2) in Reihe schalten, was allerdings wegen der Druckaufteilung zu relativ großen Zylinderdurchmessern führt. Bei Differenzialzylindern ist das Prinzip nur dann möglich, wenn die Ringfläche $A_1$ des ersten Zylinders der Vollfläche $A_2$ des zweiten entspricht.

Dieses Prinzip ist in **Bild 8.26** dargestellt. Weitere Möglichkeiten des Gleichlaufes werden in **Bild 8.27** für doppelt wirkende Zylinder gezeigt, links mit *mechanischer Kopplung*, günstig bei etwa mittigen Arbeitskräften (Pressen, Prüfmaschinen), rechts mit zwei genau gleich eingestellten *2-Wege-Stromregelventilen*, die über jeweils 4 Rückschlagventile sowohl beim Aus- als auch beim Einfahren in Pfeilrichtung durchströmt werden (Gleichrichterschaltung, siehe Elektrotechnik). Da Stromregler niemals absolut exakt arbeiten (s. Bild 5.61), dient das 2/2-Wegeventil zur Nullpunktsynchronisierung am unteren Kolbenanschlag.

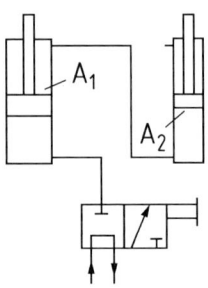

**Bild 8.26:** Gleichlauf bei zwei Differenzialzylindern für $A_1 = A_2$

Gleichlauf kann auch *mechatronisch* erzeugt werden. Als erste Möglichkeit sei auf das elektronische Load-Sensing verwiesen (s. o.). Auch hier ist ein Nullpunktabgleich notwendig (s. o.). Sehr elegant kann man den Gleichlauf auch durch Lageregelkreise erreichen, s. **Bild 8.28.** Die Istposition der Abeitszylinder wird durch integrierte Sensoren gemessen und mit einem gemeinsamen Sollwert verglichen. Bei Abweichungen verstellt der Regler die drosselnden 6/3-Wege-Ventile individuell. Dadurch werden unterschiedliche Lastdrücke automatisch ausgeglichen. Ein Nullpunktabgleich ist nicht erforderlich. Da neben dem Gleichlauf auch Position, Geschwindigkeit und Beschleunigung regelbar sind, gelten derartige Lösungen als sehr zukunftsträchtig.

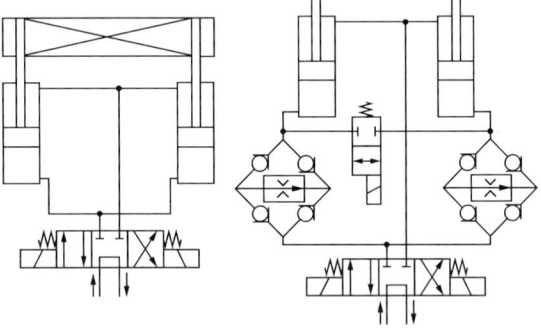

**Bild 8.27:** Gleichlauf bei Arbeitszylindern durch mechanische starre Kopplung (links) und Stromregelventile (links)

**Schaltungen für Folgesteuerungen mehrerer Verbraucher.** Hierzu gibt es eine ganze Reihe sequenziell arbeitender Strukturen:

 – *wegabhängig*, mechanisch-hydraulisch (einfache Wegeventile)
 – *wegabhängig*, elektrohydraulisch (Endschalter, Sensoren)
 – *druckabhängig*, mechanisch-hydraulisch (Druck-Folgeventile)
 – *druckabhängig*, elektro-hydraulisch (Druckschalter, Sensoren)
 – *zeitabhängig*, elektro-hydraulisch (Steuer-Elektronik)

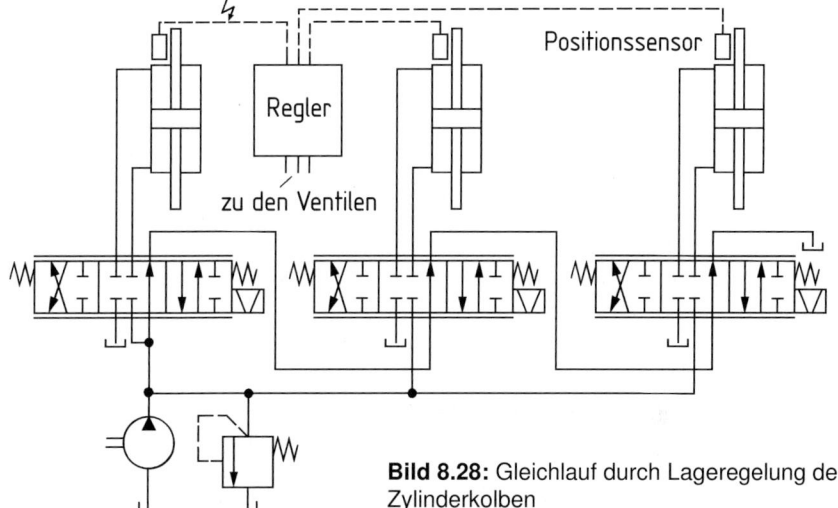

**Bild 8.28:** Gleichlauf durch Lageregelung der Zylinderkolben

Als Beispiele werden in **Bild 8.29** in Anlehnung an [8.28] zwei Grundschaltungen für eine Spannvorrichtung gezeigt. Arbeitszylinder I fährt zuerst aus und gibt ab einer bestimmten Position die Ölzufuhr zu Zylinder II frei. Links geschieht das *wegabhängig mechanisch-hydraulisch*: Ein an der Kolbenstange mitfahrender Nocken betätigt den Stößel eines 2/2-Wege-Ventils, das den zweiten Zylinder in Gang setzt. Beim Zurückfahren sind beide durch das Rückschlagventil permanent parallel geschaltet. Im rechten Grundschaltplan arbeitet die Folgesteuerung *druckabhängig elektro-hydraulisch*. Sobald die erste Zylinderkolbenstange spannt, steigt der Arbeitsdruck und schaltet über den Druckschalter das rechte 4/3-Wege-Ventil, das den Ölstrom zu Zylinder II freigibt.

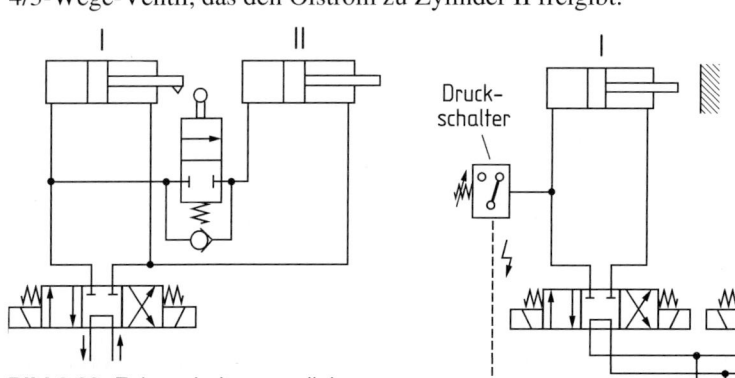

**Bild 8.29:** Folgeschaltungen, links mechanisch – rechts druckabhängig

# 8.2 Anlagenplanung und Berechnungsbeispiele

## 8.2.1 Konzept- und Entwurfsphase

Je komplexer die Anlage, desto mehr lohnt sich ein systematisches Vorgehen bei ihrer Planung, Entwicklung und Produktion [8.29 bis 8.49]. In [8.47]wurde hierzu schon 1962 ein immer noch hilfreicher Leitfaden (mit Checkliste und Beispiel) vorgelegt. Weitere spezielle Planungshilfen findet man z. B. in [8.48].

Die *Konzept- und Entwurfsphase* beginnt mit der Erstellung der *Anforderungsliste* (auch *Pflichtenheft* oder *Lastenheft)* [8.49], **Tafel 8.1**. Hat man eine Anlage für ähnliche Anforderungen schon einmal ausgeführt, erleichtert dieses die Entwicklung. Andernfalls werden *alternative Konzepte* erarbeitet (Skizzen, Schaltpläne, digitale 3D-Studien, EDV-Simulationen) und bewertet. *Simulationen* gewinnen als Werkzeug des Entwicklers an Bedeutung (besser, schneller, umfassender, langfristig billiger). Es können nicht nur die Energieflüsse (und Energieverluste), sondern auch die Steuer- und Regelvorgänge abgebildet werden, insbesondere, wenn man das Modell mit realen Betriebsdaten füttert. Als ein Beispiel seien alternative Hydraulikkonzepte für Kettenwandlergetriebe genannt, die z. B. von Westenthanner [8.50] generiert und für vorgegebene Fahrzyklen (Pkw, Traktor) mit einem Modell auf Basis MATLAB/SIMULINK energetisch bewertet wurden. Iterative Planungsschritte gehen vom *Arbeitsprozess* (Abtrieb) aus, legen die *Leistungsflüsse* und *Arbeitsdrücke* fest, bestimmen die *Anlagenkomponenten* (incl. der Regelungen, Steuerungen und Signalflüsse) und wählen die Art des *Antriebs* (soweit nicht vorgegeben). Abstimmungen erfordern oft mehrere Iterationen (Pfeile in Tafel 8.1 in beiden Richtungen). Danach wird die Anlage grob entworfen und der Hydraulikschaltplan erstellt. Deckt das Ergebnis die Anforderungen ab, kann die Vorplanungsphase durch Erstellen eines Angebots (z. B. Einzelkunde) oder eines Entwicklungsauftrages der Geschäftsleitung (z. B. Serienprodukt) abgeschlossen werden. *Meistens ist der erste Durchgang allerdings negativ, oft wegen überschrittener Zielkosten.* Der ganze Planungsprozess wird iterativ. Zuerst kann man mit Hilfe weiter verfeinerter Auslegungen nach Einsparungen innerhalb des Konzepts suchen. Gelingt dieses nicht, müssen nochmals alternative Lösungen generiert und bewertet werden. *Ist das Ergebnis immer noch nicht befriedigend, kann es auch an einem „zu strengen" Pflichtenheft liegen.* Ggf. ist dessen erneute Diskussion mit Marketing, Vertrieb oder direkt mit dem Kunden notwendig.

Beim Prinzip des *target costing* ermittelt man aus vorgegebenen Markterlösen die Gesamt-Zielkosten und aus einer geschätzten Anlagen-Kostenstruktur die Einzel-Zielkosten für Komponenten. Dieses Vorgehen hat sich auch als ein hervorragendes Instrument für Verhandlungen mit Zulieferern erwiesen.

**Tafel 8.1:** Konzept- und Entwurfsphase für eine Hydraulikanlage

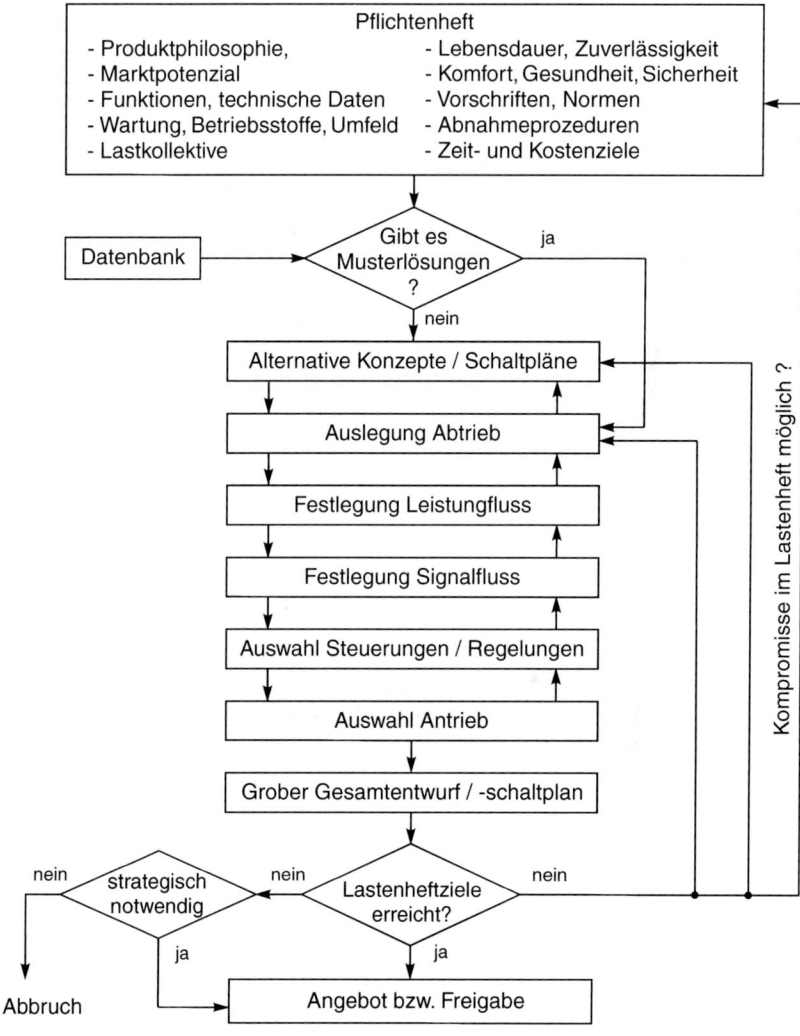

## 8.2.2 Typische Arbeitsdrücke der Ölhydraulik.

Die Arbeitsdrücke bestimmen wesentlich das Konzept einer Anlage, **Tafel 8.2**. Hohe Werte strebt man vor allem an, um hohe Kraft- bzw. Leistungsdichten zu erreichen (kompakte Bauweise, Leichtbau, geringe Investitionskosten).

**Tafel 8.2**: Maximale Dauerdrücke, Anhaltswerte

- Speise- und Steuerdrücke, Getriebeschaltungen: 10-30 bar
- Steuerung von Kettenwandlern und Toroid-Reibradgetrieben: 50-80 bar
- Kraftfahrzeuglenkungen, Kraftfahrzeugbremsen, Vorschubantriebe u. Kopiervorrichtungen bei Werkzeugmaschinen: 50-150 bar
- Arbeitshydraulik mobiler Arbeitsmaschinen, Schiffbau: 150-250 bar
- Bordhydraulik großer Zivilflugzeuge: konst. $\geq$ 210 bar (3000 psi)
- Bordhydraulik bei Militärflugzeugen: konst. $\geq$ 280 bar (4000 psi)
- Hydrostatische Fahrantriebe mobiler Arbeitsmaschinen: 280-420 bar
- Spannvorrichtungen, Streben (Bergbau), Pressen: z. T. über 420 bar.

Die Arbeitsdrücke konnten im Laufe der Jahrzehnte vor allem durch verbesserte Pumpen, Ölmotoren und Schlauchleitungen deutlich angehoben werden.
*Typische Grenzen weiterer Steigerungen der Drücke:* Geräusche, Wirkungsgrade (Kompressionsverluste, Reibung), Bauteilfestigkeiten, Platz für ausreichend große Wälzlager, Vorschriften, fehlendes oder teures Zubehör (z. B. bei Schläuchen).

### 8.2.3 Funktionsdiagramme und Berechnungsbeispiele

**Funktionsdiagramme** mit tabellarischer Beschreibung dienen zur *Abbildung des Arbeitsprozesses*, der durch die Hydraulikanlage realisiert werden soll. Solche Diagramme visualisieren den zeitlichen Ablauf der *Bewegungen* und die dabei aufzuwendenden *Kräfte* bzw. *Momente*. In [8.47] und [8.48] wird jeweils ein Planungsbeispiel mit Funktionsdiagramm ausführlich besprochen. Funktionsdiagramme können Bestandteil des Pflichtenhefts sein, z. B. bei Hydraulikanwendungen für Produktionsprozesse. Daraus stammen auch die beiden folgenden Beispiele.

**Beispiel hydraulischer Vorschubantrieb für eine waagerechte Bohrspindel.**

**Tafel 8.3**: Gegebene Daten

| | | |
|---|---|---|
| – Masse der Einheit | $m$ = 200 | kg |
| – Beschleunigungskraft bei 1,5 m/s² | $F_1$ = 300 | N |
| – Gesamte Reibungskraft | $F_2$ = 200 | N |
| – Vorschubkraft beim Bohren | $F_V$ = 20 | kN |
| – Eilganggeschwindigkeit vorwärts | $v_E$ = 0,2 | m/s |
| – Vorschubgeschwindigkeit b. Bohren | $v_A$ = 0,01 | m/s |
| – Eilganggeschwindigkeit rückwärts | $v_R$ = 0,3 | m/s |

Auf Basis von **Tafel 8.3** zeigt **Bild 8.30** die Umsetzung in die Funktionsdiagramme „Hub" und „Kraft" über der Zeit mit vier charakteristischen Funktionsphasen.

Eine *Grobauslegung der Hydraulik* kann wie folgt aussehen:

1. Wahl des *Nenn - Betriebsdruckes:* $p_{\mathrm{Nenn}} = 100$ bar
   $= 100 \cdot 10^5$ N/m$^2$

2. Berechnung der erforderlichen *Kolbenfläche* $A_{\mathrm{K}}$: Aus der Maximalkraft von 20 200 N (siehe Bild 8.30) ist die Mindest-Wirkfläche
   $A_{\mathrm{K}} = 20\,200/10^7$ m$^2$
   $= 2{,}02 \cdot 10^{-3}$ m$^2$.

3. Ermittlung des *Kolbendurchmessers* $d_{\mathrm{K}}$. Aus Pos. 2 resultiert:
   $d_{\mathrm{K}} = 5{,}07 \cdot 10^{-2}$ m $= 50{,}7$ mm.
   Gewählt: $d_{\mathrm{K}} = 56$ mm.

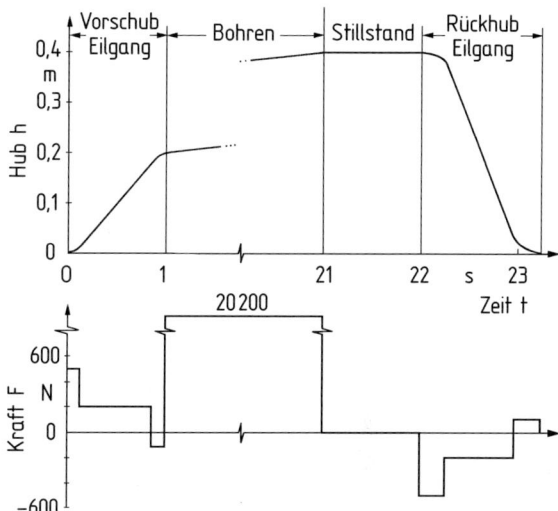

**Bild 8.30:** Funktionsdiagramme Bohrspindel

4. Berechnung des *maximalen Förderstroms* $Q_{\max}$: Die größte Geschwindigkeit wird für Eilgang rückwärts gefordert. Setzt man einen Differenzialzylinder ein, so kann der Kolbenstangendurchmesser so gewählt werden, dass die beim Rückhub beaufschlagte Ringfläche etwa 2/3 der vollen Fläche beträgt. Damit wird der Eilgang vorwärts für den maximalen Förderstrom maßgebend: $Q_{\max} = A_{\mathrm{K}} \cdot v_{\mathrm{E}} = 2{,}46 \cdot 10^{-3}$ m$^2$ $\cdot 0{,}2$ m/s $\cong 0{,}5 \cdot 10^{-3}$ m$^3$/s.

5. Berechnung des *Hubvolumens* V der Pumpe: Wird eine Antriebsdrehzahl von $n = 1500/\min = 25$ s$^{-1}$ angenommen (z. B. Drehstrommotor), so gilt:
   $V = Q_{\max} / n = 0{,}5 \cdot 10^{-3}$ m$^3$/s $/ 25$ s$^{-1} = 20 \cdot 10^{-6}$ m$^3 = 20$ cm$^3$. Geht man für den Eilgang vorwärts (geringer Druck) von einem volumetrischen Wirkungsgrad von 95% aus, ist eine Pumpe mit $20/0{,}95 \cong 21$ cm$^3$ Hubvolumen zu wählen.

**Antrieb für eine hydraulische Presse zum Biegen von Flacheisen.** Entsprechend **Tafel 8.4** besteht ein Arbeitsspiel aus fünf einzelnen Takten. Dabei geschieht die Verformung in zwei Schritten: Vorbiegen und Prägen mit zuerst mäßiger und dann großer Kraft, für die ein Arbeitsdruck von 200 bar angesetzt wird. Für die Realisierung sollen zwei Möglichkeiten betrachtet werden: Der Einsatz einer Konstantpumpe ähnlich Bild 8.19 und eine Lösung entsprechend Bild 8.21 mit zwei geschalteten Konstantpumpen (siehe auch Bild 7.3), in beiden Fällen mit einer Antriebsdrehzahl von 1500/min = 25 s$^{-1}$. Senken des Stempels und Vorbiegen erfolgt nach Tafel 8.3 gleich schnell, d. h. mit vollem Ölstrom (bei niedrigem Druck). Der Rückhub ist schneller (Eilgang), kann jedoch mit dem gleichen Ölstrom mit einem Differenzialzylinder realisiert werden.

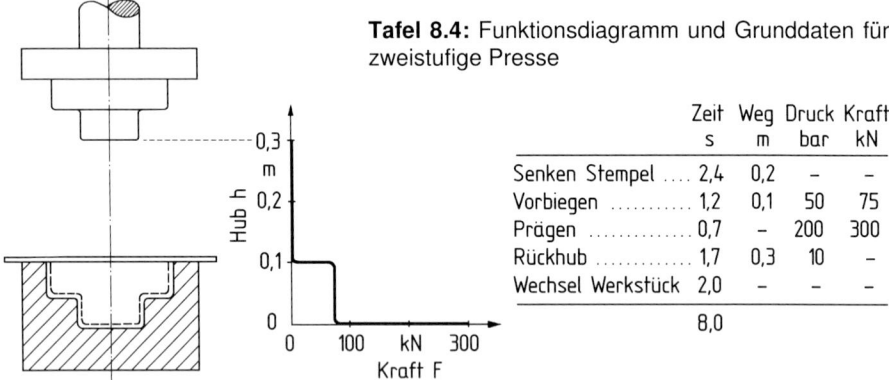

**Tafel 8.4:** Funktionsdiagramm und Grunddaten für zweistufige Presse

| | Zeit s | Weg m | Druck bar | Kraft kN |
|---|---|---|---|---|
| Senken Stempel .... | 2,4 | 0,2 | – | – |
| Vorbiegen .......... | 1,2 | 0,1 | 50 | 75 |
| Prägen ............. | 0,7 | – | 200 | 300 |
| Rückhub ............ | 1,7 | 0,3 | 10 | – |
| Wechsel Werkstück | 2,0 | – | – | – |
| | 8,0 | | | |

Dagegen erfordert der Einzeltakt „Prägen" einen sehr geringen Ölstrom bei jedoch maximalem Druck. Die Einpumpenlösung verbraucht nach **Tafel 8.5** etwa doppelt so viel Energie wie das Konzept mit Doppelzahnradpumpe. Die Entscheidung für das „richtige" Konzept erfordert eine ganzheitliche *Wirtschaftlichkeitsberechnung*. Es ist zu prüfen, ob die höheren *Investitionskosten (Kapitaldienst)* die geringeren *Energiekosten (Betriebskosten)* rechtfertigen.

**Tafel 8.5:** Bewertung des Energieverbrauchs für zwei Lösungen zu Tafel 8.4

| Einzelzahnradpumpe | Doppelzahnradpumpe |
|---|---|
| $V_1 = 50$ cm$^3$ = $50 \cdot 10^{-6}$ m$^3$ | ND-Pumpe: $V_1 = 45$ cm$^3$ = $45 \cdot 10^{-6}$ m$^3$<br>HD-Pumpe: $V_2 = 5$ cm$^3$ = $5 \cdot 10^{-6}$ m$^3$ |
| Während der gesamten Taktzeit fließt der volle Ölstrom $Q = 1,25 \cdot 10^{-3}$ m$^3$/s. Beim Prägen strömt der größte Teil des Öles durch das DBV ab. Leerlaufverluste beim Wechseln des Werkstückes. | Beide Pumpen arbeiten beim Senken, Biegen und Rückhub. Beim Prägen arbeitet nur die kleine HD-Pumpe (große ND-Pumpe drucklos). Leerlaufverluste beider Pumpen beim Wechseln des Werkstückes und der ND-Pumpe beim Prägevorgang. |

Je Arbeitstakt erforderliche Energie

| | | | | |
|---|---|---|---|---|
| Senken | 0 | kWs | 0 | kWs |
| Vorbiegen | 7,5 | kWs | 7,5 | kWs |
| Prägen | 17,5 | kWs | 1,75 | kWs |
| Rückhub | 2,13 | kWs | 2,13 | kWs |
| Leerlaufverluste | 0,5 | kWs | 1,0 | kWs |
| | 27,63 | kWs | 12,38 | kWs |

**Fahrantrieb eines 10 t-Radladers.** Der Antrieb nach **Tafel 8.6** und **Bild 8.31** arbeitet mit zwei verstellbaren 45°-Schrägachsen-Axialkolbenmaschinen (Bild 3.4) und zwei in Fahrt automatisch geschalteten (synchronisierten) Fahrbereichen. Verstellreihenfolge wie in Kap. 8.1.4.1 und 9.1.1.

**Tafel 8.6:** Gegebene Daten
- Gewicht 10 t, Reifenradius 4 x 0,7 m
- Drehzahl Pumpe $n_1$ = 2400/min
- Zugkraft+Rollwid. max. 89 kN (2 km/h)
- Max. Geschwindigkeit 40 km/h
- Mech. Getriebeteil hinter Ölmotor:
  L (15 km/h): $i$ = 52 $\Big\}$ $\eta_{mech}$ = 0,93
  H (40 km/h): $i$ = 19
- Maximaler Systemdruck 450 bar
- Kreislaufdruck ND-Seite 18 bar
- Ausgangsdruck Speisepumpe 20 bar.

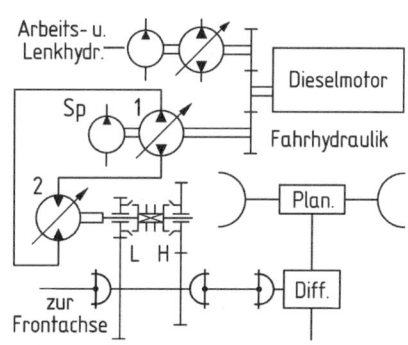

**Bild 8.31:** Struktur des Antriebes

1. *Notwendiges Ölmotor-Nennhubvolumen $V_2$ und maximales Anfahrmoment*

Max. Hydromotormoment (2 km/h): $M_2 = \dfrac{\Sigma Radmomente}{i \cdot \eta_{mech}} = \dfrac{89000 \cdot 0,7}{52 \cdot 0,93} = 1288$ Nm

Gl. (2.22, als Größengleichung) mit Gl. (3.28) gekoppelt: $V_2 = \dfrac{20\pi \cdot M_2}{\Delta p \cdot \eta_{2hm}}$

Abschätzung nach Bild 3.33 rechts für 10–15% $n_{max}$: $\eta_{2hm} \approx 0,94$.
Druck $\Delta p$ = 450 – 18 = 432 bar. Damit wird $V_2$ = 199,3 cm³. Gewählt: $V_2$ = 200 cm³
Das maximale Anfahrmoment beträgt mit $\eta_{2hm} \approx 0,85$ (Bild 3.35) 1165 Nm.

2. Berechnung und Kontrolle der *Hydromotordrehzahl $n_{2(40\ km/h)}$ bei 40 km/h*:
Treibraddrehzahl bei 40 km/h = 151,6/min. Damit $n_{2(40\ km/h)}$ = 151,6 · 19 = 2880/min.
Ist im geschlossenen Kreislauf bei reduzierter Ausschwenkung problemlos möglich.

3. Wahl des *Pumpen-Nennhubvolumens $V_1$*:
Für Fahrantriebe sollte $V_1$ grundsätzlich kleiner sein als $V_2$. Gewählt: $V_1$ = 100 cm³.

4. Hubvolumen der *Speisepumpe $V_{Sp}$* mit Antriebsdaten:
Gewählt wird (nur) 8% des Gesamthubvolumens der Haupteinheiten, weil Schrägachsen-Maschinen besonders geringe Leckölverluste aufweisen: $V_{Sp}$ = 24 cm³.
Mit 20 bar an der Pumpe (2 bar Strömungsverlust) und $\eta_{hm}$ = 0,80 (nach Bild 3.36)
nach Gl. (2.22, als Größengleichg.) und Gl. (3.25): $M_{Sp} = \dfrac{20 \cdot 24}{20\pi \cdot 0,80} = 9,55$ Nm

Speiseantriebsleistung $P_{Sp} = M_{Sp} \cdot \omega = 9,55 \dfrac{\pi \cdot n_1}{30} = 2400$ W = 2,40 kW

5. Berechnetes *Pumpenhubvolumen für 2 km/h* (Hydromotor voll ausgeschwenkt):
Treibraddrehzahl bei 2 km/h = 151,6/20 = 7,58/min.

Abtriebsdrehzahl Hydromotor (Bereich L) $n_{2(2\ km/h)} = 7,58 \cdot 52 = 394/min$.

Volumetrischer Gesamtwirkungsgrad geschätzt: $\eta_{1vol} \cdot \eta_{2vol} = 0,86$ (sehr hoher Druck)

$$\frac{n_{2(2km/h)}}{n_1} = \frac{V_{1(2km/h)}}{V_{2max}} \cdot \eta_{1Vol} \cdot \eta_{2Vol} \quad \rightarrow\rightarrow\rightarrow \quad V_{1(2km/h)} = \frac{394 \cdot 200}{2400 \cdot 0,86} = 38,2\,cm^3$$

Die Pumpe ist bei 2 km/h (Volllast) auf 38,2/100 = 38,2% Hubvolumen einzustellen.

6. Berechnetes *Ölmotorschluckvolumen bei 40 km/h* (Pumpe voll ausgeschwenkt):
Aus Pos. 2: $n_{2(40\ km/h)} = 2880/min$. Geschätzt: $\eta_{1vol} \cdot \eta_{2vol} = 0,95$ (mäßiger Druck).

Ähnlich Pos. 5: $V_{2(40km/h)} = \dfrac{n_1 \cdot V_{1max} \cdot \eta_{1Vol} \cdot \eta_{2Vol}}{n_{2(40km/h)}} = \dfrac{2400 \cdot 100 \cdot 0,95}{2880} = 79,2\,cm^3$

Der Hydromotor ist bei 40 km/h auf 79,2/200 = 39,6% Nenn-Hubvolumen zu stellen.
Fehlerquelle: Leckverluste aus $\eta_{1vol} \cdot \eta_{2vol}$ führen zu kleinerem $V_{2(40\ km/h)}$!

7. *Drehzahlkontrolle* und berechnetes *Ölmotorschluckvolumen* für *15 km/h* in *L*:
Pumpe voll ausgeschwenkt. 15 km/h bedeutet 56,8/min am Rad.
$n_{2(15\ km/h)} = 56,8 \cdot 52 = 2956/min$ am Hydromotor. Kann toleriert werden, s. Pos. 2.
Ähnlich Pos. 5 und 6: $\quad V_{2(15km/h)} = \dfrac{2400 \cdot 100 \cdot 0,95}{2956} = 77,1\,cm^3$

Der Hydromotor ist für die maximale Geschwindigkeit von 15 km/h in Fahrbereich L
auf 77,1/200 = 38,6% Nennhubvolumen zu stellen.

8. *Volllastleistung Eingang Fahrgetriebe bei 2 km/h:*
Mit $V_{1(2km/h)} = 38,2$ cm$^3$ (Pos. 5) und $\eta_{1hm} = 0,95$: $\quad M_1 = \frac{432 \cdot 38,2}{20\pi \cdot 0,95} = 276,5 Nm$

Gesamtmoment $M = M_1 + M_{Sp} = 276,5 + 9,6 = 286,1$ Nm
Rohrwiderstandsverluste hier vernachlässigt, da nur 36 % Nennvolumenstrom.
Leistung (1+Sp): $P = (M_1 + M_2) \cdot \omega = 286,1 \cdot 251,3 = 71\,897$ W $\approx 71,9$ kW.
Im Interesse einer Reserve für die Lenk- und Arbeitshydraulik auch bei voller Zug-
kraft wäre ein Dieselmotor von etwa 85 kW Nennleistung sinnvoll (und etwa üblich).

9. *Gesamtwirkungsgrad Hydrogetriebe im Bestpunkt für Volllast*:
Der Bestpunkt kann angenommen werden, wenn beide Einheiten voll ausgeschwenkt
sind – in L bei etwa 5,8 km/h und in H bei etwa 15,8 km/h ($\eta_{1vol} \cdot \eta_{2vol} = 0,95$).
Gesamte Verlustleistung $P_v = P_{v,\ 1+2} + P_{Sp} + P_{v,\ Rohr}$
Abschätzung für $P_{v,\ 1+2}$: $\eta_{1ges} \cdot \eta_{2ges} = 0,95 \cdot 0,95 = 0,90$ (nur Axialkolbeneinheiten).
$P_{v,\ 1+2} = 0,1\ (P - P_{Sp}) = 0,1\ (71,9 - 2,40) = 6,95$ kW
$P_{Sp} = 2,40$ kW (von Pos. 4)
$P_{v,\ Rohr}$ aus geschätzten 4 x 2 = 8 bar Verlust bei 240 · 0,975 = 234 l/min: 3,12 kW
$P_v = 6,95 + 2,40 + 3,12$ kW $= 12,47$ kW.

Hydrost. Gesamtwirkungsgrad $\eta_{hy\ ges} = (71,9 - 12,47) / 71,9 = 0,827 = 82,7\%$.

Etwas Verbesserungspotenzial hätte man noch durch sehr kurze Rohrleitungen.

# 8.3 Wärmetechnische Auslegung

## 8.3.1 Thermodynamische Grundlagen

**Energiebilanz.** Nach dem *ersten Hauptsatz der Thermodynamik* müssen die im Hydrauliksystem entstehenden Energieverluste (volumetrische Verluste und Reibungsverluste, s. Kap. 3.8.1) als *Wärme* auftreten.

Ist $W$ die dem Hydrauliksystem *zugeführte Arbeit,*

$U$ die *innere Energie* der Anlage,

$Q_{wä}$ die von der Anlage *abgegebene Wärmeenergie,*

so gilt:

$$dW = dU + dQ_{wä} \text{ (Einheit zweckmäßig Ws oder kWs)} \quad (8.1)$$

oder zeitbezogen (Leistungen):

$$\frac{dW}{dt} = \frac{dU}{dt} + \frac{dQ_{wä}}{dt} \text{ (Einheit zweckmäßig W oder kW)} \quad (8.2)$$

$dW/dt$ ist die Differenz zwischen der zugeführten Leistung $P_1$ und der abgegebenen mechanischen Nutzleistung $P_2$, d. h. es gilt:

$$dW/dt = P_1 - P_2 = P_V = (1 - \eta_{ges}) \cdot P_1 \quad (8.3)$$

Praktische Anlagen können (entspr. Kap. 6.6.2) betriebswarm bei Nennleistung für $\eta_{ges}$ und gängige Betriebszustände etwa folgende *Kennfeld-Bestpunkte* erreichen:

– gute hydrostatische Getriebe mit Leistungsverzweigung ............ 88–92%
  Einzelpunkte bei sehr kleinen hydrostatischen Anteilen ........... bis 94%
– sehr gute hydrostatische Kompaktgetriebe ........................... 80–84%
– einfache hydrostatische Getriebe, gute Arbeitshydrauliken
  mit Verstellpumpen ohne Drosselsteuerung der Leistung ........... 70–80%
– energetisch günstig ausgelegte Anlagen mit Konstantpumpen ...... 70–80%
– einfache Anlagen mit Drosselsteuerungen der Leistung ............. 50–70%
– Anlagen für Hydropulsmaschinen ...................................... null %.

**Änderung der inneren Energie.** Wenn Öl erwärmt wird, erhöht die zugeführte Leistung die innere Energie:

$$\frac{dU}{dt} = Q \cdot \rho \cdot c_p \cdot \Delta \vartheta \quad (8.4)$$

mit $Q$ als Volumenstrom, $\rho$ als Dichte, $c_p$ als spezifische Wärme und $\Delta \vartheta$ als Temperaturerhöhung infolge der Energiezufuhr.

**Von der Anlage abgegebener Wärmestrom.** Der Abtransport der vor allem im Öl anfallenden Wärme kann auf vier Arten erfolgen, durch:
- *Strahlung* (an allen Außenflächen heißer Bauteile)
- *Konvektion* und *Wärmeübergang* (z. B. Öl-Rohr und/oder Rohr-Luft)
- *Wärmeleitung* (z. B. in der Rohrwand oder im Pumpengehäuse)

*Strahlung* ist der nicht stoffgebundene Wärmetransport durch elektromagnetische Wellen. Der Wärmestrom steigt mit der vierten Potenz der absoluten Temperatur. Bei Hydraulikanlagen kann man ihn wegen der relativ geringen Temperaturen vernachlässigen oder pauschal abschätzen.

*Konvektion* kennzeichnet den Wärmeaustausch innerhalb eines strömenden Mediums, der damit oft gekoppelte *Wärmeübergang* bezieht sich auf den Wärmetransport zwischen Fluid und festem Stoff oder umgekehrt. Es gilt nach Newton:

$$\frac{dQ_{wä}}{dt} = \alpha \cdot A \cdot \Delta \vartheta \qquad (8.5)$$

mit $\alpha$ als Wärmeübergangskoeffizient (Erfahrungswert), $A$ als wärmeabgebender oder -aufnehmender Fläche und $\Delta\vartheta$ als Temperaturdifferenz. Der Koeffizient $\alpha$ steigt dabei degressiv mit der Strömungsgeschwindigkeit des Fluids.

*Wärmeleitung* kennzeichnet den Wärmetransport innerhalb eines Stoffes, ohne dass sich die Stoffteilchen zueinander bewegen. Für den Wärmestrom gilt:

$$\frac{dQ_{wä}}{dt} = -\lambda \cdot A \cdot \frac{d\vartheta}{dx} \qquad (8.6)$$

mit $\lambda$ als Wärmeleitkoeffizient (fester Stoffwert), $d\vartheta/dx$ als Temperaturgefälle in Wärmestromrichtung $x$ und $A$ als Querschnittsfläche des leitenden Stoffes.

*Konvektion, Wärmeübergang und Wärmeleitung* kommen bei Hydraulikanlagen häufig kombiniert vor, insbesondere beim *Wärmedurchgang durch eine Wandung* (z. B. Öl-Tankwand-Luft), **Bild 8.32**. Der Wärmestrom beträgt:

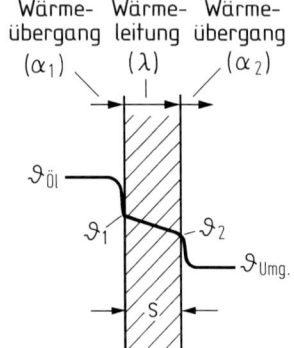

$$\frac{dQ_{wä}}{dt} = k \cdot A \cdot \Delta\vartheta \qquad (8.7)$$

Mit Hilfe der *Wärmedurchgangszahl* $k$ kann man dabei die drei Einzelprozesse „Wärmeübergang 1 ($\alpha_1$)", „Wärmeleitung ($s$, $\lambda$)" und „Wärmeübergang 2 ($\alpha_2$)" wie folgt zusammen fassen:

**Bild 8.32:** Wärmedurchgang durch eine Wand

$$k = \frac{1}{\dfrac{1}{\alpha_1} + \dfrac{s}{\lambda} + \dfrac{1}{\alpha_2}} \tag{8.8}$$

**Stoffdaten und Faustwerte.** Drei *wichtige Stoffwerte* werden für die Anwendung der o. g. Gleichungen in **Tafel 8.7** mitgeteilt. Da für Gl. (8.8) Werte für $\alpha$ und $\lambda$ häufig schwer zu ermitteln sind, sollen im Folgenden für die *Wärmedurchgangszahl k* und den Wärmepfad Öl-Eisenwerkstoff-Luft (Wasser) einige *Faustwerte in $kW/(m^2 \cdot K)$* genannt werden:

- schlechte Luftzirkulation ................................. 7 bis $10 \cdot 10^{-3}$
- frei durch Luft umströmter Behälter ..................... 10 bis $15 \cdot 10^{-3}$
- Behälter in künstlichem Luftstrom ...................... 15 bis $30 \cdot 10^{-3}$
- Wasserkühler (beide Fluide zwangsbewegt) ........... 150 bis $200 \cdot 10^{-3}$

**Tafel 8.7:** Faustwerte zur wärmetechnischen Berechnung von Hydraulikanlagen (20 °C)

|  | Wärmeleit-koeffizient $\lambda$ [kW/(m·K)] | Spez. Wärme-kapazität $c$ [kJ/(kg·K)] | Dichte $\rho$ [kg/m$^3$] |
|---|---|---|---|
| Mineralöl | $0{,}126 \cdot 10^{-3}$ | 1,88 | 900 |
| Wasser | $0{,}598 \cdot 10^{-3}$ | 4,18 | 1000 |
| Stahl/Eisen | $(15 \dots 58) \cdot 10^{-3}$ | 0,47 | 7860 |
| Kupfer | $(350 \dots 390) \cdot 10^{-3}$ | 0,39 | 8960 |
| Aluminium | $210 \cdot 10^{-3}$ | 0,92 | 2700 |

## 8.3.2 Erwärmungsverlauf mit Berechnungsbeispiel

**Wärmespeichervermögen.** Fasst man alle speichernden Massen $m_i$ und die zugehörigen spezifischen Wärmekapazitäten $c_i$ einer Anlage zusammen, ergibt sich das *gesamte Speichervermögen C* als Summe aller Einzelprodukte:

$$C = \Sigma \, m_i \cdot c_i = m_{\ddot{O}l} \cdot c_{\ddot{O}l} + m_M \cdot c_M \tag{8.9}$$

mit $m_{\ddot{O}l}$ Masse des Öls, $m_M$ Masse aller erwärmten Werkstoffe, $c_{\ddot{O}l}$ spezif. Wärmekapazität des Öls und $c_M$ spezifische Wärmekapazität der Werkstoffe.

**Wärmeabgabevermögen.** Fasst man alle wärmeabgebenden Flächen $A_i$ und die zugehörigen Wärmedurchgangszahlen $k_i$ der Anlage zusammen, ergibt sich das *gesamte Wärmeabgabevermögen S* als Summe aller Einzelprodukte:

$$S = \Sigma \, k_i \cdot A_i \tag{8.10}$$

Beim *Anfahren* einer Anlage ist $\Delta\vartheta = 0$, es wird die Verlustleistung $P_V$ im ersten Moment voll im Öl und in den Werkstoffen der Komponenten gespeichert, der *Gradient des Temperaturanstieges* ist daher hier am größten. Fährt man eine Anlage mit konstanter Leistung hoch, steigen die Temperaturen degressiv an, weil durch die entstehende Temperaturdifferenz zur Umgebung zunehmend Wärme dorthin abgeführt wird. Wenn *thermisches Gleichgewicht* herrscht, ist die *Beharrungstemperatur* erreicht. Berechnungen gehen von der folgenden *Leistungsbilanz* aus:

$$P_V = (m_{\text{Öl}} \cdot c_{\text{Öl}} + m_M \cdot c_M) \cdot \frac{d(\Delta\vartheta)}{dt} + k \cdot A \cdot \Delta\vartheta \qquad (8.11)$$

Zur Lösung dieser Differenzialgleichung wird die Randbedingung genutzt, dass beim Starten der Anlage, d. h. zur Zeit $t = 0$ die Temperaturdifferenz zur Umgebung $\Delta\vartheta$ ($t = 0$) null ist. Damit erhält man:

$$\Delta\vartheta = \vartheta_{\text{Öl}} - \vartheta_{\text{Umg}} = \frac{P_V}{k \cdot A} \cdot \left(1 - e^{-\frac{t}{\tau}}\right) \qquad (8.12)$$

Darin ist die so genannte *Zeitkonstante* $\tau$ eine für den Erwärmungsvorgang charakteristische Größe. Sie gibt z. B. diejenige Zeit an, nach der die Differenz zwischen Umgebungstemperatur $\vartheta_{\text{Umg}}$ und Beharrungstemperatur $\Delta\vartheta_{\text{Öl,max}}$ 63% ihres Maximalwertes erreicht. Für die Zeitkonstante gilt dabei:

$$\tau = \frac{C}{S} = \frac{V_{\text{Öl}} \cdot \rho_{\text{Öl}} \cdot c_{\text{Öl}} + m_M \cdot c_M}{k \cdot A} \qquad (8.13)$$

Vernachlässigt man das Wärmespeichervermögen der festen Werkstoffe gegenüber dem des Öls (gut möglich bei stationären Anlagen mit großen Tankinhalten), so gilt vereinfacht:

$$\tau = \frac{V_{\text{Öl}} \cdot \rho_{\text{Öl}} \cdot c_{\text{Öl}}}{k \cdot A} \qquad (8.14)$$

**Bild 8.33** zeigt die oben erörterten Zusammenhänge. Nach unendlich langer Zeit gilt:

$$\Delta\vartheta_{\text{max}} = \frac{P_V}{k \cdot A} \qquad (8.15)$$

Die Betriebstemperatur nähert sich daher bei konstanter Anlagenleistung asymptotisch der Beharrungstemperatur. In der Praxis verändern sich die übertragenen Leistungen meistens während des Betriebes.

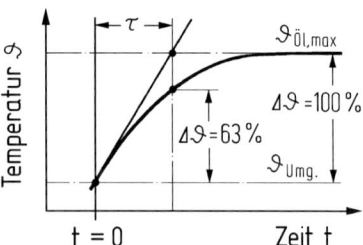

**Bild 8.33:** Temperaturverlauf und Zeitkonstante

Bei ausreichendem Speichervolumen des Öls kann man mit Durchschnittsleistungen arbeiten.

**Berechnungsbeispiel Erwärmungsverlauf mit Diagrammerstellung**

**Tafel 8.8:** Gegebene Anlagen- und Stoffdaten

- Antriebsleistung    Anlage A:......... $P$ = 4 kW
                      Anlage B:......... $P$ = 8 kW
- Ölvolumen.................... $V_{Öl}$ = $20 \cdot 10^{-3}$ m³
- Dichte des Öls................ $\rho_{Öl}$ = 900 kg/m³
- Wärmekapazität des Öls.......... $c_{Öl}$ = 1,88 J/(kg·K)
- Masse der erwärmten Anlagenbauteile .. $m_M$ = 10 kg
- Wärmekapazität der Anlagenbauteile ... $c_M$ = 0,47 kJ/(kg·K)
- Oberfläche der Anlage (incl. Ölbehälter) . $A$ = 2 m²
- Wärmedurchgangszahl............. $k$ = $14 \cdot 10^{-3}$ kW/(m²·K)
- Umgebungstemperatur............. $\vartheta_{Umg}$ = 20 °C
- Gesamtwirkungsgrad............. $\eta_{ges}$ = 0,75 –

Hierzu werden die Gleichungen (8.3), (8.12) und (8.13) herangezogen. Dabei gilt für die Zeitkonstante mit den Daten von **Tafel 8.8**:

$$\frac{1}{\tau} = \frac{k \cdot A}{V_{Öl} \cdot \rho_{Öl} \cdot c_{Öl} + m_M \cdot c_M} = \frac{14 \cdot 10^{-3} \cdot 2}{20 \cdot 10^{-3} \cdot 900 \cdot 1,88 + 10 \cdot 0.47} s^{-1}$$

$$\frac{1}{\tau} = \frac{28 \cdot 10^{-3}}{33,84 + 4,70} = 7,3 \cdot 10^{-4} s^{-1}$$

$$\tau = \frac{1}{7,3 \cdot 10^{-4}} = 1370 \text{ s} \ \hat{=}\ 22,8 \text{ min}$$

Weiter sind:                          **Anlage A**          **Anlage B**

$P_v$:              $(1 - 0,75) \cdot 4$ =    1 kW             2 kW

$\dfrac{P_v}{k \cdot A} = \Delta\vartheta_{max}$ :    $\dfrac{1}{14 \cdot 10^{-3} \cdot 2}$ = 35,71 °C    71,42 °C

$\vartheta_{Öl,max} = \vartheta_{Umg} + \Delta\vartheta_{max}$ :    20 + 35,71 = 55,71 °C    91,42 °C

Damit wird:

für Anlage A: $\Delta\vartheta = 35,71 \cdot \left(1 - e^{-7,3 \cdot 10^{-4} \cdot t}\right)$ °C

für Anlage B: $\Delta\vartheta = 71,42 \cdot \left(1 - e^{-7,3 \cdot 10^{-4} \cdot t}\right)$ °C

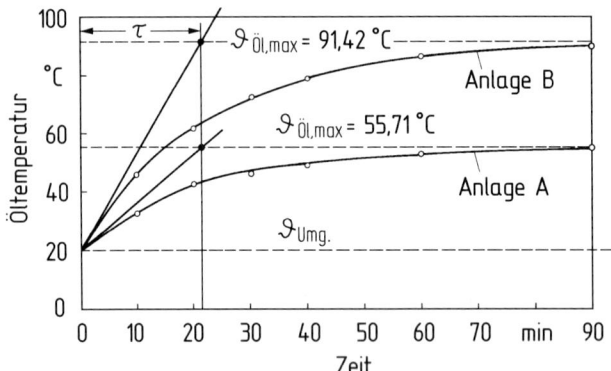

**Bild 8.34:** Temperaturverläufe für das obige Berechnungsbeispiel

Diese Temperaturverläufe wurden in **Bild 8.34** dargestellt. Für Anlage A ist bei üblichen Anforderungen der Praxis kein Kühler erforderlich. Bei Anlage B wird die für manche Dichtungswerkstoffe empfohlene Grenze von 80 °C überschritten. Ebenso wären manche Bio-Öle nicht einsetzbar. Daher käme man nur in Verbindung mit Sondermaßnahmen ohne Kühler aus. Bei Verwendung von Standardkomponenten benötigte man einen Kühler.

**Auswahl des Ölkühlers für Anlage B.** Die Verlustleistung wird teilweise von der Anlage, teilweise vom Kühler ($P_{Kühl}$) aufgenommen. Für eine gewünschte Öl-Betriebstemperatur von 60 °C wird $\Delta\vartheta = 60 - 20 = 40\,K$ und es gilt:

$$P_{Kühl} = P_V - P_{Anl} = (1 - \eta_{ges}) \cdot P - k \cdot A \cdot \Delta\vartheta$$
$$= (1 - 0,75) \cdot 8 - 14 \cdot 10^{-3} \cdot 2 \cdot 40\,kW$$
$$P_{Kühl} = 2 - 1,12 = 0,88\,kW \; (= 44\% \text{ der Verlustleistung})$$

Bezüglich der Kühlerbauarten sei auf Kap. 6.6.2 verwiesen.

Ölkühler werden in der Regel von speziellen Herstellern bezogen; diese benötigen vor allem folgende Daten:

– *Kühlleistung*
– *Ölvolumenstrom* durch den Kühler
– *Art des Kühlmediums*
– *Eintrittstemperatur des Kühlmediums*
– *Betriebstemperatur des Öls*
– *Maximaler Betriebsdruck des Kühlers* ölseitig
– bei Wasserkühlung: *Volumenstrompotenzial und Wasserdruck*

Im Einzelfall sollte man die Erfahrungen der Kühlerhersteller nutzen. Beispielhafte Leistungsdiagramme für Kühler findet man z. B. in [8.48].

## 8.4 Überlegungen zum Bau geräuscharmer Anlagen

**Akustik.** Dieser Begriff steht für die *Physik des Schalls* und seiner Wirkung auf den Menschen (*Schall* = hörbare mechanische Schwingungen). *Luftschall* ist eine Sinusschwingung des Luftdruckes um den Mittelwert des Barometers. Zur Bewertung benutzt man den *Effektivwert* (quadr. Mittel). Für den Schallpegel $L$ (in dB) gilt analog zu Gl. (3.32):

$$L = 20 \cdot \log \frac{p}{p_0} \tag{8.16}$$

mit $p$ als eff. Schalldruck und $p_0 = 20$ µPa als Bezugswert (Hörschwelle). Bei „dB(A)" steht das A für eine genormte frequenzabhängige Korrektur der realen Effektivwerte zur Anpassung an das subjektive menschliche Hörvermögen. Der *Messort* und die *Entfernung* vom Objekt sind unbedingt anzugeben.

**Wirkung von Schall auf den Menschen.** Hohe Dauerschallpegel oberhalb von etwa 90 dB(A) führen zu nicht umkehrbaren Schädigungen des menschlichen Hörvermögens (Lärmschwerhörigkeit). Werte unmittelbar unter 90 dB(A) vermindern die menschliche Leistungsfähigkeit. Maßgeblich für die Wirkungen ist der aus dem zeitlichen Schallpegelverlauf (Schallpegelkollektive [8.51]) abgeleitete *äquivalente Dauerschallpegel* [8.51]. Es existieren Grenzwerte (Vorschriften) für Arbeitsplätze.

**Lärmentstehung bei Hydraulikanlagen.** Es treten erfahrungsgemäß die folgenden charakteristischen Gruppen von *Lärmquellen* auf:

– *Zyklische Umsteuerung ND-HD-ND* bei Verdrängermaschinen
– *Förderstrom- und Druckpulsation* bei Verdrängermaschinen
– *Strömungsgeräusche, „Kavitation"*
– *Eigenfrequenzen* von Feder-Masse Systemen in Ventilen
– *Druckstöße in Leitungen,* z. B. durch schnelle Ventile
– *Mechanische Stöße,* z. B. bei Arbeitszylindern am Anschlag

Die *zyklische Umsteuerung* bei Verdrängermaschinen hat einen großen Einfluss auf die Geräuschentstehung [8.52]. **Bild 8.35** zeigt Messergebnisse an einer Einzylinder-Labor-Kolbenpumpe (ohne Hub) zur Erzeugung zyklischer Gleitschuh-Belastungen [8.53], links ohne Maßnahmen und rechts mit optimierter Umsteuerung.

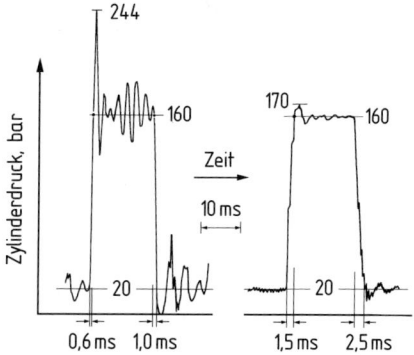

**Bild 8.35:** Gemessene Druckverläufe im Zylinder einer Laborpumpe, links akustisch ungünstig, rechts günstig.

Die deutlich erkennbare Reduzierung des Druckanstiegs *dp/dt*, die Glättung der überlagerten Schwingungen und das Verhindern des Zurückschwingens auf die Null-Linie wirken sich auch bei kompletten Pumpen geräuschmindernd aus. Konstruktive Maßnahmen wie z. B. das Anbringen von Vorsteuerkerben an Steuerflächen bezeichnet man als *Primärmaßnahmen*. Dazu gehört auch die *Verringerung der Förderstrom- und Druckpulsation bei Pumpen*, siehe Kap. 3.8.2.

**Wirkkette Lärm.** Die typische Wirkkette geht nach **Bild 8.36** von den zeitlichen *Öldruckschwankungen dp/dt* aus, die über Wirkflächen entsprechende zyklische *Kraftschwankungen dF/dt* (ggf. Biegemomentschwankungen) hervorrufen. Diese werden in Form zyklischer Materialspannungen als Körperschall *dσ/dt* weiter geleitet und regen schließlich Bauteiloberflächen (insbesondere Gehäuse) zum Schwingen an. Konstruktive Möglichkeiten der Schallreduzierung bestehen vor allem bei den Übertragungsfunktionen 2, 3 und 4. Die auftretenden Luftschall-Amplituden

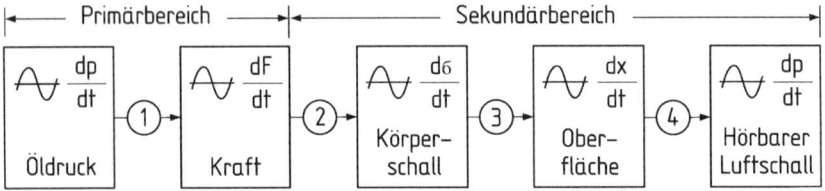

**Bild 8.36:** Typische Wirkkette Lärm (vereinfacht)

sind umso größer, je dichter die Anregungsfrequenz des Körperschalls an der Eigenfrequenz der Abstrahlfläche liegt. Was man bei einer Geige gezielt anstrebt, sollte bei einer Hydraulikanlage gezielt vermieden werden. Dazu gestaltet man die Abstrahlflächen so, dass deren Eigenfrequenz möglichst weit weg liegt von der Anregungsfrequenz – möglichst darüber. Vorausberechnungen an Gehäusen sind mit Finite Elemente-Methoden (FEM) heute elegant möglich.

Fazit: Günstig sind sehr steife, aber dabei leichte Gehäusewände (Gl. 5.2).

**Systematische Ordnung der Sekundärmaßnahmen.** Man unterscheidet vier charakteristische Gruppen:

– *Körperschalldämmung* (z. B. elastische Abstützungen)
– *Körperschalldämpfung* (z. B. Werkstoffe mit innerer Dämpfung)
– *Luftschalldämmung* (z. B. dichte Kapseln)
– *Luftschalldämpfung* (z. B. absorbierende Auskleidungen in Kapseln)

*Dämmung* bedeutet dabei *erschwerte Weiterleitung* des Schalls, *Dämpfung* bedeutet *Umwandlung der Schwingungsenergie in Wärme*.

**Methodik der Geräuschanalyse.** Häufig ist bei Anlagen die Aufgabe zu lösen, den Gesamtpegel oder auch störende tonartige Einzelpegel zu senken. Eine bewährte Methodik besteht in der *Fourier- Analyse*, d. h. der Messung der Einzelschallpegel von Frequenzklassen, **Bild 8.37.** Die Pegel für vorgegebene Klassenbreiten (hier entsprechend einer Terz, d. h. log. Klassenbreite = const.) wurden über den Mittenfrequenzen aufgetragen und ergeben ein Gebirge mit typischen Gipfeln. Aus den zugehörigen Frequenzen kann man meist den Verursacher identifizieren. Da die Einzelgipfel weitgehend den Gesamtpegel (rechts) bestimmen, lohnen sich vor allem Maßnahmen zu ihrem Abbau. Das

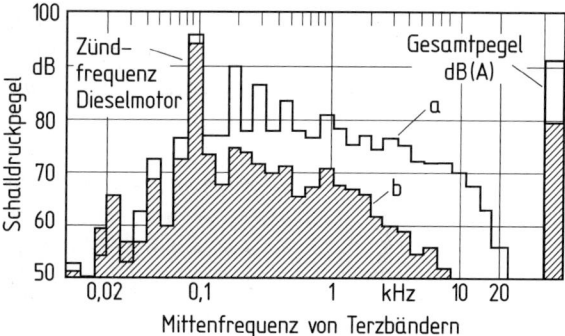

Bild zeigt beispielhaft zwei Profile aus Messungen am *Münchner Forschungstraktor* ohne und mit typischen Schallschutzmaßnahmen. Die erreichte Gesamtpegelabsenkung betrug etwa 11 dB(A), gemessen am Fahrerrohr.

**Bild 8.37:** Einzel- und Gesamtschallpegel am Fahrerrohr für einen Traktor ohne Kabine bei Motor-Nenndrehzahl ohne Last. a Ausgangssituation (Blockbauweise simuliert), b Dieselmotor elastisch gelagert und fast dicht gekapselt [8.54]

**Beispiel für den Schallschutz einer hydraulischen Versorgungsstation.** Bei vielen Anlagen stellt die Einheit aus Antrieb und Pumpe(n) die Hauptgeräuschquelle dar, an der sich sekundäre Schallschutzmaßnahmen besonders lohnen, **Bild 8.38.** Hauptelemente sind hier – ähnlich wie im Beispiel von Bild 8.37 – die Körperschallisolierung durch weiche elastische Lager (*Körperschalldämmung*) und die weitgehende Umschließung durch eine Kapsel (*Luftschalldämmung*) mit geeigneter Auskleidung (*Luftschalldämpfung*). Die erreichbaren Lärmreduzierungen liegen nach [8.55] um 10 dB(A), d. h. ähnlich hoch wie in Bild 8.37.

Besonders geschickt ist es, wenn man Anlagen-Elemente zur Abschirmung mit heranzieht. So wird z. B. in [8.56] eine Kapselung vorgestellt, bei der der Öltank U-förmig um die Motor-Pumpe-Gruppe herum gebaut wurde und so die Abschirmung (Luftschalldämmung) auf 3 Seiten unterstützt. In diesem Beispiel wurde mit 11 dB(A) die gleiche Reduzierung erreicht wie in Bild 8.37. Eine solche Reduzierung kann als großer Erfolg betrachtet werden.

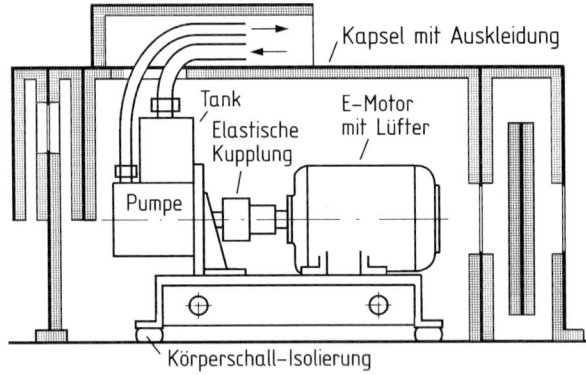

**Bild 8.38:** Typische Schall-schutz-Maßnahmen an der Versorgungsstation einer Hydraulikanlage [8.55]

Lärmreduzierung bleibt ein Thema mit eher noch steigender Bedeutung. Erfolgreiches Arbeiten bedingt die konsequente Beachtung und Nutzung der physikalischen Grundlagen [8.57, 8.58].

## Literaturverzeichnis

[8.1]   Harms, H.-H.: Fluidtechnik II. Vorlesungsmanuskript. Technische Universität Braunschweig 2001.

[8.2]   Harms, H.-H.: Energieeinsparung durch Systemwahl in der Mobilhydraulik. VDI-Z 122 (1980) H. 11, S. 1006-1010.

[8.3]   Matthies, H. J. und H. Garbers: Die Entwicklung der Hydraulik im Ackerschlepper. In: 25 Jahre VDI-Fachgruppe Landtechnik, S. 63-70. Gesamtbearbeitung K. Th. Renius. Düsseldorf: VDI-Fachgruppe Landtechnik 1983.

[8.4]   Renius, K. Th.: Tractors: Two Axle Tractors. In: CIGR Handbook of Agricultural Engineering. Vol. III, S. 115-184. St. Joseph MI, USA: American Soc. of Agric. Engineers 1999.

[8.5]   -.-: Agricultural and forestry tractors and implements – Hydraulic power beyond. Internationale Norm ISO 17567 (Mai 2005).

[8.6]   Garbers, H. und H.-H. Harms: Überlegungen zu zukünftigen Hydrauliksystemen in Ackerschleppern. Grundlagen der Landtechnik 30 (1980) H. 6, S.199-205.

[8.7]   Harms, H.-H. und B. Scheufler: Ölhydraulische Antriebe und Steuerungen in der Landtechnik. Eindrücke von der DLG 1980. O+P 24 (1980) H. 11, S. 809-812 u. 817, 818.

[8.8]   Korkmaz, F. et al.: Stadtlinienbus mit hydrostatischer Bremsenergierückgewinnung („Hydro-Bus"). Teil I. O+P 22 (1978) H. 4, S. 195-199.

[8.9]   -.-: Nicht neu, sondern wieder entdeckt. Moderne Hydrauliktransformatoren als Alternative zu bekannten Load-Sensing-Systemen. Gespräch mit Dr. P.A.J. Achten. fluid 34 (2000) H. 4, S. 18-20 u. 22.

[8.10]  Achten, P. A. J.: Drucktransformationseinrichtung. Auslegeschrift DE 6 971 287 0T2 (Anmelder: Innas Free Piston B.V. 24.2.1997).

[8.11] Garbers, H. und D. Wilkens: Die Anwendung der Hydrostatik in Landmaschinen und Ackerschleppern. Beobachtet auf der DLG-Ausstellung 1984. O+P 28 (1984) H. 9, S. 541-547.

[8.12] -.-: Unterlagen von AGCO-Fendt zu neuen Schmalspurtraktoren. Marktoberdorf: 2002.

[8.13] Khatti, R.: Load Sensitive hydraulic system for Allis Chalmers models 7030 and 7050 agricultural tractors. SAE paper 730 860. Warrendale, PA, USA: Society of Automotive Engineers 1973.

[8.14] Friedrichsen, W. und T. van Hamme: Load Sensing in der Mobilhydraulik. O+P 30 (1986) H. 12, S. 916-919.

[8.15] Esders, H.: Elektrohydraulisches Load-Sensing für die Mobilhydraulik. O+P 38 (1994), H. 8, S. 473-480 (siehe auch Diss. TU Braunschweig 1995).

[8.16] Skirde, E.: Automotive Steuerung fahrender Arbeitsmaschinen. O+P 38 (1994) H. 4, S. 190-194.

[8.17] Backé, W.: Konstruktive und schaltungstechnische Maßnahmen zur Energieeinsparung. O+P 26 (1982) H.10, S. 695, 696, 700, 705-707.

[8.18] -.-: Hydrostatisches Getriebe T 66. O+P 12 (1968) H. 4, S. 172.

[8.19] Hamblin, H. J.: Hydraulic propulsion. Farm Mechanization 4 (1952) H. 38, S. 229-230. Ref. in VDI-Z. 95 (1953) H. 6, S. 174.

[8.20] -.-: Die ölhydraulischen Einrichtungen im Fahrzeug. O+P 8 (1964) H. 6, S. 221-227.

[8.21] Nimbler, W.: Stapler mit hydrostatischem Fahrantrieb. O+P 8 (1964) H. 6, S. 227-232.

[8.22] Backé, W. und W. Hahmann: Kennlinien und Kennlinienfelder hydrostatischer Getriebe. In: VDI-Berichte 138, S. 39-48. Düsseldorf: VDI-Verlag 1969.

[8.23] Knölker, D.: Hydrostatische Antriebe im Mobileinsatz – Systeme und Anwendungsbeispiele. O+P 12 (1968) H. 3, S. 95-101.

[8.24] Stuhr, H.-W.: Anordnungen hydrostatischer Getriebe in Fahrzeuggetrieben. ATZ 70 (1968) H. 1, S. 6-9.

[8.25] Renius, K. Th.: Stufenlose Drehzahl-Drehmomentwandler in Ackerschleppergetrieben. Grundlagen der Landtechnik 19 (1969) H. 4, S. 109-118 (darin weitere 102 Lit.).

[8.26] Ullmann, K. H.: Hydrostatische Antriebe in Baumaschinen. In: VDI-Berichte 138, S. 85-87. Düsseldorf: VDI-Verlag 1969.

[8.27] Fedde, T.: Elektrohydraulische Bedarfsstromsysteme am Beispiel eines Traktors. Diss. TU Braunschweig 2007. Forsch.-Berichte ILF. Aachen: Shaker Verlag 2008.

[8.28] -.-: Hydraulik in Theorie und Praxis. Stuttgart, Robert Bosch GmbH, 1983.

[8.29] Chaimowitsch, J.M.: Ölhydraulik. Berlin: VEB Verlag Technik 1961.

[8.30] Zoebl, H.: Ölhydraulik. Wien: Springer-Verlag 1963.

[8.31] -,-: Pneumatische und hydraulische Steuerungstechnik. HERION Taschenbuch. Stuttgart: Herion Werke KG 1969.

[8.32] Panzer, G. und P. Beitler: Arbeitsbuch der Ölhydraulik. Wiesbaden: Krausskopf-Verlag 1969.

[8.33] Ulmer, D.: Handbuch der Hydraulik. Bad Homburg: Sperry Vickers 1973.

[8.34] Ebertshäuser, H.: Anwendungen der Ölhydraulik I und II. Reihe Krauskopf Taschenbücher Bd. 7 und 8. Mainz: Krausskopf-Verlag 1973.

[8.35] Zoebl, H.: Schaltpläne der Ölhydraulik. 4. Auflage. Wiesbaden: Krausskopf-Verlag 1973.

[8.36] Backé, W.: Systematik der hydraulischen Widerstandsschaltungen in Ventilen und Regelkreisen. Mainz: Krauskopf-Verlag 1974.

[8.37] Zoebl, H.: Hydraulik in Theorie und Praxis. Stuttgart: Robert Bosch GmbH, 1983.

[8.38] Ivantysyn, J. und M. Ivantysynova: Hydrostatische Pumpen und Motoren – Konstruktion und Berechnung. Würzburg: Vogel Verlag 1993.

[8.39] Hlawitschka, E.: Hydraulik für die Landtechnik. Berlin: VEB Verlag Technik 1987.

[8.40] Kauffmann, E.: Hydraulische Steuerungen. 3. Auflage. Braunschweig: Vieweg Verlag 1988.

[8.41] (Autorengemeinschaft): Der Hydraulik Trainer, Bd. 1 bis 4 und 6. Lohr a. M.: Mannesmann Rexroth GmbH 1989 bis 1999.

[8.42] Ebertshäuser, H. und S. Helduser: Fluidtechnik von A bis Z. 2. Auflage. Der Hydraulik Trainer, Bd. 5. Mainz: Vereinigte Fachverlage 1995.

[8.43] Findeisen, D.: Ölhydraulik. 5. Auflage. Berlin, Heidelberg: Springer-Verlag 2006.

[8.44] Mitchel, R. J. und J. J. Pippenger: Fluid Power Maintenance Basics and Troubleshooting. New York: Marcel Decker, Inc. 1997.

[8.45] Bauer, G.: Ölhydraulik. 9. Auflage. Stuttgart: Vieweg + Teubner 2009.

[8.46] Will, D. (Hrsg.) und N. Gebhardt (Hrsg.): Hydraulik. Grundlagen, Komponenten, Schaltungen. 4. Auflage. Berlin, Heidelberg: Springer-Verlag 2008.

[8.47] Bienert, H. W.: Planung ölhydraulischer Anlagen. O+P 6 (1962) H. 3, S. 93-97.

[8.48] (Autorengemeinschaft): Projektierung und Konstruktion von Hydroanlagen. Der Hydraulik Trainer Bd. 3. Lohr am Main: Mannesmann Rexroth GmbH 1988.

[8.49] Ehrlenspiel, K.: Integrierte Produktentwicklung. 4. Auflage. München, Wien: Carl Hanser Verlag 2009.

[8.50] Westenthanner, U.: Hydrostatische Anpress- und Übersetzungsregelung für stufenlose Kettenwandlergetriebe. Diss. TU München 2000. Fortschritt-Ber. VDI Reihe 12, Nr. 442. Düsseldorf: VDI-Verlag 2000.

[8.51] Witte, E.: Stand und Entwicklung der Lärmbelastung von Schlepper- und Mähdrescherfahrern. Grundlagen der Landtechnik 29 (1979) H. 3, S. 92-99.

[8.52] Breuer, D. und E. Goenechea: Lärmbekämpfung in der Hydraulik. In: O+P Konstruktions Jahrbuch 27 (2002/2003), S. 8-21. Mainz: Vereinigte Fachverlage 2002 (22 weitere Lit.).

[8.53] Renius, K. Th.: Experimentelle Untersuchungen an Gleitschuhen von Axialkolbenmaschinen. O+P 17 (1973) H. 3, S. 75-80.

[8.54] Kirste, Th.: Entwicklung eines 30 kW-Forschungstraktors als Studie für lärmarme Gesamtkonzepte. Fortschritt-Ber. VDI Reihe 14, Nr. 43. Düsseldorf: VDI-Verlag 1989.

[8.55] Dantlgraber, J., A. et al.: Geräuscharme Hydraulik durch „Flüsteraggregate". O+P 46 (2002) H. 5, S. 300-302.

[8.56] Herr, A.: Flüsteraggregate. Firmenschrift der Bosch Rexroth AG Lohr: 05/2003.

[8.57] -.-: O+P-Gesprächsrunde: Nutzung der Grundlagen führt zu geräuschreduzierter Hydraulik. O+P 46 (2002) H. 5, S. 282-292 u. 294.

[8.58] Henn, H., G. Sinambari und M. Fallen: Ingenieurakustik. 4. Auflage. Wiesbaden: Vieweg-Verlag 2008.

# 9 Anwendungsbeispiele

Folgende Gruppen von Beispielen werden behandelt:
– *Stufenlose hydrostatische Getriebe* (übergreifend)
– *Hydrostatische Hilfskraftlenkungen* (übergreifend)
– *Hydraulik in mobilen Arbeitsmaschinen*
– *Hydraulik in Straßenfahrzeugen*
– *Hydraulik in großen Flugzeugen*
– *Hydraulik in stationären Maschinen*
Weitere Beispiele findet man in anderen Hydraulikbüchern (siehe Lit.-Stellen [8.27] bis [8.48] im vorigen Kapitel). Aktuelle Beispiele entnimmt man am besten einschlägigen Fachzeitschriften, im deutschen Sprachraum vor allem der „Ölhydraulik und Pneumatik". Besonders verwiesen sei auf regelmäßige Messeberichte – etwa zu Anwendungen bei Baumaschinen (bauma) [9.1] und Landmaschinen/Traktoren (Agritechnica) [9.2].

## 9.1 Stufenlose hydrostatische Getriebe

**Übersicht.** Stufenlose hydrostatische Getriebe (Drehzahl-Drehmoment-Wandler) werden sowohl für stationäre als auch für mobile Maschinen angewendet. Hinweise zu frühen Entwicklungen findet man z. B. in [8.18-8.26] im vorigen Kapitel sowie in [9.3-9.12]. Man unterscheidet nach Molly [9.6] zweckmäßig in

– *direkte hydrostatische Getriebe* (ohne Leistungsverzweigung)
– *hydrostatische Getriebe mit Leistungsverzweigung* („Überlagerungsgetriebe")
In der ersten, einfachen Kategorie wird die gesamte Getriebe-Eingangsleistung hydrostatisch übertragen. In der zweiten, aufwändigeren Gruppe wird nur ein Teil der Leistung hydrostatisch übertragen, um die Energieverluste zu verringern [9.6].

### 9.1.1 Direkte stufenlose hydrostatische Fahrantriebe.

**Anwendungsfelder** sind vor allem die Fahrantriebe mobiler Arbeitsfahrzeuge:
– *Selbstfahrende Arbeitsmaschinen der Land- und Forstwirtschaft*
– *Kleintraktoren, Kommunalfahrzeuge*
– *Bagger, Straßenwalzen*
– *Radlader, Raupenlader*
– *Planierraupen, Erdhobel*
– *Flurförderer*
– *Sonderfahrzeuge*
Prinzip und Grundschaltpläne wurden in. Kap. 8 behandelt (bes. Bild 8.22).

Als **allgemeine anwendungstechnische Vorteile** gelten eine meistens *höhere Arbeitsproduktivität* und ein *wesentlich höherer Komfort*. Beide Vorzüge werden durch das hohe Automatisierungspotenzial (Elektronik) noch verstärkt [9.13]. Das *Antriebsstrang-Management* dient dabei nicht nur zur guten Ausnutzung der installierten Motorleistung, sondern auch zum Abmildern der Wirkungsgradnachteile durch Nutzung verbrauchsgünstiger Dieselmotor-Betriebspunkte bei Teillast.

**Die mäßigen Wirkungsgrade sind ein Nachteil.** Sie liegen mit Bestwerten um 78–84% (steigend mit der Getriebeleistung) deutlich unter dem Wertebereich von etwa 90–95% für vergleichbare Vielstufen-Zahnradgetriebe [9.14] (in beiden Fällen ohne Achsen und feste Untersetzungen betrachtet). Dieser Nachteil wiegt unterschiedlich, und zwar umso weniger, je weniger Leistungsanteil für den Fahrantrieb benötigt wird. Hydrodynamische Wandler haben ähnliche Bestwerte, aber die Hydrostatik bietet einen flacheren, d. h. günstigeren Gesamtverlauf.

**Konzepte.** Drei typische Konzepte werden in **Bild 9.1** dargestellt. Getriebe in *Kompaktbauweise* haben den Vorteil, dass man sie für ein Fahrzeug alternativ zu herkömmlichen Stufengetrieben im Baukastensystem anbieten kann. Die *aufgelöste Bauweise für eine Achse mit Einzelradantrieben* bietet viel räumliche Flexibilität und bei Parallelschaltung „kostenlose Differenzialwirkung" (s. Bild 8.2). Deren Aufhebung ist prinzipiell durch Reihenschaltung der Motoren möglich, was aber den Nachteil hat, dass die Abtriebsmomente bei gleichem Pumpendruck halbiert und die Abtriebsdrehzahlen bei gleicher Pumpenausschwenkung verdoppelt werden. Beste Ergebnisse lassen sich entspr. Gl. (2.22) durch stufenlos verstellbare Ölmotoren erreichen. Dabei wird auch der Gesamtwirkungsgrad-Verlauf besser.

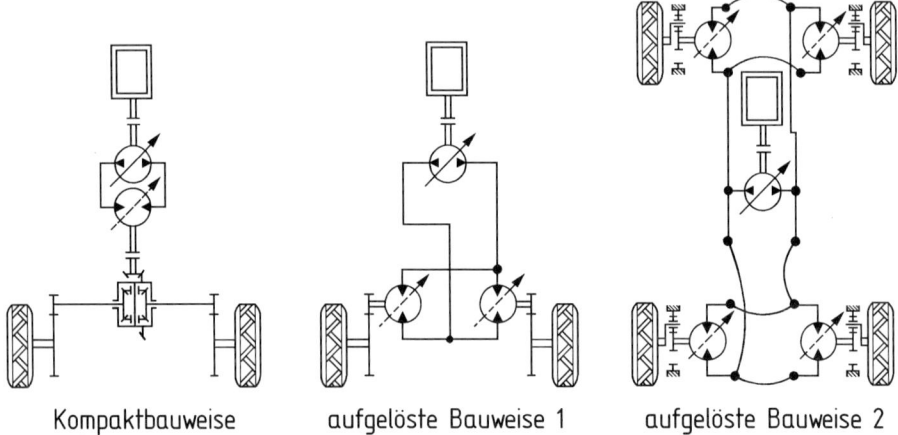

Kompaktbauweise          aufgelöste Bauweise 1          aufgelöste Bauweise 2

**Bild 9.1:** Konzepte stufenloser hydrostatischer Fahrzeugantriebe (nach Matthies 1974)

Als Kompromiss setzt man z. T. umschaltbare Ölmotoren ein (zwei Schluckvolumina, z. B. Gelände/Straße). Die *aufgelöste Bauweise für zwei Achsen mit Einzelradantrieben* arbeitet ähnlich wie zuvor, in der gezeigten Form allerdings mit Differenzialwirkung für alle vier Räder. Mit 2-Pumpen-Systemen kann man die Längs-Differenzialwirkung aufheben, wenn man die Volumenströme auf „getrennt" umschaltet, wie z. B. beim Antrieb einer landwirtschaftlichen Arbeitsmaschine [9.2].

**Kennlinien.** Mit **Bild 9.2** wird das Betriebsverhalten eines stufenlosen hydrostatischen Getriebes abgebildet (Schaltplan u. Verstellsequenz s. Kap. 8.1.4.1, Bild 8.22). Die Einheiten mit Primär- und Sekundärverstellung seien der Einfachheit halber gleich groß. Drehmomente, Druck und Leistung wurden über der dimensionslosen

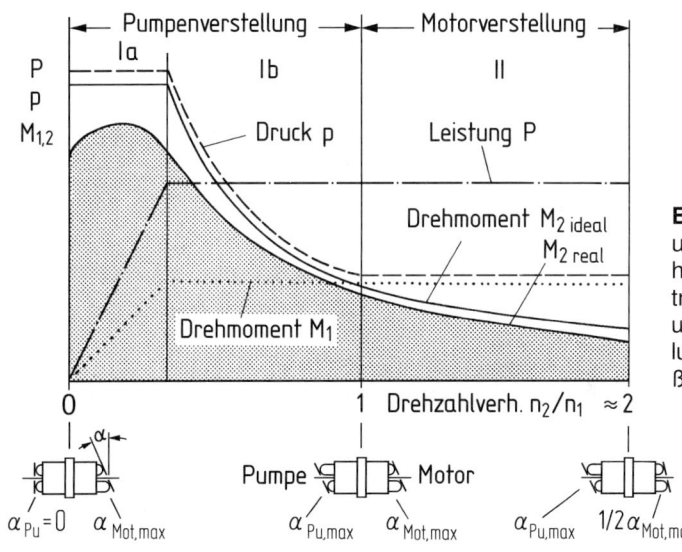

**Bild 9.2:** Kennlinien und Kennfeld eines hydrostatischen Getriebes mit Primär- und Sekundärverstellung bei gleich großen Verstelleinheiten

Abtriebsdrehzahl $n_2/n_1$ aufgetragen (bei Fahrantrieben dimensionslose Geschwindigkeit). Im Anfahrbereich Ia ist der Druck und damit auch das Abtriebsdrehmoment begrenzt (z. B. durch DBV). Die gesamten Verluste teilen sich auf in einen *vertikalen Drehmomentverlust durch sämtliche Reibung und einen horizontalen Geschwindigkeitsverlust durch sämtliche Leckagen.*

**Vorteile gegenüber einem hydrodynamischen Antrieb.** Bei einem hydrostatischen Getriebe kann man nicht nur die $M_2$-Volllastkennlinie, sondern das gesamte darunter liegende Kennfeld nutzen. Die eingestellte Übersetzung ist bei der Hydrostatik kaum lastabhängig und damit feinfühlig kontrollierbar. Schließlich geht das Reversieren (Durchschwenken der Pumpe, zyklisches Vorwärts-Rückwärts-Fahren) und gutes Bremsen über Motorschleppmoment nur mit Hydrostatik.

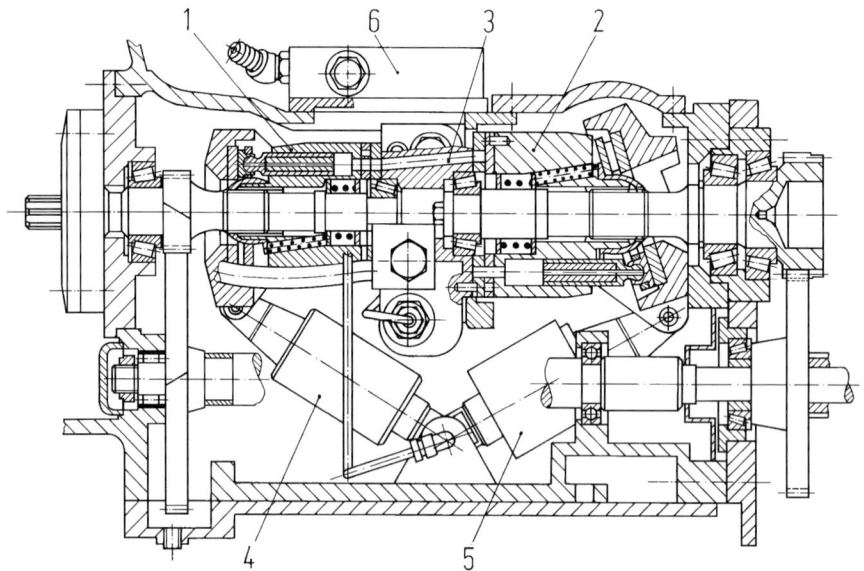

**Bild 9.3:** Frühes stufenloses hydrostatisches Kompaktgetriebe mit Schrägscheiben-Axialkolbenmaschinen für Primär- und Sekundärverstellung, Bauart IHC-Sundstrand (USA), Serienproduktion ab 1967 (später eingestellt) [9.15].

**Beispiel eines hydrostatischen Getriebes für landwirtschaftliche Traktoren.** Die Einführung stufenloser hydrostatischer Getriebe wurde hier früh versucht [9.3], erste Kleinserie 1966 (Eicher-Dowty) [9.11], größere Serie 1967 durch die International Harvester Company (IHC, USA), **Bild 9.3** [9.15]. Mit Unterstützung von Sundstrand (USA) wurden für mehrere Traktortypen nach Schätzung der Verfasser „einige zehntausend" Einheiten gebaut. Das Getriebe besteht aus Verstellpumpe (1) und Verstellmotor (2) (größer als die Pumpe), beide raumsparend und funktionsgünstig in *back-to-back–Bauweise* angeordnet (kurze Kanäle 3). Die Verstellung der Schrägscheiben erfolgt über die Zylinder (4) und (5), die Steuerung über den Ventilblock (6). Die Pumpe arbeitet mit Schwenkwinkeln von -16 (Rückwärtsfahrt) bis +18° (Vorwärtsfahrt), der Ölmotor mit 18 bis 9,5°. Bei Zapfwellenarbeiten (geringe Fahrleistung) waren die Anwender zufrieden, desgleichen bei vielen industriellen Einsätzen. Bei schweren landwirtschaftlichen Zugarbeiten war der Kraftstoffverbrauch zu hoch. Dabei kostete der Traktor erheblich mehr. Die Firma stellte die Produktion schließlich ein. Das Prinzip der *back-to-back–Bauweise* wurde jedoch für einige Anwendungen richtungweisend – so etwa für kompakte Hydrostat-Variatoren für leistungsverzweigte Traktorgeriebe (siehe z. B. Kompaktvariatoren von Bosch Rexroth, Linde und Danfoss).

**Typische Wirkungsgradkennlinien.** Hierzu zeigt **Bild 9.4** Volllast-Kennlinien für die in Bild 9.3 dargestellte Konstruktion sowie für den gesamten Antriebsstrang (Struktur in [9.11]). Die Basisdaten stammen weitgehend von IHC und Sundstrand. Gestützt auf [9.14] wurden die unteren Kurven nachträglich berechnet [9.16]. Der

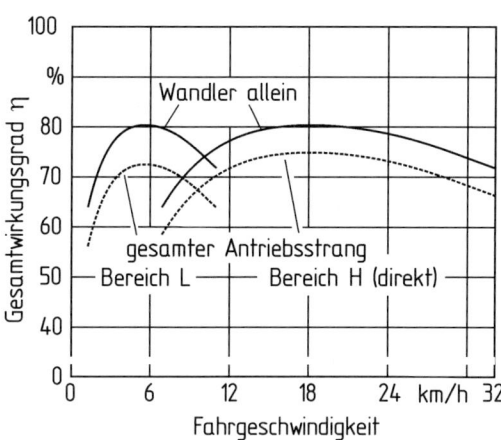

hydrostatische Wandler allein erreicht im Bestpunkt gut 80% – ein noch heute für Getriebe mit Schrägscheibenmaschinen dieser Größe gültiger Faustwert. In Bereich L kommen die Verluste von zwei Zahneingriffen im Gruppenwahlgetriebe hinzu - generell die Verluste der Achse (zweistufig), der Bestwert schrumpft auf 72,5%. In Fahrbereich H mit direktem Achsantrieb werden 75% erreicht. Damit sind die *Volllastverluste des Antriebsstrangs trotz guter Konstruktion etwa doppelt so hoch wie bei einem Vielstufengetriebe* [9.14]. Das schaltbare Zusatzge-

**Bild 9.4:** Berechnete Volllastwirkungsgrade für ein hydrostatisches Traktorgetriebe [9.16]

triebe verhindert dabei noch sehr niedrige Wirkungsgrade im unteren und oberen Geschwindigkeitsbereich, wo viele Arbeitsfahrzeuge oft fahren.

**Beispiel eines hydrostatischen Getriebes für Radlader.** Der in **Bild 9.5** gezeigte Antrieb „2plus2" wurde von der Firma Liebherr gemeinsam mit Bosch-Rexroth und Dana-Spicer für die obere Liebherr Radlader-Baureihe entwickelt (Serie 2002). Eine Schrägscheiben-Verstellpumpe arbeitet mit zwei Schrägachse-Motoren zusammen (in einer Richtung verstellbar). Deren Größe und Anordnung am lastschaltbaren Zusatzgetriebe erlaubt 3 stufenlose Fahrbereiche mit ruckfreien Übergängen.

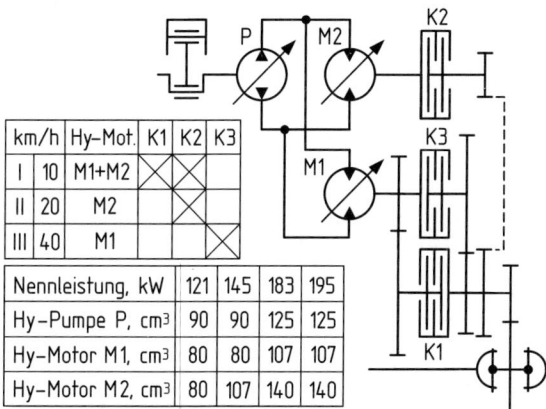

| km/h | Hy-Mot. | K1 | K2 | K3 |
|------|---------|----|----|----|
| I    | 10      | M1+M2 | ✕ | ✕ | ✕ |
| II   | 20      | M2 | ✕ | ✕ | |
| III  | 40      | M1 | ✕ | | ✕ |

| | K1 | K2 | K3 | |
|---|----|----|----|---|
| Nennleistung, kW | 121 | 145 | 183 | 195 |
| Hy–Pumpe P, cm3 | 90 | 90 | 125 | 125 |
| Hy–Motor M1, cm3 | 80 | 80 | 107 | 107 |
| Hy–Motor M2, cm3 | 80 | 107 | 140 | 140 |

**Bild 9.5:** Hydrostatischer Radlader-Fahrantrieb (Baukasten) für vier Nennleistungen (Liebherr)

Durch das Baukastenprinzip kommt man für vier Nennleistungen mit zwei Pumpen und drei Motorgrößen aus. Die Vorteile gegenüber dem Vergleichskonzept „hydrodynamischer Wandler plus Lastschaltgetriebe" betreffen vor allem Kraftstoffeinsparungen (z. B. 20-25% im Zyklus) und elegantere Steuer- und Regelstrategien.

**Regeln zur Konstruktion verlustarmer direkter hydrostatischer Getriebe.** Nach [9.16] und praktischen Erfahrungen gelten folgende Grundsätze:
- Primär- *und Sekundärverstellung*
- Einheiten mit *großen Schwenkwinkeln*
- Wenigstens die *Ölmotoren in Schrägachsenbauweise*
- *Sekundäres Schluckvolumen größer als das der Pumpe(n)*
- *Mäßiges Drehzahlniveau und moderate Dauerdrücke für Hauptarbeitsbereich*
- *Druckabschneidung durch Pumpe* (statt DBV)
- *Strömungs- u. Eintauchverluste minimieren* (Pumpe, Leitungen, Motor, Getriebe)
- *Speisekreislauf optimieren* (Ölstrom, Speisedruck, eventuell Verstellpumpe)
- *Zusatzstufen* vorsehen. Auch *Mehrmotorenkonzepte* können günstig sein.

Die Speisepumpe muss etwas mehr fördern als die gesamten Leckverluste im ungünstigsten Betriebspunkt. Faustwert: 8-10% des Hubvolumens aller Verdrängermaschinen. Weitere Verlustsenkungen erfordern *Leistungsverzweigung*.

### 9.1.2 Stufenlose hydrostatische Fahrantriebe mit Leistungsverzweigung

Die Leistungsverzweigung dient bei hydrostatischen Getrieben vor allem der Verbesserung der Gesamtwirkungsgrade [9.12]. Das Grundprinzip besteht darin, dass die Leistung am Getriebeeingang auf einen hydrostatischen und einen mechanischen Pfad aufgeteilt wird, **Bild 9.6,** so dass nur ein Teil der Leistung dem erwähnten mäßigen Wirkungsgrad unterliegt, während der andere Teil mit sehr geringen Verlusten mechanisch übertragen wird. Nur der hydrostatische Pfad bewirkt dabei eine Wandlung von Drehzahl und Drehmoment (unterbrochener Balken),

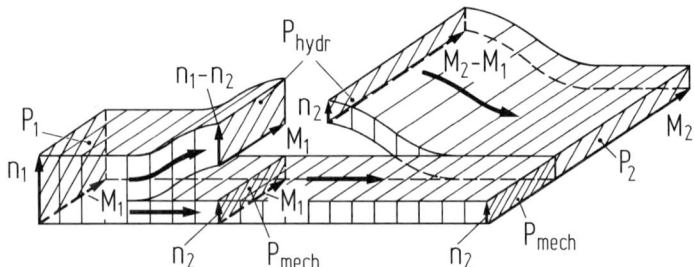

**Bild 9.6:** Visualisierung der Leistungsverzweigung nach Molly [9.17], einem der Pioniere. Hier gezeigt: Übersetzung ins Langsame

während die mechanische Leistung unverändert bleibt (durchgehender Balken). Der Preis des besseren Wirkungsgrades ist ein verkleinerter Wandlungsbereich. Man teilt die Konzepte nach Jarchow [9.10] in zwei Gruppen ein:

- hydrostatische Getriebe mit *innerer Leistungsverzweigung*
- hydrostatische Getriebe mit *äußerer Leistungsverzweigung*

**Innere Leistungsverzweigung.** Ein frühes Beispiel hierfür war das berühmte Renault-Getriebe aus dem Jahre 1907 [9.18] (nicht gebaut), das u. a. von Molly in [9.6] analysiert worden ist. **Bild 9.7** zeigt eine ähnliche Anordnung mit folgender Funktion: Die beiden Schrägscheiben-Axialkolbeneinheiten sind in back-to-back-Anordnung kompakt zusammengebaut. Dabei wird der Zylinderblock (1) der Pri-

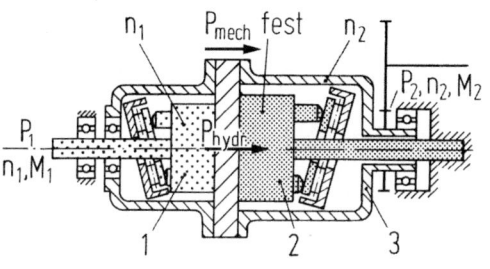

märeinheit mit der Antriebsdrehzahl $n_1$ angetrieben und der Zylinderblock (2) der Sekundäreinheit festgehalten. Das Gehäuse (3) läuft mit der Abtriebsdrehzahl $n_2$ um. Gleichzeitig mit dem Gehäuse laufen auch beide Schrägscheiben mit $n_2$ um, so dass für die Verdrängung der Primäreinheit (1) (der Zylinderblock läuft mit $n_1$) die Drehzahldifferenz $(n_1 - n_2)$ maßgebend ist und für die Sekundäreinheit (2) (Zylinderblock

**Bild 9.7:** Stufenloses hydrostatisches Getriebe mit innerer Leistungsverzweigung

fest) die Drehzahl $n_2$. Das Antriebsmoment $M_1$ wirkt sowohl auf die Betriebsflüssigkeit der Pumpe als auch über die Schrägscheibe der Pumpe auf das Umlaufgehäuse. Die Antriebsleistung wird aufgespalten in $P_{hydr} = 2\pi \cdot M_1 \cdot (n_1 - n_2)$ und $P_{mech} = 2\pi \cdot M_1 \cdot n_2$. Die Leistungssummierung erfolgt an der rechten Schrägscheibe. Bei Neutralstellung der Primärschrägscheibe wird kein Ölstrom erzeugt, und die Abtriebsdrehzahl ist Null. Beim Durchfahren des Vorwärts-Fahrbereiches wird zunächst die Primärschrägscheibe bis zum Maximalwinkel geschwenkt und anschließend die Sekundärschrägscheibe zurückgestellt. Der Anteil der hydraulischen Leistung ist beim Anfahren 100% und wird mit steigender Abtriebsdrehzahl kleiner, bei Drehzahlgleichheit ist er Null. Konzepte dieser Art wurden nach Wissen der Verfasser bei Arbeitsfahrzeugen bisher nicht serienmäßig eingesetzt.

**Äußere Leistungsverzweigung.** Hierzu sind im Schrifttum und in der Patentliteratur sehr viele Lösungen vorgestellt und einige ausgeführt worden. Die große Vielfalt lässt sich nach Kress [9.19] in zwei Gruppen („Eingang gekoppelt" und „Ausgang gekoppelt") einteilen, **Bild 9.8**. Die spiegelbildlichen Strukturen haben völlig unterschiedliches Betriebsverhalten. Auch Kombinationen sind möglich (siehe z. B. geschaltetes Compound-Getriebe AutoPowr von John Deere 2006).

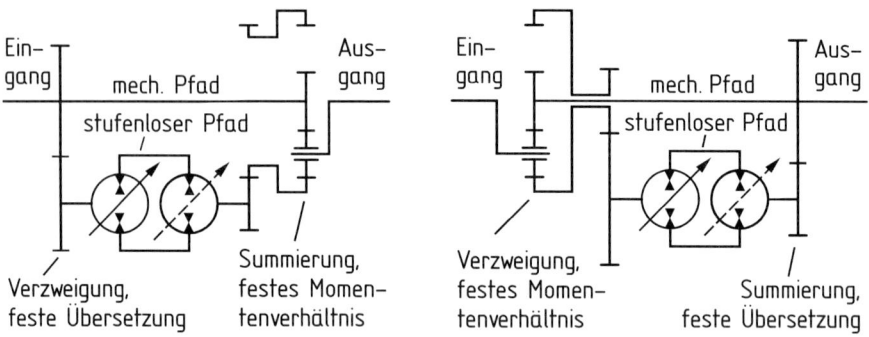

**Bild 9.8:** Wichtigste Grundkonzepte für stufenlose hydrostatische Getriebe mit äußerer Leistungsverzweigung [9.19]: Links „Eingang gekoppelt", rechts „Ausgang gekoppelt".

Links erfolgt die Verzweigung über eine Zahnradstufe (festes Drehzahlverhältnis) und ausgangsseitig über ein Standard-Planetengetriebe (feste Momentenverhältnisse). Rechts ist es umgekehrt. Der zusätzliche Freiheitsgrad erlaubt bei 3-Wellen-Planetengetrieben (hier die Standardform) entweder den Antrieb an zwei Eingängen mit beliebigen Drehzahlen (links zur Summierung genutzt) oder den Abtrieb an zwei Ausgängen mit variablem Drehzahlverhältnis bei konstanter Eingangsdrehzahl (rechts zur Verzweigung genutzt). Das linke Konzept wird z. B. ähnlich seit etwa 1994 in kleiner Stückzahl von Komatsu für Planierraupen eingesetzt [9.20], das rechte wurde von Fendt 1996 erstmalig serienmäßig in Traktoren eingebaut [9.21, 9.23], **Bild 9.9**. Der Getriebeplan [9.22] zeigt den einfachen Aufbau mit nachgeordnetem Gruppenwahlgetriebe für zwei Fahrbereiche L und H. Beim Anfahren geht die gesamte Eingangsleistung in die Hydrostatik, ihr Anteil verringert sich jedoch mit steigender Fahrgeschwindigkeit. Die Wirkungsgrade werden zusätzlich zur Leistungsverzwei-

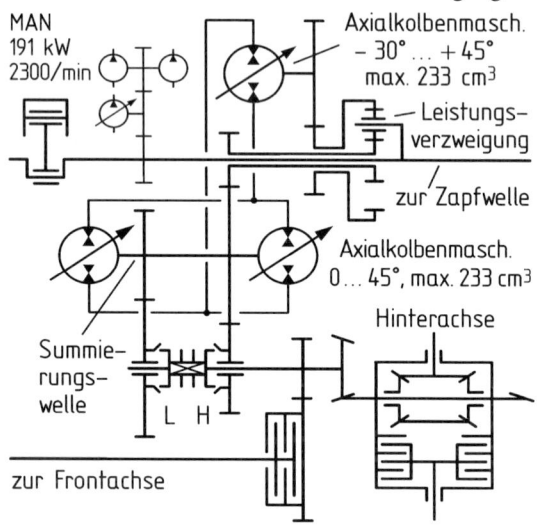

**Bild 9.9:** Erstes Fendt „Vario", ML 200 (1996). Traktorgeschwindigkeit rückwärts 32 km/h bis vorwärts 50 km/h. Getriebeplan nach [9.22].

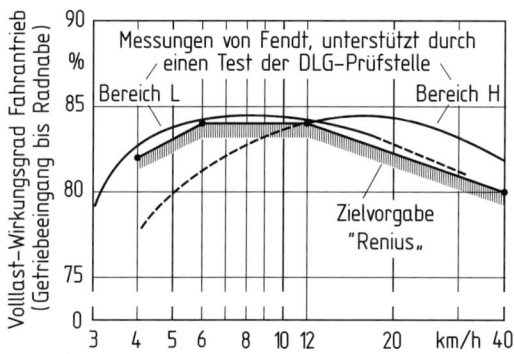

**Bild 9.10:** Volllastwirkungsgrade Fendt „Vario"
(ML 200) [9.21] und Zielvorgabe Renius [9.24]

gung vor allem durch zwei wietere Maßnahmen verbessert (siehe auch die Regeln in Kap. 9.1.1): Erstens wird ein Gruppenwahlgetriebe nachgeordnet. Zweitens werden speziell entwickelte Großwinkel - Schrägachse-Axialkolbenmaschinen mit ungewöhnlich guten Wirkungsgraden eingesetzt (siehe Bild 3.37 b). In Verbindung mit viel Feinschliff (große, kurze Kanäle, niedriger Ölstand u. a.) konnte man die in **Bild 9.10** gezeigten Volllastwirkungsgrade erreichen. Sie gelten für den gesamten Antriebsstrang und decken eine sehr anspruchsvolle Zielfunktion [9.24] ab (für Getriebe unter 100 kW darf Vorgabe 1 bis 2% tiefer liegen). Die aus Bild 9.10 resultierenden Getriebeverluste liegen in der Größenordnung von Vielstufen-Lastschaltgetrieben. Die Fortschritte der digitalen Elektronik (Bordrechner, CAN-Bus) ermöglichten neue Automatisierungsstrategien und einen nie gekannten Arbeitskomfort.

Der große Erfolg von Fendt beschleunigte ähnliche Entwicklungen der Firmen Claas [9.25], ZF [9.26], Steyr [9.26, 9.27], J. Deere [9.28], Valtra [9.29], CNH [9.29] und anderer. Daten zu einigen ersten Getrieben findet man auch in [9.30].

## 9.2 Hydrostatische Hilfskraftlenkungen

**Hydrostatische Hilfskraftlenkung mit mechanischer Verbindung.** Charakteristisch ist nach **Bild 9.11** ein in die Lenkschubstange (oder in andere Elemente der Kinematik) integriertes Lenkventil (1) und ein parallel zur Handkraft arbeitender Lenkzylinder (2). Von dem drehzahlabhängigen Volumenstrom der Konstantpumpe wird im Stromregelventil (3) ein konstanter Lenkkreisstrom abgezweigt. Energetisch besser wäre ein konstanter Pumpenölstrom, s. Bild 7.13 u. 7.20.

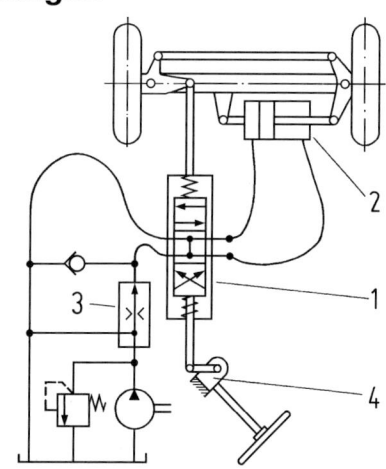

**Bild 9.11:** Hydrostatische Hilfskraftlenkung mit mechanischer Verbindung

In der Neutralstellung des Lenkventils ist der Arbeitszylinder drucklos. Wird das Lenkrad betätigt, so verschiebt sich der Lenkventilkolben gegen eine der Federn. Der Arbeitszylinder wird im Sinne der Lenkrichtung einseitig hydraulisch beaufschlagt. Dieses geschieht so lange, bis die Auslenkung des Lenkventils über die Lenkbewegung neutralisiert ist (Folgekolbenprinzip). Bei festgehaltenem Lenkrad stellt sich wieder Neutralumlauf ein, jeder Lenkradstellung entspricht ein bestimmter Lenkeinschlag. Fällt die Hydraulik aus, so werden die Lenkkräfte vom Lenkgetriebe (4) über die Federn bzw. Anschläge des Lenkventils mechanisch übertragen. Wegen dieser stets vorhandenen mechanischen Verbindung sind Lenkungen dieser Art ohne Geschwindigkeitsbeschränkungen zugelassen.

**Hydrostatische Hilfskraftlenkung ohne mechanische Verbindung.** Derartige Lenkungen werden bei mobilen Arbeitsfahrzeugen bevorzugt, weil sie
– mehr *konstruktive Flexibilität* und *Automatisierungspotenzial* bieten
– eine besonders wirksame *Körperschallisolierung der Kabine* erlauben
– *Lenkradschwingungen* und *durchkommende Stöße* vermeiden

Bei dem in **Bild 9.12** gezeigten sehr verbreiteten Lenksystem arbeitet eine *Konstantpumpe* wie in Bild 9.11 mit einem Stromregelventil zusammen. Jedoch wird hier dessen Überschuss-Ölstrom nicht gedrosselt in den Tank geführt, sondern nach dem Prinzip der Reststromnutzung (s. Bild 8.8) noch sinnvoll für die Arbeitshydraulik (zweite Pumpe) genutzt. Hauptorgane sind die Dosiereinheit (1), das Lenkventil (2) und der Lenkzylinder (3). Der Schieber des Lenkventils (2) ist über die Lenkspindel mechanisch mit dem Lenkrad verbunden. Dosiereinheit und Lenkventil werden meistens konstruktiv zur „Lenkeinheit" zusammengefasst. Die Dosiereinheit ist oft eine Zahnringmaschine (s. Bild 3.22). Sie hat die Hauptaufgabe, das dem Lenkzylinder (3) zugeführte Ölvolumen zu „messen" und als Drehwinkel dem Ventilgehäuse (7) zurück zu führen, so dass sich eine neue Neutralstellung ergibt (Folgeprinzip). In dieser Position fördert die Pumpe drucklos in den Tank. Das Rückschlagventil koppelt dabei die Arbeitshydraulik ab. Die Druckbegrenzungsventile (5) sichern in

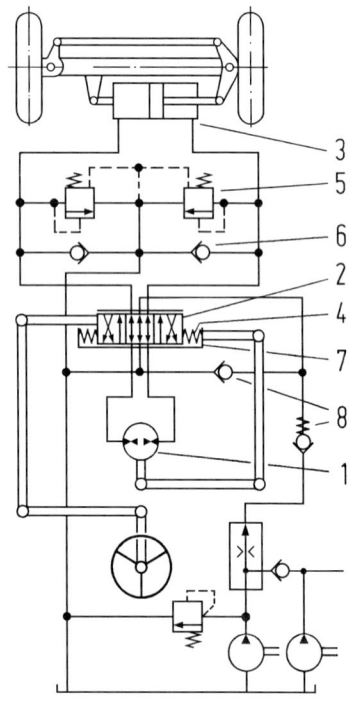

**Bild 9.12:** Hydrostatische Hilfskraftlenkung mit Reststromnutzung

Verbindung mit den Nachsaugventilen (6) hohe Druckspitzen zwischen Lenkventil und Lenkzylinder ab (Schockventile). Fällt die Ölpumpe aus, wird durch Drehen des Lenkrades das Lenkventil bis zum Anschlag (7) ausgelenkt, so dass die Dosiereinheit direkt vom Lenkrad angetrieben wird und als Notlenkpumpe wirkt. Öl kann dann über die Rückschlagventile (8) angesaugt werden. Die dann hohen Handkräfte dürfen für die Zulassung zum Straßenverkehr gewisse Werte nicht überschreiten. Bei Problemen kann man für den Notbetrieb eine Notlenkpumpe mit Umschaltung auf kleineres Hubvolumen vorsehen. Für diese Art der Lenkung ohne mechanische Verbindung existieren zulässige Höchstgeschwindigkeiten. Für mobile Arbeitsmaschinen mit sehr hohen Geschwindigkeiten sind daher Bereiche des Systems redundant auszuführen. Die in **Bild 9.13** gezeigte Lenkhydraulik

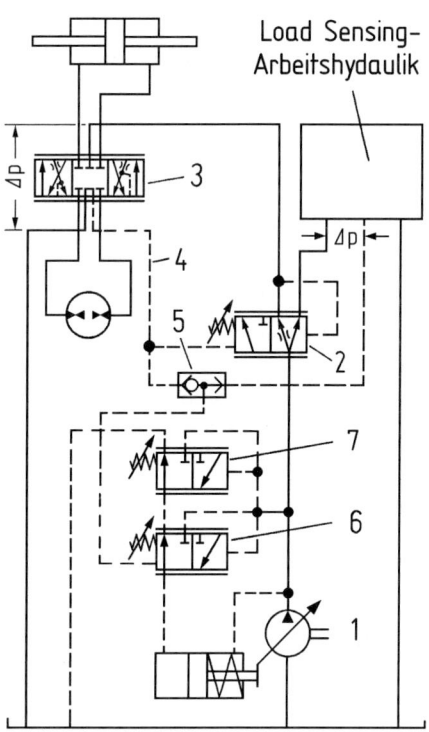

Load Sensing-
Arbeitshydraulik

arbeitet bezüglich des Folgeprinzips ähnlich wie die von Bild 9.12 (Darstellung vereinfacht), sie ist jedoch an ein *Load-Sensing-System* angeschlossen (Prinzip s. Bild 8.13). Diese Systeme sind deutlich aufwändiger als Systeme mit Konstantpumpen, jedoch bei mobilen Arbeitsmaschinen wegen ihrer Vorteile inzwischen sehr verbreitet. Die Verstellpumpe (1) fördert zu einem Prioritätsventil (2). Dieses stellt sicher, dass der Druckabfall $\Delta p$ über dem Lenkventil (3) stets konstant bleibt. Wird der Volumenstrom der Verstellpumpe durch die Arbeitshydraulik überfordert, drosselt das Prioritätsventil (2) den Volumenstrom zur Arbeitshydraulik so lange, bis der Druckabfall $\Delta p$ über dem Lenkventil (3) wieder erreicht ist. Der Lenkungslastdruck wird über die Signalleitung (4) dem Wechselventil (5) zugeführt und hier mit dem Lastdruck der Arbeitshydraulik verglichen. Der höhere Lastdruck gelangt zum $\Delta p$-Regelventil (6). Der Druckregler (7) begrenzt den Pumpendruck auf einen maximalen Wert. Das Lenkventil muss hier in Neutralstellung geschlossen sein („closed center").

**Bild 9.13:** Hydrostatische Hilfskraftlenkung ohne mechanische Verbindung, integriert in eine Load-Sensing-Hydraulik mit Verstellpumpe (Lenkung vereinfacht).

**Elektrohydraulische Lenkungen.** Zwei Entwicklungsrichtungen seien genannt, die auf *Energieeinsparung* und *Komfortverbesserung* zielen.

- Ersatz des mechanischen Pumpenantriebes durch einen Elektromotor mit verstellbarer Drehzahl zur Reduzierung der Umlaufverluste [9.31]
- Ersatz der analogen Steuerung/Regelung durch Elektronik zur Verbesserung des Betriebsverhaltens [9.32]

Eine Anpassung der Drehzahl von Konstantpumpen an die Betriebsbedingungen bei gleichzeitigem Einsatz eines Speichers (für kurzzeitige hohe Volumenströme) führt nach [9.31] beim Pkw zu Energieeinsparungen von bis zu etwa 80%. Hohe Energieeinsparungen sind auch mit Verstellpumpen möglich, beispielsweise beim Audi A4 im Jahre 2007 realisiert durch eine verstellbare Flügelzellenpumpe. Der in [9.32] für Traktoren untersuchte Elektronikeinsatz brachte eine Vermeidung des Lenkspiels, ferner Vorteile durch eine Anpassung der Lenkübersetzung an den Radeinschlag und an die Fahrgeschwindigkeit.

**Lenkung eines Gleiskettenfahrzeugs.** Moderne Lenkungssysteme von Gleiskettenfahrzeugen (auch Panzern) arbeiten mit mechanisch-hydrostatischen Überlagerungsgetrieben. **Bild 9.14** zeigt als Beispiel die Antriebsstruktur des landwirtschaftlichen Traktors Caterpillar „Challenger CH 45" mit Bandlaufwerk (178 kW Motornennleistung, Grundgewicht ca 10t, [9.33]). Der Motor (1) treibt über das 18/9-Lastschaltgetriebe (2) und den Kegelradabtrieb (3) die Treibachse. Über Zahnräder wird parallel ein Pumpenblock angetrieben: Die Verstellpumpe (4) versorgt die Arbeitshydraulik, die beiden Pumpen (5) und (6) dienen zur Steuerung und Speisung, die Verstellpumpe (7) arbeitet mit dem Konstantmotor (8) zusammen, der das Hohlrad des Planetenradsatzes (9) abstützt (Geradeausfahrt) oder vorwärts bzw.

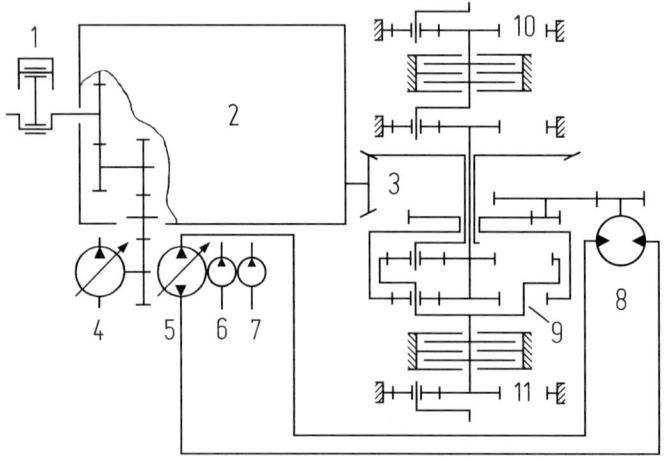

rückwärts antreibt (Kurvenfahrt). Freie Differenzialwirkung ist hier nicht vorhanden, d. h. die Lenkung arbeitet praktisch unabhängig von den Abtriebsmomenten der Endplanetengetriebe (10) und (11).

**Bild 9.14:** Überlagerungslenkung des „Challenger CH45" mit Bandlaufwerk

## 9.3 Hydraulik in mobilen Arbeitsmaschinen

**Hydraulikanlagen für Bagger.** Der typische Bagger für die Erdbewegung weist die in **Bild 9.15** gezeigten 6 Arbeitsfunktionen auf, die (mit Ausnahme von Sonderfällen) alle hydraulisch arbeiten. Hierzu sollen zwei typische Schaltungen besprochen werden.

**Bagger-Hydraulikanlage mit 2 offenen Kreisen (open center) und Summen-Leistungssteuerung.** „Offen" bedeutet: Alle 6 Wegeventile sind in Neutralstellung geöffnet (*open center*, neutraler Umlauf), **Bild 9.16**. Pumpe I versorgt die Ventilblöcke A und C, die in Reihe geschaltet sind, Pumpe II die Ventilblöcke B und C, die ebenfalls in Reihe geschaltet sind. Die beiden Verbraucher jedes Ventilblockes sind parallel geschaltet. Rückschlagventile verhindern ein ungewolltes Absinken des höher belasteten Verbrauchers. Durch diese Kombination können jeweils zwei Verbraucher – außer dem Fahrwerk – in beliebiger Kombination gleichzeitig und unabhängig voneinander betrieben werden; weil sie immer von einer eigenen Pumpe versorgt werden. Alle Arbeitswerkzeuge besitzen eine eigene Druckabsicherung und der Auslegerzylinder zusätzlich ein Drosselrückschlagventil zur Begrenzung der Senkgeschwindigkeit. Der Rücklaufölstrom wird gefiltert und gekühlt. Ein vom Zulaufdruck gesteuertes Druckventil (1) im Rücklauf der Fahrmotoren verhindert eine zu hohe Geschwindigkeit bei Talfahrt, indem es den Volumenstrom bei zu kleinem Zulaufdruck drosselt. Der Bagger wird durch unterschiedliche Drosselung des Zulaufs zu den beiden Fahrmotoren gelenkt.

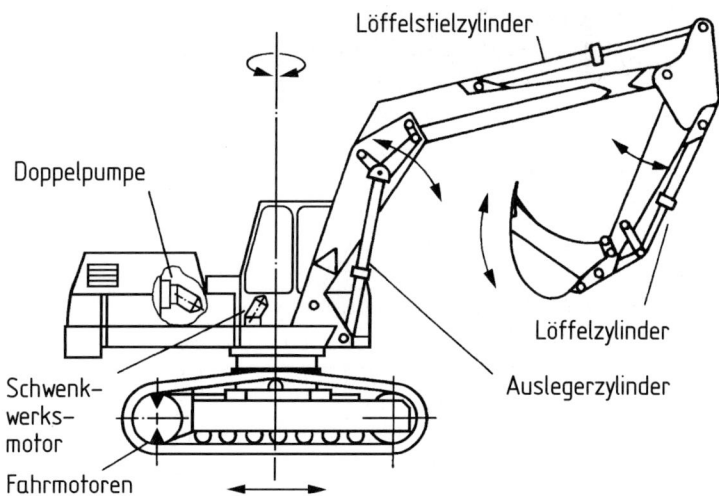

**Bild 9.15:** Hydrostatische Antriebe an einem Bagger für alle Funktionen

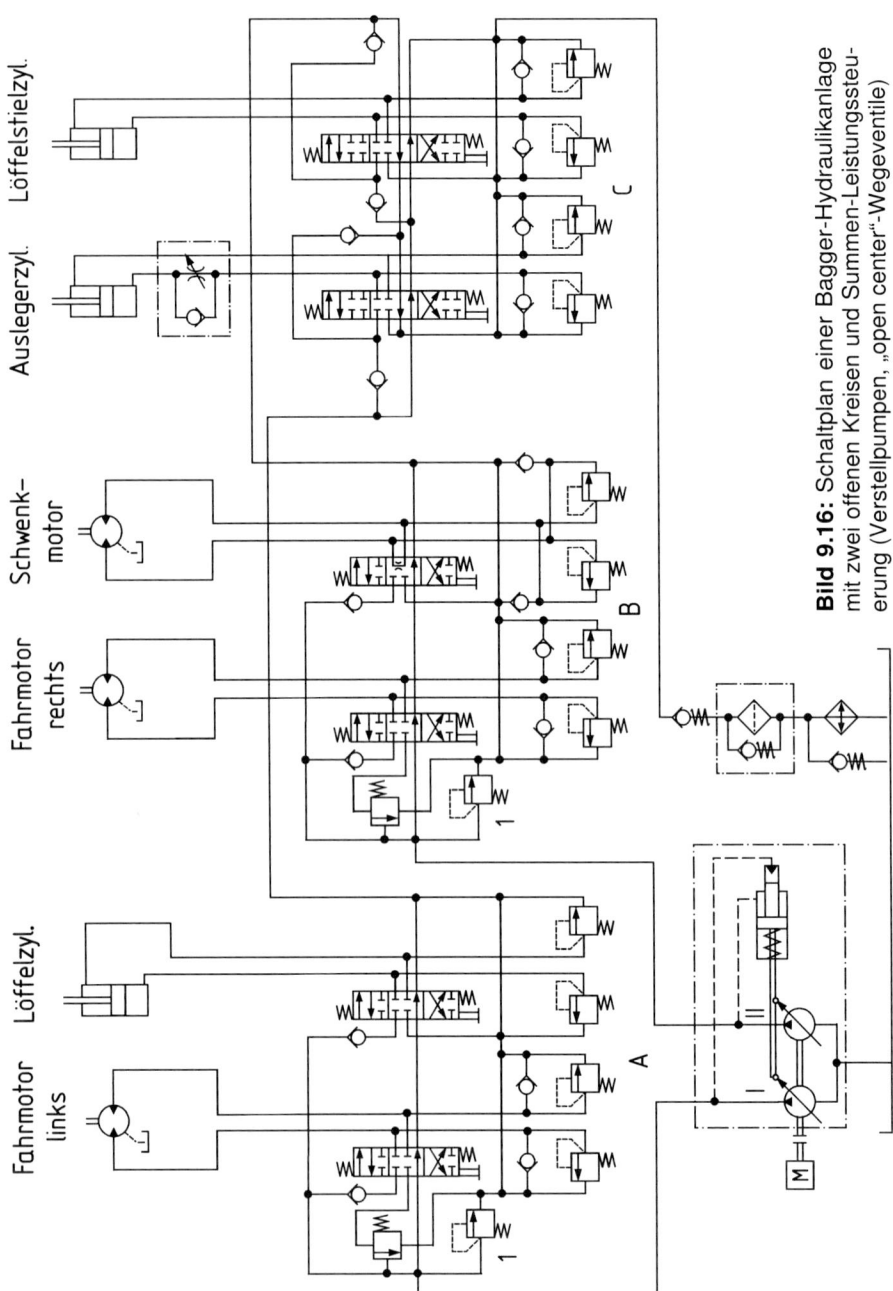

**Bild 9.16:** Schaltplan einer Bagger-Hydraulikanlage mit zwei offenen Kreisen und Summen-Leistungssteuerung (Verstellpumpen, „open center"-Wegeventile)

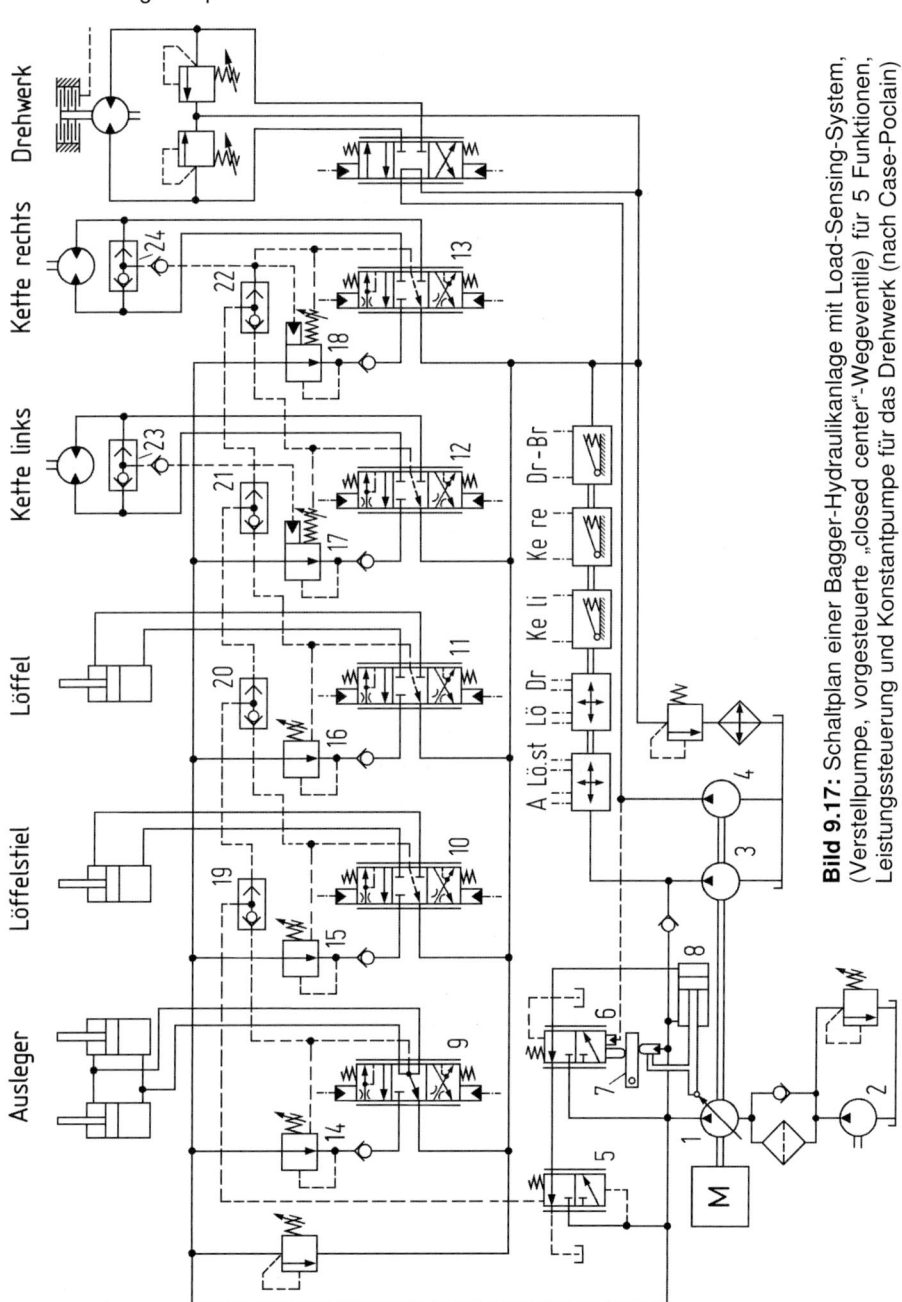

**Bild 9.17:** Schaltplan einer Bagger-Hydraulikanlage mit Load-Sensing-System, (Verstellpumpe, vorgesteuerte „closed center"-Wegeventile) für 5 Funktionen, Leistungssteuerung und Konstantpumpe für das Drehwerk (nach Case-Poclain)

**Bagger-Hydraulik-Anlage mit Load-Sensing-Verstellpumpe, Konstantpumpen und Leistungssteuerung.** Die Schaltung von **Bild 9.17** arbeitet mit einer Verstellpumpe (1) und einer Vorförderpumpe (2), eingebunden in eine Load-Sensing-Schaltung für die fünf linken Verbraucher, sowie einer Konstantpumpe (3) für die Vorsteuerung aller sechs Wegeventile (siehe Ausgänge an den Kästchen mit abgekürzten Funktionen) und einer weiteren Konstantpumpe (4) für das Drehwerk. Die Verstellpumpe (1) wird durch $\Delta p$-Regler (5) und das übergeordnete Leistungssteuerventil (6) kontrolliert. Der Arbeitsdruck aus dem Drehwerkskreis beaufschlagt den Ventilschieber von (6) direkt. Zusätzlich wird der Druck der Verstellpumpe auf einen Druckstift übertragen, der mit der Kolbenstange des Verstellzylinders (8) fest verbunden ist. Der Druckstift wirkt daher mit variablem Hebelarm auf den Hebel (7). Ventil (6) ist im Gleichgewicht, wenn die Federkraft so groß ist wie die Summe der Kräfte aus Drehwerksdruck und Drehmoment am Hebel (7) (Kraft am Ventilstift). Der Hebelarm am Hebel (7) ist etwa dem Hubvolumen der Verstellpumpe proportional. Daher repräsentiert ein konstantes Drehmoment am Hebel (7) einen etwa konstanten Wert $p \cdot V$ und damit bei konstanter Drehzahl eine etwa konstante hydraulische Leistung der Verstellpumpe. Steigt z. B. der Druck der Verstellpumpe, erhöht sich am Hebel (7) das Drehmoment und damit auch die Kraft auf den Ventilstift. Der Schieber von Ventil (6) bewegt sich nach oben, die Pumpe wird zurück geschwenkt. Steigt zusätzlich der Druck in der Konstantpumpe (4), so wird der Schieber von Ventil (6) nochmals etwas nach oben verschoben, die Verstellpumpe schwenkt weiter zurück, so dass die Gesamtleistung konstant bleibt (s. auch Bild 7.14). Den LS-Ventilen (9) bis (13) sind Primärdruckwaagen (14) bis (18) vorgeschaltet (vereinfacht), um auch bei unterschiedlichen Lastdrücken eine gleichmäßige Bewegung aller Verbraucher zu erreichen (Prinzip s. Bild 8.25). Der jeweils höchste Verbraucherdruck wird über die Wechselventile (19 - 22) zum $\Delta p$-Regler (5) geleitet. Um ein Zusammenbrechen des LS-Druckes und damit eine Verstellung der Pumpe (1) bei Bergabfahrt zu vermeiden, werden die Primärdruckwaagen (17) und (18) über Wechselventile (23) und (24) im Sekundärkreis der Fahrhydraulik durch die jeweilige Hochdruckseite beaufschlagt [9.34].

**Load-Sensing-Anlage eines landwirtschaftlichen Traktors.** Die in **Bild 9.18** nach [9.35] vereinfacht dargestellte Traktorhydraulik wurde 1987 mit der oberen Traktorenbaureihe Case-IH „Magnum" in den USA vorgestellt (1989 modifiziert in Europa mit 114-162 kW Motornennleistung). Sie leitete den weltweiten Durchbruch des Load-Sensing-Prinzips bei Traktoren ein [9.36] (siehe auch Text zu Bild 8.13). Die Anlage arbeitet mit einer Verstellpumpe (1) und einer Speisepumpe (2) (Doppelpumpe). Das Speiseprinzip ermöglicht durch den Vordruck bessere Betriebseigenschaften für die Hauptpumpe (Füllung, Luftausscheidung, Geräusche, Kaltstartverhalten). Die Verstellpumpe versorgt sowohl die Arbeitshydraulik als

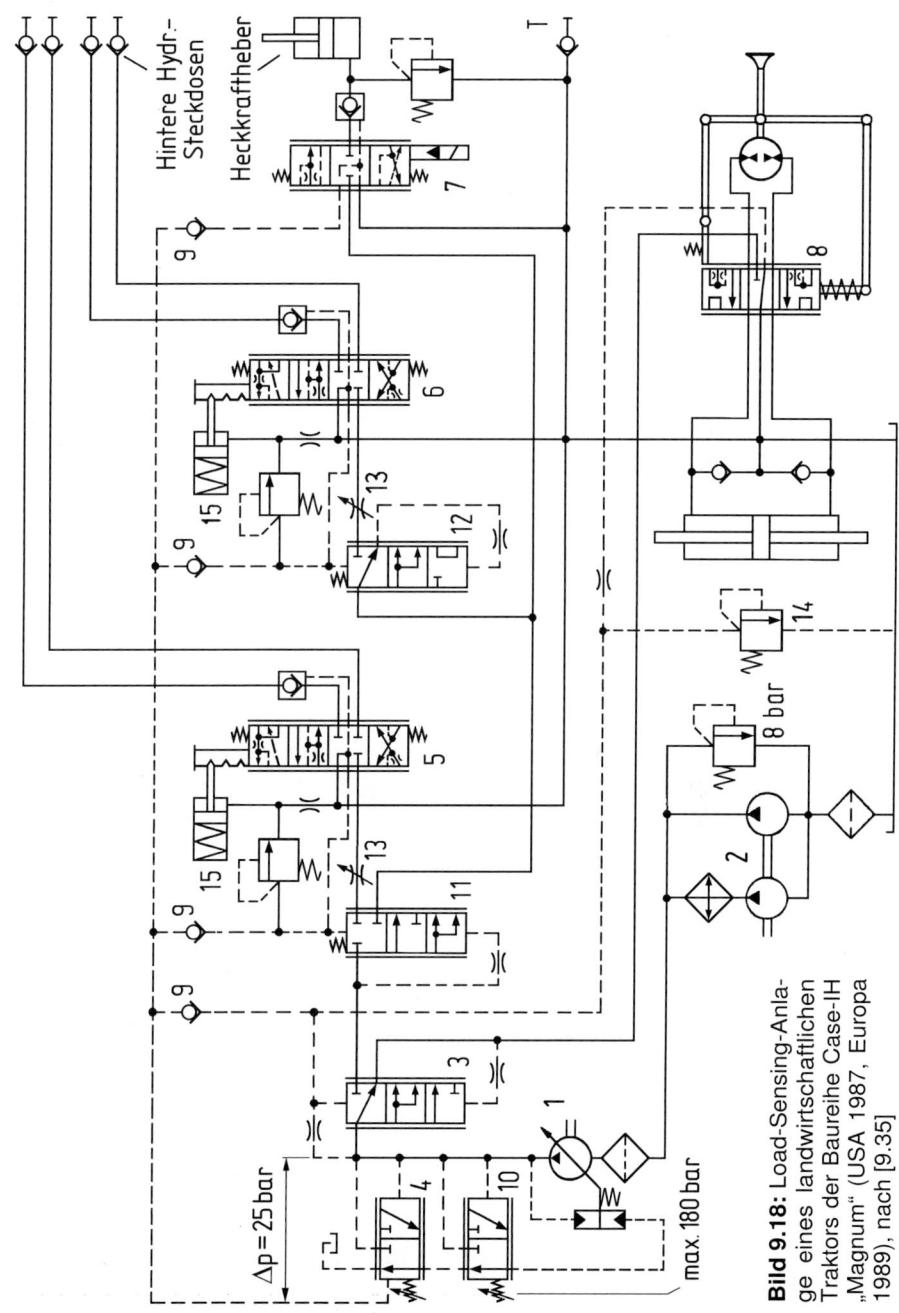

**Bild 9.18:** Load-Sensing-Anlage eines landwirtschaftlichen Traktors der Baureihe Case-IH „Magnum" (USA 1987, Europa 1989), nach [9.35]

auch die hydrostatische Lenkung („Einpumpen"-LS-System). Die Lenkung erhält
über das Prioritätsventil (3) vorrangig Drucköl (s. Kap. 9.2). Ventil (4) schwenkt die
Verstellpumpe so aus, dass die Regelgröße „Druckdifferenz $\Delta p$" konstant gehalten
wird (hier auf 25 bar). $\Delta p$ ist die Druckdifferenz zwischen Lastdruck und Pumpendruck. Der Volumenstrom zum Verbraucher ist dadurch unabhängig von Lastdruck
und Pumpendrehzahl und proportional zur Auslenkung der Wegeventile (5 – 7) und
des Lenkventils (8). Die Wegeventile (5) und (6) dienen zur Versorgung von Trak-
torgeräten über hydraulische Steckdosen – eine bei Traktoren allgemein übliche
Methode. Werden über diese Ventile zwei Verbraucher gleichzeitig versorgt, wird
der jeweils höhere Lastdruck über die Rückschlagventile (9) an Ventil (4) gemeldet.
Ventil (10) dient zur Maximaldruckbegrenzung. Durch die Druckwaagen (11) und
(12) wird bei gleichzeitiger Betätigung von Verbrauchern und unterschiedlichen
Lastdrücken das $\Delta p$ an demjenigen Wegeventil konstant gehalten, das wegen geringeren Lastdrucks über Rückschlagventil (9) von der Pumpe abgekoppelt ist
(s. Bild 8.25). Der Volumenstrom zu den Verbrauchern kann mit den Vordrosseln
(13) begrenzt werden. DBV (14) sichert die Anlage sekundärseitig ab. Die Ventile
(5) und (6) sind mit einer hydrostatischen Entrastung (15) versehen (s. Bild 8.17).

Heutige LS-Anlagen von Traktoren arbeiten alle ähnlich. Teilweise hat die Lenkung eine eigene Konstantpumpe. Teilweise arbeitet die Verstellpumpe auf der
Saugseite ohne Speisung. Ferner verwendet man zunehmend elektrisch angesteuerte Wegeventile. Mit dem *Power beyond* - Prinzip [9.37] wurde eine energetisch
günstige Ergänzung eingeführt, bei der man zusätzliche Leitungen direkt von der
Verstellpumpe zu den Steckdosen führt und die LS-Wegeventile sozusagen vom
Traktor auf das Gerät verlagert. Man benötigt dazu eine Lastdruckmeldeleitung
vom Gerät zur Pumpe (über Steckkontakt). Einzelheiten siehe Kapitel 9.7.

**Weitere Load-Sensing-Schaltpläne.** Über die bisher besprochenen Anlagen hinaus findet man grundlegende Gedanken zu LS-Schaltungen in [9.38] und weitere
ausgeführte LS-Schaltpläne für *Traktoren* für Ford Serie 40 in [9.39], für John
Deere Serie 6000 in [9.40], für Fendt Favorit 500 und 800 in [9.41] und für MF
Serie 8100 in [9.42]. Lastkollektive und Wirkungsgrade bei Traktor-Hydraulikan-
lagen wurden in [9.43] vergleichend untersucht. Dabei wurde die in Bild 8.14
vereinfacht gezeigte energetische Überlegenheit von LS-Systemen mit Verstellpumpe durch Messungen im Praxiseinsatz bestätigt. Die positiven Einschätzun-
gen wurden durch die steil angestiegenen Stückzahlen bestätigt [9.41].
Ähnliche Erfolge gibt es bei vielen weiteren *Arbeitsmaschinen*, insbesondere bei
*Baumaschinen* [9.1]. Bei kleineren Leistungen oder geringen Marktanforderungen
wird vielfach das einfache Load-Sensing mit Konstantpumpe entsprechend Bild 8.12
eingesetzt. Allen Grundstrukturen überlagern sich für anspruchsvolle Märkte
zunehmend elektrohydraulische Steuerungen und Regelungen.

**Hydrostatische Antriebe der Arbeitsorgane eines Ladewagens.** Der in **Bild 9.**19 gezeigte gezogene Ladewagen wird teilweise über die Traktorhydraulik versorgt (Steckdose) – teilweise über seine Bordhydraulik, die über die Traktorzapfwelle angetrieben wird. Die Traktorhydraulik dient zum Betätigen von vier Arbeitszylindern (rechts im Schaltplan). Die Bordhydraulik arbeitet mit zwei Konstantpumpen: die linke für den Hydromotor zum Antrieb der Dosierwalzen, die rechte (über ein Stromteilventil) für die Hydromotoren des Kratzbodens und des Querförderers. Die Umsteuerung des Kratzbodens auf Rücklauf und des Querförderers von Links- auf Rechtsauswurf erfolgt über Magnetventile (2) und (3). Zur Steuerung der Kratzbodengeschwindigkeit (Materialvorschub) dient ein elektromagnetisch gesteuertes 3-Wege-Stromregelventil (4). Bei Verstopfen der Dosierwalzen steigt der Lastdruck und Druckschalter (5) schaltet den Kratzbodenvorschub automatisch ab. Wegeventil (2) lässt sich dann nur noch in die Stellung Rückwärtslauf schalten.

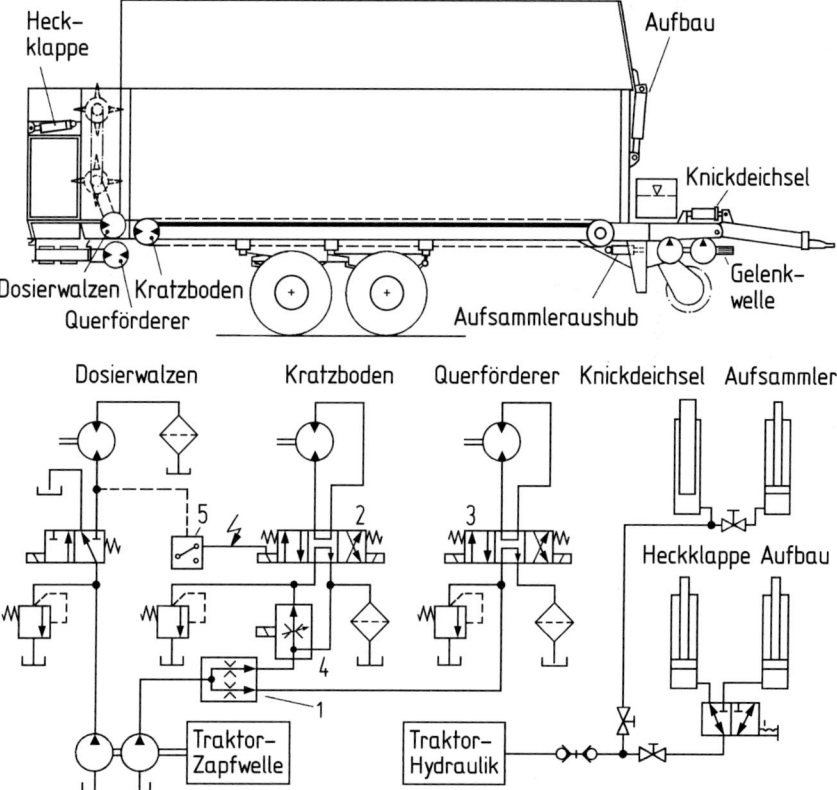

**Bild 9.19:** Hydrostatische Antriebe der Arbeitsorgane eines Ladewagens (Mengele)

# 9.4 Hydraulik in Straßenfahrzeugen

**Hydraulische Funktionen bei Verbrennungsmotoren.** Das Schmiersystem kann als Niederdruck-Hydraulik aufgefasst werden. Durch Verstellpumpen ist gegenüber Konstantpumpen auch hier eine im Zyklus verringerte Leistungsaufnahme erreichbar [9.44]. Typische Stellfunktionen betreffen die Steuerketten-Spanner, die Nockenwellenverstellung, den automatischen Ventilspielausgleich und andere Funktionen. Für die Einspritzung moderner Dieselmotoren setzt man immer mehr die CommonRail-Technik ein, die mit konstanten (etwas drehzahlabhängigen) sehr hohen Drücken bis etwa 2000 bar und zum Teil mit Piezo-Ventilen arbeitet.

**Hydraulische Funktionen für Fahrwerk und Antriebsstrang.** Die Hydraulik wird z. B. bei folgenden Komponenten (mit mäßigen Drücken) eingesetzt:
– Betätigung der *Bremsen* und der *Kupplung* (Fußkraftübertragung)
– *Bremskraftverstärker*, ggf. gleiches für die *Kupplung*
– *ABS*, Antiblockiersystem und abgeleitete Funktionen, z. B. *ASR* (Antriebsschlupfregelung), *ESP* (Elektronisches Stabilitätsprogramm) u. a.
– *Hilfskraftlenkung*
– *Schwingungsdämpfer* des Fahrwerks
– *Aktive Fahrwerksfederung* und *-regelung*
– *Hydropneumatische Federung* und *Niveauregulierung*
– *Schaltungen* (Automatikgetriebe, Allradantrieb, Diff.-Sperre u. a.)
*Hilfskraftlenkungen* wurden zusammenfassend in Kap. 9.2 behandelt.

**Antiblockiersystem, ABS.** In Großserie hergestellte ABS-Systeme sind seit Ende 1978 (Bosch) im Einsatz. Sie wurden um 2006 weltweit in etwa 2/3 aller Neufahrzeuge verbaut [9.45]. Hauptziel ist die Aufrechterhaltung der Längsstabilität bzw. der Lenkbarkeit bei Vollbremsungen [9.46]. **Bild 9.20** zeigt das System Bosch ABS 8 (ab 2001) für eine diagonal wirkende Zweikreisbremse. Die neuere Hydraulik ist durch den Ersatz von früher vier 3/3-Wegeventilen [9.47] durch acht 2/2-Wegeventile gekennzeichnet (bei Bosch ab ABS 5 [9.48]). Der linke, vom Hauptbremszylinder ausgehende Kreis wirkt über die in Ruhestellung offenen Ventile (1) und (2) auf die Räder links hinten (LH) und rechts vorn (RV), der rechte Kreis entsprechend über die Ventile (3) und (4) auf LV und RH. Bei zu großem Raddrehzahlabfall (Sensoren) schließt das entsprechende Zulaufventil. Fällt die Raddrehzahl weiter ab, öffnet das zugehörige Entlastungsventil (5, 6, 7, 8). Wenn sich das Rad durch Kraftschluss wieder beschleunigt, wird das Fahrzeug trotz gelöster Bremse weiter verzögert. Ist der Schlupf zu klein geworden, schließt das Entlastungsventil und das Zulaufventil öffnet. Dieser Vorgang wiederholt sich meistens mehrfach zyklisch. Die Speicher nehmen Volumenstromspitzen auf. Die elektrisch angetriebene kleine Doppelpumpe fördert die Bremsflüssigkeit auf die

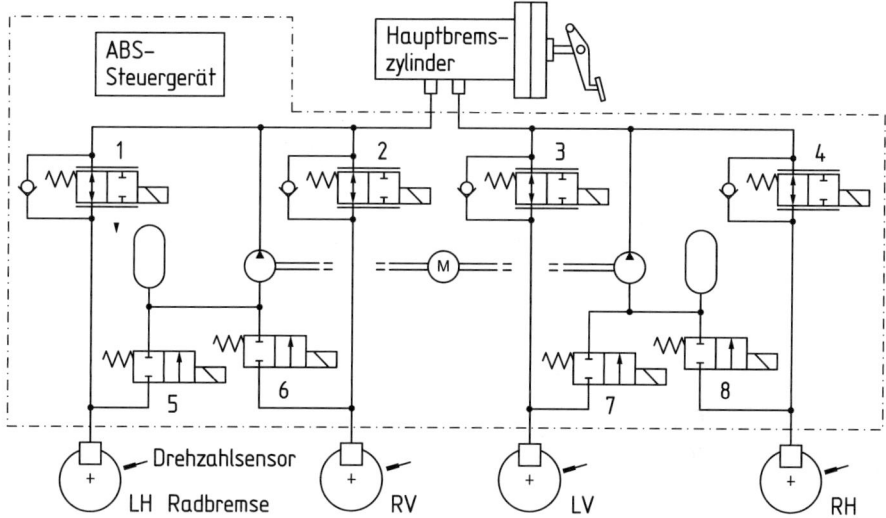

**Bild 9.20:** Antiblockiersystem Bosch ABS 8 (nach [9.45], ergänzt)

Hochdruckseite zurück. Vier Drehzahlsensoren geben ihre Signale an das integrierte ABS-Steuergerät. Dessen Ausgänge sind für die 2/2-Ventile (1) bis (4) (ab ABS 8) stromgeregelt für analoge, proportionale Ansteuerung [9.45]. Die Ventile (5) bis (8) sind einfache Schaltventile. Die Drehzahlsensorik an den Rädern sowie ein erweiterter Hydraulikblock ermöglichen zusätzliche Sicherheitssysteme wie z. B. ESP (elektronisches Stabilitätsprogramm) und ASR (Antischlupfregelung) [9.45, 9.46]. Ein ESP-Baukasten kann die ABS-Funktion integriert haben.

**Hydropneumatische Federung.** Nach **Bild 9.21** stützt ein Arbeitszylinder (1) die Radachse (2) gegen das Chassis (3) ab und ist mit dem Speicher (4) über die Drossel (5) verbunden. Zylinder und Speicher liefern die Federung, die Drossel die Schwingungsdämpfung. Dieses System kann über Wegeventil (6) durch Druckölzufuhr (7) aufgeladen oder gegen den Tank entladen werden.

Bei Niveauregelung benötigt die Steuerung von Ventil (6) einen Sollwert und einen gemessenen Istwert für die Position der Achse (2) relativ zum Chassis (3).

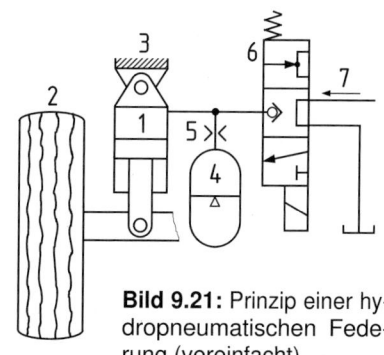

**Bild 9.21:** Prinzip einer hydropneumatischen Federung (vereinfacht)

# 9.5 Hydraulik in großen Flugzeugen

**Besonderheiten.** Bei großen Verkehrsflugzeugen und modernen Kampfflugzeugen werden sehr spezielle Hydrauliksysteme eingesetzt [9.49 – 9.53]:

– *Konstantdrucknetze* (zivil ab 3000 psi = 207 bar, mil. z. B. 5000 psi = 345 bar)
– Extremer *Leichtbau*, hohe *Leistungsdichte* (hohe Pumpendrehzahlen)
– *Sehr großer Temperaturbereich*, typisch –55 bis + 110 °C (Sonderfluide)
– Trotz Mehrgewicht: Einsatz von *Hochdruckfiltern* (Zuverlässigkeit)
– Sehr geringes *Ölumlaufvolumen*, vorgespannte Öltanks (Gewicht)
– Ersatzsysteme bei Ausfällen: *Redundanz*
– Sehr strenge *Qualitäts- und Lebensdauerforderungen*
– Sehr hohe spezifische *Komponentenpreise* (je kg oder kW)

**Hydrauliksystem des Kampfflugzeugs „Tornado".** Das in **Bild 9.22** in Anlehnung an [9.50] vereinfachte Hydrauliksystem des Kampfflugzeuges „Tornado" gibt einen Einblick in dieses Anwendungsgebiet. [9.49] enthält weitere Daten. Die Hydraulik besteht im Wesentlichen aus zwei voneinander unabhängigen Teilsystemen mit Konstantdruckregelung (270 bar) über Verstellpumpen (max. 174 l/min, max. Antriebsleistung ca. 100 kW). Die linke Pumpe wird vom ersten Flugtriebwerk und die rechte vom zweiten angetrieben. Beide Kreise sind voneinander unabhängig, können jedoch bei Ausfall eines Triebwerks durch eine mechanisch geschaltete Welle verbunden werden, so dass die Hydraulik voll arbeitsfähig bleibt. Bei Ausfall beider Triebwerke läuft die elektrisch angetriebene Notpumpe des linken Systems über Bordbatterie an. Im Gesamtsystem sind nur 16,2 l Druckflüssigkeit (MIL-H-5606), die saugseitig vorgespannt werden (Bild 6.15). Die Druckfilter haben eine Feinheit von 15 µm absolut, die Rücklauffilter 5 µm absolut. Die Kühler im Rücklauf heizen den Kraftstoff. Grundregel für das Schaltplankonzept ist nach [9.50], dass die für die Flugsicherheit wichtigsten Verbraucher möglichst von beiden Systemen parallel und gleichzeitig versorgt werden. Das wurde weitgehend realisiert. Wo nicht, sind weitere Notversorgungssysteme vorhanden, insbesondere Speicher, die sich bei Pumpen-Druckabfall automatisch über Rückschlagventile abkoppeln. Für Kabinendachanlage und Radbremsen ist zusätzlich eine Handpumpe im Cockpit. Das wichtige einmalige Ausfahren des Fahrwerks erfolgt bei Ausfall der rechten Pumpe und des rechten Hauptspeichers durch eine Stickstoffflasche. Reduziert sich das Umlaufvolumen des Fluids durch ein Leck zu sehr (Beschuss), betätigt der Kolben des betreffenden Reservoirs einen Schalter, der den größten Teil der Verbraucher von der betroffenen Systemseite abkoppelt, um vor allem die lebenswichtige „primäre Flugsteuerung" zu versorgen. Fallen hier die Hydraulik und/oder die elektrohydraulische Steuerung völlig aus, wird eine mechanische Verbindung geschaltet, der Tornado bleibt flugfähig.

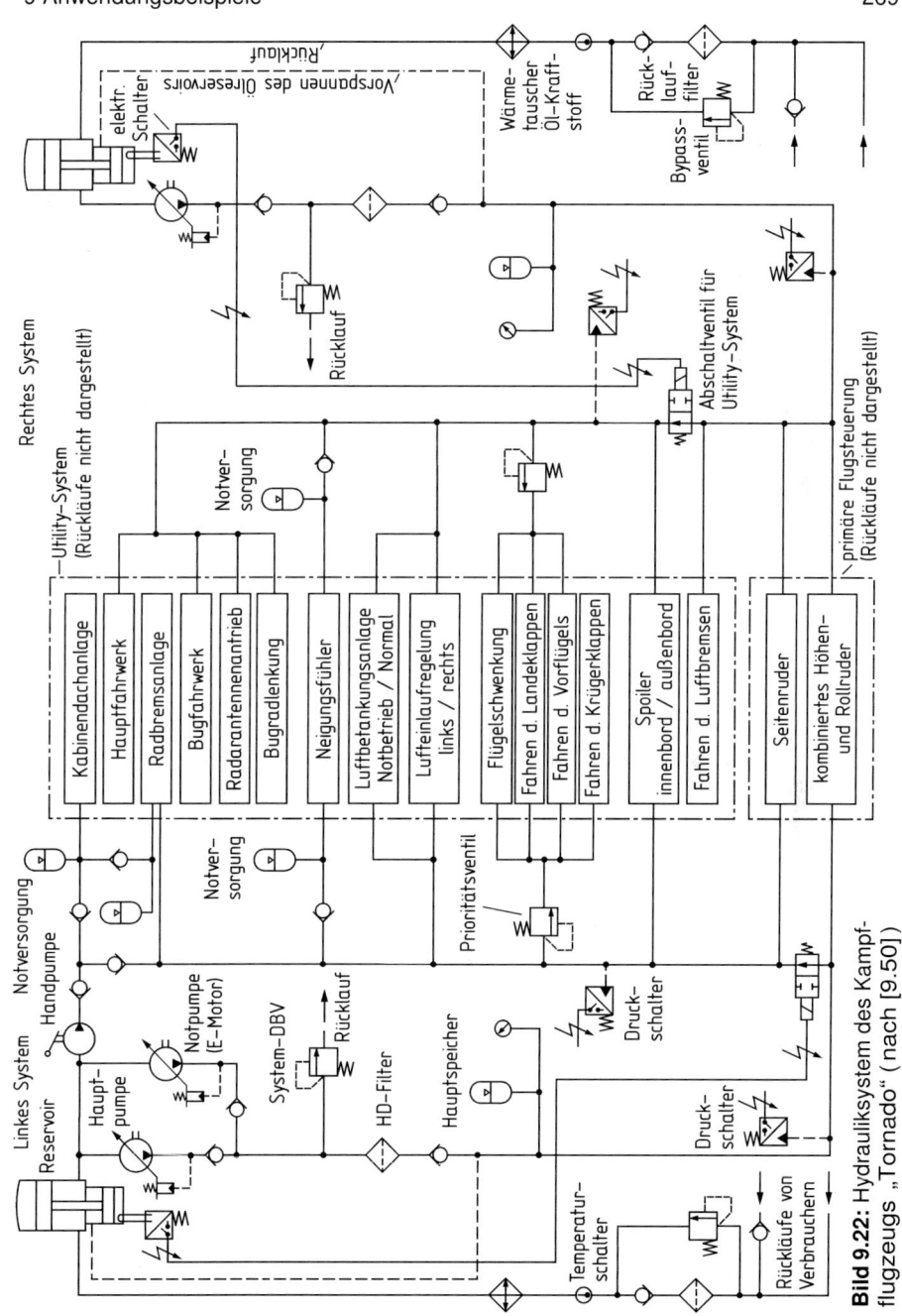

**Bild 9.22:** Hydrauliksystem des Kampfflugzeugs „Tornado" (nach [9.50])

**Ausblick.** Die Tornado-Hydraulik mit Fly-by-Wire-Technik galt seinerzeit als besonders zukunftsträchtig – inzwischen gibt es weitere technische Fortschritte [9.51]. Beim Airbus A 380 werden die bisher üblichen drosselnden Anpassungen von Lastdruck und Systemdruck für die Landeklappen erstmalig durch Verdränger-Anpassungen, Gl. (2.22), ersetzt, wie sie in Kap. 7.6 beschrieben worden sind. Vorarbeiten wurden dazu u. a. mit [9.52] vorgelegt. Der konstante Systemdruck beträgt beim A 380 erstmalig für Zivilflugzeuge 5000 psi (ca. 350 bar).

## 9.6 Hydraulik in stationären Maschinen

**Hydrostatische Lagerungen, z. B. bei Werkzeugmaschinen für Spindeln und Führungen.** Diese Art der Lagerung ist reibungsarm (im Stillstand sogar völlig reibungsfrei, da voll schwimmend) und sehr steif.

Im einfachsten Fall wird ein Tragfeld durch eine Konstantpumpe beaufschlagt, **Bild 9.23, links**. Die Stegbreiten sollten nicht zu klein sein wegen der Dämpfung und des Ölverbrauchs. Es stellt sich automatisch ein der Last $F$ entsprechendes Druckfeld $p_T$ mit der Spaltweite $h$ ein. Bei mehreren Tragfeldern kann man entweder für jedes eine separate Pumpe vorsehen (z. B. viele kleine Pumpen auf einer Welle) oder Stabilisierungelemente $S_1$, $S_2$ usw. vor die Tragfelder schalten, **Bild 9.23, rechts** – im einfachsten Fall kleine Widerstände. Stromregelventile ergeben bessere Lagersteifigkeit. An $S_1$ sind Volumenstrom und Druckabfall klein, an $S_2$ ist beides größer. Praktische Pumpendrücke liegen z. B. bei 100-150 bar, der Druckabfall an der Drossel sollte etwa die Hälfte davon betragen. Die Gesamtberechnung ist infolge laminarer Spaltströmungen sehr genau möglich, siehe z. B. [2.55] in Kap. 2.4.

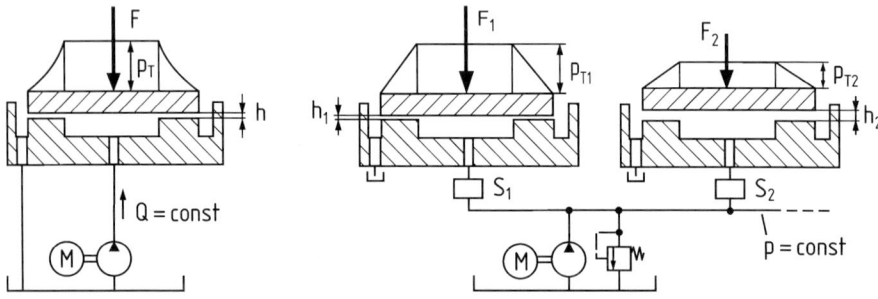

**Bild 9.23:** Hydrostatische Lager. Links „eine Pumpe je Tasche", rechts Versorgung parallel geschalteter Taschen mit Hilfe von Stabilisierungselementen $S_1$, $S_2$ usw. Taschengeometrien: Links kreisförmig, rechts rechteckig

**Hydraulik einer Kunststoff-Spritzmaschine, Bild 9.24.** Der Volumenstrom der Verstellpumpe (1) wird durch den Druckabfall an der Verstelldrossel (2) gesteuert (LS-Prinzip). Das ferngesteuerte Druckbegrenzungsventil (3) dient zur vorgesteuerten Druckabschneidung – hiermit wird der Arbeitsdruck beim Einspritzen bestimmt. Wenn es anspricht, entsteht an der darüber liegenden Festdrossel ein Druckabfall, der zur Betätigung des unteren Pumpenverstellventils führt (Pumpe schwenkt zurück). Damit können an den Verbrauchern der Maschine sowohl unterschiedliche Arbeitsgeschwindigkeiten als auch Arbeitskräfte bzw. Spritzdrücke energetisch günstig erzeugt werden. Das Sicherheitsventil (4) verhindert das Schließen des Werkzeugs (Z1) bei geöffneter Abdeckung. Der elektrohydraulisch gesteuerte Arbeitszyklus läuft wie folgt ab:

– Schließen des Werkzeugs (Z1), Vorschieben der Kernzüge (Z4)
– Verschieben der Spritzeinheit (Z2),
– Antreiben der Schnecke (Ölmotor), an (Z3) baut sich in der rechten Kammer ein Gegendruck auf, der durch DBV (5) kontrolliert wird.
– Umschalten von Ventil (6), Einspritzen des plastifizierten (heißen) Kunststoffs (Z3) mit geregeltem Druck an Ventil (3)
– Zurückfahren der Spritzeinheit (Z2) und der Schnecke (Z3)
– Öffnen des Werkzeugs (Z1) und Zurückziehen der Kernzüge (Z4)
– Ausstoßen des (nicht dargestellten) Formteils (Z5)

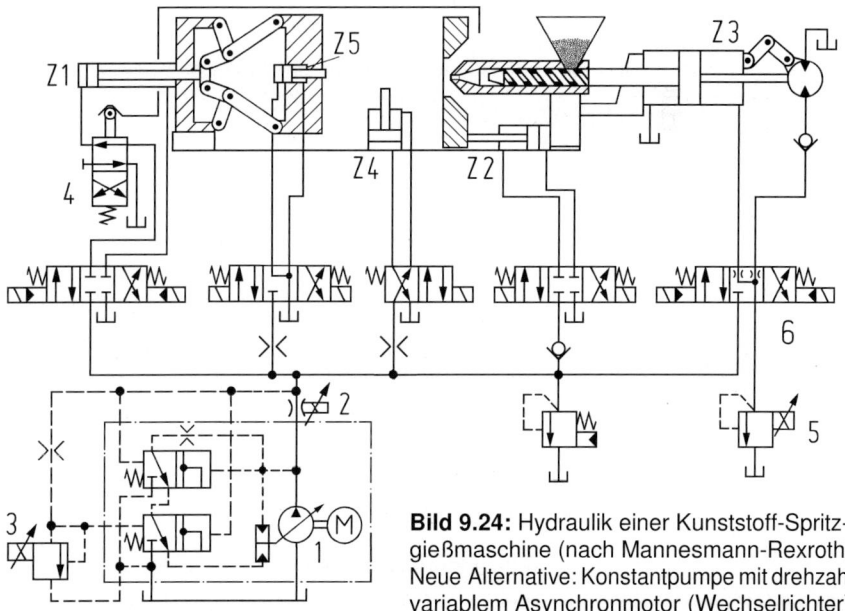

**Bild 9.24:** Hydraulik einer Kunststoff-Spritzgießmaschine (nach Mannesmann-Rexroth). Neue Alternative: Konstantpumpe mit drehzahlvariablem Asynchronmotor (Wechselrichter)

Regelkreise können den Spritzprozess weiter verbessern [9.53]. So wird z. B. der Soll-Druckverlauf im Kunststoff vorgegeben, der Istwert mit Hilfe eines Drucksensors am Spritzraum gemessen und über die Verstellpumpe korrigiert.

**Hydrostatisch angetriebener Aufzug.** Aufzüge dieser Art werden gern für kleine bis mittlere Höhenunterschiede (z. B. U-Bahn) angewendet, **Bild 9.25.** Die Aufzugskabine (1) wird an Schienen (2) und (3) geführt und durch Hubzylinder (4) in Verbindung mit Seilen (5) gehoben und gesenkt. Die Kinematik mit Umlenkrolle bewirkt, dass die Hubhöhe dem doppelten Kolbenweg entspricht.

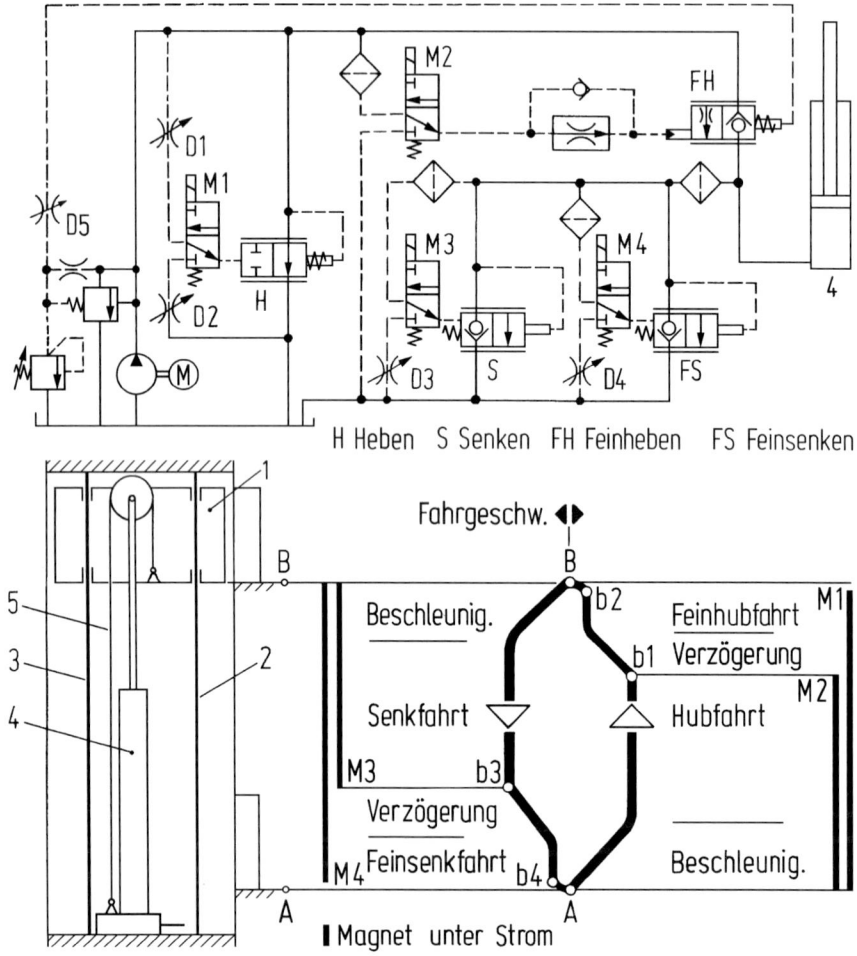

**Bild 9.25:** Hydrostatisch angetriebener Aufzug (angelehnt an Flohr-Otis)

Bei größeren Hüben werden auch Gleichlauf-Teleskopzylinder verwendet. Ausreichende Knicksicherheit ist hier besonders zu beachten (solide Fußbefestigung günstig). Anhand des Schaltplans und des Funktionsdiagramms ergibt sich ein Fahrzyklus von unten ausgehend wie folgt. Beim Anfahren werden Pumpe und Elektromotor und gleichzeitig die Magnetventile (M1) und (M2) eingeschaltet. Der über (M1) fließende Steuerölstrom schließt das Hubventil (H) (Schließgeschwindigkeit über Drossel (D1 einstellbar), so dass nach Überwindung der Beschleunigungsstrecke (DBV spricht an, Bild 7.4 links) über Ventil (FH) der volle Volumenstrom zu Zylinder (4) fließt und die Kabine hebt. Bei (b1) wird (M2) stromlos, (FH) wird in die Drosselstellung geschaltet, so dass nach einer gewissen Verzögerungsstrecke die Feinhubfahrt (DBV spricht an) bis zur Endstation (B) erfolgt. Kurz vorher werden Motor und Magnetventil (M1) abgeschaltet und das Hubventil (H) öffnet sich (Öffnungsgeschwindigkeit durch D2 einstellbar). Der Ölstrom fließt in den Tank, die Kabinenlast setzt sich über den Zylinder auf das Rückschlagventil im Ventil (FH). Das unter Druck stehende Zylinderöl kann über die Magnetventile (M3) und (M4), das Senkventil S und das Feinsenkventil FS kontrolliert herausgelassen werden. Die Drosseln (D1 bis D5) dienen zur Justierung.

**Servohydraulische Prüfanlage („Hydropulsanlage").** In Anlagen entsprechend **Bild 9.26** prüft man Werkstoffproben, Bauteile und Komponenten, wobei zeitlich schwankende Verläufe für folgende Größen im Regelkreis nachgefahren werden können:

– *Wege* (z. B. zur dynamischen Erprobung von Federn)
– *Kräfte* (z. B. bei Spannungs- und Bauteil-Wöhlerlinien)
– *Dehnungen* (z. B. für grundlegende Werkstoffuntersuchungen)

Die Signalvorgabe kann sinusförmig sein (z. B. für Wöhler-Versuche) oder zeitlich regellos schwanken (z. B. für Lebensdauerversuche auf der Basis gemessener Praxisbelastungen). Bei Lebensdauerversuchen lässt man oft geringe Belastungen unberücksichtigt, um eine *Zeitraffung* zu erreichen (Kosten- und Zeiteinsparung). Die Hydraulik arbeitet bei einfachen Anlagen mit einer Versorgung (1) aus Konstantpumpe, Druckabsicherung, Hochdruckfilter und Speicher. Das für sehr

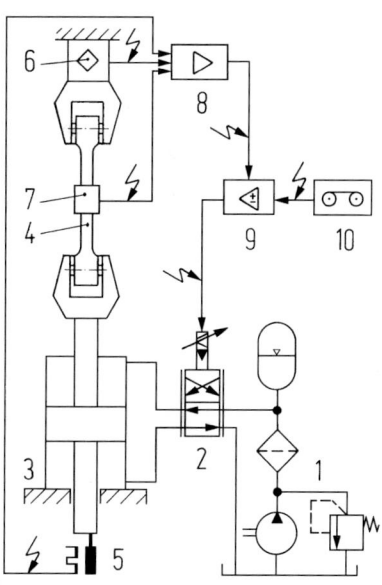

**Bild 9.26:** Servohydraulische Prüfanlage (nach Schenck)

hohe Dynamik ausgelegte Servoventil (2) versorgt den doppelt wirkenden Prüf-
zylinder (3), dessen Kolben bei hohen Ansprüchen hydrostatisch gelagert ist, um
die Störgröße „Reibung" zu minimieren (leider sehr aufwendig). Der Zylinder
belastet den Prüfkörper (4) im Regelkreis. Der Istwert wird je nach Aufgaben-
stellung entweder durch einen Wegsensor (5) oder einen Kraftsensor (6) oder
einen Dehnungssensor (7) über den Messverstärker (8) zum Regelverstärker (9)
zurückgeführt und mit dem Sollwert aus dem gespeicherten Programm (10) verglichen. Typische Arbeitsfrequenzen reichen in der Praxis bis zu etwa 30 Hz. Die
Qualität des Regelkreises wird mit dem Bode-Diagramm bewertet, s. Bild 5.34.
Die Grenzfrequenz ist umso niedriger, je höher die Anlage bezüglich Amplitude
ausgenutzt wird.

**Hydrostatische Leistungsbremse für die Getriebeprüfung.** Bei der Laborunter-
suchung von Getrieben (Funktion, Wirkungsgrade, Geräusche, Lebensdauer) nach
dem *Energie-Durchlaufprinzip* (Gegensatz: *Energiekreislauf-Prinzip*) benötigt man
einen Antrieb und eine sog. Leistungsbremse. Wasserwirbelbremsen und Wirbel-
strombremsen sind für kleine Drehzahlen und hohe Momente nicht geeignet, wohl
aber hydrostatische Leistungsbremsen. Nach **Bild 9.29** wird der Prüfling (1) über
Messnaben links durch einen Elektromotor angetrieben und rechts durch die
verstellbare Hydraulikpumpe (2) belastet. Das Belastungsdrehmoment bzw. der
Lastdruck wird durch die Drossel (3) erzeugt, wo die hydrostatische Leistung in
Wärme umgewandelt und durch den Kühler (4) abgeführt wird. Um in beiden
Drehrichtungen arbeiten zu können, wurde ein geschlossener Kreislauf mit Speisepumpe (5) vorgesehen (Vorspannung 5-10 bar, Überschuss abgeführt durch
rechtes DBV). Die beiden Hochdruck-DBVs sind durch das 3/3-Wegeventil zu
öffnen (Leerlauf). Die Bremse wurde am Institut für Landmaschinen der TU
Braunschweig gebaut und erfolgreich für Wirkungsgradmessungen eingesetzt.

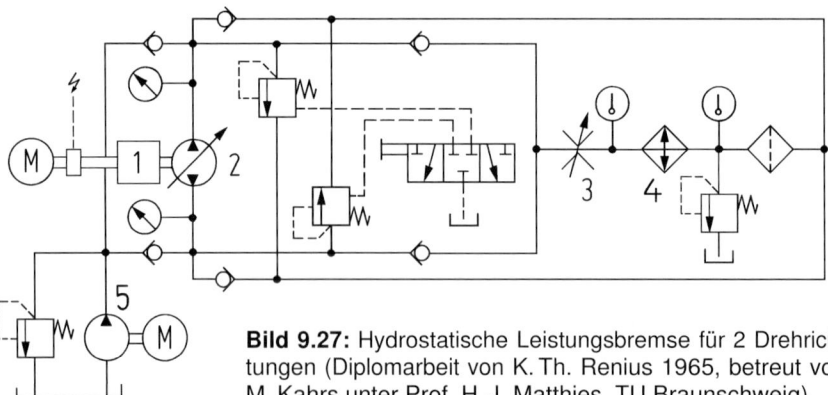

**Bild 9.27:** Hydrostatische Leistungsbremse für 2 Drehrichtungen (Diplomarbeit von K. Th. Renius 1965, betreut von
M. Kahrs unter Prof. H. J. Matthies, TU Braunschweig)

## 9.7 Energie sparen durch Hydraulik

Ein bekannter, großer Hydraulikhersteller sieht für energiesparende Konzepte folgende vier Handlungsfelder:

1. *Verlustarme Komponenten*          3. *Rekuperation*
2. *Drosselfreie Volumenströme „on demand"*          4. *System-Simulation*

Die energetische Effizienz einer Anlage ist sowohl im mobilen Bereich als auch bei stationären Anlagen immer bedeutsamer. Etwa 80% des elektrischen Energieverbrauchs der Industrie entfallen auf Elektromotoren, u. a. für Pumpenantriebe. **Haben elektrische Maschinen bessere Wirkungsgrade als hydrostatische?** Elektromotoren erreichen heute beachtliche Wirkungsgrade, aber hydrostatische Maschinen zum Teil auch: Großwinkel-Axialkolbenpumpen bieten z. B. Werte um 95% in einem relativ großen Bereich (Bild 3.37b).

Als Spiegel der inzwischen erheblich gesteigerten Energie-Effizienz von Käfigläufer-Asynchronmotoren sei die Verordnung EG 640/2009 herangezogen, die im Jahre 2009 als Ergänzung zur EG-Richtlinie 2005/32/EG erlassen worden ist.

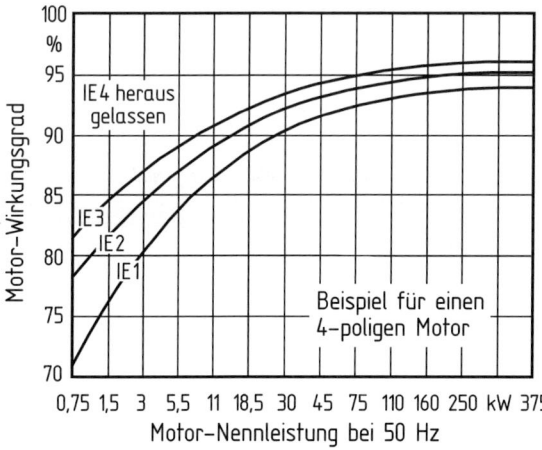

**Bild 9.28** zeigt daraus einen Auszug für 4-polige Motoren. Für Leistungen von 7,5 bis 375 kW gilt (ohne Frequenzumrichter) z. B. schon ab dem 1.1.2015 die Klasse IE 3 bzw. bei vorhandenem Umrichter IE 2. Die Leistungselektronik bedingt zusätzliche Vollastverluste von z. B. 2 bis 3%. Damit ist das Niveau nicht besser als für sehr gute Axialkolbenmaschinen (Bild 3.37b). Schwachstellen der Hydraulik sind daher weniger die Verdrängereinheiten als vielmehr Drosselverluste, Leerlaufverluste und Strömungsverluste in langen Leitungen.

**Bild 9.28:** Wirkungsgradklassen 4-poliger Asynchronmotoren nach EG-Verordnung EG 640/2009. Klassendefinition nach IEC 60034-30:2008.

Drosselverluste kann man durch intelligente Systeme vermeiden (siehe folgende Seiten) und Leerlaufverluste gezielt minimieren. Lange Leitungen bleiben ein Problem. Eine elektrische Leistungsübertragung hat geringere Verluste. Denkbar sind daher Kombinationen: Energieleitung elektrisch – Arbeit vor Ort hydraulisch.

## Energetische Vorteile durch Kopplung von Hydraulik und Elektrik

Durch die großen Fortschritte der Leistungselektronik wurde es möglich, Elektromotoren über Frequenzverstellung drehzahlvariabel zu betreiben. Dadurch wurde u. a. deren Kombination mit Verdrängermaschinen interessant und z. B. unter Helduser an der TU Dresden erforscht [9.53, 9.54], **Bild 9.29.**

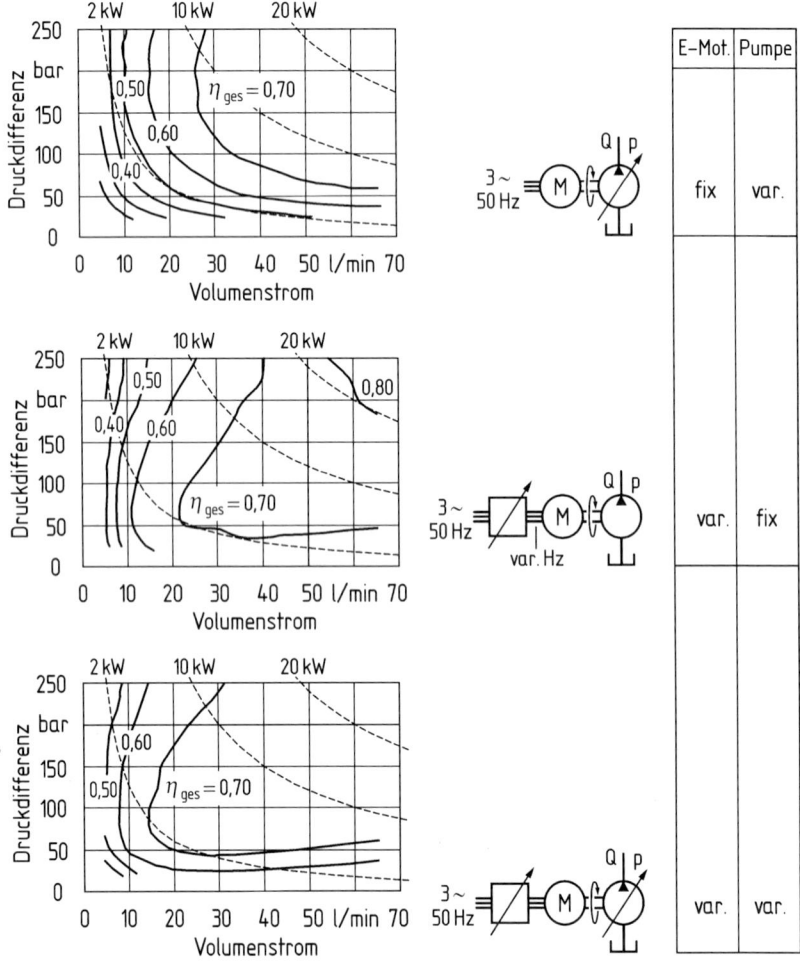

**Bild 9.29:** Bedarfsgerechte, drosselfreie Ölströme durch Kombination von Elektromotoren und Verdrängermaschinen. Systemwirkungsgrade für drei typische Konzepte. Techn. Daten s. Tafel 9.1. Für hohe Leistungen und Großwinkel-Axialkolbenmaschinen sind mit IE3-Motoren noch wesentlich bessere Gesamtwirkungsgrade zu erwarten.

**Tafel 9.1:** Erzeugung von bedarfsgerechten Ölströmen. Technische Daten und Empfehlungen zu den drei Alternativen von Bild 9.29 [9.53, 9.54]

| Drehzahl E.–Motor konstant | Drehzahl E.–Motor variabel | Drehzahl E.–Motor kennfeldgesteuert |
|---|---|---|
| Standard–Asynchronmotor für Netzbetrieb. Nennwerte: 36 kW, 1475/min | Drei–Phasen–Servomotor mit Frequenzumrichter. Nennwerte: 15,5 kW, 1500/min | Standard–Asynchronmtor mit Frequenzumrichter. Nennwerte: 22 kW, 1475/min |
| Radialkolbenpumpe 45 cm³. Elektro–hydr. Verstellung, eigenversorgt | Radialkolbenpumpe 45 cm³, konstantes Hubvolumen | Radialkolbenpumpe 45 cm³. Elektro–hydr. Verstellung, eigenversorgt |
| Kostengünstige Standardlösung zum Energie sparen. Anlaufen und häufiger Betrieb unter niedriger Last weniger günstig. | Energetisch günstig für mäßige Arbeitsdrücke, weniger gut für Anlaufen und Halten unter hohen Drücken. Leiser als die Lösung links. | Energetisch ausgewogen. Aufwand lohnt am ehesten bei stark schwankenden Betriebspunkten. Leiser als die Lösung ganz links. |

Jede Leistungselektronik (rechtwinkliger Kasten m. Pfeil) besteht intern aus einem ersten Bereich, der eine hohe Gleichspannung erzeugt (Zwischenkreis) und einem zweiten, der diese in einen Dreiphasenstrom mit variabler Frequenz wandelt. Bei Gruppen von Antrieben kann ein Gleichstrom-Zwischenkreis als „Leistungsbus" sinnvoll sein. Dieser hat auch den Vorteil möglicher Energierückspeisungen.

*Zu beachten:* Schrägscheibenmaschinen vertragen ein Anlaufen unter Last wegen großer Reibung am Kolben sehr schlecht (Verluste, Verschleiß, Regelprobleme).

**Rekuperation** ist ein weiterer neuer Ansatz zum Energiesparen. Dabei geht es im Wesentlichen um die Rückgewinnung von Energie aus Abbremsvorgängen.

Typische Beispiele:

– *Fahrzeuge mit häufigen Bremsungen* (Stadtbusse, Müllfahrzeuge, Radlader,...)
– *Drehbewegungen mit hohen Trägheiten* (Oberwagen Bagger, Baukräne, …)
– *Absenken schwerer Lasten* (Hafenkräne, Stapler, Radlader, Baggerausleger, …)

Neben Energieeinsparungen und Geräuschreduzierungen ist oft ein „down sizing" des Antriebsmotors möglich, weil kurzzeitige Spitzenleistungen im Zyklus durch Addieren der gespeicherten Energie erbracht werden können. Das kann erhebliche Zusatzvorteile bedeuten, wenn der Motor dadurch in die Leistungsklasse bis 56 kW gebracht werden kann mit günsigen Kosten wegen milderer Emissionsgrenzwerte.

## Beispiel 1: Müllfahrzeug (26 t) mit hydrostatischer Rekuperation

Bosch Rexroth AG und HALLER entwickelten ein Antriebssystem für Müllfahrzeuge, siehe **Bild 9.30**.
Beim Bremsen wird die Axialkolbeneinheit, die in diesem Modus als Pumpe arbeitet, über die Kupplung zugeschaltet und lädt die Speicher auf. Diese geben

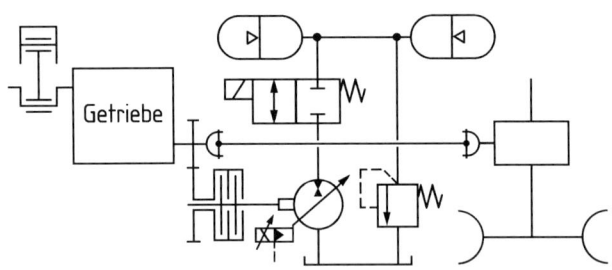

**Bild 9.30:** Bremsenergienutzung eines Müllsammelfahrzeugs (HALLER/Rexroth, in Serie 2010 [9.55])

beim nächsten Beschleunigungsvorgang ihre Energie über die nun im Motorbetrieb arbeitende Axialkolbeneinheit wieder ab (Speicher je 32 $\ell$, max. 330 bar).
Der ADAC attestierte 20% Kraftstoffeinsparung und weniger Bremsenverschleiß.
Das gleiche Prinzip wurde auch schon für andere Fahrzeuge vorgeschlagen.

## Beispiel 2: Hafenkran mit Nutzung der Absenkenergie von Lasten

Bei der Liebherr „Pactronic" werden beim Absenken der Last Hydro-Speicher durch die dann als Motoren arbeitenden Axialkolbenmaschinen gefüllt, **Bild 9.31**.
Gleichzeitig wird mit der überschüssigen Leistung des Primärantriebs Energie in den Speicher geladen. So ist beim nächsten Heben-Zyklus eine große unterstützende Leistung aus der Speicherenergie verfügbar. Der Dieselmotor kann dadurch drastisch kleiner ausfallen – arbeitet auch gleichmäßiger und leiser. Das Gesamtsystem führt nach Herstellerangaben zu etwa 30% Kraftstoffeinsparung.
Der Speicher arbeitet hier vorteilhaft mit unterstützenden Stickstoffflaschen.

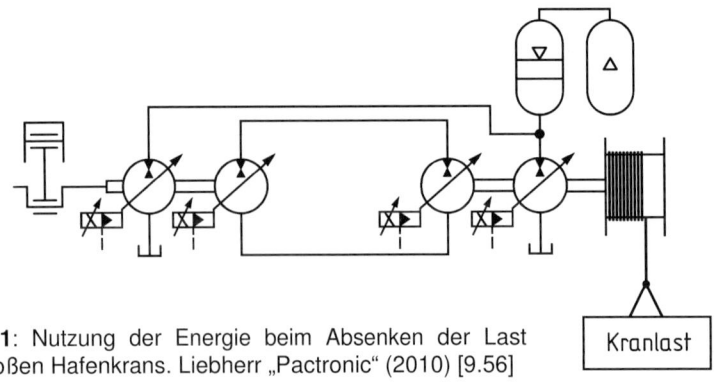

**Bild 9.31**: Nutzung der Energie beim Absenken der Last eines großen Hafenkrans. Liebherr „Pactronic" (2010) [9.56]

Zur Entwicklung von Baggern mit Rekuperation der Schwenk- und Hubenergie liegen seitens der Forschung vorbereitende Grundlagen vor [9.57, 9.58]. Die erwarteten Energieeinsparungen sind geringer als im vorigen Beispiel, jedoch kann auch hier die Produktivität relativ zur Größe des Dieselmotors gesteigert werden.

**Beispiel 3: Bagger mit hydrostatischer Rekuperation der Schwenkenergie**

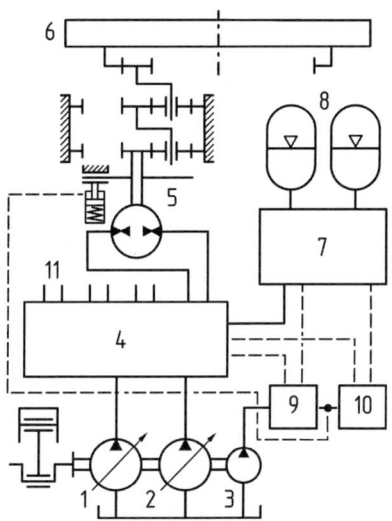

Auf der BAUMA 2013 stand mit dem Caterpillar 336E ein erster Serienbagger mit Energierückgewinnung am Schwenkwerk. Das System arbeitet rein hydraulisch durch Speicherung und Wiedernutzung der Bremsenergie des Schwenkwerks, **Bild 9.32**. Zwei Hauptpumpen (1) und (2) versorgen über den Hauptventilblock (4) die vier Arbeitsorgane (11), Pumpe (3) dient der Steuerung. Konstantmotor (5) treibt (bei automatisch gelüfteter Scheibenbremse) über das Doppel-Planetengetriebe den Oberwagen-Drehkranz (6) an. Bei dessen Verzögerung schalten Ventilblock (4), Regenerationsventilblock (7) und Vorsteuerventil (9) bzw. (10) auf Modus „Laden der beiden Speicher (8)".

Wird das Drehwerk in die Gegenrichtung beschleunigt, schalten die Steuerventile die Speicher als Unterstützung zu. Daher kann

**Bild 9.32:** Hydraulische Rekuperation der Schwenkenergie, Caterpillar 2013

der Dieselmotor bei gleicher Leistung kleiner ausgeführt werden – in jedem Fall wird Kraftstoff gespart. Man arbeitet weitgehend mit aufgelösten Steuerkanten und einfachen Ventilen.

**Beispiel 4: Bagger mit Rekuperation der Schwenk- und Hubenergie**

Die Bremsenergie des Ausleger-Hubwerks ist im Durchschnitt oft etwas größer als die des Schwenkwerks, insbesondere bei kleinen Arbeitsschwenkwinkeln. Daher stellte Liebherr auf der BAUMA 2013 die Baggerstudie „9XX" in Hybridtechnik vor, bei der das Schwenkwerk elektrisch (Superkondensatoren) und das Ausleger-Hubwerk elektro-hydraulisch arbeitet (elektrischer Generator/Motor plus Hydro-Speicher), siehe auch EP 2 233 646 A3 (Prior.23.03.2009). Beide Teilsysteme sind energetisch verknüpft. Man erwartet etwa 25% Kraftstoffeinsparung und damit trotz der Mehrkosten eine interessante Wirtschaftlichkeit.

Ein entsprechendes rein hydrostatisches System kündigte HYUNDAI auf der Bauma 2013 unter der Bezeichnung „Hi-POSS" als baldige Serienlösung an. Man rechnet auch hier mit Energieinsparungen von wenigstens 20%.

**Beispiel 5: Energieeinsparung durch „Power Beyond" bei Traktor und Gerät**
Moderne Trakor-Hydrauliksysteme arbeiten ab mittlerer Leistungsklasse meistens nach dem „Load-Sensing-Prinzip" (Bild 8.14, Anwendung siehe Bild 9.18).
Wenn über die üblichen Hydrauliksteckdosen (Bild 9.18) Dauerverbraucher auf Geräten hydrostatisch angetrieben werden (Düngerstreuer, Gebläse für Sämaschinen), wurde zum Beispiel für deren Drehzahlregelung ein Stromregelventil verwendet. Das ist energetisch sehr ungünstig, da nun sowohl am Traktorventil als auch am Geräteventil Drosselverluste entstehen. Die traktorseitigen (Hin- und Rücklauf) lassen sich durch „Power- Beyond" [9.37] stark reduzieren, **Bild 9.33**.

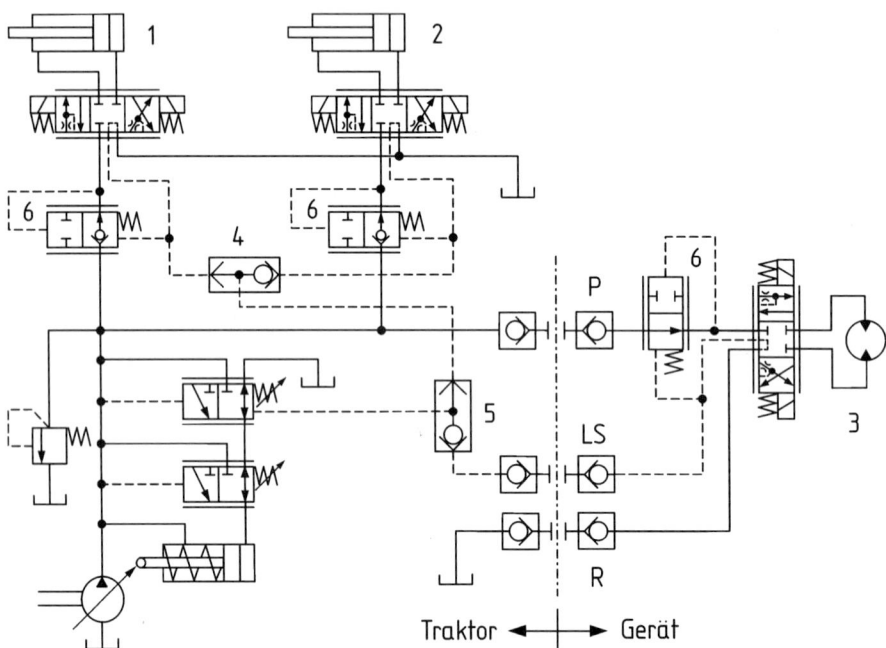

**Bild 9.33:** Hydrostatische Energieversorgung von Geräten aus der Load-Sensing-Bordhydraulik von Traktoren nach dem Power Beyond-Prinzip (ISO 17 567)

Im Beispiel versorgt die Verstellpumpe über LS-Ventile die Hydrauzlikzylinder (1) und 2 (z. B. des Frontladers). Im Interesse hoher Dichtigkeit haben die Druckwaagen (6) Rückschlagventile. Für den Ölmotor (3) auf dem Gerät werden die LS-Ventile des Traktors bewusst umgangen. Dafür befindet sich ein LS-Ventil auf dem Gerät, mit dem die Verstellpumpe über die LS-Leitung „ferngesteuert" werden kann. Die Wechselventile (4) und (5) sorgen für die Rückführung des höchsten Lastdruckes. Die Druckwaagen (6) regeln das $\Delta p$ an denjenigen Ventilen, die gerade Verbraucher mit niedrigeren Lastdrücken versorgen und daher gerade keine Steuerverbindung zur Pumpe haben. Lange LS-Leitungen erschweren leider eine gute Pumpenregelung. Weitere Verbesserungen werden von einem elektronischen Hydraulikmanagement mit Nutzung des ISOBUS (ISO 11783) erwartet.

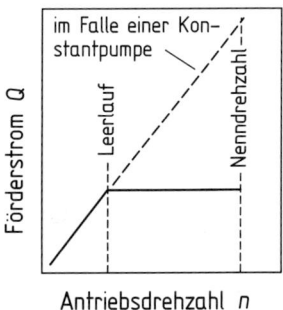

**Bild 9.34:** Energie sparen bei der Lenkhydraulik d. Volumenstromregelung [9.59].

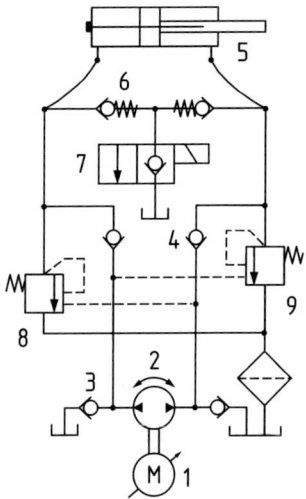

**Beispiel 6: Energiesparende Lenkhydraulik**

Klassische hydrostatische Hilfskraftlenkungen benötigen einen konstanten Versorgungs-Ölstrom. Ein System aus Konstantpumpe und 3-Wege Stromregelventil ist energetisch sehr ungünstig, **Bild 9.34**. Etwas besser schneiden Reststromnutzungen ab (Bild 9.12). Gravierend besser ist ein über die Pumpe volumetrisch gesteuerter Bedarfsölstrom. Audi führte z. B. 2007 dafür eine verstellbare Flügelzellenpumpe ein. Eine weitere Möglichkeit besteht in einem verstellbaren elektrischen Antrieb, **Bild 9.35**. Dieses System von WEBER HYDRAULIK verbraucht ohne Lenkbetätigung überhaupt keine Energie mehr. Ein drehzahlvariabler Elektromotor (1) treibt bei einem Lenkimpuls die reversible Konstantpumpe (2) an, die über eines der Rückschlagventile (3) Öl ansaugt und über ein nachgeordnetes Rückschlagventil (4) zu einem der Räume des Lenkzylinders (5) (mit Sensor für Positionsrückführung) leitet. Das primärseitig unter Druck stehende Öl steuert dabei eines der sekundärseitigen Senkbremsventile (8) und (9) an, wodurch das vom zweiten Zylinderraum verdrängte Volumen drucklos gefiltert zum Tank abfließt. Die Senkbremsventile sichern die Anlage bei Überlast ab. Mit dem magnetgesteuerten Wegeventil (7) wird das Lenksystem in den Betriebsmodus überführt. Das System wird als Kompakteinheit ausgeführt. Nenndaten: 48V Gleichspann., Pumpendrehzahl 2500/min, max 210 bar, max 0,9 kW.

**Bild 9.35:** Energiesparende 48 V Steer-by-wire-Lenkung, Bauart WEBER HYDRAULIK, seit 2007 in Elektrostaplern von Jungheinrich (Quelle: WEBER HYDRAULIK)

**Beipiel 7: Energiesparen bei einer großen Produktionspresse I**

Die Firma LASCO Umformtechnik produziert seit 2010 volumetrische Pressen-steuerungen mit Rekuperation. Man arbeitet mit Konstantpumpen, Frequenzum-richtern und Synchronmotoren, **Bild 9.36.**

Der Schaltplan zeigt in vereinfachender Weise das Grundprinzip. In Wirklichkeit sind wegen der großen Volumenströme für Zylinder (1) nicht nur zwei Pumpen (2) und (3), sondern zwei Pumpengruppen vorhanden [9.60].

Der sehr große und schwere Pressenkolben im Zylinder (1) wird von Pumpensatz (2) (3 Doppelpumpen) drehzahlgesteuert angehoben: der Kolben fährt ein und oben fließt das verdrängte Öl über das aktivierte Füllventil (4) weitgehend drucklos ab.

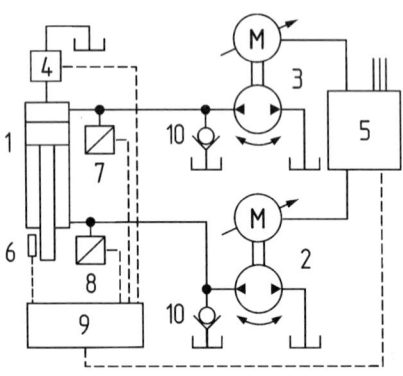

Nach Einlegen des Werkstücks wird Pum-pensatz (2) so auf „generatorisch" geschal-tet, dass der Kolben sich senkt und durch sein Eigengewicht das Öl aus der Ringkam-mer heraus treibt. Ventil (4) bleibt dabei offen. Die zurück gewonnene Lageenergie fließt über Frequenzumrichter (5) ins Netz.

Nach Anlage der Kolbenstange am Werk-stück schließt Füllventil (4). Pumpensatz (3) (4 Doppelpumpen) wird aktiv und über-nimmt unter hohem Druck den Arbeitstakt, während das weitere Verdrängungsvolumen aus der Ringkammer über Pumpensatz (2) drucklos abgelassen wird.

Am Ende des Arbeitstaktes wird auch das Dekompressionsvolumen genutzt, das über Pumpensatz (3) elektrische Energie bei Dreh-richtungsumkehr zurückspeist.

**Bild 9.36:** Volumetrische Steuerung einer großen Presse der Firma LASCO mit Rekuperation von Lage- und Kompressionsenergie (2010). Arbeitstakt: 8.000 kN (45 mm/s) bei 40 Hüben je Minute. Quelle: [9.60] und Fa. Firma LASCO

Sensor (6) misst die Kolbenposition, die Sensoren (7) und (8) ermitteln die Drücke auf beiden Kolbenseiten. Diese Sensorsignale werden der Kontrollbox (9) zuge-führt, die den Frequenzumrichter (5) und das Füllventil (4) ansteuert. Die Rück-schlagventile (10) dienen zum Nachsaugen im Notfall.

Die rein volumetrische Steuerung spart gegenüber einer Drosselsteuerung erheb-lich Energie ein. Hinzu kommen die Einsparungen durch die Rekuperation der Lageenergie beim Absenken bis zum Werkstück und ebenso durch die Nutzung der Dekompressionsenergie beim Entlasten nach dem Arbeitstakt.

Genannt werden gegenüber herkömmlichen Pressen Energieeinsparungen von mindestens 20%.

**Beispiel 8: Energiesparen bei einer großen Produktionspresse II**
Die Firma SCHULER verwendet bei ihrer ab 2014 umgesetzten, neuen Pressen-
hydraulik „Efficient Hydraulic Forming" EHF [9.61] hoch effiziente Asynchronmotoren mit Schrägscheiben-Verstellpumpen – im Hauptantrieb bewusst ohne
Leistungselektronik, siehe **Bild 9.37,** (1) bis (4). Die Hilfsversorgung (5) lädt den
Speicher (6) auf. Wenn das Ventil (7) geschaltet wird, können die vier Hauptpumpen (1) bis (4) als Ölmotoren arbeitend die E-Motoren sehr schnell beschleunigen und damit Stern-Dreieck-Schaltungen und Zeit einsparen. Zum Einlegen des
Werkstücks wird der Hauptkolben hoch gefahren. Beim Herabsenken wird seine
potenzielle Energie über die jetzt wieder als Ölmotoren arbeitenden Einheiten (1)
bis (4) zurück gewonnen, es folgt der Arbeitstakt „Pressen". Anschließend wird
die gespeicherte Kompressionsenergie ebenfalls über (1) bis (4) zurück gewonnen.
Der Ventilblock (9) (mit internem Hilfsölkreis) dient zur Umsteuerung von Haupt-
zylinder (8). Die Steuereinheit (10) mit den Sensoreingängen (11) kontrolliert den
Gesamtprozess. Durch die rein volumetrische Steuerung in Verbindung mit hoch-
effizienten Asynchronmotoren sowie auch durch vermiedene Verluste von Leis-
tungselektroniken wird nach Herstellerangaben gegenüber herkömmlichen Systemen auch hier mindestens 20% Energie eingespart.

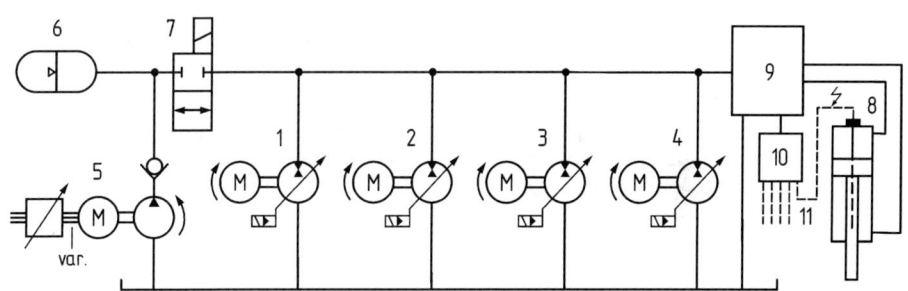

**Bild 9.37:** SCHULER „Efficient Hydraulic Forming" (EHF) für Großpressen der
Massivumformung. Daten eines Hauptantriebs: 4x315 kW, 4xmax. 1400 l/min (2014).
Pumpen 1 bis 4 durchschwenkbar für Ölmotorbetrieb. Quelle: SCHULER [9.61]

**Beispiel 9: Energie sparen durch Pkw-Hybridantrieb mit Rekuperation**
Peugeot kündigte 2014 an, dass man gemeinsam mit Bosch einen hydraulischen
Pkw-Zusatzantrieb entwickelt habe („Hybrid-Air-System", Prototypen).
Bremsenergie wird in Hydrospeichern ($N_2$-Füllung) zwischengespeichert und
unterstützt beim Beschleunigen den Verbrennungsmotor, den man daher etwas
kleiner ausführen kann. Es werden deutliche Kraftstoffeinsparungen genannt.
Man strebt an, ab 2017 Autos mit diesem Hybridantrieb in Serie zu produzieren.

## Literaturverzeichnis

[9.1]   Bönig, I. et al.: Tendenzen der Hydraulik in Baumaschinen – Neuigkeiten von der bauma 2001. O+P 45 (2001) H. 6, S. 404-410.

[9.2]   Fölster, N. et al.: Fluidtechnik in Traktoren und Landmaschinen. Beobachtungen anlässlich der Agritechnica 2001. O+P 46 (2002) H. 2, S. 107, 108, 111-119.

[9.3]   Hamblin, H. J.: Hydraulic propulsion. Farm Mechanization 4 (1952) H. 38, S. 229-230. Ref. in VDI-Z. 95 (1953) H. 6, S. 174.

[9.4]   -.-: Die ölhydraulischen Einrichtungen im Fahrzeug. O+P 8 (1964) H. 6, S. 221-227.

[9.5]   Nimbler, W.: Stapler mit hydrostatischem Fahrantrieb. O+P 8 (1964) H. 6, S. 227-232.

[9.6]   Molly, H.: Hydrostatische Fahrzeugantriebe – ihre Schaltung und konstruktive Gestaltung. ATZ 68 (1966) H. 4, S. 103-110 (Teil I) und H. 10, S. 339-346 (Teil II).

[9.7]   Backé, W. und W. Hahmann: Kennlinien und Kennlinienfelder hydrostatischer Getriebe. In: VDI-Berichte 138, S. 39-48. Düsseldorf: VDI-Verlag 1969.

[9.8]   Knölker, D.: Hydrostatische Antriebe im Mobileinsatz – Systeme und Anwendungsbeispiele. O+P 12 (1968) H. 3, S. 95-101.

[9.9]   Stuhr, H.-W.: Anordnungen hydrostatischer Getriebe in Fahrzeuggetrieben. Automobiltechn. Z. 70 (1968) H. 1, S. 6-9.

[9.10]  Jarchow, F.: Hydrostatische Getriebe. VDI-Z. 111 (1969) H. 4, S. 222-227.

[9.11]  Renius, K. Th. und R. Resch: Continuously Variable Tractor Transmissions. ASAE Lecture Series No. 29. St. Joseph, MI, USA: American Soc. of Agric. Engineers 2005 (darin 92 weitere Lit.).

[9.12]  Jarchow, F.: Stufenlose hydrostatische Umlauf- und Koppelgetriebe. In: VDI-Berichte 167, S. 5-20. Düsseldorf: VDI-Verlag 1971.

[9.13]  Rinck, S.: Moderne hydrostatische Antriebssysteme mit Mikroprozessorsteuerung für mobile Arbeitsmaschinen. O+P 43 (1999) H. 3, S. 154, 157, 158, 160 und 162.

[9.14]  Reiter, H.: Verluste und Wirkungsgrade bei Traktorgetrieben. Diss. TU München 1990. Fortschritt-Ber. VDI Reihe 14, Nr. 46. Düsseldorf: VDI-Verlag 1990.

[9.15]  Asmus, R. W. und W. R. Borghoff: Hydrostatic Transmissions in Farm and Light Industrial Tractors. SAE paper 690570. New York, USA: Soc. of Automotive Engineers 1968.

[9.16]  Renius, K. Th.: Getriebe für Arbeitsmaschinen. Vorlesung TU München WS 2002/2003.

[9.17]  Molly, H.: Stufenloses hydrostatisches Getriebe mit Leistungsverzweigung. Grundlagen der Landtechnik 15 (1965) H. 2, S. 47-54.

[9.18]  Renault, L.: Deutsches Reichspatent Nr. 222301, 22.12.1907.

[9.19]  Kress, J. H.: Hydrostatic Power-Splitting Transmissions for Wheeled Vehicles – Classification and Theory of Operation. SAE paper 680549. Warrendale, USA: SAE 1968.

[9.20]  Mitsuya, H. et al.: Development of Hydromechanical Transmission (HMT) for Bulldozers. SAE Paper Nr. 941722 (1994).

[9.21]  Dziuba, P. F. und R. Honzek: Neues stufenloses leistungsverzweigtes Traktorgetriebe. Agrartechn. Forsch. 3 (1997) H. 1, S. 19-27.

[9.22]  Renius, K. Th. und M. Brenninger: Motoren und Getriebe bei Traktoren. In: Jahrbuch Agrartechnik 9 (1997) S. 57-61 und 278-279. Münster: Landwirtschaftsverlag 1997.

[9.23] Holländer, C. et al.: Hydraulik in Traktoren und Landmaschinen. O+P 40 (1996) H. 3, S. 162-164, 166-168 und 171-174.

[9.24] Renius, K. Th.: Trends in Tractor Design with Particular Reference to Europe. J. Agric. Engng. Research 57 (1994) H. 1, S. 3-22.

[9.25] Renius, K. Th. und M. Koberger: Motoren und Getriebe bei Traktoren. In: Jahrbuch Agrartechnik 13 (2001), S. 43-47 und 263-264. Münster: Landwirtschaftsverlag 2001.

[9.26] Renius, K. Th. und H. Böhler: Motoren und Getriebe bei Traktoren. In: Jahrbuch Agrartechnik 10 (1998) S. 56-60 und 238-240. Münster: Landwirtschaftsverlag 1998.

[9.27] Renius, K. Th. und R. Resch: Motoren und Getriebe bei Traktoren. In: Jahrbuch Agrartechnik 14 (2002), S.48-54 und 233-235. Münster: Landwirtschaftsverlag 2002.

[9.28] Renius, K. Th. und R. Mölle: Traktoren 2001/2002. ATZ 104 (2002) H. 10, S. 882-889.

[9.29] Geimer, M. und K. Th. Renius: Motoren und Getriebe bei Traktoren. In: Jahrbuch Agrartechnik 22 (2010), S. 60-67. Frankfurt/M.: DLG-Verlag.

[9.30] Lang, T., A. Römer und J. Seeger: Entwicklungen der Hydraulik in Traktoren und Landmaschinen. O+P 42 (1998) H. 2, S. 87-94.

[9.31] Altmann, U.: Elektrisch abschaltbare Antriebseinheiten für Lenksysteme im Pkw. ATZ 98 (1996) H. 5, S. 254, 255, und 258-261.

[9.32] Möller, J.: Untersuchungen zur Entwicklung und Optimierung einer elektrohydraulischen Traktorlenkung. Diss. TU Braunschweig 1993. Fortschritt-Ber. VDI Reihe 14, Nr. 64. Düsseldorf: VDI-Verlag 1993. Auszug siehe O+P 37 (1993), H. 1, S. 31-35.

[9.33] Mariutti, H.: Lastkollektive für die Fahrantriebe von Traktoren mit Bandlaufwerken. Diss. TU München 2002. Fortschritt-Ber. VDI Reihe 12, Nr. 530. Düsseldorf: VDI-Verlag 2003.

[9.34] van Hamme, Th. Und J. Möller: Entwicklungstendenzen der Hydrostatik in Baumaschinen, beobachtet auf der Bauma '89. O+P 33 (1989) H. 8, S. 615-625.

[9.35] van Hamme, T.: Schlepperhydraulik,. In: Jahrbuch Agrartechnik 2 (1989), S. 34-37 und 153-154. Frankfurt/M.: Maschinenbau-Verlag 1989.

[9.36] Hesse, H.: Rückblick auf Entwicklungsschwerpunkte der Traktorhydraulik. O+P 43 (1999) H. 10, S. 704-713 (darin 18 weitere Lit.).

[9.37] -.-: Agricultural and forestry tractors and implements – Hydraulic power beyond. Internationale Norm ISO 17567 (Mai 2005).

[9.38] Friedrichsen, W. und Th. van Hamme: Load-Sensing in der Mobilhydraulik. O+P 30 (1986) H.12, S. 916-919.

[9.39] Möller, J.: Traktorhydraulik. In: Jahrbuch Agrartechnik 5 (1992), S. 58-63 und 231, 232. Frankfurt/M.: Maschinenbau-Verlag 1992.

[9.40] Möller, J.: Traktorhydraulik. In: Jahrbuch Agrartechnik 6 (1993), S. 64-69 und 238, 239. Frankfurt/M.: Maschinenbauverlag 1993.

[9.41] Tewes, G.: Traktorhydraulik. In: Jahrbuch Agrartechnik 7 (1995), S. 69-74 und 274, 275. Münster: Landwirtschaftsverlag 1995.

[9.42] Tewes, G.: Traktorhydraulik. In: Jahrbuch Agrartechnik 8 (1996), S. 69-75 und 254, 255. Münster: Landwirtschaftsverlag 1996.

[9.43]  Garbers, H.: Belastungsgrößen und Wirkungsgrade in Schlepperhydrauliksystemen. Diss. TU Braunschweig 1985. Fortschritt-Ber. VDI Reihe 14, Nr. 30. Düsseldorf: VDI-Verlag 1986. Kurzfassg. in O+P 30 (1986) H. 11, S. 815-820.

[9.44]  Schreiber, B. und G. Stützle: Außenzahnradpumpe mit Fördervolumenbegrenzung. Patentschrift DE 19847132C2 (Anm. 13.10.1998, erteilt 31.05.2001).

[9.45]  (Bosch): Kraftfahrtechnisches Taschenbuch. 26. Auflage. Wiesbaden: Verlag Vieweg & Sohn/GWV Fachverlage 2007.

[9.46]  Heißing, B., M. Ersoy u. S. Gies (Hrsg.): Fahrwerkhandbuch. 3. Auflage. Wiesbaden: Verlag Vieweg + Teubner 2011.

[9.47]  Murrenhoff, H. und S. Gies: Fluidtechnik für mobile Anwendungen. Umdruck zur Vorlesung an der RWTH Aachen. 5. Auflage. IKA und IFAS 2011.

[9.48]  Jonner, W.-D. et al.: Antiblockiersystem und Antischlupfregelung der fünften Generation. ATZ 95 (1993) H. 11, S. 572-574 und 579, 580 (darin 14 weitere Lit.).

[9.49]  Besing, W.: Hydraulische Systeme in modernen zivilen Transportflugzeugen. Teil 1 und 2. O+P 37 (1993) H. 3, S. 174-179 und H. 6, S. 502-508.

[9.50]  Steib, D.: Hydraulik-/Flugsteuerungssystem des Mehrzweck-Kampfflugzeuges TORNADO. O+P 25 (1981) H. 1, S. 19-24.

[9.51]  Fleddermann, A.: Hydromechanische Komponenten im Hochauftriebssystem des Airbus A330/340. O+P 38 (1994) H. 5, S. 256-261.

[9.52]  Geerling, G.: Entwicklung und Untersuchung neuer Konzepte elektrohydraulischer Antriebe von Flugzeug-Landeklappensystemen. Diss. TU Hamburg-Harburg 2002. Fortschritt-Ber. VDI Reihe 12, Nr. 538. Düsseldorf: VDI-Verlag 2003.

[9.53]  Helbig, A.: Energieeffizientes elektrisch-hydrostatisches Antriebssystem am Beispiel der Kunststoff-Spritzgießmaschine. Diss. TU Dresden 2007. Eigenverlag.

[9.54]  Helduser, S.: Grundlagen elektrohydraulischer Antriebe und Steuerungen. Mainz: Vereinigte Fachverlage 2013.

[9.55]  Silvan, E. und L. Feyerabend: Abfallsammelfahrzeug x2eco mit hydraulischem Hybridantrieb. Fachtagg. „Hybridantriebe für mobile Arbeitsmaschinen" 17.02.2011 Karlsruhe. In: Karlsruher Schriftenreihe Fahrzeugsystemtechnik H. 7, S. 173-185.

[9.56]  Schneider, K.: Liebherr Pactronic – Hybrid Power Booster. Wie [9.55], S. 163-171.

[9.57]  Boehm, D., C. Holländer u. T. Landmann: Hybridantriebe bei Raupenbaggern – Konzepte und Lösungen. Wie [9,55], S. 117-124.

[9.58]  Sgro, S. und H. Murrenhoff: Energierückgewinnungssysteme für Baggerausleger. O+P 54 (2010) H. 10, S. 383-389.

[9.59]  Renius, K.Th.: Aus der Entwicklungsarbeit an landwirtschaftlichen Traktoren. Berufungsvortrag an der TU München (Ordinariat Landmaschinen) 10.12.1980.

[9.60]  Ernst, I.: Energy recuperation with a hydraulic LASCO servo direct drive for a 8.000 kN deep-drawing press. 9th International Fluid Power Conference, Aachen 24.-26.03.2014. Proceedings Vol. III, S. 456-465.

[9.61]  Woll, J.: Innovative Lösungen zur Optimierung der Energieeffizienz hydraulischer Pressen in der Massivumformung. 2. Internationale Fachtagung Massivumformung 18.09.2013, EMO Hannover.

# Kurzaufgaben

Hinweis: Die Grundlagen zur Lösung findet man auf den in Klammern vermerkten Seitenzahlen.

**1.** An der hydraulischen Steckdose eines Traktors wird ein Volumenstrom von 60 l/min und eine Druckdifferenz von 200 bar gemessen. Wie groß ist die hydraulische Leistung (2)?

**2.** Welche Größen der Ölhydraulik sind analog zu den elektrischen Größen Strom, Spannung, Kapazität und Widerstand (7) zu sehen? Welches hydraulische Kreislaufsystem entspricht in der Analogie einem elektrischen Gleichspannungsnetz (6, 201)?

**3.** Welche Anforderungen werden an Druckflüssigkeiten gestellt (17)?

**4.** Gibt es für Hydrauliköle eine praktisch relevante „Druckfestigkeit" (18)?

**5.** Welches sind die wichtigsten biologisch schnell abbaubaren Druckflüssigkeiten (20)?

**6.** Was bedeutet die ISO-Viskositätsklasse VG 46 (22)?

**7.** Welches ist die Definition der dynamischen und der kinematischen Viskosität (24, 25)?

**8.** Die Wellen einer Zahnradmaschine drehen sich unbelastet zentrisch in vier Gleitlagern der Länge $l$ = 30 mm und des Durchmessers $d$ = 40 mm. Der Spalt (0,05 mm) sei vollständig mit Öl gefüllt (Viskosität $\eta$ = 0,03 Ns/m$^2$). Zu berechnen ist das Verlustmoment und die Verlustleistung bei einer Drehzahl $n$ = 3000/min (24, 25, 70).

**9.** An einer Pumpe wird bei Leerlauf und 40 °C Öltemperatur (VG 46) ein Verlustmoment von 10 Nm gemessen, das auf Scherreibung im Öl beruht. Wie groß wird dieses Verlustmoment bei 0 °C Öltemperatur (24, 26)?

**10.** An einem verlustbehafteten Hydraulikmotor wird am Ausgang eine niedrigere Temperatur gemessen als am Eingang. Ist das physikalisch möglich (29)?

**11.** Eine Pumpe weist 20 cm$^3$ Hubvolumen auf. Welches Schluckvolumen ist für einen angeschlossenen Ölmotor vorzusehen, wenn dieser halb so schnell laufen soll und der volumetrische Wirkungsgrad jeder Einheit 0,97 beträgt (33, 81ff)?

**12.** Ein Ölmotor mit 50 cm$^3$ Schluckvolumen wird mit 200 bar Druckdifferenz beaufschlagt. Wie groß ist sein verlustlos abgegebenes Moment (33)? Welches Moment gibt er ab, wenn der hydraulisch-mech. Wirkungsgrad 95% und der volumetrische Wirkungsgrad 90% beträgt (81)?

**13.** Welche vier charakteristischen Modelle haben bei der Berechnung der Strömungsverluste in Rohrleitungen Bedeutung (37)?

**14.** Wie groß ist etwa der Rohrwiderstandsbeiwert für Re = 2500 und isotherme Strömung (42)?

**15.** Welches Modell eignet sich für die Berechnung der sog. Blendenströmung? Welche Rolle spielt dabei die dynamische Viskosität? (46)?

**16.** Der Leckstrom an einem laminaren Spalt soll reduziert werden. Eine Änderung der Ölsorte kommt nicht in Frage. Welche konstruktive Maßnahme (Länge, Breite, Höhe) verspricht die größte Reduzierung und warum (48)?

**17.** Was versteht man unter einer hydrostatischen Entlastung. Bitte Beispiel, Skizze (51)?

**18.** Welchen Nachteil hat die Anbringung von Ringnuten an den Kolben von Schrägscheiben-Axialkolbenmaschinen (52)? Warum?

**19.** Wie kann man experimentell durch Aufnahme einer Stribeck-Kurve feststellen, ob eine Gleitstelle verschleißfrei arbeitet (52, 167)? Welchen Sinn hat die Gümbel-Hersey-Zahl (53)?

**20.** Erläutern Sie die Drehmomententwicklung einer Schrägachsen-Axialkolbenmaschine und einer Schrägscheibenmaschine. Worin besteht der grundlegende Unterschied (59, 64)?

**21.** Skizzieren Sie das Kräftegleichgewicht am Kolben-Gleitschuh-Element einer Schrägscheiben-Axialkolbenmaschine bei vernachlässigter Gleitschuh-Reibung (64).

**22.** Vergleichen Sie Schrägachsen- und Schrägscheiben-Axialkolbenmaschine bezüglich Herstellkosten, maximalem Schwenkwinkel, Volllast-Wirkungsgrad, Anlaufverhalten unter Last, Drehschwingungsempfindlichkeit und Raumbedarf (60ff, 78/79).

**23.** Berechnen Sie das Hubvolumen einer Radialkolbenmaschine, die bei einer Exzentrizität von 20 mm mit 7 Kolben von je 30 mm Durchmesser arbeitet (69).

**24.** Ein hydrostatisches Getriebe wird von einem Dieselmotor angetrieben. Es soll mit im Hubvolumen umschaltbaren Radantrieben arbeiten, Nenndruck 420 bar. Welche Verdrängermaschinen kommen in Frage (68, 78/79, 80)? Die Auswahl ist zu begründen.

**25.** Ein Zahnradmotor liefert bei konstantem Zulauf-Ölstrom unbelastet eine Drehzahl von 2000/min. Bei Belastung (250 bar) sinkt die Drehzahl auf 1900/min. Wie groß ist etwa der Gesamtwirkungsgrad, wenn der Motor 95% des verlustlosen Moments abgibt (81, 83)?

**26.** Welchen Einfluss haben Leckölverluste auf das Abtriebsmoment eines Hydromotors (81)?

**27.** Zu skizzieren sind die drei charakteristischen Volllastwirkungsgrade einer guten Pumpe a) über dem Arbeitsdruck (Drehzahl konst.) und b) über der Antriebsdrehzahl (Druck konst.) (84).

**28.** Warum baut man Kolbenpumpen in der Regel mit ungeraden Kolbenzahlen (90)?

**29.** Eine Schrägscheibenpumpe mit 9 Kolben wird mit 1500/min angetrieben. Wie groß ist ihre durch Umsteuerung der Zylinderdrücke bedingte Pulsationsfrequenz (90)?

**30.** An einem Pulsationsdämpfer wird eine Reduzierung der Druckamplitude um den Faktor 10 gemessen. Wie groß ist die Dämpfung in dB (91)?

**31.** Was versteht man unter einem „aktiven" Dämpfer, welcher bietet die beste Dynamik (92)?

**32.** Was ist bei Rohren für die Konstruktion von Arbeitszylindern besonders zu beachten (97)?

**33.** Entwerfen Sie den Schaltplan für eine Eilgangschaltung eines Differenzialzylinders (100).

**34.** Ein Differenzialzylinder (∅ 50/32 mm) werde beidseitig beaufschlagt, beide Räume seien verbunden. Welche Bewegungsgeschwindigkeit hat er bei 30 l/min Zulauf-Ölstrom (100)?

**35.** Nennen Sie einige Einbauregeln für Arbeitszylinder (103)?

**36.** Was versteht man bei Arbeitszylindern unter „Endlagendämpfung" (101, 102)?

**37.** In welche vier Hauptgruppen teilt man Hydraulikventile ein (106)?

**38.** Skizzieren und erläutern Sie einen Torque-Motor, Ausführung mit Prallplatte (110).

**39.** Zu skizzieren und erläutern ist ein elektro-hydraulisches Druckbegrenzungsventil mit kraftgesteuertem Proportionalmagnet. Vorteile? (112).

**40.** Wie erreicht man üblicherweise bei Längsschieber-Wegeventilen eine Lageregelung (113)?

**41.** Wie konstruiert man dichte Wegeventile (116)?

**42.** Was versteht man unter einer negativen Ventilüberdeckung, für welche Aufgabe kann man sie z. B. gut anwenden (119)?

**43.** An Hand einer Skizze ist der Vorgang der Signalverstärkung mit Hilfe einer hydraulischen Halbbrückenschaltung zu erklären (119).

**44.** Worin besteht das Prinzip einer Ventil-Vorsteuerung (121)?

**45.** Skizzieren Sie ein 3/3-Wegeventil, das als hydraulische Vollbrücke einen Zylinder steuert. Wo befinden sich die vier Brückenwiderstände (123)? Wie sind deren Kennlinien (46)?

**46.** Wie wendet man das Prinzip der hydraulischen Brücke oft bei Servoventilen an (125)?

**47.** Wie lassen sich die Druckverluste an Wegeventilen für turbulente Strömung modellieren? (128).

**48.** Ein Wegeventil hat bei 50 l/min Durchfluss (P-A) und 150 bar Lastdruck einen Druckverlust von 6 bar. Welcher Druckverlust ist bei 100 l/min zu erwarten? Wie wäre er zu beurteilen (128)?

**49.** Ein Servoventil soll bezüglich seiner Dynamik beurteilt werden. Welche Methode wird zweckmäßig angewendet (131)? Definitionen und Einzelheiten sind zu erklären.

**50.** Ein durch einen Proportionalmagneten direkt angesteuertes Proportionalventil mit Lageregelung erweist sich im Regelkreis als zu langsam. Welche konstruktiven Maßnahmen versprechen eine grundsätzliche Verbesserung der Dynamik (132)?

**51.** Warum neigt ein einfaches Druckbegrenzungsventil zum Schwingen und wie kann man die Eigenfrequenz abschätzen? Was kann man konstruktiv dagegen tun (135)?

**52.** Ein 3-Wege-Stromregelventil ist zu skizzieren und zu beschreiben. Wie arbeitet der Regelkreis und wo wird der Sollwert vorgegeben (144)?

**53.** Stellen Sie vergleichend die Kennlinien $Q(\Delta p)$ eines turbulenten Drosselventils und eines 2-Wege-Stromregelventils dar (147).

**54.** Welche Motive führten zur Entwicklung von 2-Wege-Einbauventilen (149)?

**55.** Die Hochdruckleitung der Bordhydraulik eines Großtraktors (210 bar) soll für einen Ölstrom bis 203 l/min ausgelegt werden. Wie groß sollte der Innendurchmesser mindestens sein (159)?

**56.** Welches sind die drei wichtigsten Ansätze der Rohrleitungs-Festigkeitsberechnung (161)?

**57.** Welche „Oberregel" bestimmt die Einbauregeln für Hydraulikschläuche (162)?

**58** Warum neigen einfache Schneidringverschraubungen bei Schwingungen zu Undichtigkeiten und welches Grundprinzip führt zu diesbezüglich besseren Bauarten (163)?

**59.** Skizzieren Sie je einen O-Ring-Einbau mit axialer und radialer Verpressung (165). Was bedeutet „Gefahr des „Extrudierens" und wie verhindert man sie (165)?

**60.** Welche drei Grundfunktionen hat ein Dichtsystem zu erfüllen (166)?

**61.** Welche Rauhigkeit sollte für Zylinderrohre nicht überschritten werden und warum (167)?

**62.** Welche Grundanforderungen sind an einen guten Ölbehälter (Öltank) zu stellen (168)?

**63.** Was bedeutet bei einem Filter der Code $\beta_{10} = 75$? (172)?

**64.** Bei einem stationären Versuch werden im Filterablauf 50 mal weniger Teilchen größer gleich 10 μm gezählt als im Zulauf. Wie wird das Ergebnis nach ISO ausgedrückt (172)?

**65.** Was ist bei Saugfiltern zu beachten (173)? Welche Alternativen gibt es (173)?

**66.** Skizzieren sie in einem Diagramm den Druckverlust und den Abscheidegrad eines Tiefenfilters und eines Oberflächenfilters. Bitte begründen (175).

**67** Wozu setzt man Speicher ein und welche Anforderungen sind an sie zu stellen (175)?

**68.** Wie funktioniert ein Leichtbau-Speicher mit druckentlastetem Zylinder (178)?

**69.** Gegeben ist ein Hydrospeicher (Gasseite 50 bar, Gesamtvol. $V_0 = 1{,}0$ l). Der Anlagendruck betrage 200 bar. Aufladung isotherm. Gefragt ist das Abgabevolumen (adiabat) bei Absinken des Anlagendrucks auf 150 bar (179).

**70.** Erklären Sie, warum unnötig hohe Verluste in Hydraulikanlagen auf vierfache Weise die Wirtschaftlichkeit belasten (181).

**71.** Wie misst man Volumenströme in Hydraulikanlagen (184)?

**72.** Wie kann man die Öltemperatur an geschmierten Gleitstellen messen, bitte Skizze (185)?

**73.** Was ist der entscheidende Unterschied zwischen einer Steuerung und einer Regelung (188)?

**74.** Entwerfen Sie den Schaltplan für einen Konstantmotor, dessen Abtriebsdrehzahl durch eine Nebenstromdrossel stufenlos verstellt wird. Wie groß sind die systembedingten Verluste bei 50% Bypass-Volumenstrom? Wann ist eine solche Schaltung vertretbar (192)?

**75.** Skizzieren Sie die Struktur für eine Volumenstrom-Steuerung mit Hilfe einer Konstantpumpe und eines drehzahlgeregelten Elektromotors (193, 276, 277).

**76.** Was versteht man unter dem Folgekolbenprinzip – insbesondere bei der Steuerung verstellbarer Verdrängermaschinen (195) und bei hydrostatischen Lenkungen (255)?

**77.** Entwerfen Sie den Schaltplan einer elektrohydraulischen Pumpenverstellung mit Lageregelung und Arbeitsdruck als Stelldruck (197).

**78.** Entwerfen Sie eine Struktur für die Steuerung einer verstellbaren energiesparenden Pkw-Lenkpumpe, wobei Antriebsdrehzahl und Druck als Störgrößen aufgeschaltet werden (197).

**79.** Wie lässt sich eine einfache mechanische Konstantleistungs-Steuerung erreichen (198)?

**80.** Skizzieren Sie zwei Schaltpläne einer druckgeregelten Verstellpumpe - ohne und mit Vorsteuerung (200).

**81.** Wie sieht der Schaltplan einer Differenzdruckregelung (LS) mit Verstellpumpe aus (201, 204)?

**82.** Wie kann man einen Ölmotor am Konstantdrucknetz betreiben, ohne systembedingte Drosselverluste zu erzeugen (205)?

**83.** Reihen- und Parallelschaltung von Ölmotoren: Welches sind die typischen Unterschiede im Betriebsverhalten (208)?

**84.** Wie erreicht man bei hydrostatischen Fahrantrieben „kostenlose Differenzialwirkung" (209)?

**85.** Welche Neutralstellung hat ein Wegeventil bei eingeprägtem Volumenstrom, welche bei Konstantdruck- und welche bei Load-Sensing-Systemen (118, 213, 215-217)?

**86.** Entwerfen Sie einen einfachen Schaltplan für die Versorgung einer Fahrzeug-Lenkhydraulik mit Konstantpumpe und 3-Wege-Stromregelventil. Wie lassen sich die Verluste reduzieren (213)?

**87.** Die Konstantpumpe eines Pkw liefert bei Autobahnfahrt mit 133 km/h 52 l/min Ölstrom bei 15 bar Gegendruck. 40 l/min werden über das 3-Wege-Stromregelventil gedrosselt zum Tank geführt. Wie groß ist die dadurch erzeugte Verlustleitung (2, 33)? Wie groß ist der Pkw-Mehrverbrauch in l/100 km, wenn 1 kW Hydraulikleistung 0,4 l/h Kraftstoffverbrauch entspricht?

**88.** Ein Hydrozylinder soll an einem Konstantdrucknetz betrieben werden. Welche Möglichkeiten bestehen zur Anpassung an den Lastdruck und wie sind sie zu beurteilen (215)?

**89.** Erklären Sie das Prinzip einer „Load-Sensing"-Schaltung an einem System mit Verstellpumpe. Welches sind die Vorteile und worin bestehen die systembedingten Verluste (216-218)?

**90.** Ein Konstantmotor nimmt 30 l/min Ölstrom bei $\Delta p = 100$ bar auf. Wie groß sind die systembedingten Verluste (% der hydr. Leistung) bei 60 l/min Konstantstrom, bei einem 200 bar-Konstantdrucknetz oder bei einem Load-Sensing-System mit $\Delta p = 20$ bar (218)?

**91.** Entwerfen Sie den Schaltplan eines hydrostatischen Fahrantriebes mit Spüleinrichtung. Nennen Sie die 5 Aufgaben der Spülung (223)? Welchen Vorteil hat der übliche geschlossene Kreislauf (209), welchen Vorteil eine aktive „Druckabschneidung" gegenüber einem DBV (223)?

**92.** Es sollen zwei Verbraucher in einer Load-Sensing-Schaltung mit Verstellpumpe versorgt werden. Wie erfolgt die Anpassung zwischen Pumpendruck und dem jeweils geringeren Lastdruck (225)? Wo entstehen bei dieser Schaltung systembedingte Verluste (218, 225)?

**93.** Zwei Arbeitszylinder sollen eine Brückenplattform mit nicht mittiger Last heben. Schlagen Sie eine mechanische und eine hydraulische Lösung für den Gleichlauf vor (226).

**94.** Skizzieren Sie den typischen zeitlichen Temperaturverlauf im Öl beim Anfahren einer Hydraulikanlage. Warum ist der Anstieg am Anfang am größten? Welches Gleichgewicht herrscht im Beharrungszustand (238)?

**95.** Wie groß ist der effektive Schalldruck bei einem Schallpegel von 90 dB (241)?

**96.** Welches sind die typischen Lärmquellen in Hydraulikanlagen (241)?

**97.** Erläutern Sie die „Wirkkette Lärm" bei einer Hydraulikanlage. Welche konstruktive Maßnahme bewirkt eine Verminderung der Abstrahlung an Gehäsewänden (242)?

**98.** Welche Elemente setzt man zur Körperschalldämmung (Körperschall-Isolierung) ein (244)?

**99.** Ein stufenloses hydrostatisches Radladergetriebe arbeite mit Primär- und Sekundärverstellung. Welche Verstellfolge ist für ein Anfahren und komplettes Hochfahren zweckmäßig (223, 249)? Darzustellen sind über der Fahrgeschwindigkeit die Volllast-Kennlinien für Eingangsdrehmoment, Ausgangsdrehmoment (ideal und real) und der Anlagendruck (249).

**100.** Der stufenlose hydrostatische Fahrantrieb einer Arbeitsmaschine wird trotz Kühler zu heiß, die Maschine verbraucht gleichzeitig relativ viel Kraftstoff. Welche Maßnahmen sind systematisch durchzugehen, um die Verluste zu senken (252)?

**101.** Was versteht man bei hydrostatischen Getrieben unter Leistungsverzweigung und wozu dient sie (252)? Darzustellen ist der Getriebeplan einer äußeren Leistungsverzweigung mit Kopplung am Ausgang. Wie teilt sich hier die Leistung beim Anfahren auf (254)?

**102.** Skizzieren Sie das Prinzip einer Summenleistungssteuerung eines Hydraulikbaggers (260).

**103.** Warum wird bei Verstellpumpen von manchen Load-Sensing-Anlagen eine Füllpumpe vorgesehen (262, 263)?

**104.** Skizzieren Sie das Prinzip einer hydropneumatischen Federung (267). Warum ist ein Wege-Sitzventil zweckmäßig (116)? Wie kann man eine Niveauregelung realisieren (267)?

**105.** Worin bestehen die Besonderheiten von Flugzeug-Hydraulik-Systemen (268)? Nach welchem Prinzip arbeiten Hydraulik-Kreisläufe in Großflugzeugen (268)?

**106.** Mit welchem elektrischen „Kreislaufsystem" ist die Hydraulik eines Großflugzeuges vergleichbar? Zeigen Sie die Analogie an zwei wesentlichen Größen (7, 201).

**107.** Warum ist die Betätigung der Aktoren in Großflugzeugen durch drosselnde Steuerungen besonders verlustreich (218)? Wodurch kann man die systembedingten Verluste verringern (215)?

**108.** Bei der Projektierung eines hydraulischen Aufzugs für eine U-Bahnstation gibt es Knickprobleme mit dem sehr langen Arbeitszylinder. Dieser wird daher im Durchmesser vergrößert, wodurch der Nenn-Lastdruck sehr klein und der Volumenstrombedarf sehr groß wird. Welche (auch noch leise) Pumpenbauart ist für die Versorgung geeignet (77, 272, 273)?

**109.** Skizzieren Sie die Funktionsstruktur einer Hydropulsanlage. Nach welchen drei Regelgrößen kann man gängige Anlagen fahren (273)? Wie wird der Sollwert vorgegeben (273)? Wie beurteilt man die dynamische Leistungsfähigkeit einer solchen Anlage (131)?

**110.** In welchen Fällen lohnt sich das Prinzip einer „hydraulischen Rekuperation" zum Einsparen von Energie. Welcher Nebenvorteil entsteht? Nennen Sie zwei ausgeführte Beispiele (275).

## Namensliste zu den 9 Literaturverzeichnissen   Bücher → [8.27-8.49, 9.54]

# Sachwortverzeichnis (Hauptstellen fett)

294